ANOMALIEN BEI IONENAUSTAUSCH-VORGÄNGEN

1961

IONENAUSTAUSCHER
IN
EINZELDARSTELLUNGEN

Herausgegeben von

Prof. Dr. Robert Grießbach, Wolfen

Band 1

AKADEMIE-VERLAG · BERLIN

1962

ANOMALIEN BEI IONENAUSTAUSCH-VORGÄNGEN 1961

Plenar- und Diskussionsvorträge des Symposiums über „Anomale Vorgänge an Austauschadsorbentien“ in Weimar vom 13. bis 15. April 1961

Veranstaltet vom Fachverband Analytische Chemie der Chemischen Gesellschaft in der Deutschen Demokratischen Republik

Herausgegeben von
Prof. Dr. Kurt Issleib, Halle

AKADEMIE-VERLAG · BERLIN
1962

„Ionenaustauscher in Einzeldarstellungen"
bilden den speziellen Teil des Werkes
„Austauschadsorption in Theorie und Praxis"
von Prof. Dr. Robert Grießbach, Wolfen,
erschienen im Akademie-Verlag Berlin 1957

Erschienen im Akademie-Verlag GmbH, Berlin W 8, Leipziger Straße 3—4

Lizenz Nr. 202 · 100/487/62
Gesamtherstellung: VEB Druckerei „Thomas Müntzer" Bad Langensalza
Bestellnummer: 2120/1 · ES 18 C 2/20 M

Zum Geleit

Am Schluß des Vorwortes zu meinem Buch „Austauschadsorption in Theorie und Praxis, Allgemeiner Teil“, war als Fortsetzung ein „Spezieller Teil“ angekündigt, der die Anwendung der Ionenaustauscher in Wissenschaft und Technik zum Gegenstand haben sollte. Eine erste Niederschrift dieses Inhalts lag bereits vor. Sie stützte sich im wesentlichen auf die in der Kriegszeit und in den ersten Nachkriegsjahren in Deutschland und in einigen Nachbarländern unter Führung des Wolfener Laboratoriums durchgeführten und in Zusammenarbeit mit zahlreichen anwendungstechnisch interessierten Stellen entwickelten Verfahren. Als bald darauf die umfangreichen Veröffentlichungen des Auslandes, in erster Linie amerikanischer Forscher bekannt wurden, nötigten sie zu einer Umarbeitung, die einer völligen Neuschrift dieses Teiles gleichkam. Nach Fertigstellung dieser Zweitschrift verhinderten gewisse äußere Umstände eine sofortige Drucklegung. Dazu kam, daß das Herausbringen des ersten „Theoretischen Teiles“ meines Buches eine weitere Verzögerung bedingte. Inzwischen war die Literatur auf diesem Sektor lawinenartig angeschwollen. Die vielseitigen Anwendungsgebiete wissenschaftlicher wie technischer Art hatten sich weit ausgestaltet, eine ganze Reihe neuer Anwendungen auf verschiedensten Gebieten waren hinzugekommen; insbesondere galt dies für den analytischen, den biologisch-medizinischen und den landwirtschaftlichen Sektor und in technischer Hinsicht für das metallurgische und das biochemische Fachgebiet. Eine Beherrschung all dieser verschiedenartigen Disziplinen und ein kritisches Verfolgen der gesamten Fachliteratur war für den einzelnen nicht mehr möglich. Damit mußte auch der ursprüngliche Plan des Verfassers, selbst eine umfassende und zugleich ins einzelne gehende Darstellung des Ionenaustauscher-Gebietes geben zu wollen, aufgegeben werden.

Diese Tatsache bildete den Ausgangspunkt dafür, unter Zustimmung und verständnisvoller Mitwirkung des Akademie-Verlages Berlin anstelle des Anwendungsteiles meines Buches eine Sammlung von Monographien zu schaffen unter dem Titel „Ionenaustauscher in Einzeldarstellungen“.

Dieses Werk will einesteils dem Interessenten Gelegenheit geben, sich in einer Sammlung von Originalberichten der Spezialisten über den neuesten Stand auf dem Gebiete der Ionenaustauscher zu unterrichten. Andererseits soll diese Buchreihe in zwangloser Folge aus der Feder namhafter Fachleute des In- und Auslandes umfassende Darstellungen einzelner Anwendungsgebiete der Ionenaustauscher bringen. In Vorbereitung sind u. a. Monographien über:

Ionenaustauschchromatographie,

Ionenaustauscher in der Zuckerindustrie,

Harzadsorber usw.

Der vorliegende erste Band dieser Buchreihe „Anomale Vorgänge an Austauschadsorbentien“ will dem zuerst genannten Ziele dienen.

Dem Akademie-Verlag gebührt besonderer Dank dafür, in so verständnisvoller Weise den Erfordernissen der Zeit und den veränderten Umständen Rechnung tragend, dem Wissenschaftler wie dem Techniker diesen hohen und wichtigen Dienst zu leisten.

Wolfen, Januar 1962

ROBERT GRIESSBACH

Vorwort

Ionenaustauscher sind bekanntlich Polyelektrolyte, die an eine Matrix festgebundene saure oder basische Ankergruppen tragen und somit befähigt sind, bei Berührung mit einer Elektrolytlösung unter Austausch der von ihnen festgehaltenen Haft- (oder Co-)ionen zu reagieren. Die Synthese der Kunstharzaustauscher hat diese Ankergruppen in außerordentlicher Mannigfaltigkeit, wie sie durch Variation reaktionsfähiger anorganischer bzw. organischer und vor allem saurer oder basischer Gruppen gegeben ist, abgewandelt. Dadurch wurde inzwischen eine Vielzahl von Ionenaustauschertypen, mono- und polyfunktioneller Art sowie von Spezialharzen entwickelt, die verschiedenartige Eigenschaften besitzen und z. T. eine besonders hohe Spezifität aufweisen. Die Vielfalt der Eigenschaften und Anwendungsmöglichkeiten konnte durch Abwandlung der äußeren Form der Austauscher (Körner, Membranen, linearpolymere Ionenaustauscher) sowie der inneren Struktur — wobei auch Veränderungen des Quellungszustandes maßgeblich sind — und der Dispersität (Hetero- und Homeodispersität) gesteigert werden. Im gleichen Sinne hat sich die Weiterentwicklung der Kunstharzadsorbentien in Richtung auf ihre Befähigung zur „Allgemein-Adsorption" (van der Waals) ausgewirkt und somit auch auf die schon früher bekannten Adsorbentien anderer Art bedeutsame sowie technisch wertvolle Rückwirkungen ausgeübt, die zu einem weiteren Ausbau dieses Typs von Adsorbentien führten. Hierzu zählen u. a. die Barrerschen Molekularsiebe auf Zeolithbasis. Außerdem eröffneten sich neue Einsatzmöglichkeiten der Kunstharzaustauscher durch Einhalten bestimmter Versuchsbedingungen, um die eine oder andere Art von Adsorptionskräften nach Wunsch zu blockieren, wie beispielsweise die Blockierung der austauschaktiven Gruppen im Weiss- oder im Wheaten-Baumann-Effekt. Die Adsorptionstechnik, zumal auch in der Zuckerindustrie, hat durch Benutzung von Trübharzen neben Klarharzen sowie Einführung ionenaustauschender Kohleprodukte eine weitere Bereicherung erfahren.

Diese nur kurz und unvollständig skizzierte Entwicklung der Ionenaustauscher ist natürlich in theoretischer Hinsicht wie auch anwendungstechnisch in einem Maße umfassend, daß dem Einzelnen nur schwer ermöglicht, die entsprechende Literatur zu verfolgen. All dies läßt von Zeit zu Zeit ein Symposium über dieses Gebiet als Notwendigkeit erscheinen, einem Ziel, dem die Weimarer Tagung in vollem Umfang gerecht wurde. Außerdem deckt sich der Zeitpunkt dieser Tagung nahezu mit der 25. Wiederkehr des Jahres der Entdeckung der Kunstharzaustauscher und fand anläßlich des 75. Geburtstages von Robert Grießbach statt, der sich um die Entwicklung der Ionenaustauscher und durch eine Reihe grundlegender Publikationen hervorragend verdient gemacht hat.

Unter diesen sei hier jene über „Anomale Reaktionen an Ionenaustauschern" (Chimia Vol. 11, 29 1957) genannt, die dem Grundgedanken des Weimarer Symposiums entspricht. Es sollte in Weimar nicht nur ein Überblick über den wissenschaftlich-technischen Stand dieses Arbeitsgebietes gegeben werden, sondern gleichermaßen gezeigt werden, wieweit bei Ionenaustauschvorgängen mit Anomalien zu rechnen ist und diese praktisch und theoretisch zu beherrschen sind.

Der vorliegende Band „Anomalien bei Ionenaustauschvorgängen" eröffnet als erster die Buchreihe unter dem Titel „Ionenaustauscher in Einzeldarstellungen". Er bringt eine Sammlung nahezu aller auf dem Weimarer Ionenaustauscher-Symposium gehaltenen Vorträge. Auf diese Weise wird dem Interessenten Gelegenheit gegeben, sich durch die Lektüre der Originalberichte über den neuesten Stand auf diesem Gebiete zu unterrichten.

Halle, Januar 1962

K. Issleib

Inhaltsverzeichnis

A. Plenarvorträge

B. Diskussionsvorträge

1. Strukturfragen bei Ionenaustauschern

Die Besonderheiten des Ionenaustausches an Tonmineralen

von U. Hofmann

Anorganisch-Chemisches-Institut der Universität, Heidelberg

Tonminerale finden zwar in der Technik als Ionenaustauscher nur selten Anwendung, aber ein Bericht über die Besonderheiten des Ionenaustausches an ihnen könnte auf unserer Tagung doch Interesse finden; denn man kennt im Gegensatz zu den amorphen Kunstharzaustauschern bei den Tonmineralen die Kristallstruktur und weiß auch bei einigen von ihnen, wie und wo die austauschfähigen Ionen an der Oberfläche gebunden sind. Dazu kommt, daß bei den Tonmineralen meistens die austauschende Oberfläche frei zugänglich ist, so daß Poren keine große Rolle spielen. Ein Nachteil ist allerdings die geringe Austauschkapazität der Tonminerale, die die Untersuchung erschwert.

Wenn der Ionenaustausch der Tonminerale auch in der Technik selten Anwendung findet, so hat er doch größte Bedeutung für die Verwendung der Tonminerale in der Keramik, für ihre Rolle, die sie im Ackerboden spielen und, wie wir zum Schluß sehen werden, auch für ihre eigenartige katalytische Wirksamkeit. Ich kann diese Zusammenhänge hier zwar nicht in aller Ausführlichkeit besprechen, ich werde aber in Stichworten auf sie hinweisen.

Unter den Tonmineralen sind drei Gruppen besonders wichtig: Die Gruppe der <u>Kaolinite</u> mit einem Kationenaustauschvermögen von 1 - 20 mval/100 g; die Gruppe der <u>Illite</u> oder <u>glimmerartigen Tonminerale</u> mit einem Kationenaustauschvermögen von 20 - 50 mval/100 g; die Gruppe der <u>Montmorillonite</u> mit einem Kationenaustauschvermögen von ungefähr 100 mval/100 g.

Nur die letzte Gruppe erreicht die Größenordnung der

Austauschkapazität der Kunstharzaustauscher.

Struktur der Kristalle der Tonminerale und deren Oberfläche

Die Kristallstrukturen der meisten Tonminerale sind Schichtgitter. Zum Beispiel besteht die Silikatschicht des Kaolinits, wie es Abb. 1 zeigt, aus einer Si-O-Tetraederschicht, die über O-Brücken mit einer Al-OH-Oktaederschicht vernetzt ist. Diese Schichtstruktur ist die Ursache dafür, daß die Kristalle der Tonminerale Plättchengestalt besitzen, wie es Abb. 2 für die Plättchen eines Kaolinits zeigt.

Die Abb. 3 bringt ein Schema über die Ionenbindung und den Ionenaustausch an glimmerartigen Mineralen (1) . Die zwischen den Silikatschichten gebundenen Kationen sind nur unter besonderen Bedingungen austauschfähig. Sie sind meistens K-Ionen. Dagegen sind die an den Basisflächen gebundenen Kationen austauschfähig, weil sie dem Wasser und den Ionen des Wassers zugänglich sind. In beiden Fällen werden die Kationen durch einen diadochen Ersatz gebunden, indem zum Beispiel ein Teil der Si-Ionen in der Tetraederschicht durch Al-Ionen ersetzt ist. Am Rande der Tetraederschicht sind die Si-Ionen mit OH-Ionen abgesättigt, die sich in wasserfreiem Alkohol mit Natriumalkoholat umsetzen lassen. Am Rande der Oktaederschichten werden die Ladung und die oktaedrische Konfiguration der Al-Ionen durch OH-Ionen und Wassermoleküle abgesättigt. Die OH-Ionen können gegen F-Ionen ausgetauscht werden (2) , die H_2O-Moleküle gegen NH_3-Moleküle. Diese drei letztgenannten Austauschreaktionen werden aber alle beim Auswaschen mit Wasser wieder rückläufig. Sie haben darum in der Praxis keine Bedeutung. Dagegen ist die Bindung der Kationen an die äußeren Basisflächen die wesentliche Ursache für den Kationenaustausch.

Es sei daran erinnert, daß der lange Zeit zur Wasserenthärtung verwendete Neo-Permutit ein Glaukonit war, der zur Gruppe der Illite gehört (3) . Hier wurde also einmal das

Ionenaustauschvermögen der Illite technisch angewendet.

Die Abb. 4 bringt die analoge Darstellung für den Ionenaustausch am Kaolinit (4). Es spricht viel dafür, daß der Kationenaustausch im wesentlichen an der einen Basisfläche erfolgt, in der die Tetraederschicht liegt. Neu ist hier, daß die andere Basisfläche, die durch OH-Ionen gebildet wird, diese gegen F-Ionen austauschen kann.

Abb. 5 zeigt die Kristallstruktur des Montmorillonits, die den Glimmern nahe verwandt ist. Neu ist hier, daß der Montmorillonit unter innerkristalliner Quellung Wasser zwischen den Silikatschichten aufnehmen kann (5). Dadurch werden die Kationen zwischen den Silikatschichten austauschfähig, und dadurch erklärt sich die hohe Austauschkapazität.

Da man röntgenographisch den Schichtabstand messen kann, bietet der Montmorillonit die glückliche Möglichkeit, die Einlagerung der Wasserschichten und den Ablauf der Quellung zu messen. Dabei zeigt sich, daß die Quellung abhängig ist von der Dichte der Kationen zwischen den Silikatschichten und von der Art dieser Kationen (6, 7). Es ist zwar noch nicht möglich, präparativ Montmorillonit mit verschiedener Dichte der Kationen in guter, sauberer Qualität herzustellen, aber die Natur liefert uns dafür eine reiche Auswahl an Mineralen.

Die Minerale sind in der Tab. 1 geordnet nach der Dichte der Kationen zwischen den Silikatschichten. Man sieht, daß die Quellung nur dann erfolgt, wenn zwischen den Silikatschichten Kationen liegen. Pyrophillit und Talk besitzen kein Quellvermögen. Ist die Dichte zu hoch und sind die Kationen K-Ionen, wie bei den Glimmern unten in der Tabelle, so erfolgt wieder keine Quellung. Nur im Zwischenbereich liegen die quellfähigen Montmorillonite. Die Tabelle gibt als Maß für die Quellung den Schichtabstand im trockenen Zustand und unter Wasser für Erdalkali-Ionen, K-Ionen und Na-Ionen. Einer Aufweitung von 10 Å auf 20 Å entspricht eine Einlagerung von etwa 4 Wassermolekül-Schichten. 15 Å Schichtabstand entspricht 2 Wassermolekül-Schichten. Es ist sehr wahrscheinlich, daß die austauschfähigen Kationen in gequollenem Zustand bevorzugt in der Mitte zwischen den Silikatschichten liegen, also z. B. bei 4 Wassermolekül-Schichten durch 2 Wasserschichten von der oberen Silikatschicht und durch 2 Wasserschichten von der unteren Silikatschicht getrennt sind. Besonders überzeugend konnte dies für Mg-Ionen im Vermikulit durch Fourier-Analyse der (001)-Interferenzen gezeigt werden (8) . Hier liegt jeweils eine Wassermolekül-Schicht zwischen der Kationenschicht und den Silikatschichten.

Kalium-Ionen

Wir wollen zuerst die Wirkung der K-Ionen betrachten. Bei geringer Dichte verhalten sie sich wie die Na-Ionen und führen unter Wasser zu einer so starken Quellung, daß der Schichtabstand unmeßbar groß wird (∞), und daß sich die Kristalle in die einzelnen Silikatschichten aufteilen (obere Hälfte der Tabelle). Bei Vermikulit und Batavit aber bewirkt die hohe Dichte der K-Ionen, daß die Quellung praktisch verschwindet und die K-Ionen nicht mehr den normalen Ionenaustausch zeigen. Die Erklärung dürfte darin liegen, daß die K-Ionen in der Reihe der Alkali-Ionen an der Grenze zwischen den stark hydratisierten Na- und Li-Ionen einerseits und den schwach hydratisierten Rb- und Cs-Ionen andererseits liegen (7) . Bei niedriger Dichte finden die K-Ionen genügend H_2O-Moleküle zur Hydratation und wirken wie die hydratisierten Na- (oder Li-) Ionen. Bei hoher Dichte finden die K-Ionen zwischen den Silikatschichten nur wenig Wassermoleküle zur Hydratation. Als hydratwasserfreie K-Ionen passen sie aber in ihrer Größe sehr gut in die Lücken in dem Sechsring-Netz der O-Ionen, welche die Oberfläche der Tetraederschicht bilden (Abb. 6). Werden sie von 2 Silikatschichten oben und unten eingeschlossen, so bietet sich ihnen eine 12er-Koordination von O-Ionen. Armin Weiß hat darauf hingewiesen (9) , daß bei den in ihrer Struktur bekannten Kaliumsalzen gerade die Salze schwer löslich sind, in denen das K-Ion eine 12er-Koordination von O-Ionen besitzt, z. B. $KClO_4$, KH-Tartrat und $K_3[Co(NO_2)_6]$ (Tab. 2). Die 12er-Koordination gibt die beste Absättigung für die Coulomb'schen Kräfte.

Die Festlegung des Kaliums in der 12er-Koordination hat für die Fruchtbarkeit des Erdbodens erhebliche Bedeutung. Durch die Bildung solcher glimmerartiger Schichtsilikate werden die aus der Verwitterung der Feldspäte frei werdenden K-Ionen wieder festgehalten, während die Na-Ionen gelöst bleiben, so daß sie heute im Meerwasser in viel höherer Konzentration als die K-Ionen gefunden werden, obwohl bei der Verwitterung beide Alkali-Ionen in etwa gleicher Menge frei werden. Aus solchen Verwitterungsneubildungen stammen die glimmerartigen Tonminerale (Illite). Sie sind die häufigsten Tonminerale im Erdboden. Durch ihre erneute Verwitterung sind sie die natürlichen Kalilieferanten für die Pflanzen. Feldspäte, an die man früher dachte, sind im Erdboden viel seltener.

Bei der künstlichen Düngung mit Kalisalzen nehmen die an der Oberfläche der Kristalle gebundenen austauschfähigen Kationen dieser und der anderen Tonminerale die K-Ionen aus dem Düngesalz im Austausch auf und verhindern die allzu rasche Auswaschung in das Grundwasser (Abb. 7).

Die Nervenleitung beruht auf dem Wechsel der Permeabilität der Nervenmembran für K- oder Na-Ionen. Man hat noch keine Vorstellung dafür, wie die Membran es einrichtet, einmal für Na-Ionen durchlässig und ein anderes Mal undurchlässig zu sein. Bei dem Wechsel der Durchlässigkeit für K-Ionen könnte man aber daran denken, daß die Membran für K-Ionen undurchlässig wird, wenn sie diese in einer Koordination von 12 O-Ionen festlegt.

Da Caesium-Ionen entsprechend ihrer Stellung im Periodischen System an Tonminerale noch fester gebunden werden als K-Ionen, dienen Montmorillonit und insbesondere Vermikulit zur Entfernung des radioaktiven Cs aus Abwässern der Reaktoren. Hier werden also die Besonderheiten des Ionenausauschee an Tonmineralen in der Technik genutzt.

Erdalkali- und Natriumionen

Bei den Montmorillonit-Mineralen mit geringer Dichte der austauschfähigen Kationen zeigt die Tab. 1 den Unterschied in der Wirkung der Erdalkali-Ionen und der Na-Ionen auf die Quellung. Bei Erdalkali-Ionen kommt es unter Wasser nur zu einer Aufweitung des Schichtabstandes auf etwa 20 Å. Die Silikatschichten werden noch zum Kristallgitter zusammengehalten. Bei Na-Ionen (und ebenso bei Li-Ionen) geht die Quellung so weit, daß die Silikatschichten sich im Grenzfall vollständig voneinander lösen. Diese Aufteilung eines Kristalles in viele dünnste Lamellen ist die Ursache dafür, daß die aus Montmorillonit bestehenden Na-Bentonite das beste Material sind, um den Quarz im Formsand der Gießereien mit genügender Festigkeit und hoher Gasdurchlässigkeit einzubinden. In Wasser geben die Na-Bentonite aus dem gleichen Grund eine viskose und thixotrope Spülung, die beim Niederbringen von Bohrlöchern bevorzugt verwendet wird.

Das gleiche Spiel der Na- und Ca-Ionen zeigt sich auch beim Kaolinit. Hier erfolgt natürlich keine innerkristalline Quellung. In analoger Weise bewirken aber Na-Ionen, daß die Kristallplättchen des Kaolinits bei Gegenwart von Wasser weniger fest aneinander haften. Die Masse wird flüssig und kann als Gießschlicker Verwendung finden, während Ca-Ionen bei gleichem Wassergehalt eine plastische Masse ergeben, die mit der Hand oder auf der Drehscheibe geformt werden kann.

Aus dem gleichen Grund ist es für die Fruchtbarkeit des Erdbodens günstig, wenn die austauschfähigen Kationen vorwiegend Ca- und Mg-Ionen sind, wie sie durch die Härtebildner des Bodenwassers eingetauscht werden. Dann besitzt der Boden eine lockere Krümelstruktur, die Luft und Wasser den Zutritt gestattet. Wenn durch Meerwasser oder durch zu starke Kalidüngung die Erdalkali-Ionen gegen Na- oder K-

Ionen ausgetauscht werden, wird der Ackerboden dicht geschlämmt. Er schwindet beim Trocknen zu dichten, wasser- und luftundurchlässigen Schollen, was seine Fruchtbarkeit beeinträchtigt.

Die Abb. 8 zeigt in einer erheblich übertriebenen schematischen Darstellung im Schnitt die Unterschiede in der Struktur einer Masse aus Kaolinit oder Illit mit Ca- und Na-Ionen. Im Schnitt sind die Kristallplättchen des Tonminerals als Leisten dargestellt. Die Verklebung der Kristallplättchen durch die Ca-Ionen führt zu einer Gerüststruktur. Wird durch mechanische Kräfte ein Kristall von seiner Haftstelle fortgeschoben, so findet er in der Nachbarschaft wieder eine neue Haftstelle. So gibt das Bild einen Einblick in den Vorgang der plastischen Verformung. Na-Ionen bewirken im Grenzfall, daß die voneinander gelösten Plättchen sich parallel zueinander einstellen. Dazu hilft die Wolke der Na-Ionen (diffuse Doppelschicht), die die Plättchen umhüllt. Die Masse ist jetzt flüssig. Beim Trocknen kann sie durch die Ausrichtung der Plättchen zu größerer Dichte schwinden. Dies zeigt sich auch darin, daß ein gegossenes keramisches Gefäß im Vergleichsfall eine höhere Trockenbiegefestigkeit besitzt als ein auf der Drehscheibe hergestelltes Gefäß (10)

Bei der erheblichen Bedeutung der verschiedenartigen Wirkung der Na- und Ca-Ionen ist es interessant, die Ursache dafür zu suchen. Sie liegt letzten Endes in der Ladung der beiden Ionen. Auf jede negative Ladung in der Oberfläche eines freiliegenden Tonkristalles oder einer Silikatschicht des Montmorillonits kommt bei Na-Ionen ein Kation. Die Kationen können darum die negative Ladung der Oberfläche nach außen abschirmen. Die Abb. 9 zeigt dies links oben für hydratisierte, aber noch nahe an der Oberfläche liegende Na-Ionen und unten für eine diffuse Doppelschicht aus Na-Ionen. Wenn der mittlere Abstand der negativen Ladungen auf der Oberfläche erheblich größer ist als der Durchmesser der Kationen - und das ist bei den Tonmineralen der Fall -

dann können die zweiwertigen Ca-Ionen wegen ihrer geringeren Zahl die negative Ladung der Oberfläche nicht vollständig abschirmen. Die Abb. 9 zeigt rechts an Hand des Verlaufes der Äquipotentiallinie, wie die negative Ladung durch die Lücken der Kationen nach außen wirksam bleibt (11) . Die Abb. 10 zeigt schließlich in vereinfachter Darstellung, wie zwei Oberflächen mit zweiwertigen Kationen, wenn sie einander nahe kommen (rechts oben), sich miteinander verkleben (rechts unten), weil dann die Kationen den günstigsten Ladungsausgleich finden (12) . Bei einwertigen Kationen (links oben) ist dieses Einrasten zur Verklebung nicht in gleichem Maße begünstigt.

Aktivität der Ca-, Ba-, La-Ionen am Kaolinit

Die Verflüssigung einer plastischen Masse zum Gießschlicker wird zweckmäßig dadurch ausgeführt, daß man die Ca-Ionen gegen die Na-Ionen eines Salzes austauscht, dessen Anionen ein schwer lösliches Ca-Salz bilden, also z. B. $Na_2C_2O_4$, Na_2CO_3 oder NaF. Entsprechend läßt sich eine Ba-Ionen enthaltende Masse mit Na_2SO_4 verflüssigen und eine La-Ionen enthaltende Masse wieder mit $Na_2C_2O_4$ oder NaF (13) . Für die Verflüssigungsreaktion gilt z. B. die Gleichung:

$$Ca\,[Kaolinit] + Na_2C_2O_4 = Na_2\,[Kaolinit] + CaC_2O_4.$$

Die quantitative Messung der Austauschisothermen ermöglichte es, die im Austauschgleichgewicht wirksame Aktivität der Ca-, La- und Ba-Ionen auf den Kaolinit zu messen (14) .

Die Werte der Tab. 3 gelten für eine Suspension von 10 g Kaolinit in 100 ml Wasser. Die Aktivitäten der Kationen auf dem Kaolinit sinken in der Reihe Ca, Ba, La, wie es der Hofmeister'schen Reihe entspricht. Sie sind aber um Größenordnungen niederer als die Aktivitäten im Löslichkeitsprodukt der schwerlöslichen Salze $CaC_2O_4 \cdot H_2O$, $CaCO_3$, $BaSO_4$ und $La_2(C_2O_4)_3 \cdot 9H_2O$ unter H_2O! Dabei spricht für die Zuverlässigkeit der Messungen, daß die Aktivitäten für die Ca-Ionen aus zwei verschiedenen Reaktionen in befriedigender Übereinstimmung erhalten wurden. Die Ca-, Ba- und La-Ionen sind also an die Oberfläche des Kaolinits fester gebunden als an die Anionen der bekannt schwer löslichen Salze!

Der Unterschied in der Aktivität zwischen den Erdalkali-Ionen und dem La-Ion beträgt rund drei Zehnerpotenzen. Dies stimmt überein mit den Untersuchungen über die Bindung von Sr- und Y-Ionen, über die Herr H.-P. Boehm auf dieser Tagung berichten wird.

Gleichgewicht von H_3O- und Al-Ionen

Ersetzt man die austauschfähigen Kationen durch H_3O-Ionen, so reagiert das Tonmineral in wässriger Lösung deutlich sauer mit einem pH von 3 oder darunter. Die Folge davon ist, daß jetzt aus dem Gitter Al-Ionen herausgelöst werden, die die Rolle eines Teils der H_3O-Ionen übernehmen. Es reagiert ein solches Tonmineral wie ein mit (H+Al)-Ionen belegter Austauscher. Verschiebt man das pH ins neutrale Gebiet, so scheiden sich die Al-Ionen wieder als Aluminiumhydroxyd ab. Die extremsten Grenzen dieses Gleichgewichtes können durch die folgende Gleichung wiedergegeben werden:

$$Al^{3+} + 6\,H_2O \rightleftharpoons Al(OH)_3 + 3\,H_3O^+$$

Vielleicht ist es nicht nötig, daß die Al-Ionen, wenn sie austauschfähig werden, ganz das Gitter verlassen, vielleicht werden nur die am Rande der Oktaederschicht liegenden Al-Ionen durch Ersatz ihrer OH-Ionen gegen H_2O-Moleküle in ihrer Ladung aktiv und mehr oder weniger beweglich.

Nicht uninteressant ist es, daß man die Belegung eines Tonminerals mit H_3O-Ionen am besten durch Behandlung mit einem stark sauren Kunstharzaustauscher ausführt (15, 16). Das hohe Angebot an H_3O-Ionen pro Volumeinheit in einem solchen Ionenaustauscher begünstigt die Belegung des Tonminerals. Dabei bleiben die Schädigungen des Gitters in geringeren Grenzen, als wenn man versucht, den Austausch durch starke Säuren oder durch Elektrodialyse zu erzwingen. Denn die Tonmineralkristalle sind nur vorübergehend in Kontakt mit den H_3O-Ionen des Austauschers und sind, wenn sie sich wieder entfernt haben, nicht mehr dem Angriff der starken Austauschersäure ausgesetzt.

Verlust des Austauschvermögens bei höheren Temperaturen

Beim Erhitzen auf höhere Temperaturen verlieren die austauschfähigen Kationen der Tonminerale ihre Austauschfähigkeit. Dies erfolgt bei Montmorillonit und bei Kaolinit noch bevor das Kristallgitter erheblich verändert wird. Für verschiedene Kationen ist die Reihenfolge nach der Temperatur Li, H, Ca, Na. Li-Ionen verlieren schon nach Erwärmen auf 100° C zur Hälfte ihre Austauschfähigkeit, H-Ionen bei 200° C, Ca-Ionen bei 300° C, Na-Ionen bei etwas höherer Temperatur (17) . Die Ursache dafür ist es, daß die Kationen in die Oktaederschicht einwandern. Dies ergibt sich daraus, daß die angegebenen Temperaturen für Montmorillonit-Minerale gelten, deren Oktaederschicht vorwiegend Al-Ionen enthält und also Lücken besitzt, während der gleiche Vorgang bei Mineralen, die eine mit Mg-Ionen vollständig besetzte Oktaederschicht besitzen, auch bei Li-Ionen erst über 400° C abläuft (18) .

Tonminerale als Katalysatoren

Auch die katalytische Wirkung der Oberfläche der Tonminerale ist interessant. Am deutlichsten wird sie bei den Mineralen der Montmorillonit-Gruppe, da die Katalyse hier auch zwischen den Silikatschichten erfolgt (19) .

Tauscht man z. B. als Kationen Diphenylammonium-Ionen oder Anilinium-Ionen ein, so werden diese durch den Luftsauerstoff zum blauen Benzidinfarbstoff oder zu den Oxydationsprodukten des Anilins, unter Umständen bis zum Anilinschwarz, oxydiert.

Das technisch genutzte Ölschiefervorkommen von Messel bei Darmstadt ist aus Montmorillonit gebildet. Dabei ist das Bitumen innerkristallin zwischen die Silikatschichten eingelagert (20) . Vielleicht hat der Montmorillonit das

Bitumen nur auf diese Weise gespeichert, vielleicht aber hat er auch die organischen Vorprodukte aufgenommen und als Katalysator in das Bitumen verwandelt. Auf dem Umweg über den Ölschiefer könnte also der Montmorillonit an der Bildung des Erdöls beteiligt sein.

Dafür spricht auch, daß Montmorillonit Eiweiß durch Adsorption aus Lösungen entfernt. Darum wird er zur Stabilisierung von Wein, Bier und Molke verwendet. Meist wird dabei nur ein Ende der Peptidkette der großen Eiweißmoleküle zwischen den Silikatschichten eingeschlossen. Bei Montmorillonit mit nicht zu großer Dichte der negativen Ladungen (bzw. der austauschfähigen Kationen) wird aber das stark basische Protamin Salmin quantitativ eingelagert. Jedes austauschfähige Kation wird durch ein Guanidinium-Ion der Salmin-Moleküle ersetzt (21).

Wir erwähnten schon, daß am Tonmineral austauschfähig gebundene H_3O-Ionen sauer reagieren. Die Säurestärke eines mit solchen Ionen belegten Kaolinits entspricht ungefähr der Essigsäure. Zu beachten ist aber, daß die Dichte der H_3O-Ionen ungewöhnlich hoch ist. Zwischen den Silikatschichten des Montmorillonits kann sie einer mehr als 5n Säure entsprechen. Auf dieser Protonenaktivität beruht die Wirkung der aus Montmorillonit hergestellten Katalysatoren für die Erdölraffination.

Wird die Peptidkette eines Eiweißmoleküls zwischen die Silikatschichten eines H-Montmorillonits eingelagert, der eine hohe Schichtladung und dementsprechend eine hohe Dichte der H_3O-Ionen besitzt, so bleiben nach dem Kationenaustausch noch H_3O-Ionen zur Verfügung, die die Spaltung der Peptidkette bewirken. Solche Montmorillonite sind also wirksame Katalysatoren für die Proteinhydrolyse (22).

In den Kreisen, die sich mit der Erforschung der Ursachen der Silikose beschäftigen, wird zur Zeit darüber diskutiert, ob vielleicht diese Veränderung eines nur zum Teil eingelagerten Eiweißmoleküls die Ursache für diese Krankheit sein könnte. Denn Armin Weiß hat gezeigt, daß sich in den silikotischen Lungen ein besonderes quellfähiges Silikat findet, das aus der vom Quarz langsam und stetig abgegebenen löslichen Kieselsäure gebildet worden sein kann (22).

Entstehung des Lebens auf der Erde

Wenn die H_3O-Ionen auf der Oberfläche des Tons oder zwischen den Silikatschichten des Montmorillonits die Proteinhydrolyse katalysieren, dann müssen sie aber in gleicher Weise auch die Bildung der Polypeptidkette aus den Bausteinen katalysieren, denn ein Katalysator beschleunigt stets die Reaktion in beiden Richtungen zum Gleichgewicht (23).

Es gilt heute als nicht unwahrscheinlich (24, 25), daß das Leben auf der Erde aus nicht lebender Substanz entstanden ist. Es ist sogar denkbar, daß der Ton dabei der Katalysator war. Wahrscheinlich hatte die Erde, als ihre Oberfläche vor drei Milliarden Jahren erstarrte, eine Atmosphäre aus Wasserstoff und den häufigsten flüchtigen Wasserstoffverbindungen NH_3, CH_4 und H_2O, wie sie heute die großen kalten Planeten Jupiter bis Neptun noch besitzen. In einer solchen Atmosphäre konnte Miller (25) durch elektrische Entladung oder durch ultraviolette Strahlung die einfachsten Bausteine der lebenden Materie herstellen, wie z. B. Formaldehyd, Blausäure, Glycin, Alanin u. a. m. Da diese Uratmosphäre keinen freien Sauerstoff enthielt, besaß sie auch keine Ozonschicht, so daß die UV-Strahlung der Sonne ungemindert zur Wirkung kam.

In den heutigen Lebewesen bauen die Nucleinsäuren Enzyme auf, die aus Eiweiß bestehen. Diese Enzyme sind die Katalysatoren für die chemischen Reaktionen des Stoffwechsels und für den Aufbau der anderen Eiweißarten, Muskeleiweiß, Fasereiweiß, für den Aufbau der Kohlenhydrate und so fort. Die Nucleinsäuren besitzen die Fähigkeit, sich selbst zu verdoppeln. Dadurch ermöglichen sie es den Lebewesen, sich zu vermehren und ihre Zellen zu teilen. Ihr Aufbau aus kleinen Bausteinen erfolgt wieder mit Hilfe von

Enzymkatalysatoren, die sie selbst aus den Bausteinen herstellen, die in der Zelle vorhanden sind. Die freigelegte Nucleinsäure eines Virus kann mit den Bausteinen, die ihr die Zelle liefert, ihre Eiweißhülle aufbauen und sich vermehren (26).

Vielleicht hat in der Urzeit der Ton die Rolle dieser Enzymkatalysatoren gespielt. Tonminerale, Kaolinit, Illite und Montmorillonit sind in präpaläozoischen Schichten nachgewiesen worden (27). Es gab sie also schon in sehr früher Zeit. Die Verwitterung, die die Tone bildete, konnte auch aus dem Apatit die Phosphorsäure in Freiheit setzen, die ein notwendiger Baustein der Nucleinsäuren ist.

Vielleicht hat der Ton als Katalysator aus den damals in seiner natürlichen Umgebung vorhandenen Bausteinen eine Nucleinsäure aufgebaut oder ein Enzym synthetisiert, das imstande war, eine Nucleinsäure aufzubauen, die zur Vermehrung fähig war.

Literatur

1. Armin Weiß, Z. anorg. allg. Chem., 297 (1958), 257.
2. Armin Weiß, A. Mehler, G. Koch u. U. Hofmann, Z. anorg. allg. Chem., 284 (1956), 247.
3. E. Maegdefrau, Z. Kristallogr. (A), 98 (1937), 31.
4. Armin Weiß, Z. anorg. allg. Chem., 299 (1959), 92.
5. U. Hofmann, K. Endell u. D. Wilm, Z. Kristallogr. (A), 86 (1933), 340.
6. Armin Weiß, G. Koch u. U. Hofmann, Ber. Dtsch. Keram. Ges., 32 (1955), 12.
7. U. Hofmann, Kolloid-Z., 169 (1960), 58.
8. A. McL. Mathieson u. G. F. Walker, Amer. Mineralog., 39 (1954), 231.
9. Armin Weiß, unveröffentlichte Mitteilung.
10. U. Hofmann, W. Czerch u. E. Scharrer, Ber. Dtsch. Keram. Ges., 35 (1958), 219.
11. W. Czerch, K. Frühauf u. U. Hofmann, Ber. Dtsch. Keram. Ges., 37 (1960), 255.

12. Armin Weiß, Kolloid-Z., 158 (1958), 22.
13. W. Czerch, K. Frühauf u. U. Hofmann, Ber. Dtsch. Keram. Ges., 37 (1960), 255.
14. K. Frühauf, W. Burck u. U. Hofmann, Kolloid-Z., im Druck; U. Hofmann u. W. Burck, Angewandte Chemie, im Druck.
15. Armin Weiß, Z. anorg. allg. Chem., 297 (1958), 232.
16. K. Frühauf u. U. Hofmann, Z. anorg. allg. Chem., 307 (1961), 187.
17. U. Hofmann u. R. Klemen, Z. anorg. allg. Chem., 262 (1950), 95; R. Greene-Kelly, Clay Min. Bull., 2 (1953), 52; J. physic. Chem., 59 (1951), 1151.
18. Armin Weiß u. G. Koch, Z. f. Naturforsch., 16b (1961), 68.
19. Armin Weiß u. U. Hofmann, Z. f. Naturforsch., 6b (1951), 405.
20. W. Immel, Dissertation Darmstadt, 1960.
21. G. Koch, Dissertation Darmstadt, 1960.
22. Armin Weiß in Grundfragen aus der Silikoseforschung, 3. Bd., Bergbauberufsgen. Bochum 1958, S. 45; A. Weiss, W. Klosterkötter u. F. J. Strecker, Naturwissenschaften, 48 (1961), 163.
23. Vgl. den Vortrag von F. Andreas auf dieser Tagung.
24. G. H. R. v. Koenigswald "Die Geschichte des Menschen", Springer, Heidelberg, 1960, S. 10.
25. Bericht v. A. Wacker über das Internat. Symposium "Die Entstehung des Lebens auf der Erde", Moskau 1957, in Angew. Chem., 70 (1958), 519.
26. G. Schramm, Angew. Chem., 71 (1959), 53.
27. J. J. Ginzburg u. A. P. Nikitina, Inter. Geologie Kongreß, Aug. 1961, Kopenhagen.

Tabelle 1

Verlauf der innerkristallinen Quellung bei verschiedenen Mineralen der Montmorillonitgruppe

Mineral und Herkunft	Flächendichte der Kationen zwischen den Silikatschichten in Äquiv. pro Formeleinheit [1]	Schichtabstand in Å bei austauschfähig gebundenen Erdalkali-Ionen (Mg) trocken	in H_2O	K-Ionen trocken	in H_2O	Na-Ionen trocken	in H_2O
Pyrophyllit, Talk	0,00	konstant 9,2					
Minerale der Montmorillonitgruppe: Hectorit Hector, Kalif.	0,24	11,1	20,8	10,1	∞	9,8	∞
Montmorillonit Geisenheim	0,34	10,7	19,8	10,0	∞	9,9	∞
Montmorillonit Cypern	0,40	11,8	19,4	10,2	∞	9,9	∞
Beidellit II Unterrupsroth	0,42	11,8	18,8	10,3	∞	10,4	∞
Nontronit Untergriesbach	0,52	11,8	19,4	10,0	∞	10,3	∞
Saponit Groschlattengrün	0,57	11,7	15,1	10,3	14,3	10,6	15,5
Beidellit I Unterrupsroth	0,58	-	-	10,3	14,4	10,4	15,8
Vermikulit Kropfmühl	0,65	11,6	14,5	10,2	10,4	9,8	14,9
Batavit Kropfmühl	0,68	11,8	14,5	10,2	10,3	9,8	14,9
Illit Sarospatak	0,705	-	-	10,1	10,1	-	-
Muskovit, Biotit	0,8 - 1,0	-	-	10,0	10,0	-	-

(Na-Ionen in H_2O, ∞: Aufteilung der Kristalle bis in einzelne Silikatschichten)

1) $(MeIII_2, MeII_3)(OH)_2 [(Si,Al)_4O_{10}]$ entspr. 23 $Å^2$ zwischen den Silikatschichten

Tabelle 2

Löslichkeit von Kaliumsalzen und Koordination des Kaliums gegen Sauerstoff (nach Armin Weiss)

Verbindung	Koordination des Kaliums gegen Sauerstoff	Löslichkeit g/100 ml H_2O 0 °C
$KClO_3$	3 + 6	3,3
$KBrO_3$	3 + 6	3,1
KNO_3	3 + 6	13,2
K-Na-Tartrat	6	6,1
K-H-Tartrat	12	0,3
$KClO_4$	12	0,7
$K_3[Co(NO_2)_6]$	12	0,08
K-Batavit	12	keine Quellung
Muskovit, Biotit	12	"
$K[UO_2(VO_4)]$	12	"
$[K(PO_3)]_n$	12	"

Tabelle 3

Wirksame Aktivitäten der austauschfähigen Kationen am Kaolinit in 10 %iger Suspension (Mol/Liter)

Kationen	auf dem zur Hälfte+) mit diesen Kationen belegten Kaolinit	im lösl. Produkt des schwerlöslichen Salzes unter dest. H_2O
Ca	$1{,}7 \cdot 10^{-6}$	$4{,}5 \cdot 10^{-5}$ $CaC_2O_4 \cdot H_2O$
Ca	$2{,}0 \cdot 10^{-6}$	$9{,}5 \cdot 10^{-5}$ $CaCO_3$
Ba	$1{,}5 \cdot 10^{-7}$	$1{,}0 \cdot 10^{-5}$ $BaSO_4$
La	$0{,}7 \cdot 10^{-9}$	$2{,}3 \cdot 10^{-6}$ $La_2(C_2O_4)_3 \cdot 9H_2O$

+) Die andere Hälfte waren Na-Ionen

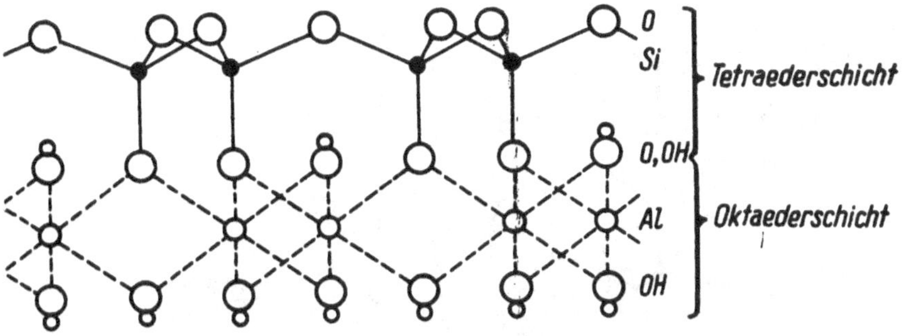

Abb. 1 Silikatschicht des Kaolinits

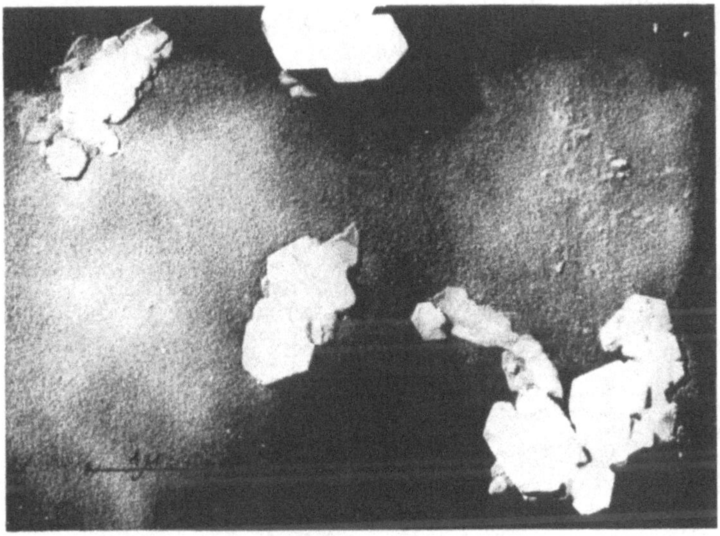

Abb. 2 Kaolinitkristalle (China Clay) mit Cr unter einem Winkel von 20° bedampft; 2140/57.

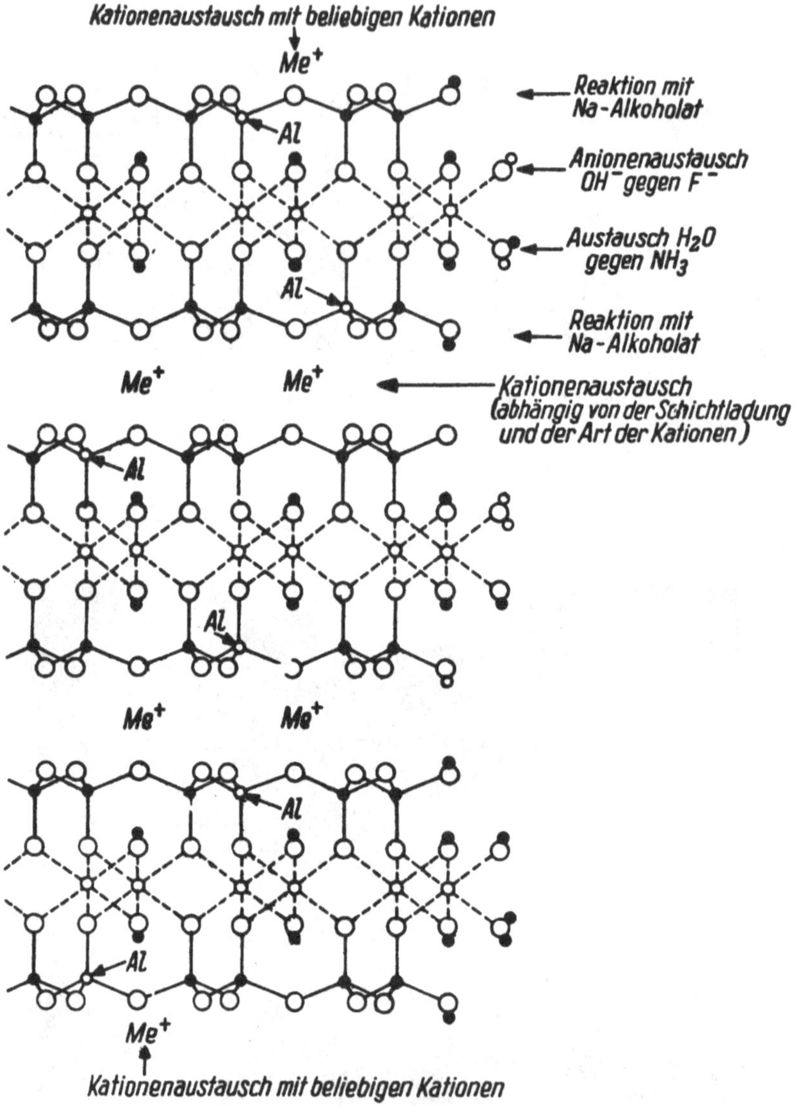

Abb. 3 Ionen- und Molekülaustausch an glimmerartigen Mineralen (nach Armin Weiß, 1958).
Oben und unten freiliegende Basisflächen, rechts freiliegende Prismenfläche des Kristalls.

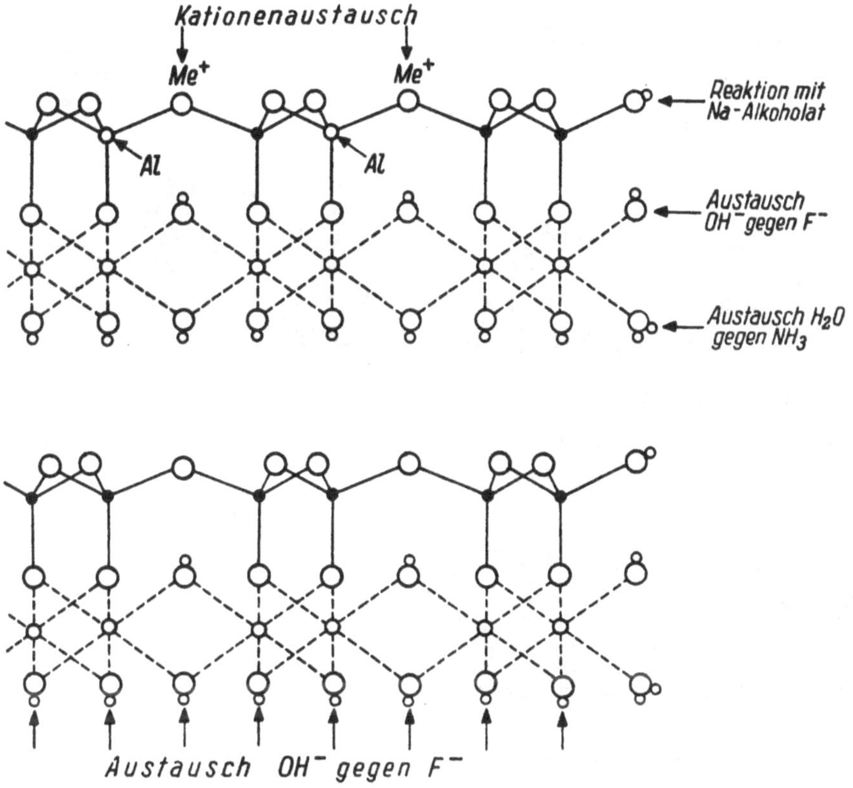

Abb. 4 Ionen- und Molekülaustausch am Kaolinit (nach Armin Weiß), 1959.
Oben und unten freiliegende basisflächen, rechts freiliegende Prismenfliche des Kristalls.

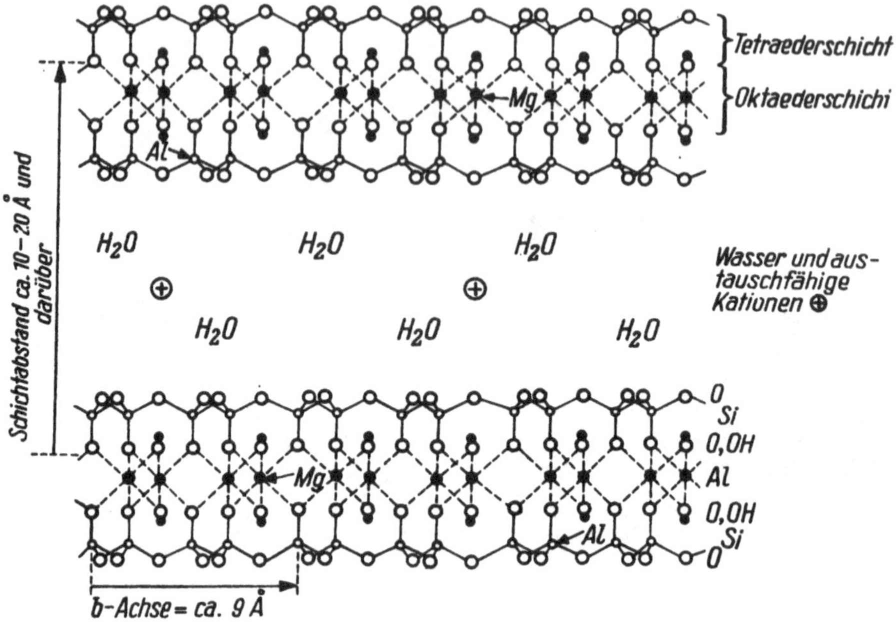

Abb. 5 Kristallstruktur und innerkristalline Quellung des Montmorillonits.

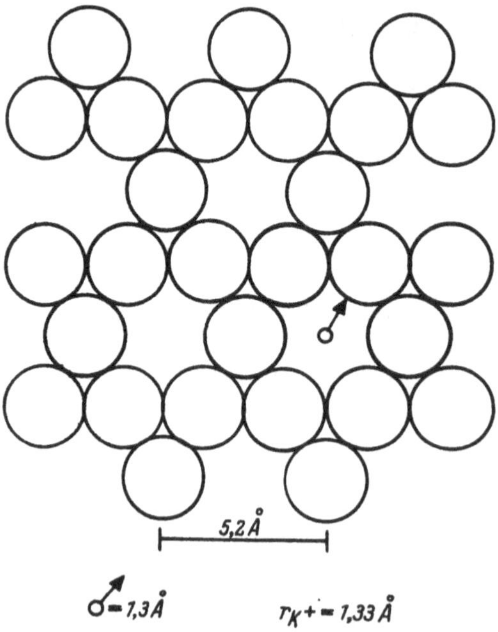

Abb. 6

Aufsicht auf die Sauerstoff-6-Ringe in der Außenfläche der Tetraederschicht.

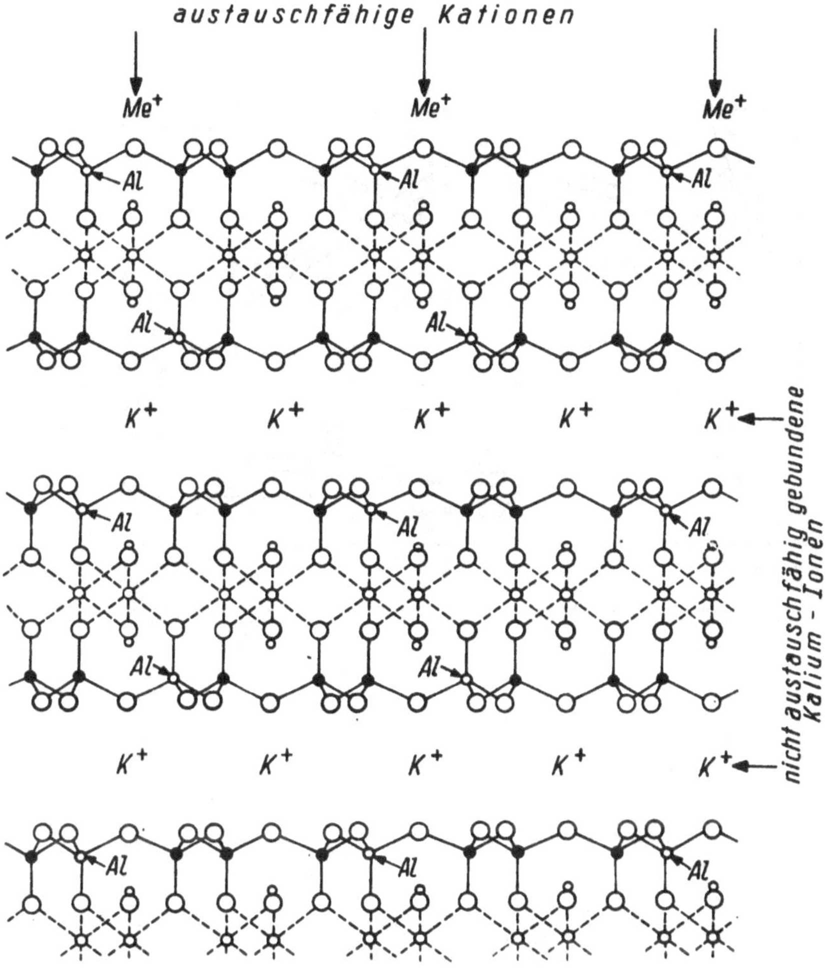

Abb. 7 Kaliumionen im Innern eines glimmerartigen Tonminerals (Illit) und austauschfähige Kationen an der Oberfläche des Tonminerals (obere Basisfläche in der Abbildung).

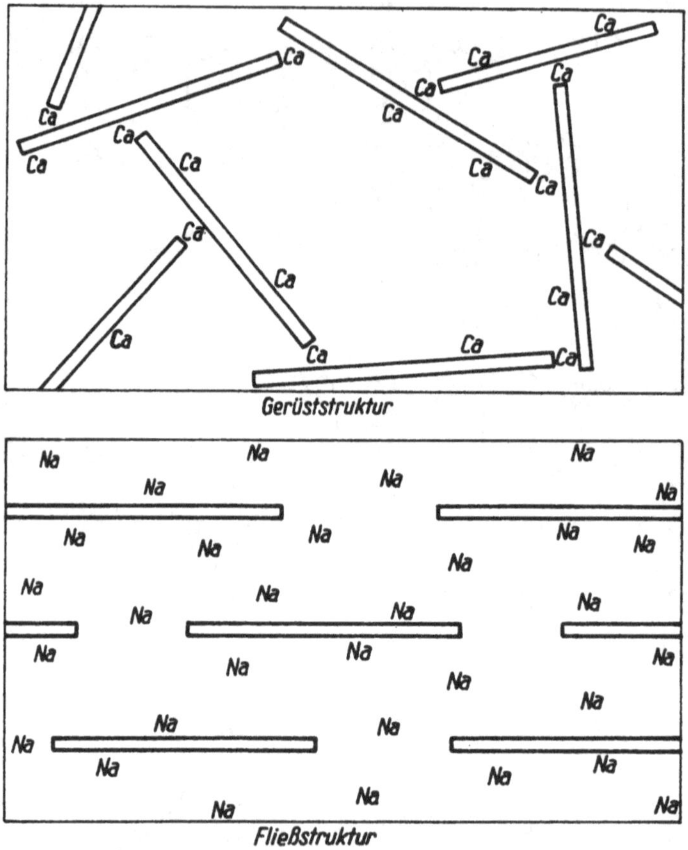

Abb. 8 Schematische Darstellung einer Kaolinit-Wassermischung mit Ca-Ionen und mit Na-Ionen. Die Kaolinitplättchen sind im Schnitt dargestellt, so daß sie als Leisten erscheinen.

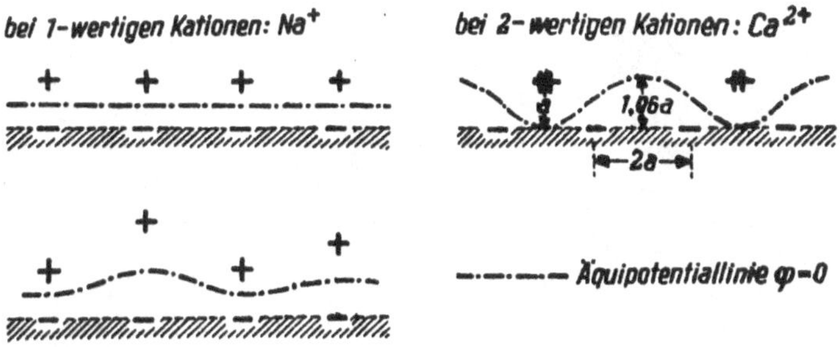

Abb. 9 Potentialverteilung an der Oberfläche eines Tonmineralkristalls oder einer Silikatschicht des Montmorillonits in zweidimensionaler Darstellung

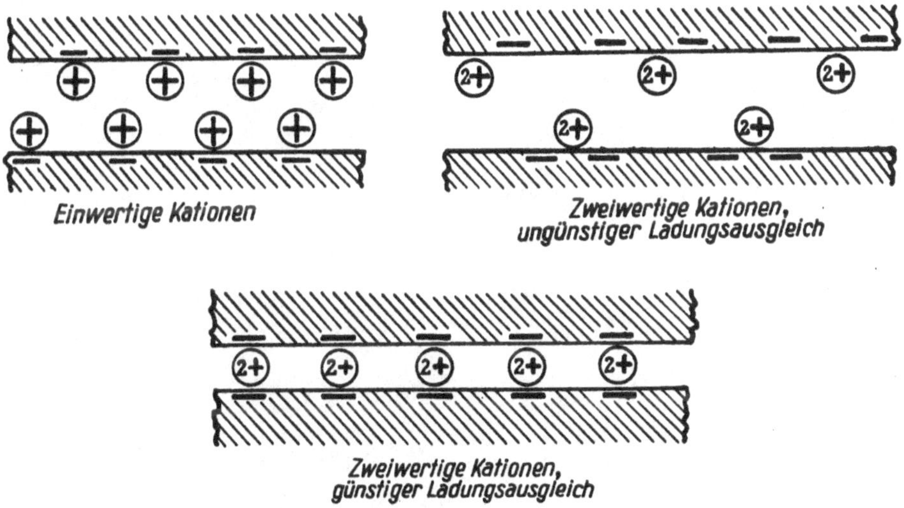

Abb. 10 Oberflächen zweier Kristalle oder Silikatschichten mit ein- und zweiwertigen Kationen (nach Armin Weiß, 1958).

Transport von Salzlösungen und Solen durch anorganische Trennsäulen

von H. W. Kohlschütter

Eduard-Zintl-Institut für anorganische
und physikalische Chemie der Technischen
Hochschule, Darmstadt

1. Allgemeine Aussagen über Trennsäulen

Für Trennsäulen mit porösen Gerüstsubstanzen gelten zwei allgemeine Aussagen: 1) die Trennwirkungen beruhen auf Unterschieden der Transportgeschwindigkeiten für die Komponenten der mobilen Phase. 2) Diese Unterschiede der Transportgeschwindigkeiten beruhen auf Unterschieden der Wechselwirkungen zwischen den Komponenten der mobilen Phase und der stationären Phase. Es ist möglich, die Frage nach dem Transport zunächst ganz unabhängig von der Frage nach den Wechselwirkungen zu stellen und entsprechende Messungen auszuführen. Wenn solchen Messungen systematische Variationen der beteiligten Stoffe zu Grunde gelegt werden, dann sind Rückschlüsse auf die Vorgänge in der Säule möglich. Diese setzen sich zusammen aus Teilvorgängen an der Oberfläche der stationären Phase und aus Teilvorgängen in der mobilen Phase.

In dieser Mitteilung wird der Transport von wässrigen Salzlösungen durch Silicagel-Eisenhydroxid- und Aluminiumoxidsäulen beschrieben. Benutzt werden Stoffbilanzen, die sich auf Zu- und Abfluß der Lösungen beziehen. Sie liefern Aussagen über den Transport der gelösten Salze über die ganze Länge der Säulen. Die Verteilung der gelösten Salze während des Transportes innerhalb der Säulen wird nicht behandelt.

2. Transportmessungen für Lösungen

Wenn das reine Lösungsmittel durch eine (senkrecht stehende) Trennsäule fließt, dann läßt sich die Fließgeschwindigkeit messen als

$$u_1 = V/q \cdot t_1 = [cm/sec]$$

V = in der Zeit t_1 durch die Trennsäule fließendes Volumen;

q = geometrischer Querschnitt der Trennsäule.

Wird ein konstanter Strom des reinen Lösungsmittels eingestellt und unmittelbar über dem oberen Meniskus der porösen Gerüstsubstanz der Trennsäule ein kleines Volumen Lösung in den konstanten Strom des Lösungsmittels eingeführt, dann kann die Transportgeschwindigkeit für den gelösten Stoff gemessen werden als

$$u_2 = s/t_2 = [cm/sec]$$

s = Schichthöhe der Gerüstsubstanz;

t_2 = Zeitdifferenz zwischen dem Eindringen des gelösten Stoffes am oberen Meniskus und dem ersten Austritt am unteren Meniskus der Gerüstsubstanz.

u_2 kann formal auf u_1 bezogen werden. Diese Beziehung stellt man immer dann her, wenn man neue Säulen aufbaut und dabei die Schichthöhe oder die Durchlässigkeit der Gerüstsubstanz nicht genau reproduzieren kann. Ganz einfach wird die Meßmethode, wenn sich die Eigenschaften der Gerüstsubstanz weder beim Durchfluß des Lösungsmittels, noch beim Durchfluß der Lösung ändern. Dann können u_1 und s konstant gehalten werden. Man läßt einen Stoff nach dem anderen durch die Säule transportieren und bestimmt nur noch das Verhältnis ihrer t_2-Werte. Wird dabei ein besonders schnell transportierbarer Stoff gefunden, dessen t_2-Wert sinnvoll als Basis = 1 gesetzt werden kann, dann bleibt nur noch übrig die Beziehung

$$1/t_2 = R$$

Unter solchen Voraussetzungen können R-Werte zwischen 1 und 0 liegen.

R = 1 bedeutet: Der gesuchte Stoff wird gleich schnell wie der Bezugsstoff transportiert.

R = 0 bedeutet: Der gesuchte Stoff bleibt ganz in der Säule hängen.

Solche R-Werte beziehen sich nur auf die Front des Transports. Das vollständige Bild des Transports durch die Säule liefert erst das Elutionsdiagramm. Es wird ebenfalls mit konstanter Fließgeschwindigkeit des Lösungsmittels (u_1) aufgenommen. Aus ihm können die folgenden, für die Diskussion der Teilvorgänge in der Säule auswertbaren Daten abgelesen werden (Abb. 1):

1) Zeitdifferenz zwischen dem Eintritt des gelösten Stoffes in die Säule und dem ersten Austritt aus der Säule. Sie ist (wie soeben gezeigt wurde) die Grundlage für die Berechnung von R-Werten.
2) Abhängigkeit der aus der Säule abfließenden Mengen des gelösten Stoffes von der Zeit. Sie beschreibt die Verteilung des gelösten Stoffes zwischen dem ersten und letzten Austritt aus der Säule.
3) Die Differenz zwischen der auf die Säule aufgegebenen und der insgesamt aus der Säule abgeflossenen Menge des gelösten Stoffes.

1, 2 und 3 können grundsätzlich mit einem einzigen Elutionsversuch ermittelt werden. Praktisch werden 1, 2 und 3 in getrennten Ansätzen bestimmt, weil dadurch größere Genauigkeiten für die einzelnen Werte erreichbar sind.

Bei dem Transport wässriger Salzlösungen sind wichtige Ergänzungen zu Elutionsdiagrammen die im Abfluß synchron aufgenommenen pH-Kurven. Abweichungen der pH-Werte im Abfluß vom pH-Wert im Zufluß treten immer dann auf, wenn Unterschiede der Wechselwirkung von Anionen und Kationen mit der stationären Phase bestehen und dadurch Unterschieschiede der Transportgeschwindigkeiten für Anionen und Kationen zustandekommen. Wenn Anion und Kation eines Salzes verschieden schnell durch die Säule transportiert werden, müssen in der Säule hydrolytische Vorgänge stattfinden.

3. Transport von Salzlösungen und Solen durch die Silicagelsäule

Eine gute Einführung in die Chemie der Silicagelsäule sind Versuche über den Transport der hydrolysierenden Salze Be-, Al-Chlorid und Fe-Nitrat. Dazu stehen die in Tabelle 1 zusammengefaßten Kenntnisse über Silicagel und über Be-, Al-, Fe-Lösungen zur Verfügung.

Tabelle 1

Silicagel: Die handelsüblichen Silicagel-Präparate unterscheiden sich durch Korngröße, mittleren Porenradius, spezifische Oberfläche und Reinheit. Für Serienversuche mit Trennsäulen verwendet man ein durch seine Vorbehandlung standardisiertes Präparat, das mit Säure eisenfrei, mit Wasser säurefrei gewaschen wurde. Beispiel: Korngröße 0,2 - 0,5 mm, mittlerer Porenradius 33 Å, spezifische Oberfläche 408 $\frac{m^2}{g}$.

Funktionen der oberflächenständigen SiOH-Gruppen: In wasserfreien Systemen sind Substitutionsreaktionen möglich, Bsp.: $SiOH + ClSi(CH_3)_3 \longrightarrow Si\,O\,Si\,(CH_3)_3 + HCl$. Im System Silicagel/Wasser lagert sich in der ersten Adsorptionsschicht an einer SiOH-Gruppe ein H_2O-Molekül an, SiOH.....OH_2. Analog ist Anlagerung von Amidogruppen möglich. Aus Thoriumsalzlösungen werden Th^{4+}-Ionen unter Freigabe von H^+-Ionen adsorbiert; dieser Umsatz wird gewöhnlich als einfacher Ionenaustausch formuliert, $SiOH + Th^{4+} \rightleftharpoons Si\,O\,Th^{3+} + H^+$. SiOH hat den Charakter einer schwachen Säure.

Be-, Al-, Fe-Salzlösungen: Durch Zusätze von Säure oder Lauge zu Auflösungen von $BeCl_2$, $AlCl_3$, $Fe(NO_3)_3$ kann der Hydrolysegrad dieser Salze ohne Bildung bleibender Niederschläge in weiten Grenzen variiert werden. pH 7 wird auch bei Zusätzen von Lauge nicht überschritten; für 0,1 m Lösungen gilt z. B.:

$BeCl_2$: 1 NaOH pH = 5,5, $AlCl_3$: 2 NaOH pH = 4,2

$Fe_2 (NO_3)_3$: 2 NH_4OH pH = 2,0.

Ohne Rücksicht auf die pH-Werte werden Lösungen mit Zusätzen von Säure als "saure", mit Zusätzen von Lauge als "basische", ohne Zusätze als "neutrale" Lösungen bezeichnet.

Lösliche Hydrolyseprodukte: Die Bildung von Kationenhydroxokomplexen ist für Be, Al, Fe nachgewiesen. Die bisher bekannten Zahlenangaben über Polymerisationsgrade von Hydroxokomplexen oder ihren Kondensationsprodukten haben keine absolute Bedeutung. Sie lassen nur erkennen, daß die Tendenz zur Vergrößerung der Teilchen zunimmt in der Reihenfolge Be, Al, Fe. Alterungseffekte an Hydrolyseprodukten des Al-Ions sind erkennbar an spontanen pH-Änderungen basischer Al-Chloridlösungen, außerdem an der spontanen Abnahme der Reaktionsgeschwindigkeit von basischen Al-Chloridlösungen mit Salzsäure. Bei dieser Alterung werden Gleichgewichtszustände erreicht. Basische Al-Chloridlösungen können praktisch wie stabile Lösungen behandelt werden. In basischen Fe-Nitratlösungen schreiten die Alterungserscheinungen zwar sehr langsam, aber stetig fort. Es entstehen lineare Teilchen, die Strömungsdoppelbrechung verursachen. Schließlich entstehen Aggregate, die im Elektronenmikroskop als anisodiametrische Teilchen erkannt werden. Zuletzt entstehen feinteilige Niederschläge mit den verwaschenen Interferenzen von α-FeO(OH). Alterung bedeutet hier: Polymerisation - Kondensation - Aggregation.

Reaktionen von Silicagel mit Hydrolyseprodukten: Die Fällung von Silicagel aus Al-salzhaltigen Lösungen oder die Adsorption von Al an Silicagel aus basischen Al-Chloridlösungen führt zu Reaktionsprodukten, die stärker saure Eigenschaften haben als reines Silicagel. Die Bildung dieser Reaktionsprodukte wird mit zwei Vorstellungen diskutiert: a) Kondensation von Al-Hydroxokomplexen mit SiOH-Gruppen

$$SiO\boxed{H \qquad\quad H}OAl^{2+}$$

b) Hydratisierung des Al-Ions entsprechend seiner Koordinationszahl, Aktivierung von Protonen in angelagerten H_2O-Molekülen,

$$SiOAl^{2+}\ldots\ldots\overset{H}{OH}\ (+)$$

In wasserfreien Systemen setzen sich SiOH-Gruppen mit Triisobutylaluminium um. Das Reaktionsprodukt kann hydrolisiert werden. Es wird mit der Möglichkeit gerechnet, daß die Kondensation mit weiteren Al-Gruppen fortgesetzt werden kann, daß also mehrkernige Adsorbate entstehen

$$SiOH \xrightarrow{R_3Al} SiAl\begin{matrix}R\\R\end{matrix} \xrightarrow{H_2O} SiOAl\begin{matrix}OH\\OH\end{matrix}$$

Mit diesen Vorkenntnissen haben die Versuche über den Transport von Be-, Al-, Fe-Lösungen durch Silicagelsäulen zu einigen allgemeinen Aussagen und zu einigen speziellen Aussagen über die Vorgänge in der Säule geführt.

Allgemeine Aussagen

Es müssen zwei Gruppen von Teilreaktionen beachtet werden:

I. Die Hydrolyse der Kationen und ihre Folgereaktionen an der Oberfläche des Silicagels.

Hydrolyse $Me^{(x)+} + H_2O \rightleftharpoons Me(OH)^{(x-1)+} + H^+$

Adsorption $SiOH + Me(OH)^{(x-1)+} \rightleftharpoons SiOH/(HO)Me^{(x-1)+}$

Kondensation $SiOH/(HO)Me^{(x-1)+} \rightleftharpoons SiOMe^{(x-1)+} + H_2O$

"Ionenaustausch" $Me^{(x)+} + SiOH \rightleftharpoons SiOMe^{(x-1)+} + H^+$

II. Die Hydrolyse der Kationen und ihre Folgereaktionen in der Lösung.

$Me^{(x)+} + H_2O \rightleftharpoons Me(OH)^{(x-1)+} + H^+$

$\updownarrow$

Polymerisation
Kondensation
Aggregation

Durch I soll zum Ausdruck gebracht werden: Adsorptionseffekte treten unter Bedingungen auf, unter denen die Kationen der $BeCl_2$ - $AlCl_3$-, $Fe(NO_3)_3$-Lösungen aus ihren Aquokomplexen lösliche Hydroxokomplexe bilden. Es kann deshalb mit der Möglichkeit gerechnet werden, daß zunächst Kationenhydroxokomplexe mit SiOH-Gruppen in Wechselwirkung treten und analog den Aminogruppen oder den Ammoniakkomplexen gebunden werden. Wenn als weitere Teilreaktion Kondensation einbezogen wird, dann erscheint die Bruttoreaktion als "Ionenaustausch". In der Literatur ist die Formulierung der Kationenadsorption an Silicagel als Ionenaustausch üblich. Hier ist aus zwei Gründen eine etwas umständlichere Formulierung gewählt worden:

1) Die SiOH-Gruppe ist eine sehr schwache Säure. Die Voraussetzungen für einen idealen Ionenaustausch im Sinne der Definition "Gegenionen eines polyvalenten Elektrolyten werden reversibel ersetzt" sind am Silicagel nicht besonders ausgesprochen. Die schwedischen Forscher Ahrland, Grenthe und Norén haben versucht, den Ionenaustausch für einige Kationen an Silicagel nachzuweisen. Sie haben das Massenwirkungsgesetz angewandt und Aktivitätskoeffizienten eingeführt. Der Nachweis ist nicht streng gelungen.

2) Die insgesamt bei der Kationenadsorption aus Lösungen hydrolysierender Salze beobachtbaren Erscheinungen weisen auf die Möglichkeit hin, daß auch polymere (oder mehrkernige) Hydrolyseprodukte von Kationen an Silicagel adsorbiert werden können. Man muß z. Zt. bei den Formulierungen für die Oberflächenreaktionen an Silicagel einen gewissen Spielraum lassen. (Ein konkreter Hinweis auf die Möglichkeit der Adsorption von polymeren Hydrolyseprodukten wird unten in dem Abschnitt "Spezielle Aussagen" gegeben werden).

Durch II soll zum Ausdruck gebracht werden: An primären Hydrolyseprodukten können sich sekundäre Vorgänge abspielen.

Für heterogene Stoffsysteme, in denen I und II möglich sind, können keine einfachen Beziehungen zwischen den Konzentrationen

$$[SiOH], [Me^{(x)+}], [SiOMe^{(x-1)+}], [H^+]$$

erwartet werden. Änderungen der Wasserstoffionenkonzentration oder der Salzkonzentration wirken sich aus auf die Hydrolyse der Kationen in der Lösung (II) und auf die Adsorption der Kationen an Silicagel (I).

Bei Adsorptionsmessungen an geschlossenen Systemen (d. h. Silicagel als Bodenkörper, Metallsalz als überstehende Lösung) haben Ahrland und Mitarbeiter die Einstellung von Gleichgewichten abgewartet. Die Gleichgewichte stellten sich schnell ein für Kationen wenig hydrolysierender Salze: Na, Ca, Uranyl, langsam dagegen für Kationen stärker hydrolysierender Salze: Zr, U(IV), Pu. Die Gründe für diese Unterschiede liegen sicher darin, daß den Teilreaktionen an der Oberfläche des Silicagels (I) die Teilreaktionen in der Lösung (II) vorgelagert sind.

Bei dem Durchfluß von Salzlösungen durch Silicagelsäulen (d. h. bei Versuchen an offenen Systemen) werden Gleichgewichte nicht abgewartet. Hier wirken sich die Reaktionsgeschwindigkeiten der Teilreaktionen auf die Adsorptionseffekte aus. Aus diesem Grund spricht die Säulentechnik gelegentlich auf Teilreaktionen an, die bei Gleichgewichtsuntersuchungen im Bruttovorgang untergehen.

Die Teilreaktionen unter I und II beeinflussen den Transport von $BeCl_2$-, $AlCl_3$-, $Fe(NO_3)_3$-Lösungen durch die Silicagelsäule wie folgt:

1) Durch die Hydrolyse der Kationen entstehen die Voraussetzungen für die Adsorption (I).

2) Die bei der Adsorption freiwerdende Säure wird von der nachströmenden Lösung verbraucht. Kationenhydroxokomplexe oder ihre Polymerisations-, Kondensations- und Aggregations-Produkte werden abgebaut. Endprodukte dieses Abbaus sind Kationenaquokomplexe (I, II).

3) Der Säureverbrauch wird in der Zeit des Durchfließens der Salzlösung durch die Säule eingeschränkt, wenn die Lösung sekundäre Hydrolyseprodukte (II) enthält, die

zu langsam mit Säure reagieren.

4) Wenn beim Eintritt der Salzlösungen in die Säule die Bedingungen für die Adsorption der Kationen an Silicagel gegeben sind, ändern sich diese Bedingungen über die Länge der Säule stetig. Die Bedingungen für die Adsorption sind nicht mehr gegeben, wenn die pH-Werte der fließenden Lösungen zu stark gesunken sind, bzw. nur noch Kationenaquokomplexe vorliegen. Acetat-Puffergemische, deren Anionen die Kationen der Be-, Al-, Fe-Salzlösungen nicht vollständig maskieren, sondern mit diesen Hydroxo-Acetatokomplexe bilden, unterbinden den Abbau zu Kationenaquokomplexen bzw. halten die Bedingungen für die Kationenadsorption aufrecht.

Spezielle Aussagen

1. Jede Veränderung an der Metallsalzlösung, die vor der Aufgabe auf die Säule Hydrolyse und damit Bildung von Kationenhydroxokomplexen begünstigt, erhöht die Adsorptionseffekte in der Säule.

Experimentelle Begründung: Be-Chloridlösungen werden durch Zusätze von Säure oder Lauge bei gleichbleibender Be-Konzentration auf verschiedene Hydrolysegrade gebracht. Immer gleiche Volumina dieser Lösungen werden auf genormte Säulen gegeben. Bestimmt werden die mit Wasser auswaschbaren und mit Wasser nicht auswaschbaren, also am Silicagel adsorbierten Anteile. Eine solche Versuchsreihe wird als "Adsorptionstest" bezeichnet. Der Adsorptionstest für 0,1 m Be-Chloridlösungen (Abb. 2) muß wie folgt gelesen werden:

Auf der Abszisse sind die stöchiometrischen Zusätze von Säure oder Lauge zu $BeCl_2$ aufgetragen. In den stark sauren Lösungen sind die an Silicagel adsorbierbaren Anteile des Be-Gehaltes klein und noch nicht abhängig von Säurezusatz. Schon vor der neutralen Lösung (kein Säurezusatz, kein Laugezusatz) nehmen die adsorbierbaren Anteile zu. Die kleinen Adsorptionswerte für saure Lösungen sind ein Nulleffekt des Verfahrens. Er kommt dadurch zustande, daß beim Auswaschen der Säule mit Wasser in der Mischzone Hydrolyse eintritt. Bei dem Zusatz von Lauge verursachen gleiche Mengen Lauge immer gleiche Zunahme der adsorbierbaren Anteile. Der Anstieg der Adsorptionskurve ist linear. Die Veränderungen, die durch Zusätze von Lauge im System vor sich gehen, sind additiv. Es müssen immer gleichartige Veränderungen sein.

Die Art der Veränderungen in Be-Chloridlösungen ist seit 1925 durch Jander und Winkel bekannt: Der mittlere Diffusionskoeffizient der Be-Kationen in 0,1 m Be-Chloridlösungen nimmt in gleicher Weise mit der Abstufung des Säure- und Laugezusatzes zu. Er nimmt zu, weil sich durch Hydrolyse Hydroxokomplexe, deren Polymerisations- oder Kondensationsprodukte bilden. 1960 hat Sillén als Hauptprodukt der Hydrolyse den trimeren Hydroxokomplex experimentell begründet.

Die Adsorption von Be an Silicagel spricht also auf lösliche Hydrolyseprodukte des Be-Ions an wie eine andere, davon ganz unabhängige physikalische Methode. Aber trotz der anschaulichen Übereinstimmung der beiden Kurven (Diffusionskoeffizient, Adsorption) geht daraus nicht hervor, ob die Hydrolyseprodukte selbst an Silicagel adsorbiert werden, oder ob die Hydrolyseprodukte indirekt auf den Adsorptionsvorgang einwirken, indem sie freiwerdende Säure abfangen. Der Parameter "Wasserstoffionenkonzentration", der in seiner logarithmischen Funktion als pH mit eingetragen ist, erschwert die endgültige Auswertung des Adsorptionstestes in diesem Sinn. Es bleibt aber schon bei diesem Versuch auffallend, daß sich die Beziehungen zwischen dem Auftreten von löslichen Hydrolyseprodukten und Adsorption so einfach zeigen. Der lineare Anstieg der Adsorptionswerte mit dem Laugezusatz geht auch in Verdünnungsreihen nicht verloren (Abb. 3). Aus hochverdünnten, neutralen Be-Salzlösungen wird, wie Sulceck gezeigt hat, Be quantitativ in der Silicagelsäule zurückgehalten.

2. Jede Veränderung in der Metallsalzlösung, die auf sekundären Vorgängen an primären Hydrolyseprodukten beruht, erniedrigt die Adsorptionseffekte in der Säule.

Experimentelle Begründung: Eine basische Lösung von Al-Chlorid, die monatelang ihre Eigenschaften nicht geändert hatte, wird von 1 m auf 0,1 m verdünnt. Unmittelbar nach der Verdünnung wird damit begonnen, an der Silicagelsäule die adsorbierbaren Anteile ihres Al-Gehaltes zu bestimmen. Diese Anteile nehmen in 2 Tagen ab und bleiben dann wieder über Monate konstant. Symbat nimmt (um sehr kleine Beträge) der pH-Wert der Lösungen vor der Aufgabe auf die Säule ab (Abb. 4). Auch das Adsorptionsverfahren spricht also empfindlich auf die bekannten Alterungsvorgänge in Al-Chloridlösungen an. Bisher wurden diese Alterungsvorgänge nur durch pH-Messungen oder durch die abnehmende Reaktionsgeschwindigkeit der gelösten Stoffe mit Salzsäure erkannt. Dem Parameter "Wasserstoffionenkonzentration" kann auch hier nicht ausgewichen werden. Es muß allerdings auch hier betont werden, daß die Adsorptionsmethode alle bisher bekannten Feinheiten der Alterung von basischen Al-Chloridlösungen anzeigt.

3. An Silicagel adsorbierbar sind ein- und mehrkernige (nieder- und höhermolekulare), aber nicht beliebig hochmolekulare Hydrolyseprodukte von Kationen. Kolloide Hydrolyseprodukte werden von Silicagel nicht mechanisch aus den Lösungen abfiltriert, sondern besonders schnell durch die Silicagelsäule transportiert.

Experimentelle Begründung: Der Adsorptionstest für 0,1 m Eisennitratlösungen wird genau so wie für 0,1 m Berylliumchloridlösungen aufgenommen. Er unterscheidet sich im Ergebnis wesentlich (Abb. 5). Die Adsorptionswerte durchlaufen ein Maximum. Im Bereich der basischen Lösungen besteht eine Gegenläufigkeit für die pH-Kurve und die Adsorptionskurve. Im Bereich der basischen Lösungen altern die Lösungen. Die Alterung ist sehr langsam. Man kann Adsorptionswerte im Abstand von Tagen bequem messen. Die

Alterung hat wieder eine Abnahme der Adsorptionswerte zur Folge.

Die Ursache für die Umkehr der Adsorptionswerte bei zunehmendem Hydrolysegrad kann mit einfachen Mitteln erkannt werden:

a) Bei gleichen Adsorptionswerten sind die Farben der "Eisenzonen" an Silicagel verschieden. Verschieden sind gleichzeitig die Ausdehnung dieser Zonen über die Länge der Säule.

Bei H/Fe = 1 "Eisenzone" rein weiß. Bleibt weiß beim Auswaschen mit kaltem, wird gelblich beim Auswaschen mit heißem Wasser. Befindet sich nur in der oberen Hälfte der Säule.

Bei HO/Fe = 2 "Eisenzone" hydroxydbraun, Braunfärbung nimmt beim Auswaschen mit heißem Wasser zu. Befindet sich in der ganzen Säule, in der oberen und unteren Hälfte.

b) Die Silicagelsäule chromatographiert die Hydrolyseprodukte des Eisenions. Hergestellt werden dieselben (sauren, neutralen, basischen) $Fe(NO_3)_3$-Lösungen, mit denen der Adsorptionstest aufgenommen wurde. Kleine Volumina dieser Lösungen werden mit jeweils pH-gleichen Lösungsmitteln durch die Säule transportiert (Abb. 6). Bei dem geringsten Hydrolysegrad der aufgegebenen Lösungen wird der Fe-Gehalt quantitativ eluiert. Die Fe-Ionen werden so schnell wie Cl-Ionen des Natriumchlorids transportiert. Cl-Ionen benutzt man gerne als schnellaufende Bezugsionen. Ihre Transportgeschwindigkeit ist an der Silicagelsäule pH-unabhängig. Mit zunehmendem Hydrolysegrad der aufgegebenen Lösungen nehmen die eluierbaren Anteile und die Transportgeschwindigkeit der eluierbaren Anteile des Fe-Gehaltes ab. Mit weiter zunehmendem Hydrolysegrad der aufgegebenen Lösungen entwickeln sich stetig zunehmende Anteile des Fe-Gehaltes, die schneller durch die Säule transportiert werden. Ihre Transportgeschwindigkeit ist größer als die Transportgeschwindigkeit der Cl-Ionen im

Natriumchllrid. Sie ist pH-unabhängig. Aus den Lösungen, die diesen sog. schnellen peak im Elutionsdiagramm liefern, entwickeln sich bei längerem Stehen Sole mit Strömungsdoppelbrechung. Das Elutionsdiagramm spricht empfindlicher als die Strömungsdoppelbrechung auf die Bildung kolloider Teilchen an.

Zwischen dieser Serie von Elutionsdiagrammen (Abb. 6) und dem Adsorptionstest (Abb. 5) bestehen also die folgenden Zusammenhänge:

Bei zunehmendem Hydrolysegrad der $Fe(NO_3)_3$-Lösungen wird im ansteigenden Ast der Adsorptionskurve Eisen immer langsamer transportiert,
im absteigenden Ast eine schneller laufende Komponente des Fe-Gehaltes gebildet.

Der stetige Übergang von dem einen (pH-abhängigen) peak in den anderen (pH-unabhängigen) peak zeigt an, daß sich auch der Adsorptionsvorgang stetig ändert. Es deuten sich Übergänge von der Adsorption kleinerer zur Adsorption größerer Teilchen an. Der Adsorption größerer Teilchen ist eine Grenze gesetzt.

Bestimmt man jeweils nur die Fronten des Fe-Transports, also R-Werte, dann ergibt sich Abb. 7:

R-Wert für Cl-Ionen — pH-unabhängig

R-Wert für Fe-Ionen in "sauren" Lösungen
- im stark sauren Bereich — pH-unabhängig
- im etwas schwächer sauren Bereich — pH-abhängig

R-Wert für Fe-Ionen in "basischen" Lösungen
pH-unabhängig, größer als R-Wert für Cl-Ionen. Hier wird der R-Wert immer nur durch den kolloiden Verlauf bestimmt.

Diese Übergänge spielen sich bei $Fe(NO_3)_3$-Lösungen in einem sehr engen pH-Bereich (pH = 1 bis 2) ab.

Der Einfluß der Hydrolyse auf den Transport von Salzlösungen durch Silicagelsäulen kann noch mehr herausgearbeitet werden, wenn man von Salzen dreiwertiger zu

Salzen vierwertiger Metalle übergeht. Er kann zurückgedrängt werden, wenn man von Salzen dreiwertiger zu Salzen zweiwertiger Metalle übergeht.

Transport von Thoriumoxid-Sol

Die Adsorption von Zr aus Zr-Chloridlösungen, die Adsorption von Th aus Th-Nitratlösungen an Silicagel setzt bei sehr niederen pH-Werten ein. Die adsorbierbaren Anteile sind hoch, solange die primären Hydrolyseprodukte der Kationen vorliegen. Sie sinken auf praktisch Null, wenn die primären Hydrolyseprodukte (beispielsweise durch Erhitzen der Lösungen) in Sole übergeführt werden.

Mit einem durch Elektrodialyse gereinigten Sol von Thoriumdioxyd-Hydrat läßt sich an der Silicagelsäule der folgende Versuch ausführen (Abb. 8):

> Die Elutionskurve für eine NaCl-Lösung liefert den für Cl-Ionen charakteristischen peak.
> Die Elutionskurve für das Thoriumoxid-Sol liefert einen schnelleren peak.
> Die Elutionskurve für eine Mischung von Thorium-Sol und NaCl-Lösung liefert den Th-peak des Sols, den Cl-peak und einen kleinen peak für Cl-Ionen, die am Thoriumoxidsol adsorbiert sind und deswegen mit diesem transportiert werden.

Wird das Thorium-Sol vor der Vermischung mit NaCl-Lösung mit einem Überschuß von Natriumnitratlösung versetzt, dann wird die Adsorption der Cl-Ionen an Thoriumoxid-Teilchen zurückgedrängt. Das Elutionsdiagramm liefert jetzt nur noch den peak für die freien Cl-Ionen. Thoriumoxid-Sol und Cl-Ionen können an der Säule getrennt werden.

In diesen Beispielen des Sol-Transportes liegt das anorganische Analogon zu der sog. Gelfiltration, die mit feinporigen organischen Gerüstsubstanzen (bekannt ist dazu das Handelspräparat Sephadex) zur Trennung und Entsalzung hochmolekularer organischer Verbindungen angewandt wird.

Die Ursache für die Unterschiede der Transportgeschwindigkeit von kolloiden Hydrolyseprodukten der Fe-Ionen und des Th-Ions einerseits, dem Cl-Ion andererseits kann in Unterschieden eines Verteilungsvorganges gesucht werden. In den Poren der Gerüstsubstanz Silicagel steht Wasser als stationäre flüssige Phase. Echt gelöste Komponenten können sich zwischen der stationären flüssigen Phase und der mobilen flüssigen Phase verteilen. Für kolloid gelöste Komponenten ist diese Verteilung eingeschränkt.

Transport von $CaCl_2$-Lösungen

Bei dem Transport von Salzen, die wenig hydrolysieren, verlieren die Teilreaktionen der Hydrolyse im Bruttovorgang der Adsorption an Bedeutung. Dann kann eigentlich nur noch das Schema des Ionenaustauschs für die Erklärung von Adsorptionseffekten Hilfe leisten. Das Elutionsdiagramm für eine 0,1 m Ca-Chloridlösung läßt bereits erkennen, daß Cl-Ionen von Wasser quantitativ, Ca-Ionen dagegen mit einem geringen Verlust eluiert werden. Das Elutionsdiagramm für eine 0,001 m Ca-Chloridlösung zeigt den Unterschied für Cl-Ionen und Ca-Ionen noch deutlicher (Abb. 9). 50 ml 0,001 m $CaCl_2$-Lösung (pH = 5,65) werden mit Wasser durch eine Silicagelsäule transportiert:

Cl-Ionen werden quantitativ eluiert

Ca-Ionen bleiben quantitativ adsorbiert.

Die pH-Kurve im Abfluß zeigt den hydrolytischen Effekt; es fließt Salzsäure ab.

Mit 0,1 m Natriumnitratlösung können 95 % der Ca-Ionen wieder aus der Säule eluiert werden. Auch bei dieser Operation sinkt der pH-Wert im Abfluß. Die Na-Ionen verdrängen H-Ionen aus den Teilen der Silicagelsäule, die nicht mit Ca-Ionen belegt waren.

Dieser Versuch hat praktische Bedeutung im Zusammenhang mit den analytischen Verfahren zur Trennung von Kationen an der Silicagelsäule, die heute bereits zu Routine-Methoden geworden sind. Diese Trennungen werden mit gepufferten Lösungen ausgeführt. Die hohe Konzentration der Kationen der Puffergemische (NH_4^+ oder Na^+) vermindert die Adsorption von Ca-Ionen. Beispielsweise können Al/Ca an der Silicagelsäule quantitativ getrennt werden. Al wird von der Säule zurückgehalten, Ca innerhalb der Titrationsfehler quantitativ eluiert.

4. Die Eisenhydroxidsäule

Eisenhydroxidsäulen werden zweckmäßigerweise mit einem Präparat aufgebaut, das in Form von Pseudomorphosen aus Kristallen von Eisen(III)-Sulfat entsteht.

Zum Verständnis der qualitativen Funktionen einer Eisenhydroxidsäule kann das folgende Schema dienen:

$$= FeOH + Cl^- \rightleftharpoons = FeCl + OH^-$$

$$= Fe(OH) + 1/2\ SO_4^{--} \rightleftharpoons = Fe(SO_4)_{1/2} + OH^-$$

$$= Fe(OH) + 1/3\ PO_4^{---} \rightleftharpoons = Fe(PO_4)_{1/3} + OH^-$$

Die Säule differenziert Anionen.

Je geringer die Wechselwirkung der Anionen mit Eisenhydroxid ist, um so schneller werden die Anionen transportiert.

Verhältnismäßig gering ist die Wechselwirkung zwischen Cl-Ionen einer Alkalisalzlösung und Eisenhydroxid: Schneller Transport von Cl-Ionen.

Die Wechselwirkung zwischen Phosphat-Ionen und Eisenhydroxid ist stark: Praktisch kein Transport von Phosphat-Ionen.

Sulfat-Ionen nehmen eine Mittelstellung ein.

Beim Übergang von Wasser als Transportmittel zu Natronlauge wird die Wechselwirkung der Anionen mit Eisenhydroxid (entsprechend einer Gleichgewichtsbeziehung) kleiner, der Transport aller Ionen schneller.

Tabelle 2 enthält R-Werte, für die das Cl-Ion in NaCl als Bezugsion (R = 1) gewählt wurde.

Die Abstufung der Transportgeschwindigkeit für Cl -

SO_4 - PO_4 ist auch an den R-Werten erkennbar, obschon sich diese nur auf die Front des Transportes beziehen.

In Natronlauge wird der Transport von PO_4 gerade eben meßbar. Er findet auch hier sehr langsam statt.

Jod-Ionen werden beim Transport durch die Eisenhydroxidsäule nicht oxydiert. Bei Gegenwart von Phosphat-Ionen ändert sich das Redox-Potential an der Oberfläche der Gerüstsubstanz. Jod-Ion wird zu Jod oxydiert. Jod wird adsorbiert und nicht weiter transportiert. Jod kann jedoch mit Thiosulfat reduziert und dann wieder mit dem Thiosulfat- und dem Tetrathionat-Ion transportiert werden.

Die Unterschiede der Transportgeschwindigkeit für Anionen ermöglichen Trennungen mit analytischer oder präparativer Bedeutung.

Bei der Aufarbeitung der Bestrahlungsprodukte von NaCl im Reaktor müssen nach der Oxydation möglichst einfach getrennt werden

$$Cl^-, SO_4^{--}, PO_4^{---}.$$

Diese Trennung läßt sich mit den Mengenverhältnissen, die nach einer Bestrahlung vorliegen, an der Eisenhydroxidsäule bequem ausführen:

Cl^-, SO_4^{--} werden auf Grund ihrer verschiedenen R-Werte in Wasser (pH ca. 6) getrennt.

PO_4^{---} bleibt bei dieser Trennung in der Säule.

PO_4^{---} wird mit Natronlauge aus der Säule eluiert, über einen Harzaustauscher geschickt und dabei in trägerfreie Phosphorsäure überführt.

5. Die Aluminiumoxidsäule

Bei dem Transport von wässrigen Salzlösungen muß die Aluminiumoxidsäule besonders kritisch betrachtet werden. Sie wird schon bei dem einmaligen Durchfluß einer CsCl- oder KCL-Lösung irreversibel verändert. Nach dem Durchfluß einer NaCl-Lösung kann sie wieder in ihren ursprünglichen Zustand zurückgeführt werden. Das bietet die Möglichkeit, im Rahmen von Untersuchungen über den Durchfluß von **Alkalichloridlösungen** (NaCl, KCl, CsCl) frisch aufgebaute Aluminiumoxidsäulen zu eichen.

Die amphoteren Funktionen der Aluminiumoxidsäulen (aktives Aluminiumoxid bildet mit Wasser Aluminiumhydroxid) wirken sich beispielsweise auf KCl wie folgt aus:

a) $(KCl + H_2O \rightleftharpoons KOH + HCl)$

b) $= Al(OH) + HCl \longrightarrow = AlCl + H_2O$ pH-Steigerung

c) $= Al(OH) + KOH \longrightarrow = Al(OH)_2K$ pH-Senkung

d) $= Al^+ \xleftarrow{H^+} = Al(OH) \xrightarrow{OH} = Al(OH)_2^-$

In dem Schema ist die Differenzierung von Kation und Anion, die durch Membrangleichgewichte zustande kommt, vereinfacht als Hydrolyse dargestellt (a).

Wird Säure durch die Gerüstsubstanz gebunden, dann steigt pH in der Lösung (b).

Wird Lauge durch die Gerüstsubstanz gebunden, dann sinkt pH in der Lösung (c).

pH-Änderungen in der Lösung können die Gerüstsubstanz verändern (d). So kann es nicht zu einer quantitativen Trennung von Kation und Anion kommen. Die Veränderung, die in einer Zone der Säule zustande kam, wird durch nachfließende Lösung allmählich wieder rückgängig gemacht.

Interessant ist die Tatsache, daß Präparate von aktivem Al-Oxyd hergestellt werden können, die sich mit Wasser oberflächlich zu Hydroxid umsetzen und dann mit Alkalichloridlösungen verschiedenartig umsetzen (Abb. 10):

Bei dem einen Präparat läuft das Anion etwas voraus.

Im Abfluß kommt es zu einer Senkung des pH-Wertes.

Das Anion wird quantitativ eluiert.

Das Kation wird unvollständig, bzw. mit seinen letzten Anteilen sehr langsam eluiert.

Bei dem anderen Präparat sind die Verhältnisse umgekehrt. Das Kation läuft voraus. Im Abfluß kommt es zu einer Erhöhung des pH-Wertes. Das Anion ist schwer auszuwaschen. Die Umkehr der Verhältnisse beruht hier nicht darauf, daß ein und dasselbe Aluminiumoxidpräparat mit Säure oder Lauge behandelt wurde. Die Unterschiede kommen vermutlich durch Unterschiede der Reaktionsgeschwindigkeit der Gerüstsubstanz mit Säure bzw. Lauge zustande. Diese Unterschiede werden schon bei der Herstellung der Präparate angelegt.

Tabelle 2

Ion	Salz	R_B-Wert
Cl^-	LiCl	1,00
	NaCl	1,00
	KCl	0,98
Br^-	LiBr	1,08
	NaBr	1,08
	KBr	1,00
J^-	KJ	0,97
SO_4^{--}	Na_2SO_4	0,55
	K_2SO_4	0,45
$S_2O_3^{--}$	$Na_2S_2O_3$	0,64
$S_4O_6^{--}$	$K_2S_4O_6$	0,97

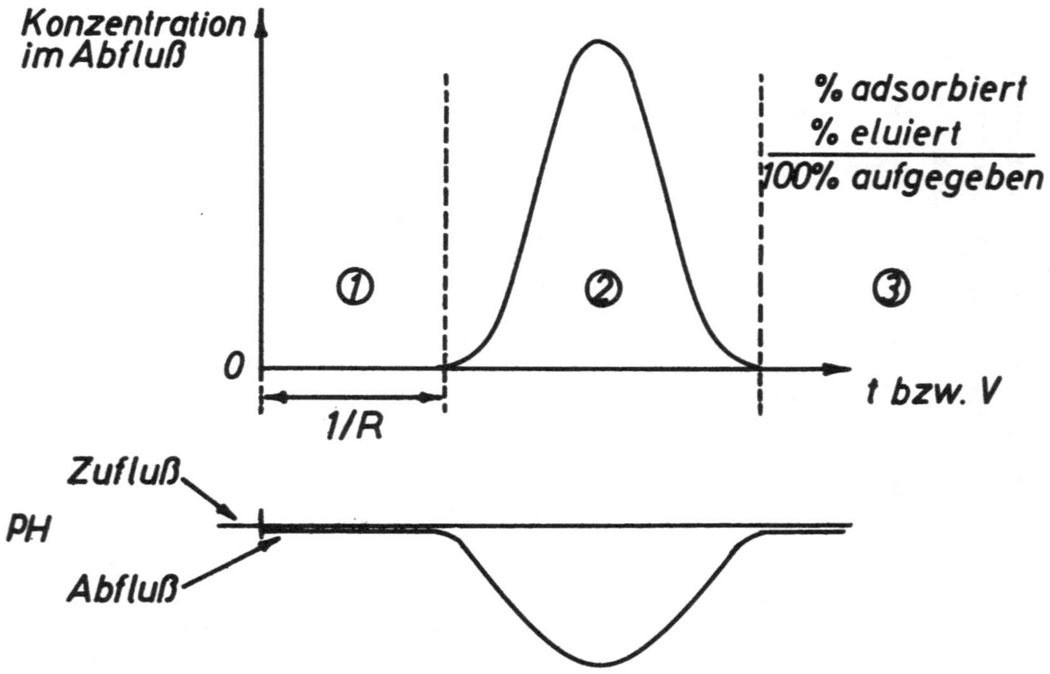
Konzentration
im Abfluß
% adsorbiert
% eluiert
100% aufgegeben
1
2
3
0
t bzw. V
1/R
Zufluß
PH
Abfluß

Abb. 1

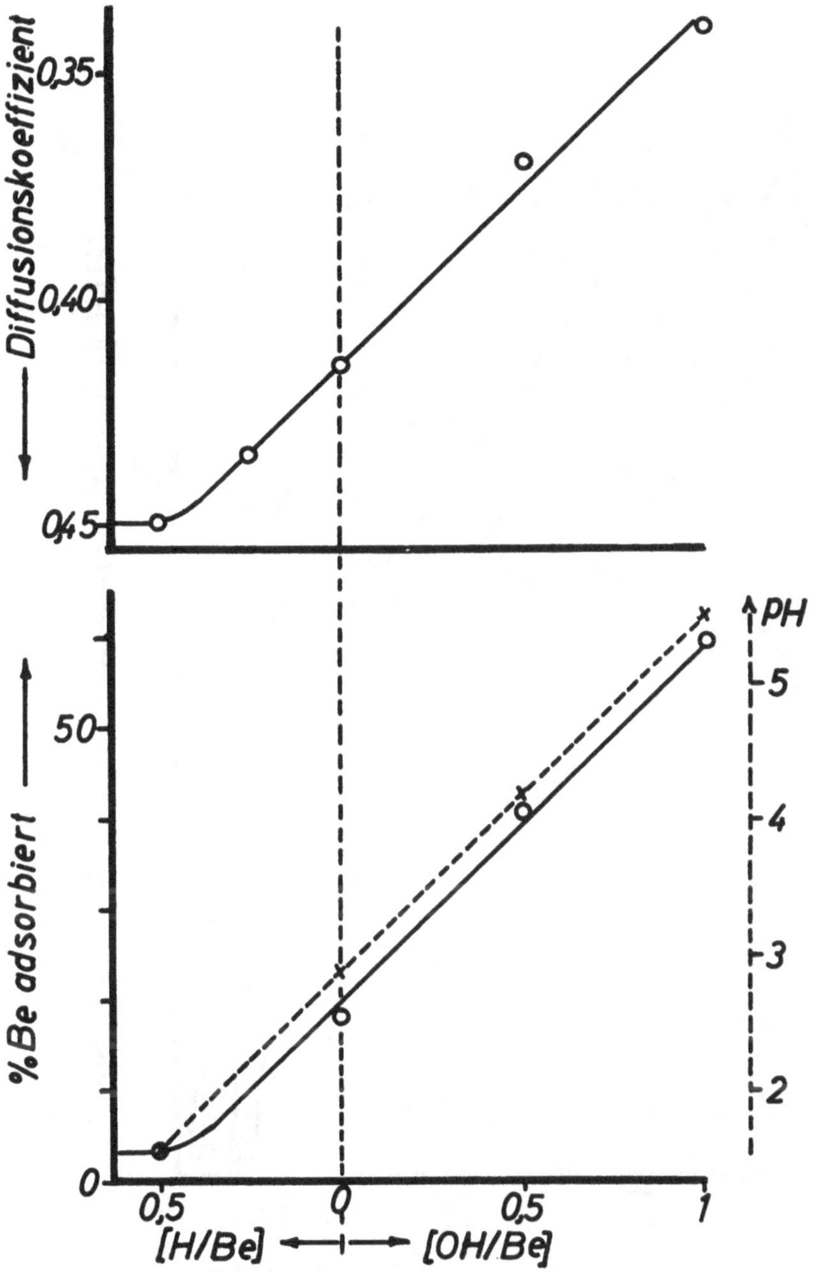

Diffusionskoeffizient
0,35
0,40
0,45
% Be adsorbiert
50
0
pH
5
4
3
2
0,5
0
0,5
1
[H/Be]
[OH/Be]

Abb. 2

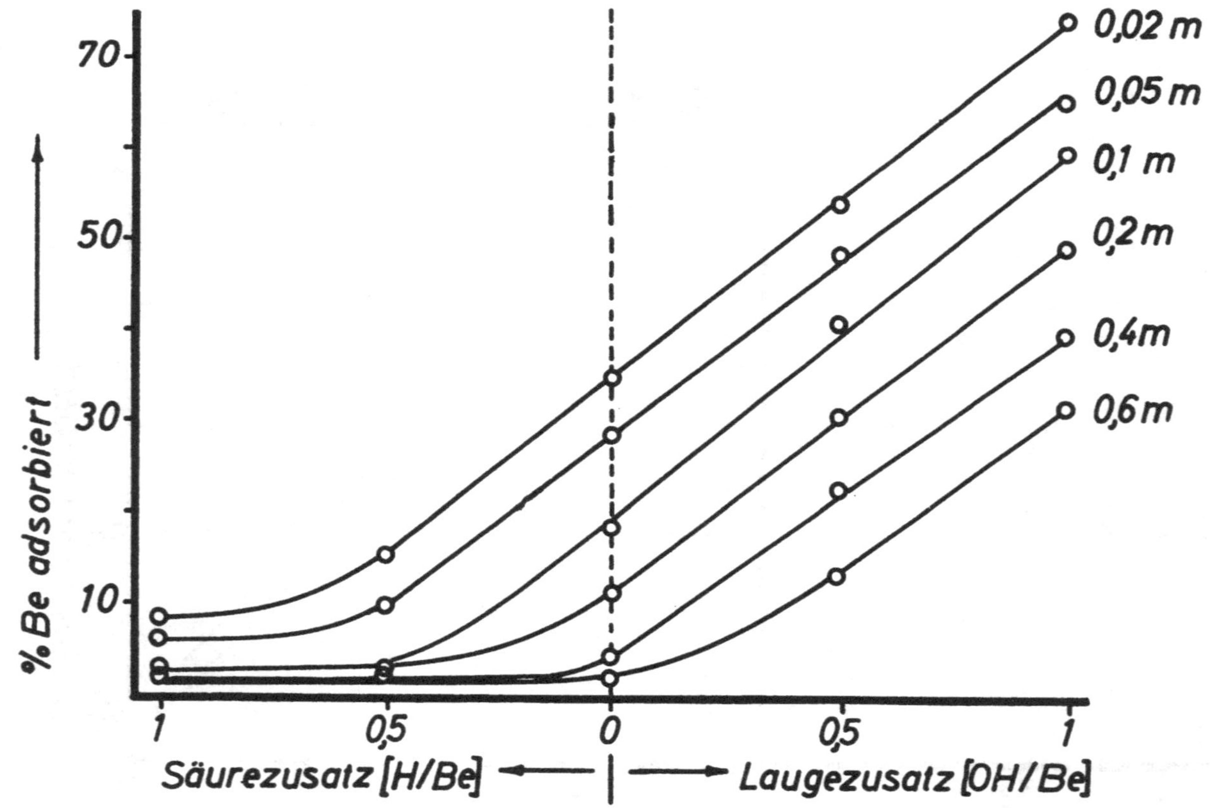

70
50
30
10
% Be adsorbiert
0,02 m
0,05 m
0,1 m
0,2 m
0,4 m
0,6 m
1
0,5
0
0,5
1
Säurezusatz [H/Be]
Laugezusatz [OH/Be]

Abb. 3

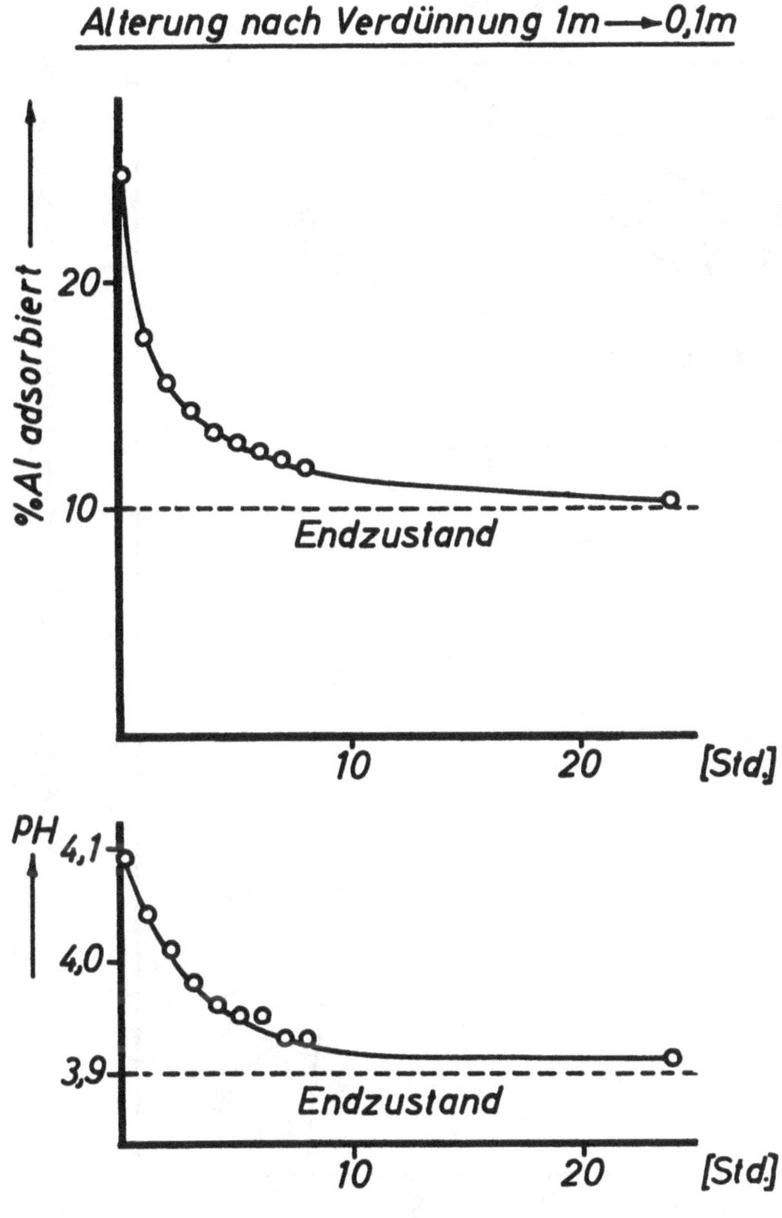

Alterung nach Verdünnung 1m ⟶ 0,1m
% Al adsorbiert
20
10
Endzustand
10
20
[Std.]
pH
4,1
4,0
3,9
Endzustand
10
20
[Std.]

Abb. 4

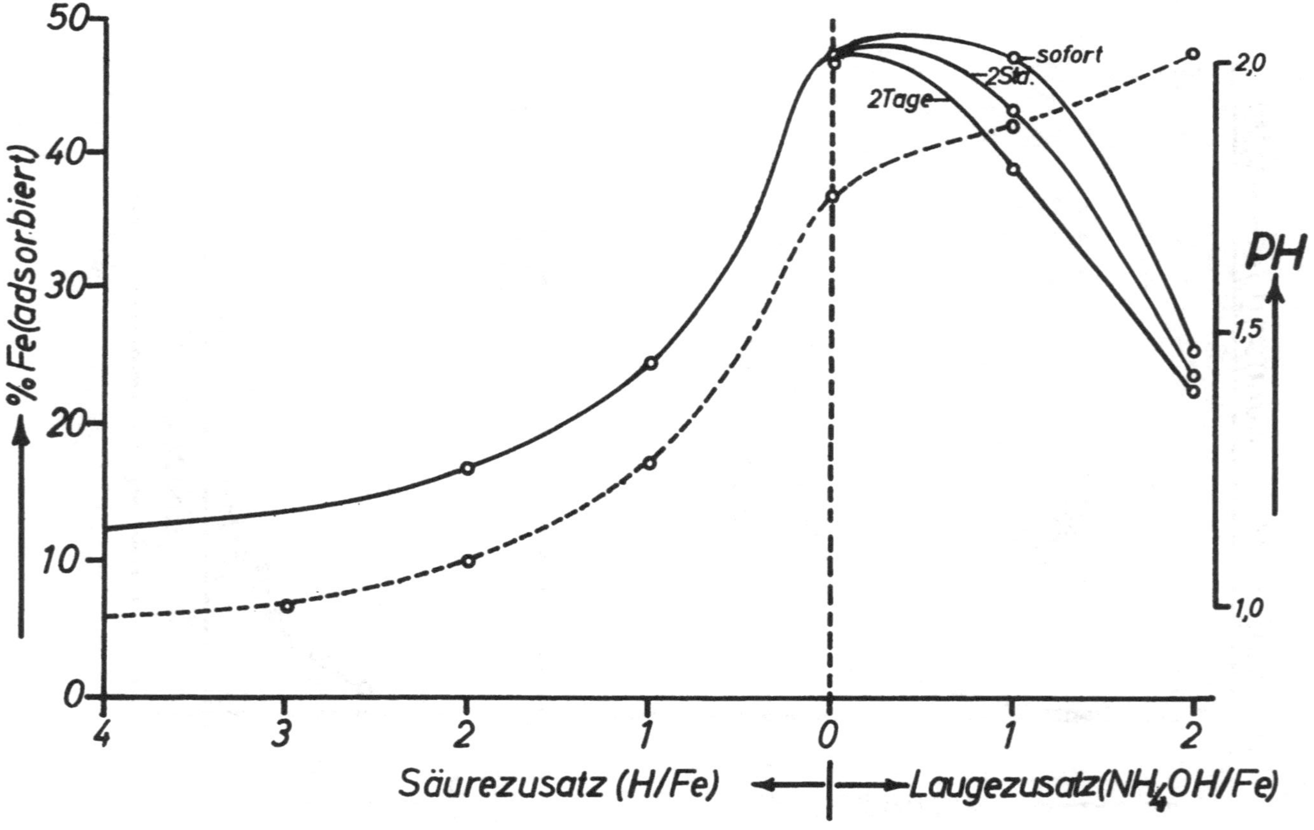

50
40
30
20
10
0
% Fe(adsorbiert)
4
3
2
1
0
1
2
Säurezusatz (H/Fe)
Laugezusatz(NH4OH/Fe)
sofort
2Std.
2Tage
2,0
1,5
1,0
PH

Abb. 5

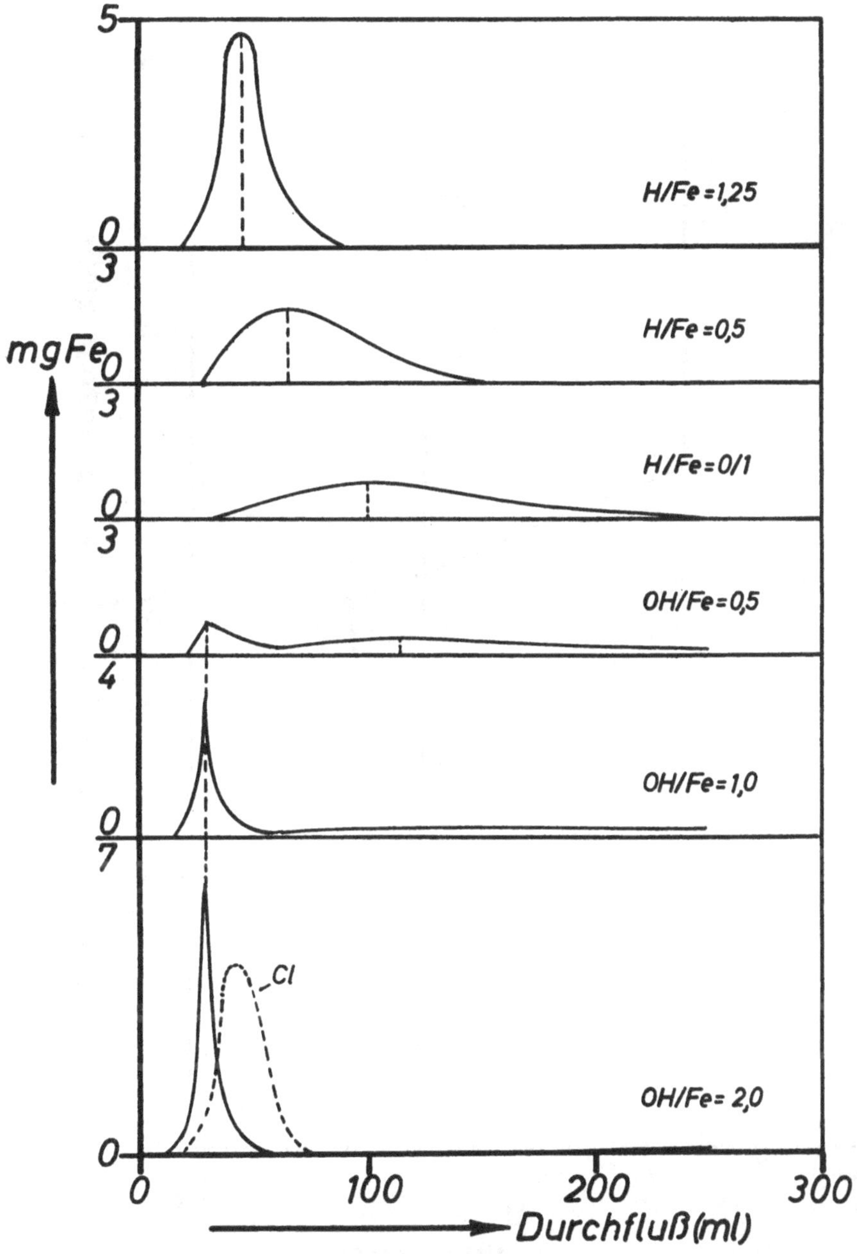

5
0
3
0
3
0
3
0
4
0
7
0
mgFe
H/Fe = 1,25
H/Fe = 0,5
H/Fe = 0/1
OH/Fe = 0,5
OH/Fe = 1,0
OH/Fe = 2,0
Cl
0
100
200
300
Durchfluß (ml)

Abb. 6

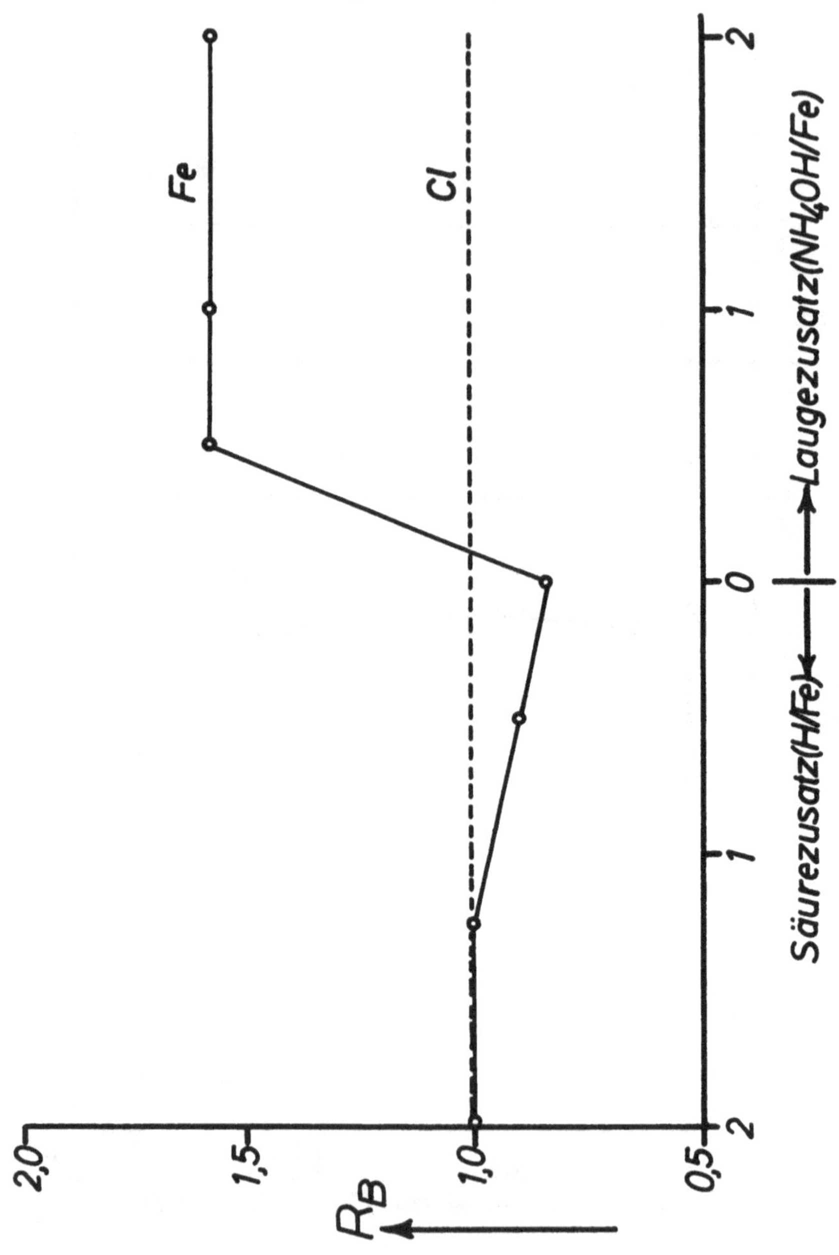
Fe
Cl
R_B
2,0
1,5
1,0
0,5
2
1
0
1
2
Säurezusatz(H/Fe)
Laugezusatz(NH_4OH/Fe)

Abb. 7

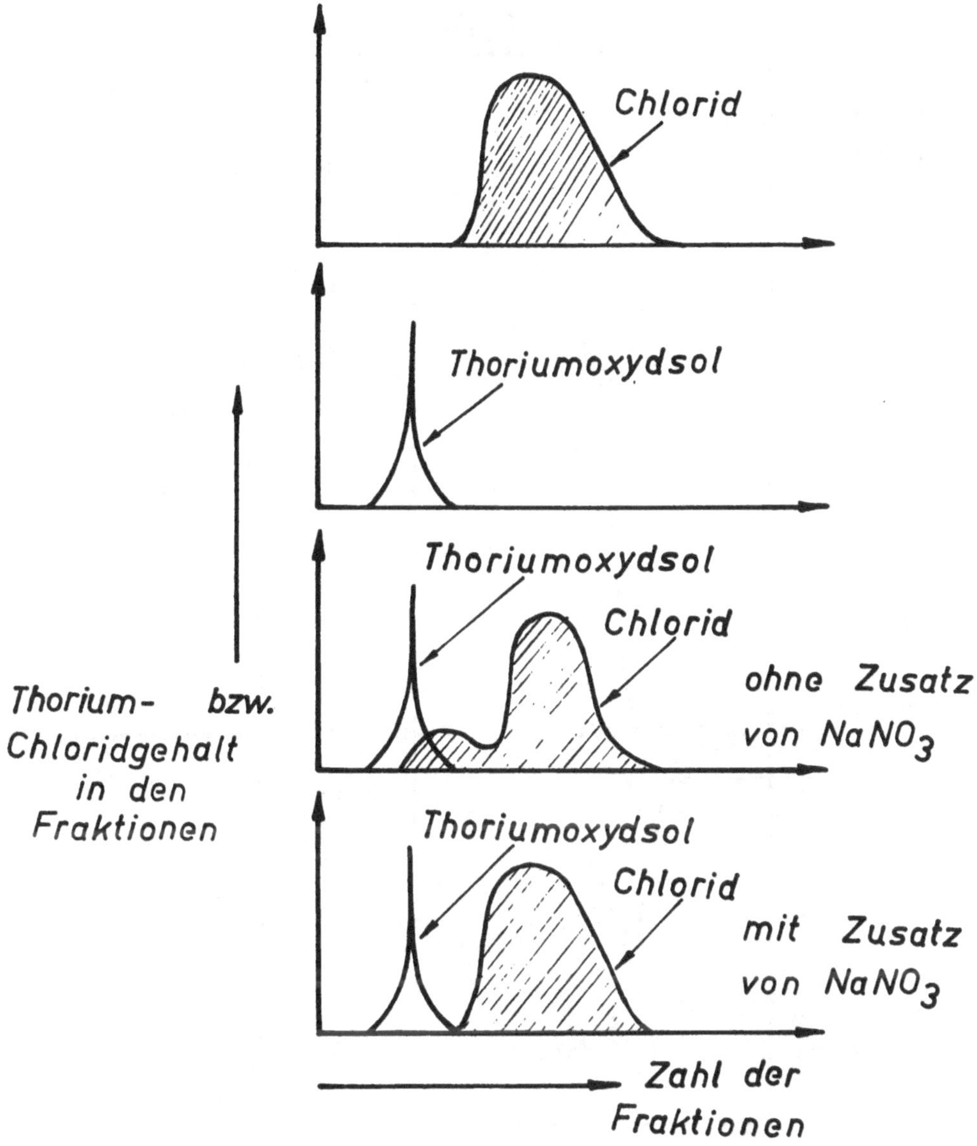
Chlorid
Thoriumoxydsol
Thoriumoxydsol
Chlorid
ohne Zusatz von $NaNO_3$
Thorium- bzw. Chloridgehalt in den Fraktionen
Thoriumoxydsol
Chlorid
mit Zusatz von $NaNO_3$
Zahl der Fraktionen

Abb. 8

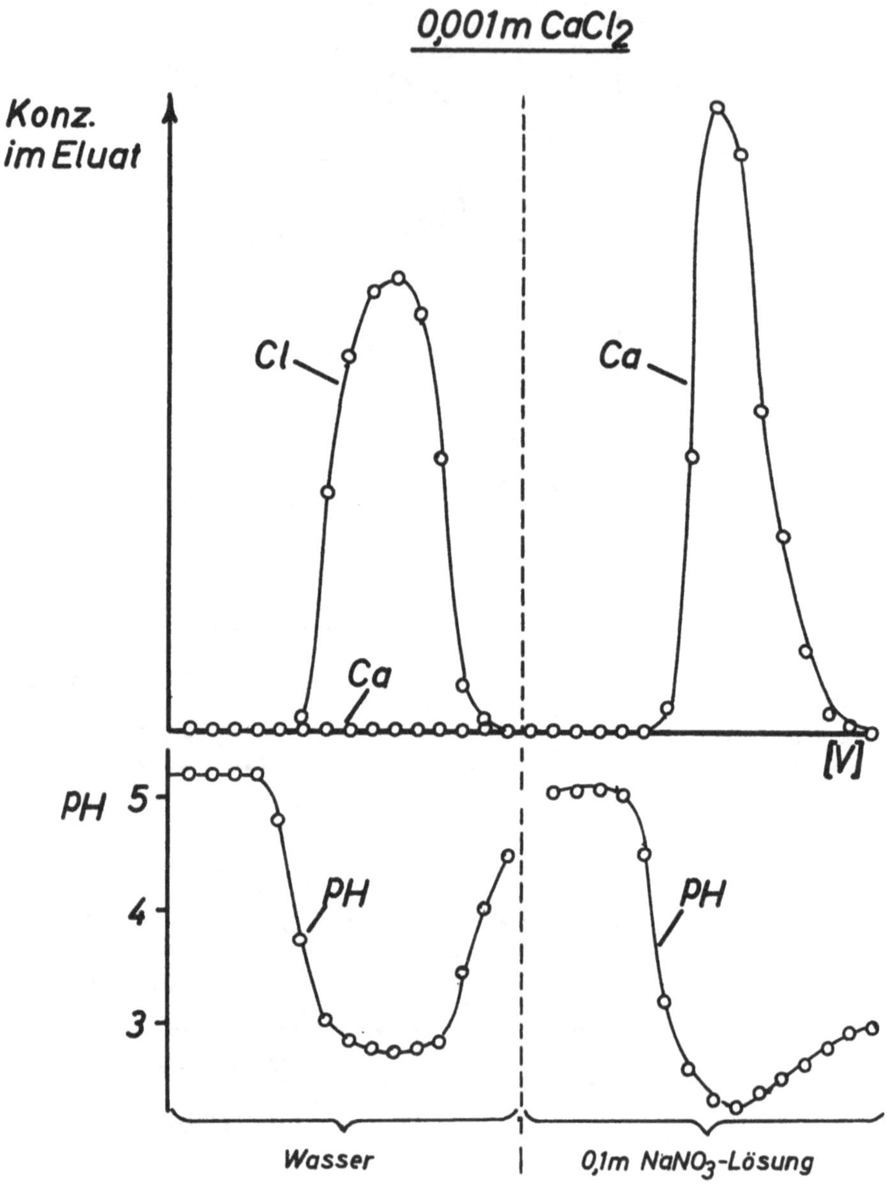

0,001m CaCl2
Konz. im Eluat
Cl
Ca
Ca
[V]
pH
5
4
3
pH
pH
Wasser
0,1m NaNO3-Lösung

Abb. 9

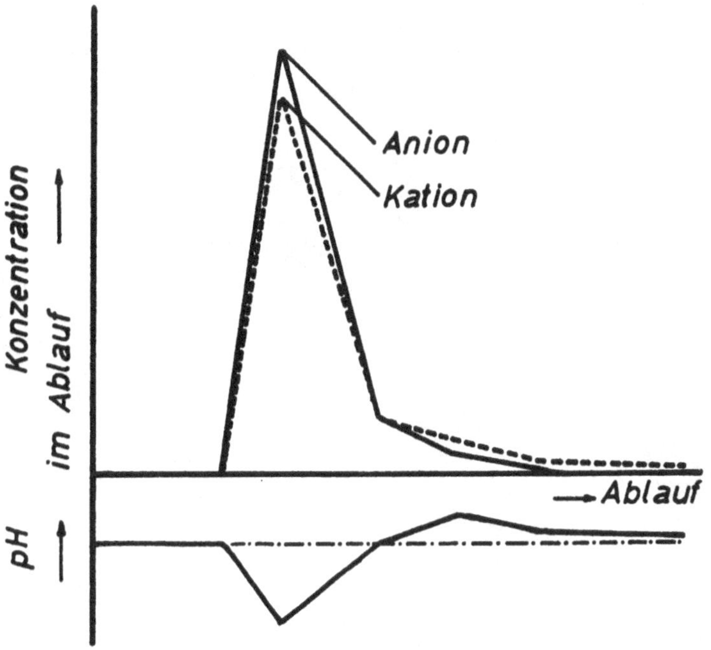
Anion
Kation
Konzentration im Ablauf
Ablauf
pH

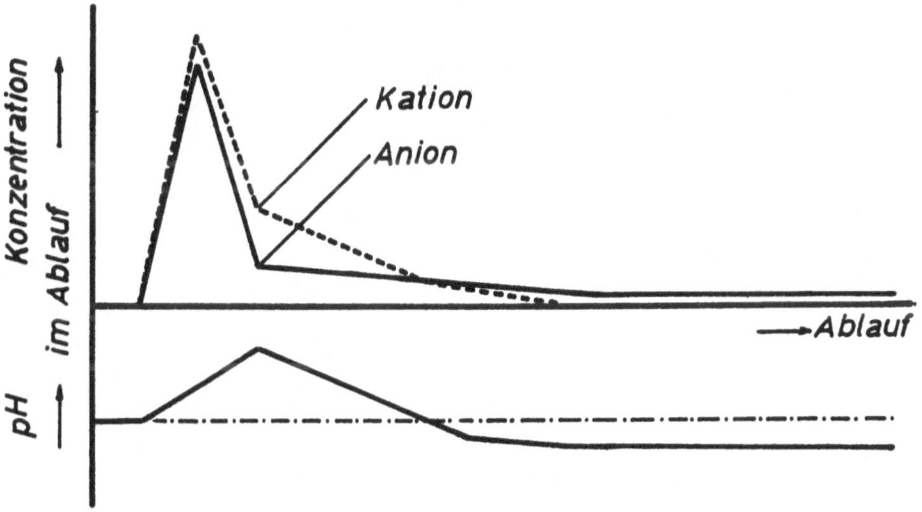
Kation
Anion
Konzentration im Ablauf
Ablauf
pH

Über neue chelatförmige karboxylhaltige Kationenaustauscher und ihre spezifische Absorption

von T. I. Rabek, J. Lindeman, B. Brekiesz und A. Zielinski

Polnische Akademie der Wissenschaften - Institut für Organische Chemie, Wroclaw

Eines der Gebiete, mit welchem sich unser Laboratorium beschäftigt, ist die Bearbeitung von leicht zugänglichen, billigen Ionenaustauschharzen, die für die Massenproduktion geeignet sind und die spezifische Absorptionsfähigkeiten für bestimmte Ionenarten aufweisen. Die selektive Wirkung dieser Austauscher muß auf zweckmäßiger Synthese von Verbindungen bestimmter Struktur beruhen. Die nachstehende Abhandlung ist ein Teil einer Forschungsarbeitenserie großen Ausmaßes.

Eine Reihe von organischen Verbindungen weist spezifische Eigenschaften zur Bildung von Komplexverbindungen mit polyvalenten Metallkationen auf. Oft sind solche Verbindungen sehr stabil und das Metall erzeugt ein Komplexion von derselben oder auch anderer elektrischer Ladung, oder es entsteht bisweilen eine nichtionisierbare Einheit. Häufig zeichnen sich die Komplexverbindungen durch Unlöslichkeit in wässrigen Lösungen aus und sind mehr oder weniger empfindlich in Bezug auf die Einwirkung von freie Säuren von bestimmter Wasserstoffionenkonzentration enthaltenden Lösungen. Die Komplexverbindungen sind in dem Falle besonders stabil, so daß die Möglichkeit besteht, Chelat- oder Dentatringe zu erzeugen, die sich aus fünf oder sechs Gliedern zusammensetzen (1). Anwesenheit von chelatophoren Phenol- und Karboxylgruppen, -OH und -COOH in organischer Bindung erzeugt Substanzen, die leicht mit einer Reihe von polyvalenten Metallkationen komplexieren. In der Salicylsäure ist der Abstand der Phenolgruppe von der Karboxylgruppe derartig, daß leicht Chelatkomplexe mit zweiwertigen Metallkationen entstehen. Es besteht dort die Möglichkeit, einen sechsgliedrigen Chelatring zu erzeugen, wie auf der Abb. 1 veranschaulicht ist. In der isomeren p-Hydroxybenzoesäure ist die Entfernung der chelatophoren Gruppen schon zu groß, so daß ein Chelatring nicht entstehen kann. Aus diesem Grunde ist das Verhalten der beiden Säuren verschiedenartig, und es entstehen im letzteren Falle keine Komplexe oder sofern sie sich bilden, - sind sie bedeutend weniger stabil.

Die Frage der Struktur und der Eigenschaften der Chelatkomplexe der Salicylsäure ist in der Literatur wenig erörtert worden (1, 2, 3, 4) und bildet nicht das Thema der referierten Arbeit. Die Bildung von Chelat- und Komplexverbindungen kann durch potentiometrische Titration der Salicylsäurelösung mit Natronlauge in Anwesenheit von Salz des untersuchten Kations festgestellt werden, sofern das untersuchte polyvalente Metallkation unlösliche Hydroxyde bildet. Die Chelatverbindung scheidet während der allmählichen Neutralisation der Säure keine unlöslichen Hydroxyde des gegebenen Metalls aus. Eventuell tritt im Falle einer geringen Stabilität in gewissen Bereichen der Wasserstoffionenkonzentration die Chelatzersetzung ein (bei anderem pH-Wert). Im Falle eines löslichen Hydroxyds des betreffenden Metalls oder eines stabilen Komplexes unterscheidet sich die Kurve der potentiometrischen Neutralisation der reinen Säure von der Kurve der Neutralisation in Anwesenheit des untersuchten Salzes in charakteristischer Weise, wie es zum Beispiel mit Äthylendiamintetraessigsäure (EDTA) der Fall ist (Abb. 2, Lit. 1). Auf der Zeichnung 3 ist eine Reihe von Kurven der potentiometrischen Titration eines Mols Salicylsäure in der 0,1 n-Lösung angegeben, welcher entsprechend ein Mol untersuchten Salzes eines mehrwertigen Metalls hinzugefügt ist. Die Titration ist mit Hilfe von 0,1 n-NaOH-Lösung durchgeführt worden, wobei der pH der Lösung mittels eines registrierenden pH-Meters der Firma S. E. M. A. C. Paris (Typ P.H.S. pH-metre Jonosis Licence S.J.S.) und unter Anwendung von Glaselektroden gemessen wurde. Eine analoge Kurvengruppe für p-Hydroxybenzoesäure und Benzoesäure, die keine Chelate bilden können, ist auf den Zeichnungen 4 und 5 angegeben.

Die Gegenüberstellung der potentiometrischen Titrierung der Salicylsäure und p-Hydroxybenzoesäure und Benzoesäure in Anwesenheit der Cuprisalze und Kobaltsalze weist auf die Existenz und den Stabilitätsbereich der Chelatkomplexe der genannten Metalle hin, die in der Literatur beschrieben sind (1, 2, 3, 4), und für welche die Struktur des Me-Salzes festgestellt und auf Zeichnung 1 angegeben ist. Aus den Kurven geht die verhältnismäßig geringe Beständigkeit der Komplexe in Bezug auf das alkalische Milieu hervor, in dem mit Ausscheidung entsprechender Hydroxyde Zersetzung vor sich geht.

Die chemische Reaktivität und andere physikalisch-chemische Eigenschaften der Funktionalgruppen bleiben im allgemeinen durch ihren Einbau in die hochmolekularen Verbindungen unverändert (5, 6, 7). So bleibt zum Beispiel der Dissoziationsgrad der Karboxylgruppe in der Acrylsäure fast derselbe wie in der Polyacrylsäure. Der Einbau der komplexophoren Gruppen in die hochmolekulare Verbindung bildet Polymere, die weiterhin fähig sein sollten, Komplexe mit denselben Metallkationen zu bilden, die in analogen niedermolekularen Verbindungen entstehen. Wenn eine hochmolekulare Verbindung eine räumlich vernetzte Struktur besitzt, so ist sie in allen Lösungsmitteln unlöslich und die gebildeten Metallkomplexe werden auch unlöslich sein (5, 6, 7). Dank der Fähigkeit, mit bestimmten Metallkationen Komplexe zu bilden, sollte ein derartig gebautes kationenaustauschendes Harz gegenüber bestimmten Ionen eine spezifische Affinität zeigen, was vielleicht ihre selektive Abscheidung möglich machen würde.

In der chemischen Literatur (5, 6, 7) ist eine sehr große Menge spezifischer Ionenaustauscher beschrieben, die dank dem Einbau komplexbildender Gruppen eine selektive Trennung entsprechender Ionen gestatten. Grießbach (7, 8, 9) unterscheidet sie als eine besondere Gruppe spezifischer

Ionenaustauscher und sieht für sie große Möglichkeiten technischer Anwendung.

Die obenerwähnte Faustregel läßt erwarten, daß durch die Synthese eines Kationenaustauschers auf der Salicyl- und p-Hydroxybenzoesäure - im ersten Falle - ein selektives Harz mit spezifischer Wirkung auf bestimmte Kationen zu gewinnen ist.

Sowohl die Salicylsäure wie auch die p-Hydroxybenzoesäure vermögen als bifunktionale Rohstoffe bei Kondensation mit Formaldehyd keine raumvernetzte, in Wasser unlösliche Polymere zu bilden, die Eigenschaften besitzen würden, die von einem vollwertigen Ionenaustauschharz verlangt werden. Die Anwesenheit der Karboxylgruppe macht überhaupt die Entstehung sogar des linearen Hochpolymeren unmöglich (5, 10, 12, 13). Zur Synthetisierung eines raumvernetzten Polymeren mit eingebauten Salicylsäureresten der Salicyl- oder p-Hydroxybenzoesäure ist die Herstellung eines Mischpolykondensats mit trifunktionalem Phenol als Vernetzungsmittel unbedingt erforderlich. Solche Synthesen sind von uns durchgeführt (12, 13) und beschrieben worden. Sie ergaben zwei Arten von Kationenaustauschharzen von einer Struktur, die schematisch auf Abbildungen 6 und 7 dargestellt ist. Unabhängig davon wurden zusätzlich Messungen des Selektivitätskoeffizienten an dem amerikanischen Kationenaustauscher Amberlite IRC-50 vorgenommen, der die Struktur der mit Divinylbenzol vernetzten Polyacrylsäure oder Polymethacrylsäure besitzt, die auf der Abbildung 8 schematisch dargestellt ist.

Die Austauschkapazitäten der auf diese Weise gewonnenen Ionenaustauschharze sind von dem Verhältnis der Ausgangsrohstoffe, d. h. von Säure, Phenol und Formaldehyd abhängig und dürfen wegen der vorteilhaften mechanischen Eigenschaften des Fertigprodukts in Anbetracht der unbedingten Verwendung gewisser großer Mengen von Phenol als Vernetzungsmittel nicht zu hoch sein. Die theoretischen auf der Zeichnung angegebenen Austauschkapazitäten entsprechen dem Verhältnis der Rohstoffe, die in den Formeln angegeben sind und nicht denen der fertigen technischen Produkte. Die analytisch mit Hilfe der konduktometrischen Titration und im Neutralenaustausch nach der Methode von Kunin bestimmten Austauschkapazitäten (6) betragen für den Salicylsäureaustauscher 1,65 mval/g und für den p-Hydroxybenzoesäureaustauscher 1,05 mval/g.

Die Selektivitätskoeffizienten wurden nach der Definition Grießbachs (7, 8, 9) bestimmt. Bei der Gleichgewichtsdarstellung im Quadrat wurde in sämtlichen Fällen Ammoniumion als Bezugsion gewählt, was zu bedeuten hat, daß die Messungen für Systeme vorgenommen wurden, die durch die Gleichung

$$R\text{-}NH_4 + Me^+ \rightleftharpoons R\text{-}Me + NH_4^+$$

dargestellt werden.

Die Messungen sind mit Lösungen von ca. 0,1 n vorgenommen worden. Die Wahl des Ammoniumions als Bezugsion erfolgte auf Grund der bequemen und genauen analytischen Methoden, die zur Feststellung seiner Konzentration in der Lösungsphase zur Verfügung stehen. Wenn man die Konzentration der Lösungen der untersuchten Metalle und die Äquivalentmenge des verwendeten Harzes kennt und ferner auf Grund der Analyse die Menge des während der Reaktion ausgeschiedenen Ammoniumions, kann man die Gleichgewichtskonzentrationen als Äquivalentbrüche für Lösungs- und Austauscherphase berechnen und im entsprechenden Diagramm darstellen. Für Anwendungszwecke müssen die Messungen des Selektivitätskoeffizienten für jedes Ionenpaar besonders vorgenommen werden, so auch für die Konzentration, in welcher der Austauscher arbeiten muß, da eine unmittelbare Umrechnung der untersuchten Systeme nicht möglich ist.

Unser Ziel war jedoch festzustellen, ob die Kationenbindung auf Salicylsäure in polymerer Form andere Selektivitätskoeffizienten ergibt als Verbindungen mit der p-Hydroxybenzoesäure, die nach theoretischen Voraussetzungen keine Chelate bilden. Ferner interessierte eine Gegenüberstellung zu den Koeffizienten für Amberlite IRC-50, der zwar auch Karboxylgruppen besitzt, die aber keine Komplexe bilden können. Die Messungen erweisen, daß der Salicylsäurekationenaustauscher sich von den beiden anderen bedeutend unterscheidet, wobei die Selektivitätskoeffizienten für eine Reihe von Kationen in der Nähe des Wertes 1 liegen, wovon später die Rede sein wird.

Was die Meßmethode anbelangt, so erwähnen Strickland und Cosgrove (14) die sogenannte "progressive batch method", die darauf beruht, daß dem untersuchten Ionenaustauschharz nach und nach immer größere Mengen der austauschenden Ionenlösung hinzugefügt werden. Dabei wird jedes Mal nach der Feststellung des Austauschgleichgewichtes eine bestimmte und konstante Dosis zur Analyse entnommen. Dem restlichen Harz wird eine neue Menge der austauschenden Ionenlösung hinzugefügt und mit Wasser bis zum ursprünglichen Volumen ergänzt. Die Berechnungen werden nach den Formeln durchgeführt, die auf der Abbildung 9 angegeben sind. Die Anwendung von veränderlichen und steigenden Mengen der hinzugefügten austauschenden Ionen hat nach den Autoren den Zweck, eine möglichst gleichmäßige Verteilung der Meßpunkte längs der ganzen Gleichgewichtskurve zu erreichen, eine Annahme, die nicht immer erfüllt wird.

Deshalb wurde eine eigene und etwas einfachere Umrechnungsgleichung bearbeitet, und die Methode von Strickland und Cosgrove infolgender Weise geändert. Die Menge der hinzugefügten austauschenden Ionenlösung war stets dieselbe und wurde dem Volumen der zur Analyse entnommenen Lösungsprobe angepaßt. Die Lösungsmenge, in der der Ionenaustausch vor sich geht, wie auch die verwendete Austauschermenge und die Menge an hinzugefügtem Metallion waren immer gleich. Die Gleichungen, auf Grund deren die Meßergebnisse berechnet wurden, sind auf Abbildung 10 angegeben. Die entsprechende Auswahl der Versuchsbedingungen ermöglicht eine gleichmäßige Verteilung der Meßpunkte längs der ganzen Kurve.

Der Zahlenwert des Spezifitätskoeffizienten wurde für die Bruchkonzentration des Bezugsions gleich 0,5 bezeichnet. Auf den Diagrammen wurden durch diesen Punkt theoretische Gleichgewichtskurven mit einem konstanten Wert des Koeffizienten D gezogen. Die auf den Diagrammen vermerkten Meßpunkte weisen darauf hin, um wieviel für andere Molenbrüche abgemessene Werte des Spezifitätskoeffizienten von den theoretisch konstanten Werten abweichen.

Es wurden Systeme zweier Ionen erforscht, von welchen ein Bezugsion stets ein Ammoniumion war, mit dem der zu Messungen verwendete Austauscher beladen war. Es sind Kalium, Calcium, Strontium, Zink, Kupfer, Kobalt und dreiwertiges Chrom.

Die Vergleichsversuche zur Feststellung der Spezifitätskoeffizienten wurden immer für zwei Austauscher angestellt, einen aus Salicylsäure und einen aus p-Hydroxybenzoesäure, in einigen Fällen auch für karboxylhaltige Amberlite IRC-50.

Diese Kurven sind auf den Abbildungen 11, 12, 13, 14, 15, 16, 17 angeführt.

Die Werte des Selektivitätskoeffizienten sind in der Tabelle auf Abb. 18 zusammengestellt. Wie zu ersehen ist, unterscheidet sich eine Reihe von Kationen für Salicylsäure von einer Reihe von Kationen für Austauscher aus p-Hydroxybezoesäure nicht nur durch die Größe, sondern auch durch die Anordnung der einzelnen Elemente.

Obwohl für jeden untersuchten Kationenaustauscher im System des Ammoniumions als Bezugsion und Metallion die Selektivität eintritt, so sind jedoch die Werte der einzelnen Koeffizienten für den p-Hydroxybenzoesäurekationenaustauscher viel größer als für Salicylsäurekationenaustauscher. Für den Kationenaustauscher auf der Salicylsäurebasis haben wir einen scheinbaren Widerspruch zu obengenannter Regel festgestellt, wonach der Einbau der komplexierenden Gruppen in die Polymeren ihre Wirkung beibehalten sollte. Laut unseren Messungen weisen die Kationenaustauscher auf Salicylsäurebasis keine oder wenigstens eine sehr kleine Selektivität auf, obwohl wir die Versuche mit solchen Kationen durchgeführt haben, die gewisse Komplexverbindungen mit der Salicylsäure bilden, die in der Literatur beschrieben sind.

Zur Zeit ist diese Anomalie noch ungeklärt. Im Augenblick haben wir weitere Versuche im Gange, die dieses Phänomen erklären sollen.

Die unvollständige Übereinstimmung der Reihenfolge des Koeffizientenwertes mit der Anordnung der Kurven auf dem Diagramm der potentiometrischen Titration der Salicylsäure in Anwesenheit des Salzes der untersuchten Metalle (Abb. 2) kann wahrscheinlich durch die Einwirkung erklärt werden, die dank dem Einbau der Salicylsäure in das hochmolekulare Gerüst entsteht sowie dem sterisch blockierenden Einfluß der kompakten Struktur. Diese Probleme müssen Gegenstand weiterer Forschung werden.

Versuche im halbtechnischen Maßstab, die mit Salicylsäureaustauscher zwecks Reinigung der Salzlauge der Salzgrube von Wieliczka bei Krakow von den verunreinigenden Kalk- und Magnesiumionen angestellt wurden, welche bei Verwendung der Salzlaugen als Rohstoff zur elektrolytischen Chlorgewinnung stören, haben erwiesen, daß der Salicylaustauscher sich zu diesem Zweck sehr gut eignet und sogar besser ist als irgendwelche andere karboxylhaltige Kationenaustauscher, von denen mehrere untersucht werden (15).

Nähere Angaben über halbtechnische Versuche kann ich hier leider nicht anführen, da die Dauerversuche noch nicht beendet sind. Aus den bisherigen Ergebnissen kann man aber schließen, daß der Salicylsäureaustauscher genügend widerstandsfähig gegen eine mehrfache Regeneration mit verdünnter Salzsäure ist, um in der Industrie genügend lange arbeiten zu können.

Außerdem kann man aus diesen Versuchen schließen, daß die Selektivitätsverhältnisse sich ganz anders stellen, wenn man in Gegenwart sehr großer Konzentrationen von Natriumionen arbeitet, wie man es übrigens auch in anderen Fällen beobachten kann.

Literatur

1. J. C. Bailar jr., The Chemistry of Coordination Compounds. Reinhold Publ. Corp., New York, N. Y., 1956.
2. M. Bobtelsky & I. Bar-Gadda, Bull. Soc. Chim. France (1953), 276.
3. M. Bobtelsky & I. Bar-Gadda, ibid. 687.
4. Wark, J. W., J. Chem. Soc. (1927), 1753.
5. T. I. Rabek, Teoretyczne podstawy syntezy polielektrolitów i wymieniaczy jonowych - Państwowe Wydawnictwo Naukowe, Warszawa 1960.
6. R. Kunin, Ion exchange resins; John Wiley & Sons, Inc., New York, N. Y., 1958; Second Ed.
7. R. Grießbach, Austauschadsorption in Theorie und Praxis, Akademie Verlag, Berlin, 1957.
8. R. Grießbach, Angew. Chem. 67 (1955), 606.
9. R. Grießbach, ibid. 66 (1954), 17.
10. J. Walker, The Formaldehyde, ACS Monograph Serie.
11. T. I. Rabek, Przem. Chem. 36 (1957), 653.
12. T. I. Rabek & W. Zieliński, Zeszyty Naukowe Politechniki Wroclawskiej, Chemia, (1959), 6.3.
13. T. I. Rabek & Schwartz, K., ibid. (1959), 6. 11.
14. J. Cosgrove & J. D. H. Strickland, J. Chem. Soc. (1950), 1845.
15. Noch nicht publiziert, in Vorbereitung.

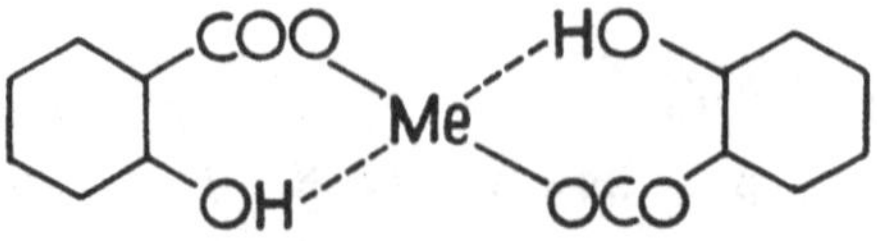

Abb. 1

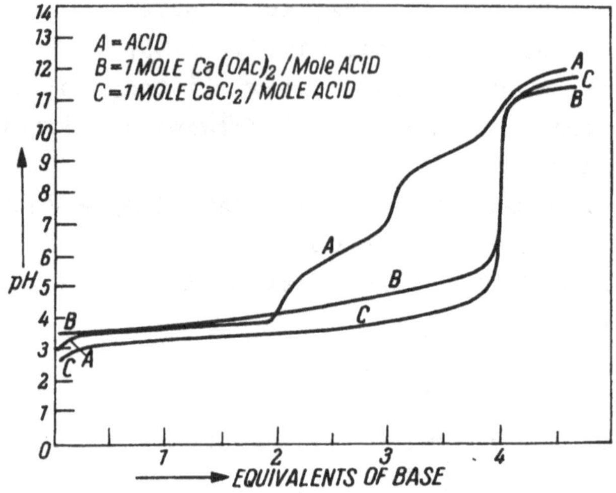

Abb. 2

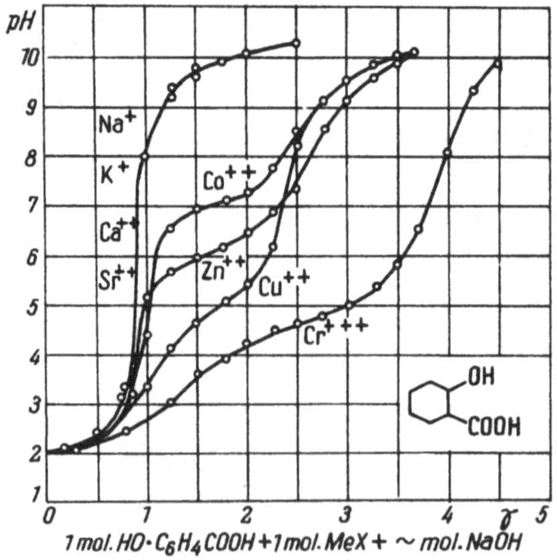

Abb. 3

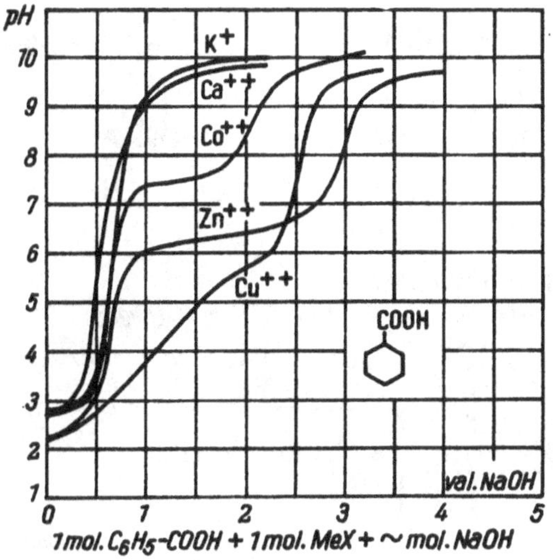

Abb. 4

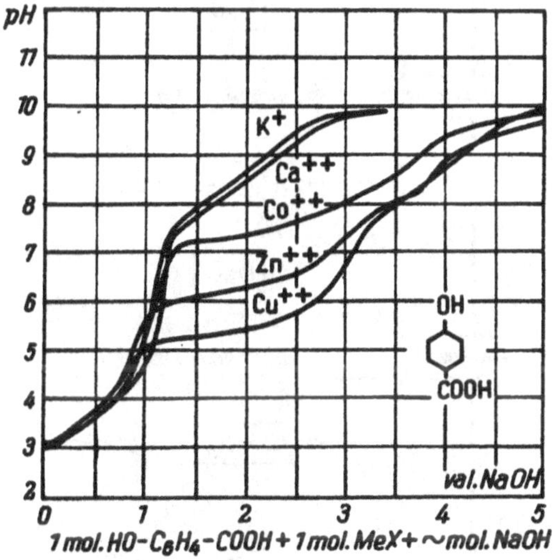

Abb. 5

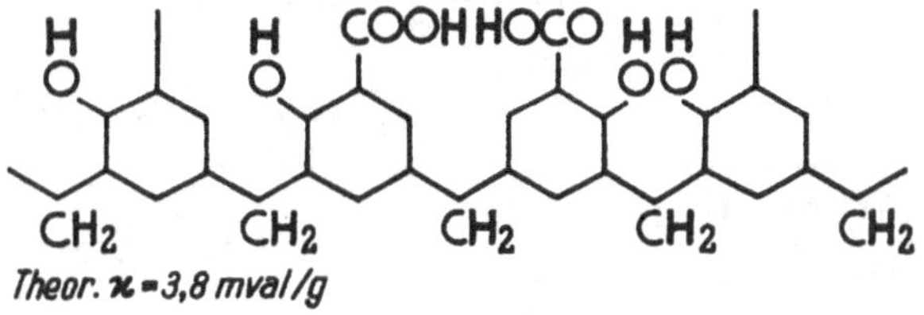

Abb. 6

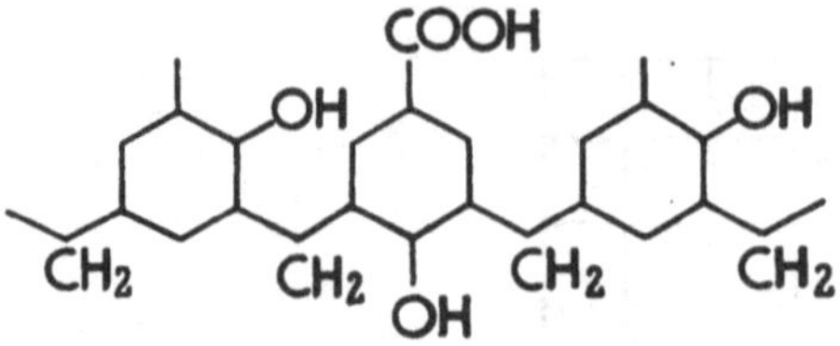

Theor. $\varkappa$=2,7 mval/g

Abb. 7

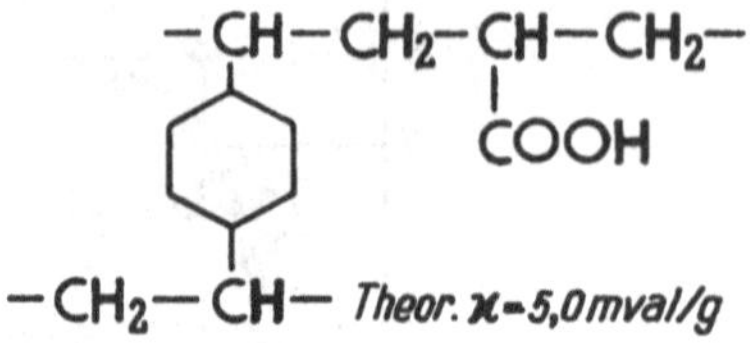

Theor. $\varkappa$=5,0 mval/g

Abb. 8

Progressive batch method

J. Cosgrove a J.D.H. Strickland - J. Chem. Soc. 1950, 1845

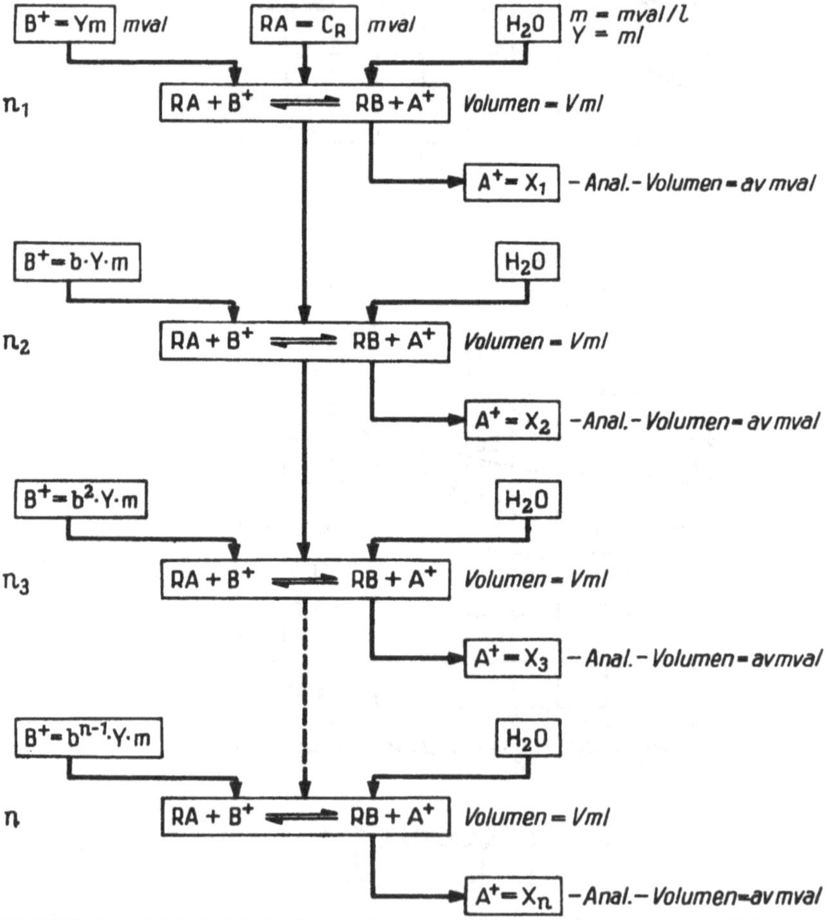

$$K = \frac{[X_R]\,[1-X_S]\cdot(f\,A_S^+)(f\cdot B_R)}{[1-X_R]\,[X_S]\cdot(f\,B_S^+)(f\cdot A_R)} \qquad t_n = \frac{1-a-b}{a\left[(1-a)^n - b^n\right]}$$

$$[X_R] = \frac{a\cdot\sum_1^{n-1}\cdot X + X_n}{a\cdot C_R} \qquad [X_s] = 1 - \frac{t_n\cdot X_n}{m\cdot Y}$$

Abb. 9

Constant batch method

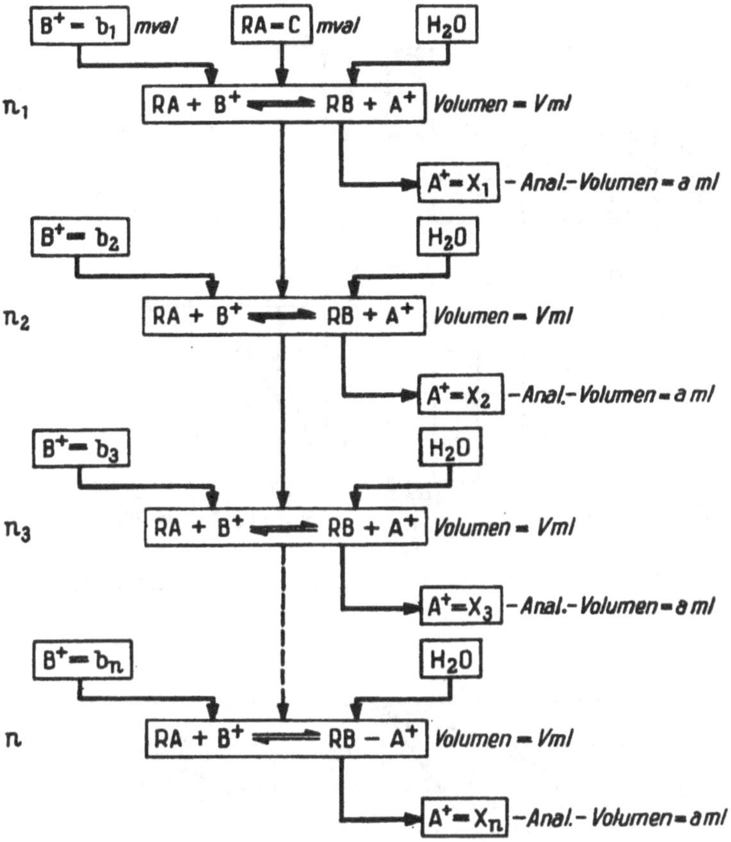

$$\sum_1^n X = X_1 + X_2 + X_3 + \ldots\ldots X_n$$

$$\sum_1^n b = b_n + (1-d)b_{n-1} + (1-d)^2 b_{n-2} + \ldots\ldots (1-d)^{n-1} b_1$$

für $b = b_1 = b_2 = b_3 = \ldots\ldots = b_n =$ const.

$$\sum_1^n b = \frac{b}{d}\cdot\left[1-(1-d)^n\right] \qquad d = \frac{a}{V}$$

$$[A^+] = \frac{X_n}{d\cdot\sum_1^n b} \qquad [B^+] = 1 - [A^+]$$

$$[RA] = 1 - [RB] \qquad [RB] = \frac{d\cdot\sum_1^{n-1} X + X_n}{C\cdot d}$$

Abb. 1o

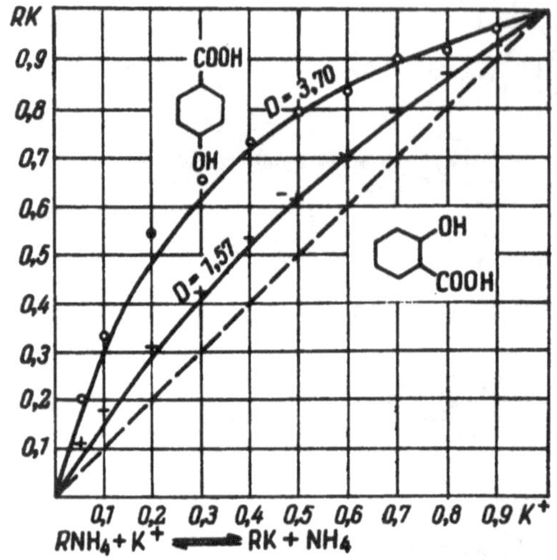

Abb. 11

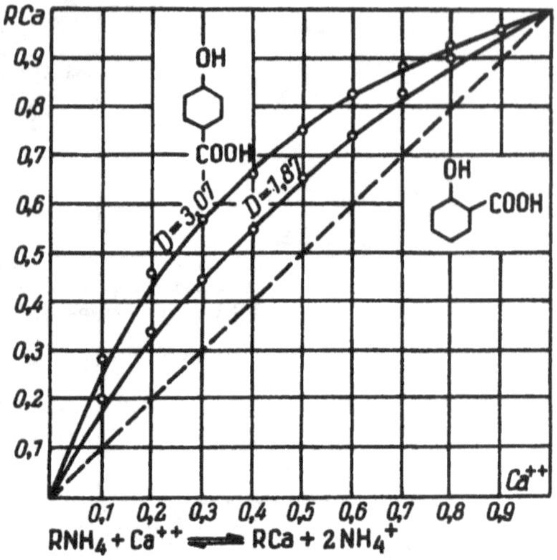

Abb. 12

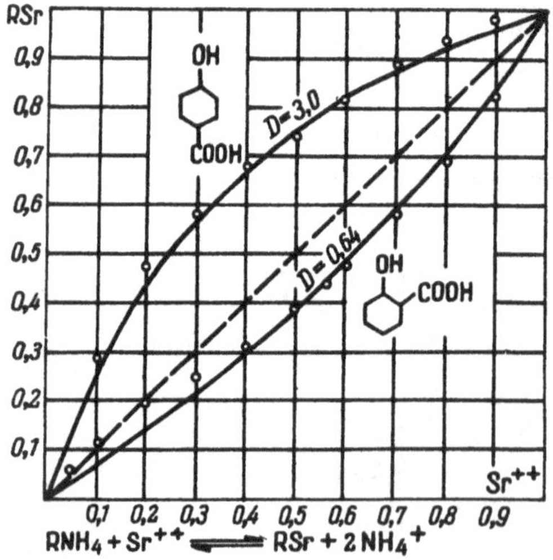

Abb. 13

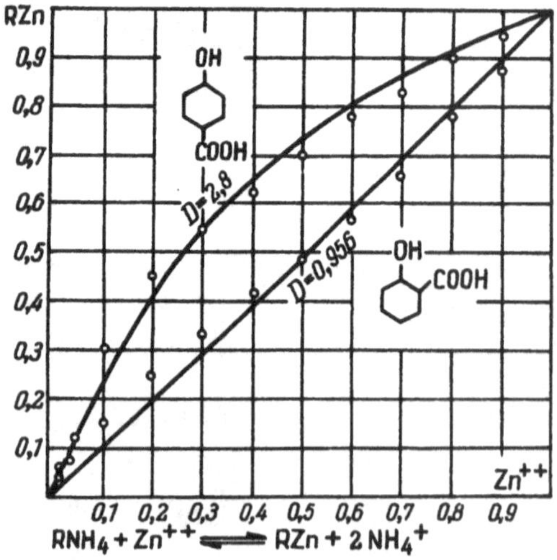

Abb. 14

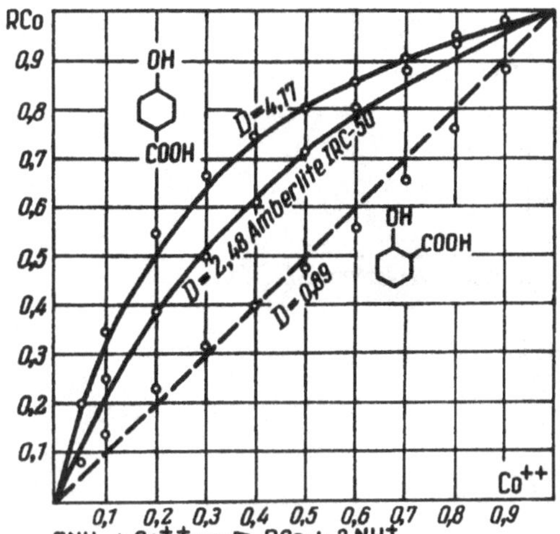

$RNH_4 + Co^{++} \rightleftharpoons RCo + 2\,NH_4^+$

Abb. 15

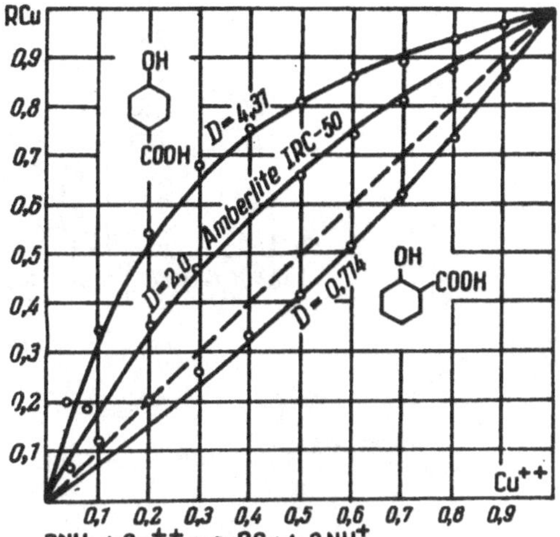

$RNH_4 + Cu^{++} \rightleftharpoons RCu + 2\,NH_4^+$

Abb. 16

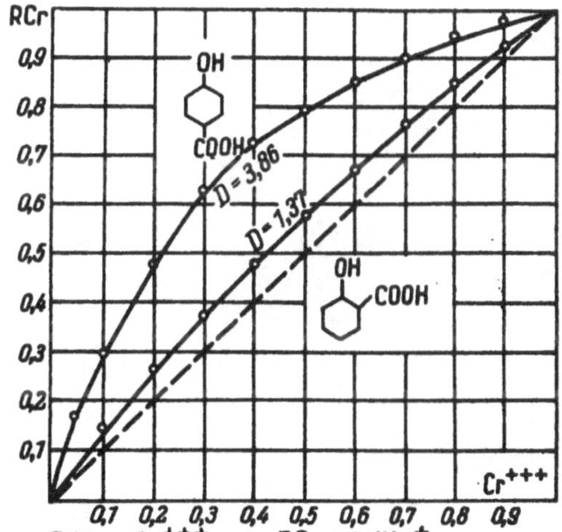

$RNH_4 + Cr^{+++} \rightleftharpoons RCr + 3\,NH_4^+$

Abb. 17

Spezifitätskoeffizienten für Hydroxyd-Karboxylsäure Kationenaustauschern für Systeme $RNH_4 + Me \rightleftharpoons RMe + NH_4^+$

S-Harz		H-Harz		A-Harz	
Sr^{++}	0,64	Zn^{++}	2,8	Cu^{++}	2,0
Cu^{++}	0,72	Sr^{++}	3,0	Co^{++}	2,5
Co^{++}	0,89	Ca^{++}	3,1		
Zn^{++}	0,96	K^{+}	3,7		
Cr^{+++}	1,37	Cr^{+++}	3,9		
K^{+}	1,57	Co^{++}	4,2		
Ca^{++}	1,87	Cu^{++}	4,3		

S-Salicylsäure H-p-Hydroxylkarbonsäure A-Amberlite IRC-50

Abb. 18

Wege zur selektiven Extraktion anorganischer Kationen mit organischen Lösungsmitteln

von H. Specker

Institut für Spektrochemie und angewandte Spektroskopie, Dortmund-Aplerbeck, in Zusammenarbeit mit der Westfälischen Wilhelms-Universität zu Münster

Für die Probleme der modernen analytischen Chemie haben sich in den letzten zwei Jahrzehnten Ionenaustauscher und Verteilungsverfahren besonders bewährt. Besondere Beispiele für beide Verfahren sind die Trennung und Reindarstellung der Seltenen Erden und die Isolierung der Transurane. Die Anwendungsbreite erstreckt sich über mehr als 15 Zehnerpotenzen, wenn man die technische Reindarstellung der Seltenen Erden in g Mengen und die erste Reindarstellung des Californiums in einer Menge von etwa 10^{-15} g berücksichtigt. Beide Verfahren ergänzen sich, und auch die Mechanismen beider Methoden sind ähnlich. Die Extraktionsverfahren mit langkettigen Aminen werden heute auch als flüssige Anionenaustauscherverfahren bezeichnet, die mit Phosphorsäuredialkylestern als flüssige Kationenaustauscher.

Um die Selektivität eines Extraktionssystems zu verbessern oder sogar für ein bestimmtes Element spezifisch zu machen, gibt es mehrere Möglichkeiten:

1. Beeinflussung der wässrigen Phase durch Maskierungsreaktionen, Änderung des pH-Wertes usw.
2. Auswahl der organischen Lösungsmittel, wobei eine größere Selektivität aus sterischen Gründen oder mit Lösungsmittelgemischen erreicht werden kann.
3. Extraktion mit inerten Lösungsmitteln unter Zusatz langkettiger Amine oder anderer Verbindungen mit einer hydrophilen Gruppe und langkettigem hydrophoben Rest. Die ersten werden auch als flüssige Anionenaustauscher be-

zeichnet.

4. Fraktionierte Extraktion.

Änderung der wässrigen Phase

Von der Beeinflussung der wässrigen Phase zur selektiven Abtrennung von Kationen hat man am meisten Gebrauch gemacht. Die Extraktion der Oxinate kann zu einem großen Teil durch Änderung des pH-Wertes gesteuert werden. Ebenso verhält es sich mit den Dithiocarbaminaten. Bei den Dithiocarbaminaten erreicht man allerdings eine viel größere Selektivität, indem man unerwünschte Kationen maskiert. Die üblichen Maskierungsreagentien sind z. B. Komplexon, Citrate, Kaliumcyanid, Natriumthiosulfat u. a. Auch beruht die gesamte Analyse mit Dithizon, soweit man sie für Einzelbestimmungen benutzen will, bekanntlich auf Maskierungsreaktionen der störenden Begleitmetalle. Als Beispiel sei hier die Zinkbestimmung mit Dithizon erwähnt, die trotz des Gruppenreagenzes Dithizon durch mehrere Maskierungsreagentien fast spezifisch gestaltet werden kann.

Eine Aufgabe in der modernen Analyse ist die Spurenbestimmung in Rein- und Reinstmetallen. Hier liegen Konzentrationsverhältnisse von Hauptbestandteil: Spuren von 10^4 bis 10^8 : 1 vor. Bei derartig hohem Überschuß des Hauptbestandes und der äußerst geringen Menge der Spuren versagen wegen des starken Untergrundes sog. spezifische Reagentien; die Spektrochemie, die Photometrie und auch die anderen physikalischen Verfahren sind nur bedingt anwendbar. In fast allen Fällen ist eine Anreicherung notwendig. Eine Spurenanreicherung soll einmal den oder die Hauptbestandteile entfernen und weiterhin die absolute Menge der zur Analyse gebrachten Spuren erhöhen. Für die Aufgabe der Anreicherung sind die Extraktionsverfahren allen anderen überlegen. Das gilt besonders für die praktische Handhabung. Im Falle der Spurenanreicherung ergeben sich für die Extraktion zwei Wege. Man läßt den Hauptbestandteil in der wässrigen Phase und extrahiert selektiv die gewünschten Spurenelemente. Diese Wege sind bei der Analyse von Reinst-Mg,- Al,- Ti,- Si,- Zr beschritten. Schwieriger wird die Abtrennung, wenn sich der Hauptbestandteil nur wenig in seinen chemischen und damit analytischen Eigenschaften von den zu bestimmenden Spurenelementen unterscheidet. Ein Beispiel dafür ist die Spurenbestimmung in Reinsteisen oder auch in allen Produkten mit Eisen als Hauptbestandteil. Man kann Eisen aus salzsaurer Lösung mit höheren Ketonen oder Phosphorsäureestern mit sehr hohen Verteilungskoeffizienten ausschütteln. Mit Triamylphosphat z. B. ist der Verteilungskoeffizient etwa 10^6 aus 9 n Salzsäure; es werden demnach 99,9999 % Fe mit einer Ausschüttelung extrahiert. So interessant dieser Vorgang ist, für unsere analytische Aufgabe der Selektivität bringt er keine Vorteile, da mit zunehmender Verteilung eines Elements in einem Vielkomponentensystem auch andere Elemente im steigenden Maße mit extrahiert werden. Ersetzt man nun die Salzsäure der wässrigen Phase durch Lithiumchlorid, dann kann man, von Sn und Ga abgesehen, eine fast selektive extraktive Abtrennung des Eisens erreichen. Man kann so etwa 25 Elemente von Eisen durch eine Extraktion abtrennen. Diese Abtrennung hat sich für die spektrochemische und photometrische Spurenbestimmung in Stählen, Erzen und Bodenproben bewährt. Ähnliche Verfahren sind auch für die Abtrennung des Galliums, Indiums und Kobalt bekannt. Die Spurenelemente werden dann hinterher aus der wässrigen Phase mit den üblichen Gruppenreagentien Oxin, Dithizon und Dithiocarbaminat ausgeschüttelt.

Auswahl organischer Lösungsmittel

Bei organischen Lösungsmitteln, die einzelne Elemente mit sehr hohem Verteilungskoeffizienten extrahieren, ist der koordinative Eingriff des Lösungsmittels von entscheidender Bedeutung. Daß dieser Eingriff unmittelbar mit den Donatoreigenschaften des Carbonylsauerstoffs zu tun hat, zeigen die IR-Spektren der reinen Lösungsmittel im Vergleich zu isolierten Solvensaddukten. Bei den Ketonen ist die CO-Bande, bei Phosphorsäureestern die PO-Bande um 50 bis 110 cm^{-1} verschoben. Dasentspricht fast der Verschiebung dieser Banden in typischen Chelatkomplexen. Die Beobachtung legt nun den Schluß nahe, durch sterische Behinderung zu ähnlichen Möglichkeiten in der Lösungsmittelextraktion zu kommen wie bei den bekannten Fällungen mit Derivaten des Oxychinolins oder bei der Photometrie mit Derivaten des 1,10-Phenanthrolins. Für das Oxychinolin mit einer CH_3-Gruppe in Nachbarstellung zum N-Atom fällt bekanntlich Aluminium nicht mehr aus; man kann so Al und Be oder Al und Zn trennen. Genau verhält es sich mit der Photometrie des 2,9-Dimethyl-1,10-phenanthrolins, das völlig spezifisch für Kupfer ist und keine Farbreaktion mehr mit Fe^{2+}-Ionen gibt. Durch die Methylgruppen haben beim Al keine drei Molekeln mehr Platz, ebenso verhält es sich beim Dimethylphenanthrolin für Fe^{2+}. Wir haben nun versucht, mit Derivaten des Cyclohexanons die Selektivität zunächst einmal für Uran und Thorium zu verbessern. Eine Alkylgruppe in 2-Stellung setzt in allen Fällen die Verteilung herab; in 4-Stellung dagegen ist nach neuesten Messungen mit reinen Präparaten (die ersten Präparate enthielten noch 2-Verbindungen) (1) gegenüber Cyclohexanon keine Verminderung des Verteilungskoeffizienten festzustellen. Ein Anwendungsbeispiel ist die Trennung von Uran und Thorium mit 2-Äthylidencyclohexanon. Bei einer neunstufigen Verteilung enthält die Uranfraktion nur mehr 10^{-7} % der Ausgangsmenge Thorium; führt man die Verteilung dagegen mit Cyclohexanon durch, dann sind in derselben Stufe noch mehr als 10 % der ursprünglichen Thoriummenge vorhanden. Zwar ist diese Anwendung der sterischen Hinderung noch nicht eine ideale Lösung, indem man auf diesem Wege eine völlig selektive Trennung bzw. Extraktion eines Elementes bekommt; aber man erreicht doch in wenigen Schritten eine völlige Abtrennung des Urans von Thorium.

Sicher liegen hier noch große Möglichkeiten. Daß man bei Extraktionen nicht die Trenneffekte erzielt wie bei den ausgeprägten, sehr stabilen Chelatkomplexen des Oxins oder des o-Phenanthrolins, beruht auf der Überlagerung zweier Effekte bei Extraktionsprozessen, und zwar koordinativer Eingriff des Lösungsmittels und Solvatation. Ähnliche Untersuchungen mit aliphatischen Ketonen, die in Nachbarstellung zur CO-Gruppe alkyliert sind, wurden auch von anderen Autoren durchgeführt. Unabhängig von uns haben Seidl und Beránek ein wenig später Methylcyclohexanon zur Uran-Thorium-Trennung verwendet.

Die Extraktion mit langkettigen Aminen

Eine Vielzahl von Untersuchungen in den letzten 5 Jahren befaßt sich mit der Extraktion von Kationen mit langkettigen Aminen in inerten Lösungsmitteln. Man bezeichnet diese Verfahren auch als "flüssige Anionenaustauscher". Amine reagieren mit Säuren unter Salzbildung nach der allgemeinen Formel:

$$R_3N + HA \rightleftharpoons R_3N \cdot HA$$

Das Säure-Anion kann leicht gegen negative Metallkomplexe ausgetauscht werden, etwa nach folgendem Schema:

$$R_3N \cdot HA + MeCl_4^- \rightleftharpoons R_3N \cdot HMeCl_4 + A^-$$

Diese formale Ähnlichkeit mit Anionenaustauschern ist nicht nur formal; die Extrahierbarkeit, d. h. auch die Trennfaktoren zweier Elemente laufen, wie u. a. besonders Ziegler und amerikanische Autoren gezeigt haben, in den meisten Fällen mit dem Verhalten auf einer Austauschersäule parallel. Allerdings sind diese Versuche bis jetzt nur qualitativ durchgeführt worden. Es ist noch nicht möglich, exakte Vergleichszahlen anzugeben. Das Prinzip der Extraktion ist die Einführung eines langen aromatischen oder aliphatischen Restes, wodurch die Molekel eine hydrophobe Gruppe erhält und dadurch in inerten Lösungsmitteln, wie

Paraffine, Benzol- und Derivate, Chloroform und vielen anderen löslich wird.

Für die Selektivität eines Verteilungssystems mit langkettigen Aminen hat man nun eine große Anzahl von Möglichkeiten:

Einmal kann man die Amine variieren oder auch das Lösungsmittel. Mit beiden läßt sich die Selektivität für ein bestimmtes Element in dem einen oder anderen Sinne beeinflussen. Besonders soll hier noch einmal hervorgehoben werden, daß die Lösungsmittel, z. B. $CHCl_3$, CCl_4, C_nH_{2n+2}, Benzol u. a., die selbst in keiner Weise ohne Amin extrahieren, die Selektivität und den Verteilungskoeffizienten des Systems beeinflussen können. Über diesen Mechanismus läßt sich leider wenig sagen. Es gibt gewisse Zusammenhänge zwischen DK der Lösungsmittel und Extraktionseigenschaften, aber in diesem Fall noch keine begründete Theorie. Ebenso verhält es sich mit der Auswahl der Amine. Für die selektive Abtrennung des Urans nach dem Aminverfahren sind mehr als 250 langkettige Amine probiert worden. Durch reine Empirie konnte festgestellt werden, daß sekundäre Amine mit dem Benzylrest und verzweigten Alkylrest z. B. N-Benzylheptadezylamin Uran mit hohem Verteilungskoeffizienten und großer Selektivität extrahieren. Der Verteilungskoeffizient ist in Paraffin-Kohlenwasserstoffen 8.000, in Benzol $\sim$1.000, $CHCl_3$ $\sim$100 unter sonst gleichen Bedingungen. Extrahiert wird im Falle des Uranylsulfats die Verbindung $(R_2NH_2)_2UO_2(SO_4)_2$ und beim Plutonium(IV)-nitrat mit einem tertiären Amin $[(R_3NH)_2]\,Pu(NO_3)_6$. Beide sind nach dem Verfahren von Mc Kay nachgewiesen worden. Ein weiteres Beispiel für die Extraktion mit langkettigen Aminen ist die Niob-Tantal-Trennung. Aus 11 n HCl kann Niob mit einer 8 %igen Lösung von Tribenzylamin in Methylenchlorid quantitativ extrahiert werden. Tantal wird unter diesen Bedingungen nicht ausgeschüttelt. Aus der Vielzahl der Arbeiten soll zum Abschluß noch die Möglichkeit einer Zirkon-Hafnium-Trennung mit langkettigen Aminen erwähnt werden. In ähnlicher Richtung und auch mit demselben Extraktionsmechanismus sind die Versuche von Ziegler zu deuten. Als Beispiel sei die Extraktion von Rhodanato- und Jodokomplexen der Übergangsmetalle mit Polyäthylenglykolen erwähnt. Der Polymerisationsgrad der Glykole ist sehr hoch.

Von großer Bedeutung für die Verbesserung der Selektivität ist eine Beobachtung der letzten Jahre, die in der angelsächsischen Literatur als "synergic effect" bezeichnet wird. Man kann es im verständlichen Deutsch mit "sich gegenseitig verstärkende Wirkung" übersetzen. Zu Grunde lag folgende Beobachtung: Bei der Extraktion von Uran mit Tributylphosphat in Kerosin war die bekannte Verteilung festzustellen. Gab man nun Dibutylphosphorsäureester hinzu, dann nahm der Verteilungskoeffizient sehr stark zu, nicht etwa additiv, also die Summe der beiden Verteilungskoeffizienten, sondern um den Faktor 100. Bei der Extraktion von Uran mit Tenoyltrifluoracetonwar der synergistische Effekt noch viel größer. Irving ersetzte 20 % des Tenoyltrifluoracetons durch Tributylphosphat; der Verteilungskoeffizient nahm um den Faktor 1.000 bis 5.000 zu; Ersatz durch Tributylphosphinoxyd ergab eine 10.000-fache Steigerung des Verteilungskoeffizienten, wenn nur 10 % des Tenoyltrifluoracetons durch Phosphinoxyd ersetzt war. Interessant ist nun gerade für unser Problem der Selektivität, daß andere Elemente, wie V, Th, Al, Fe, Seltene Erden nicht stärker und z. T. sogar weniger extrahiert werden. Dieser Effekt ist meines Wissens bis jetzt nur beim Uran angewendet worden; er wurde auch bei der Extraktion des Protactiniums mit 2,4-Dimethylpentanol-(3) und einigen Ketonen, Äthern und Nitrilen beobachtet. Der Mechanismus dieses Effektes ist, kurz gesagt folgender: Wir haben es ja immer mit zwei sehr aktiven Lösungsmitteln zu tun. Das eine bildet direkt mit dem anorganischen Kation ein stabiles Chelat; so wird im Falle der Uran-Extraktion das Sulfat- oder Nitrat-Ion durch den noch sauren Dibutylphosphorsäureester - es ist ja noch eine OH-Gruppe frei - ersetzt. Diese Reaktion läßt sich durch folgende Formel beschreiben:

$$UO_{2_w}^{2+} + 2\ HO\ OP(OR)_{2_{org}} \rightleftharpoons UO_2\left[OOP(OR)_2\right]_{2_{org}} + 2\ H_w^+$$

Das Hydratwasser wird quantitativ durch Tributylphosphat oder Tributylphosphinoxyd ersetzt,und damit wird die Molekel völlig hydrophob. Dieser synergistische Effekt bietet in Zukunft noch große Möglichkeiten für selektive Trennungen.

Fraktionierte Extraktion

Ein weiterer Weg für eine selektive Kationentrennung mittels Lösungsmittelextraktion ist die fraktionierte Extraktion. Sie ist bereits früher mit keinem besonderen Erfolg bei der extraktiven Trennung der Seltenen Erden versucht worden. Wir haben einige Versuche bei der Extraktion von Jodiden mit Tributylphosphat unternommen (2). Vorgegeben wurden Hg, Bi, In, Cd und Zn. Gibt man zu diesem Gemisch sukzessive eine Kaliumjodidlösung, dann werden diese Elemente in der angegebenen Reihenfolge extrahiert. Dieses Ergebnis läßt sich z. B. für eine selektive Abtrennung und quantitative Bestimmung des Quecksilbers auswerten. Mit Wismut als Indikator ist der Endpunkt in der organischen Phase (rot) gut im Verlauf einer photometrischen Titration zu indizieren. Auch Anionen lassen sich fraktionier extrahieren. Liegen in einer Lösung Jodid, Bromid und Chlorid nebeneinander vor, dann wird mit HgJ_2 in TBP zuerst Jodid quantitativ extrahiert; dann folgt das Bromid und anschließend das Chlorid, die beiden letzten allerdings nicht mehr scharf getrennt und quantitativ, so daß z. Z. nur Jodid exakt durch Extraktion abgetrennt werden kann. Praktische Vorteile bietet das Verfahren gegenüber den üblichen Methoden nicht, da eine kontinuierliche Messung in einem Zweiphasensystem viele experimentelle Schwierigkeiten mit sich bringt. Es ist aber zu erwarten, daß fraktionierte Extraktionen verbunden mit der "sich gegenseitig verstärkenden Wirkung" noch manche wertvollen Ergebnisse zeigen wird.

Zusammenfassung

Durch Änderungen in der wässrigen Phase und durch Variation der Lösungsmittel kann die Selektivität eines Verteilungssystems beeinflußt werden. Bei den organischen Lösungsmitteln können einmal sterische Gründe für eine höhere Selektivität maßgebend sein oder bei Lösungsmittelgemischen ist der synergistische Effekt der entscheidende Faktor. Ein weiterer Weg ist die Extraktion mit langkettigen Aminen, Alkoholen oder Säuren. Die fraktionierte Extraktion steht noch am Anfang und bedarf noch der Überwindung experimenteller Schwierigkeiten, besonders in der Endpunktanzeige.

Literatur

1. Specker, H., Cremer, M. und Jackwerth, E., Angew. Chemie 71 (1959), 492.
2. Jackwerth, E. und Specker, H., Z. für analyt. Chemie 177 (1960), 327.

Ideale und nicht ideale Verhältnisse bei der Flüssig-flüssig-Verteilung

von E. Hecker

Max-Planck-Institut für Biochemie, München

Herrn Prof. Dr. R. Griessbach zum 75. Geburtstag in Verehrung gewidmet

Ein Vortrag mit dem angekündigten Thema mag auf einem Symposium über anormale Vorgänge an Austauschadsorbentien zunächst überraschen. Scheint es doch, als habe flüssig-flüssig-Verteilung und Austauschadsorption nur wenig miteinander zu tun. Aber gerade die auf den ersten Blick scheinbar nur lose Verbindung der beiden Gebiete regt zum Nachdenken an, und ich hoffe, im Lauf des Vortrags zeigen zu können, daß zwischen Ionenaustausch und flüssig-flüssig-Verteilung zahlreiche interessante Beziehungen bestehen.

Die der Verteilung von Substanzen zwischen beschränkt mischbaren Phasen zugrunde liegende Gesetzmäßigkeit ist von Nernst in seinem bekannten Verteilungssatz allgemein formuliert worden. Er besagt, daß jede Molekelart, die in einem flüssigen, zweiphasigen System auftritt, sich im Gleichgewichtszustand in einem definierten Verhältnis zwischen den beiden Phasen verteilt. Sein Zahlenwert ist nur von Druck, Temperatur und den gewählten Lösungsmitteln, aber nicht von der Konzentration abhängig. Es gilt somit

$$\frac{c_l}{c_s} = \text{konstant} = f\,(p, T, \text{Lösungsmittel}) = k_i \qquad (1)$$

Hierbei bedeuten c_l und c_s die räumliche Konzentration der Molekelart (z. B. in Mol/l) in der spezifisch leichteren bzw. schwereren Phase. Das Konzentrationsverhältnis wird mit k_i bezeichnet, um damit anzudeuten, daß es sich um den individuellen Verteilungskoeffizienten einer bestimmten Molekelart handelt. Tritt nämlich eine chemisch einheitliche Verbindung in dem zur Verteilung verwendeten Phasenpaar in mehreren Molekelarten auf, so ist nach Nernst für jede dieser Molekeln mit einem konstanten und reproduzierbaren Verteilungskoeffizienten k_1 zu rechnen.

Für Trennungsverfahren, die auf der flüssig-flüssig-Verteilung beruhen, ist die allgemeine Form des Nernst'schen Satzes nur von beschränktem praktischem Nutzen, da die Konzentration einzelner Molekelarten meist nicht bestimmt werden kann. Auf einfache Weise zu ermitteln sind nur die Gesamtkonzentrationen C_l und C_s in den beiden Phasen und deren Verhältnis

$$\frac{C_l}{C_s} = K \qquad (2)$$

das im Gegensatz zu Gl. (1) mit K bezeichnet werden soll.

Die physikalisch-chemische Bedeutung dieses auf die Gesamtkonzentration bezogenen Verteilungskoeffizienten läßt sich mit Hilfe des Nernstschen Verteilungssatzes quantitativ verstehen. Sie liefert den Schlüssel zu einer rationellen Anwendung und - zusammen mit dem Multiplikationsprinzip - zur quantitativen Behandlung all der Methoden, bei denen Unterschiede in den Verteilungskoeffizienten zur Stofftrennung ausgenützt werden.

Der einfachste Fall einer Verteilung ist dann gegeben, wenn die Substanz in beiden Phasen nur in einer Molekelart vorkommt. Das Verhältnis c_l/c_s in Gl. (1) ist dann identisch mit dem Verhältnis der Gesamtkonzentration der Substanz in den beiden Phasen nach Gl. (2). Der auf die Gesamtkonzentration bezogene Verteilungskoeffizient K ist dann eine konzentrationsunabhängige Konstante. Trägt man also C_l gegen C_s auf, so ergibt sich eine durch den Nullpunkt gehende Gerade mit dem Anstieg K, die man als Verteilungsisotherme bezeichnet.

Ein Beispiel dafür ist in Abb. 1 wiedergegeben. Es handelt sich um die Verteilung von Amino- und Dimethylaminoazobenzol im System n-Heptan (120), Benzol (3)/Methanol (120), Wasser (24). Man erkennt, daß beide Isothermen in dem angegebenen Konzentrationsbereich linear verlaufen und aus dem Anstieg der Kurven errechnen sich Verteilungskoeffizienten K von 2,4 bzw. 0,06.

Sollen nun diese beiden Verbindungen durch eines der bekannten Verfahren der multiplikativen Verteilung getrennt werden, so setzt man mit Substanzgemisch beladene Ober- und Unterphasen, sowie unbeladene Phasen nach einem bestimmten Fraktionierungsschema ins Gleichgewicht. Die Schemata für die wichtigsten Verfahren sind in Abb. 2 als Strömungsdiagramme dargestellt. Bei der CRAIG-Verteilung wird das zu trennende Gemisch am Anfang z. B. einer Batterie von Scheidetrichtern zugegeben. Dann bewegt man über die stationären schweren Phasen die leichten mobilen Phasen unter ständiger Gleichgewichtseinstellung hinweg. Dieses Verfahren arbeitet diskontinuierlich und wird daher vorzugsweise für analytische Trennungen eingesetzt. Die Anordnung ist im Prinzip dieselbe wie etwa bei einer Chromatographie an Ionenaustauschern. Bei der O'KEEFFE-Verteilung wird Substanzgemisch fortlaufend in der Mitte der Scheidetrichterbatterie zugegeben. und man bewegt beide Phasen im Gegenstrom. Das Verfahren gestattet die Trennung beliebig großer Substanzmengen in kontinuierlicher Arbeitsweise und ist daher vorzugsweise geeignet für Trennungen im präparativen Maßstab. Die in Abb. 2 außerdem aufgeführten multiplikativen Verteilungsverfahren (MARTIN-SYNGE- und VAN DYCK-Verteilung) unterscheiden sich von den jeweils darüber stehenden Verfahren lediglich durch ein apparatives Merkmal: es werden statt schubweise bewegter Phasen gleichförmig strömende Phasen verwendet. Je nach dem angewandten Fraktionierungsschema erhält man für diskontinuierliche und kontinuierliche Verfahren jeweils typische Verteilungskurven, die in Abb. 2 schematisch wiedergegeben sind. Die Bedeutung dieser Kurven für multiplikative Verteilungsverfahren und die Abhängigkeit ihres Verlaufes von der Verteilungsisotherme der jeweiligen Substanz soll im folgenden am Beispiel der CRAIG-Verteilung erläutert werden.

Das Verteilungsdiagramm eines Grundprozesses der CRAIG-Verteilung der beiden oben erwähnten Azoverbindungen in demselben System, das auch zur Messung der Verteilungsisothermen verwendet wurde, ist in Abb. 3 dargestellt. Es wurden bei einem Volumenverhältnis der beiden Phasen von $V = \frac{V_1}{V_s} = 4/3$ insgesamt n = 24 Verteilungsschritte ausgeführt, die z = 25 Fraktionen liefern.+) Trägt man die Nummern der Fraktionen (r) von 0 bis 24 auf der Abszisse und die Substanzmengen in den Fraktionen in mg auf der Ordinate auf, so erhält man die mit o bezeichneten Punkte. Ihre Verbindung liefert für beide Substanzen nahezu symmetrische Verteilungskurven. Aus der Lage der Maxima der Kurven zwischen den Fraktionen 1 und 2 bzw. 18 und 19 erhält man die angegebenen Verteilungszahlen G, die den Verteilungskoeffizienten K der Substanzen proportional sind, entsprechend der Beziehung

$$G = K.V = K \cdot \frac{V_1}{V_s} \qquad (3)$$

Die mit x bezeichneten Punkte lassen sich auf Grund des Fraktionierungsschemas der CRAIG-Verteilung aus den Verteilungszahlen berechnen. Sie stimmen mit den experimentell ermittelten Punkten gut überein. Dies ist auf Grund der linearen Verteilungsisothermen der getrennten Substanzen und der Gesetzmäßigkeiten des Multiplikationsprozesses zu erwarten.

Neben dem Verlauf der Verteilungskurven läßt sich bei linearer Verteilungsisotherme auch die Zahl der Fraktionen bzw. der Verteilungsschritte n vorausberechnen, in die man ein Gemisch zerlegen muß, um 2 Substanzen mit den Ver-

+) Für den Grundprozeß der CRAIG-Verteilung gilt allgemein $n = z - 1$

teilungskoeffizienten K_A und K_B zu trennen. Das Verhältnis

$$\frac{G_A}{G_B} = \beta \geqq 1 \qquad (4)$$

der beiden Verteilungszahlen wird als Trennfaktor β bezeichnet und so definiert, daß es größer als 1 ist. Für β = 1 ist $G_A = G_B$, die Substanzen können also durch multiplikative Verteilung nicht getrennt werden. Den quantitativen Zusammenhang zwischen der Zahl n der aufzuwendenden Verteilungsschritte und dem Trennfaktor β zweier Substanzen gibt die in Abb. 4 wiedergegebene Trennfunktion der CRAIG-Verteilung (Gl. (5)). C_R ist ein Maß für den Grad der Überlappung der Glockenkurven, der zur erzielten Ausbeute an reiner Substanz in Beziehung steht: Die Ausbeute ist naturgemäß um so kleiner, je stärker sich 2 Verteilungskurven in einem Verteilungsdiagramm überlappen. So liefert die Verteilung der beiden Azoverbindungen mit einem Trennfaktor von ca. 30 nach Ausführung von 24 Verteilungsschritten 100 %ige Ausbeute an reinen Substanzen: die beiden Glockenkurven überlappen sich praktisch nicht (Abb. 3). Um dieselbe Ausbeute an reiner Substanz bei der Trennung zweier Verbindungen mit einem Trennfaktor von β = 5 zu erzielen, sind nach der Trennfunktion etwas mehr als 50 Verteilungsschritte erforderlich (Abb. 4); wie man aus Abb. 4 weiter erkennt, wird bei weniger hohen Anforderungen an die Ausbeute an reiner Substanz auch die Zahl der erforderlichen Verteilungsschritte geringer.

Ähnlich wie bei der CRAIG-Verteilung im einzelnen gezeigt, können auch alle anderen Verfahren der multiplikativen Verteilung quantitativ vorausberechnet werden, wenn die Verteilungsisothermen der zu trennenden Substanzen linear verlaufen: dies gilt als Idealfall der flüssig-flüssig-Verteilung.

Aber wie so häufig stellen sich ideale Verhältnisse nur selten von selbst ein. So ist z. B. die Verteilungsisotherme von $FeCl_3$ (Abb. 5) im System Diisopropyläther/5,6 n HCl bis zu Konzentrationen von ca. 10^{-2} Mol/l linear, weicht aber bei höheren Konzentrationen sehr stark vom linearen Verlauf ab. Die Verteilungsisotherme von Essigsäure im System p-Xylol/Wasser (Abb. 6) ist schon bei recht niederen Konzentrationen parabelförmig; sie weicht von der gestrichelt eingezeichneten Grenzgeraden nach oben ab, d. h. der Verteilungskoeffizient wird mit steigender Konzentration größer. Dasselbe trifft auch für die Verteilungsisotherme von Benzoesäure im System Benzol/Wasser zu (Abb. 7).

Wie kommen nun diese Effekte zustande? Es ist lange bekannt, daß Carbonsäuren in Kohlenwasserstoffen Doppelmolekeln bilden. Außerdem kann in der wässrigen Phase Dissoziation eintreten. Man muß daher bei der Verteilung z. B. von Benzoesäure im System Benzol/Wasser mit bis zu 4 verschiedenen Molekelarten rechnen (Abb. 8). Die Gesamtkonzentration C_l der Benzoesäure in der leichten Phase ergibt sich als Summe der Konzentrationen der undissoziierten Molekeln $c_{l,o}$ und der assoziierten Molekeln $c_{l,a}$ zu

$$C_l = c_{l,o} + 2c_{l,a} \qquad (5)$$

Nimmt man an, daß die Konzentration der nicht assoziierten Molekeln in der leichten Phase vernachlässigbar ist, so gilt

$$\frac{C_l}{2} = c_{l,a} \qquad (6)$$

Für die Gesamtkonzentration in der schweren Phase gilt unter Vernachlässigung der Dissoziation entsprechend

$$C_s = c_{s,o} \qquad (7)$$

Für beide Molekelarten kann der Nernst'sche Verteilungssatz angesetzt werden, nämlich für die einfachen Molekeln

$$\frac{c_{l,o}}{c_{s,o}} = k_o \qquad (8)$$

und für die Doppelmolekeln

$$\frac{c_{1,a}}{c_{s,a}} = k_a \qquad (9)$$

Das Assoziationsgleichgewicht in der Oberphase wird durch das Massenwirkungsgesetz beschrieben

$$\frac{c_{1,a}}{c_{1,o}^2} = k' \qquad (10)$$

Setzt man diese Gleichungen in geeigneter Weise ineinander ein, so erhält man zum Schluß

$$\frac{\sqrt{C_1}}{C_s} = k_o \cdot \sqrt{2k'} \equiv K^* \qquad (11)$$

Wenn die in die Rechnung hineingesteckten Voraussetzungen richtig sind, muß also beim Auftragen von $\sqrt{C_1}$ gegen C_s eine Gerade mit dem Anstieg K^* herauskommen. Dies trifft für den Fall der Benzoesäure auch zu, wie man in Abb. 7 erkennt. Es kann daher angenommen werden, daß die Abweichungen der Verteilungsisotherme von der linearen Form im wesentlichen auf die Assoziation der Carbonsäure in der Benzolphase zurückzuführen sind.

Die Abhängigkeit des Verteilungskoeffizienten von der Konzentration beeinflußt auch den Verlauf der Verteilungskurven. Man erhält z. B. bei der CRAIG-Verteilung aliphatischer Carbonsäuren im System n-Heptan/Puffer (Abb. 9) - besonders ausgeprägt bei C_{10} und C_{11} - bei kleinen Fraktionsnummern flach ansteigende und auf der anderen Seite des Maximums steil abfallende Verteilungskurven, deren Basis gegenüber den gestrichelten, für lineare Verteilungsisothermen berechneten Verteilungskurven stark verbreitert ist. Dieses Phänomen wird treffend als "Schwanzbildung" bezeichnet.

Wie eine Schwanzbildung zustande kommt, kann man sich

durch eine einfache Überlegung klar machen. Angenommen, man hätte nach der Verteilung einer Substanz mit einer konzentrationsunabhängigen Verteilungszahl G = 1 (mobile Oberphase) eine symmetrische Verteilungskurve erhalten. Bei Fortsetzung der Verteilung möge die Verteilungszahl aus irgendeinem Grund mit steigender Konzentration zunehmen. Dann kommt jeder Fraktion der symmetrischen Verteilungskurve eine andere Verteilungszahl zu, die um so größer ist, je größer die Substanzmenge in den Fraktionen ist. Infolgedessen wandert das Maximum der Kurve am schnellsten; die Fraktionen links und rechts des Maximums der Kurve werden sich um so langsamer fortbewegen, je weiter sie vom Maximum entfernt sind. Die Kurve muß daher bei kleinen Werten von r beginnend bis zum Maximum flach ansteigen, aber nach dem Maximum steil abfallen. Wenn man auf die Vorstellung einer anfänglich konzentrationsunabhängigen Verteilungszahl verzichtet, ändert sich an der Form der Kurve nichts Wesentliches.

Aus dem Vergleich des Überlappungsgrades bei den gefundenen und den berechneten Kurven in Abb. 9 geht hervor, daß bei nach oben gekrümmter Verteilungsisotherme mehr Fraktionen zur Trennung aufgewandt werden müssen als bei linearem Verlauf der Isotherme.

Hier wie in anderen Fällen kann eine lineare Verteilungsisotherme durch Wahl anderer, besser geeigneter Lösungsmittel erzielt werden. Im speziellen Fall der Carbonsäuren sind als Oberphasen Lösungsmittel heranzuziehen, die die Dimerisation der Säuremolekeln verhindern. Gut geeignet dazu sind z. B. Alkohole, wie die Verteilungsisotherme von Essigsäure und Bernsteinsäure im System Amylalkohol/Wasser zeigt (Abb. 10). Sie verläuft linear und man kann annehmen, daß die im Verhältnis zu den Alkoholmolekeln nur in geringer Zahl vorhandenen Molekeln der Essigsäure wegen der Konkurrenz um die Wasserstoffbrücken durch das Lösungsmittel (Abb. 11) keine Gelegenheit haben, miteinander zu assoziieren. Vielmehr bilden sich im wesentlichen Assoziate von Alkohol- und Säuremolekeln. Auch Äther können offenbar die Assoziation von Säuremolekeln miteinander verhindern, denn die Verteilung der niederen Fettsäuren im System Diisopropyläther/Phosphatpuffer liefert die für lineare Isothermen berechneten Verteilungskurven (Abb. 12).

Weniger häufig als eine Zu- findet man eine Abnahme des Verteilungskoeffizienten mit steigender Konzentration. Ein Beispiel für das letztere ist die Verteilung des Protamins Clupeinmethylesterhydrochlorid im System 4 % Laurinsäure in Butanol/4 % Na-acetat in Puffer pH 6,4 (Abb. 13). Wird die Konzentration in der leichten Phase anstatt gegen C_s gegen $\sqrt{C_s}$ aufgetragen, so erhält man anstelle der nach unten gekrümmten Isotherme wieder eine Gerade. Man kann daraus schließen, daß das Protamin in dem untersuchten Konzentrationsbereich in der wässrigen Phase zu Doppelmolekeln assoziiert, analog den Fettsäuren in der Kohlenwasserstoffphase.

Die Auswirkung nach unten gekrümmter Verteilungsisothermen auf den Multiplikationsprozeß bei der CRAIG-Verteilung gibt Abb. 14 schematisch wieder. Hier steigt (bei mobiler Oberphase) die experimentelle Verteilungskurve gegenüber der für ideale Verhältnisse berechneten zunächst steil an und fällt dann bei größeren Fraktionsnummern flach ab: Die Kurve bildet, ebenso wie im umgekehrten Fall, einen "Schwanz", jedoch nach der anderen Seite, wie man in Analogie zu der oben angestellten Überlegung leicht verstehen kann. Wegen der starken Verbreiterung ist der Aufwand zur Trennung solcher Verbindungen auch hier größer als unter idealen Verhältnissen.

Außer der Assoziation der Molekeln in einer der beiden Phasen spielt naturgemäß auch ihre Dissoziation in bestimmten Konzentrationsbereichen eine bedeutende Rolle. So läßt sich unter Berücksichtigung des Dissoziationsgleichgewichts in wässrigen Phasen für Säuren die Beziehung

$$\log K = \log k_o + p_k' - p_H \qquad (12)$$

ableiten. Dabei bedeutet k_o den individuellen Verteilungskoeffizienten der undiss. Säure und p_k' den negativen Logarithmus ihrer Dissoziationskonstanten. Für Basen gilt eine analoge Beziehung. Die Gültigkeit der Gleichung läßt sich für viele Säuren bestätigen, etwa derart, daß man den Verteilungskoeffizienten K in Abhängigkeit vom pH bestimmt. Es ist dabei eine Gerade mit dem Anstieg -1 zu erwarten (Abb. 15). Die Gültigkeit von Gleichung (12) bedeutet für die Verteilung von Säuren, daß sich durch Anwendung von wässrigen Phasen genügender Pufferkapazität eine lineare Verteilungsisotherme erzielen läßt, wenn man außerdem die Oberphase so wählt, daß keine Assoziation zu Doppelmolekeln stattfindet.

Aus Gleichung (12) folgt für den Trennfaktor zweier Säuren

$$\beta = \beta_o \cdot \frac{k_B'}{k_A'} \qquad (13)$$

wobei β_o den Trennfaktor der undissoziierten Säuremolekeln, k_A' und k_B' ihre Dissoziationskonstanten bedeuten. Der Trennfaktor von Säuren in pufferhaltigen Systemen hängt danach von deren Dissoziationskonstanten ab, und zwar ist für die so gut wie immer erfüllte Bedingung $k_B'/k_A' > 1$ der Trennfaktor β der Anionen größer als der Trennfaktor β_o der undissoziierten Molekeln. Die Anwendung von gepufferten Systemen bringt daher nicht nur hinsichtlich der Linearität der Verteilungsisotherme, sondern auch im Hinblick auf den Trennfaktor Vorteile.

Die bisher diskutierten Abweichungen der Verteilungsisotherme vom idealen Verlauf führen zur Verbreiterung der Verteilungskurven. Ein entgegengesetzter Effekt ist bei der CRAIG-Verteilung von menschlichem Serumalbumin gefunden worden. Verteilt man dieses hochmolekulare Protein in einem System, das aus sec. Butanol, 0,1 % Trichloressigsäure, 0,01 m wässr. Essigsäure und Äthanol besteht (Abb. 16), so erhält man bei bestimmten Konzentrationen eine

Verteilungskurve (K = 0,55), die wesentlich schmaler ist als die für ideale Verhältnisse berechnete Kurve. Daß es sich um einen Konzentrationseffekt handelt, beweist die Wiederholung der Verteilung (Abb. 17) mit etwa 1/10 der Substanzmenge. Dabei verläuft die Verteilungskurve so, wie man für eine lineare Verteilungsisotherme berechnet. Leider ist die Verteilungsisotherme für den Fall der hohen Konzentration nicht ermittelt worden, so daß sich über ihren Verlauf nur Vermutungen anstellen lassen. Er verdient jedenfalls besonderes Interesse, weil diese Trennung zu den seltenen Ausnahmen gehört, bei denen eine konzentrationsabhängige Verteilungsisotherme zur Verringerung des Trennaufwands führt.

Nicht ideale Verteilungsisothermen können außer Assoziation und Dissoziation auch andere molekulare Ursachen haben. Die hier behandelten wenigen Beispiele sollten zeigen, daß ihre Kenntnis Hinweise gibt für die Auswahl von Lösungsmittelsystemen, in denen die Verteilungsisothermen linear verlaufen. Dies ist von entscheidender Bedeutung für die Anwendung multiplikativer Verteilungsverfahren, da konzentrationsabhängige Verteilungskoeffizienten den Verlauf von Verteilungskurven in charakteristischer Weise beeinflussen. Die Zusammenhänge sind in Abb. 18 übersichtlich dargestellt. Abweichungen vom idealen Verhalten führen fast immer zu Erschwerung der Trennung, und nur in Ausnahmefällen kann eine nicht ideal verlaufende Verteilungsisotherme die Trennung erleichtern.

Das Beispiel der multiplikativen Verteilungsverfahren zeigt, daß man den Gesamtvorgang der Trennung in sinnvoller Weise zerlegen kann in den Einzeleffekt, der durch eine Verteilungsisotherme beschrieben wird und den Multiplikationsprozeß, dessen Charakteristikum eine Verteilungskurve darstellt. Diese Betrachtungsweise hat die Klärung des Mechanismus und zahlreicher anderer Probleme der Verteilungsverfahren wesentlich gefördert und erleichtert. Sie läßt sich im Prinzip auf alle bisher bekannten Trennungsmethoden übertragen, die sich nach der Natur der Einzeleffekte in zwei Gruppen zusammenfassen lassen.

1. Verfahren, die auf kinetischen Effekten beruhen
2. Verfahren, die auf Phasengleichgewichte zurückgehen.

Die erste Gruppe ist in Tab. 1 nur der Übersicht wegen aufgeführt und soll hier nicht weiter diskutiert werden. Trennungen durch multiplikative Verteilung und durch Ionenaustausch beruhen auf Phasengleichgewichten und sind naturgemäß in der zweiten Gruppe einzuordnen. Der Prozeß der Vervielfachung des Einzeleffektes folgt bei allen Verfahren, die auf Phasengleichgewichte zurückgehen, prinzipiell denselben Gesetzmäßigkeiten. Die Vorausberechnung von Trennungen ist daher im wesentlichen eine Frage der Beherrschung des Einzeleffekts und seiner physikalisch-chemischen Gesetzmäßigkeiten, der beim Ionenaustausch im Idealfall durch Coulombsche Kräfte bestimmt wird. Abweichungen vom Idealfall kommen im System Ionenaustauscher/flüssige Phase dadurch zustande, daß am Einzeleffekt eine hochdisperse Phase beteiligt ist. Dies führt dazu, daß das Austauschgleichgewicht von Nebeneffekten (Weiss-Effekt, Wheaton-Baumann-Effekt u.a.m.) überlagert wird, um deren Erforschung und Klärung sich vor allem unser hochverehrter Jubilar, Herr Professor Dr. R. Griessbach, große Verdienste erworben hat.

Auch die Arbeit dieses Symposiums ist den anormalen Vorgängen gewidmet, deren Erforschung zweifellos die bisher schon so fruchtbare Anwendung von Ionenaustauschern zur Trennung von Substanzgemischen weiter fördern wird. Dies begrüßt niemand mehr als der Biochemiker, der dem methodischen Fortschritt durch die Anwendung von Ionenaustauschern, vor allem in der Protein- und Nukleinsäurechemie, neue Ergebnisse verdankt, deren Bedeutung für unsere Kenntnis vom Wesen des Lebendigen wohl kaum überschätzt werden kann.

Literatur

1. E. Hecker, unveröffentlichte Versuche.
2. E. Hecker, Verteilungsverfahren im Laboratorium, Monographie Nr. 67 zu Angew. Chemie und Chemie-Ingenieur-Technik, Verlag Chemie, Weinheim/Bergstraße, 1955; Multiplikative Verteilung, in Handbuch der Pflanzenanalyse, Bd. 1, S. 66, Berlin-Göttingen-Heidelberg, 1956.
3. W. Herz, H. Fischer, Ber. dtsch. chem. Ges. 38 (1905), 1138.
4. W. Nernst, Theoretische Chemie, 11. - 15. Auflage, S. 574, F. Enke, Stuttgart, 1926.
5. W. Herz, H. Fischer, Ber. dtsch. chem. Ges. 37 (1904), 4746.
6. H. H. Rauen, W. Stamm, Gegenstromverteilung, Springer Verlag, Berlin-Göttingen-Heidelberg, 1953.
7. E. Hecker, Chimia 8 (1954), 229.
8. W. Hausmann, L. C. Craig, J. Amer. chem. Soc. 80 (1958), 2703.
9. E. Hecker, Mitteilungsbl. Chem. Ges. DDR, Sonderheft 1960, S.   Z. analyt. Chem. im Druck.

Tab. 1 Der Einzeleffekt und seine Vervielfachung bei einigen wichtigen Trennverfahren

	Einzeleffekt	Multiplikatives Trennverfahren
Kinetische Effekte	Wanderungsgeschwindigkeit von Ionen	Elektrophorese
	Diffusionsgeschwindigkeit durch Membranen	Dialyse
	Verdampfungsgeschwindigkeit	Kurzwegdestillation
	Sedimentationsgeschwindigkeit	Ultrazentrifugation
Phasengleichgewichte	Dampfdruck	Destillation
	Löslichkeit	Fraktionierte Kristallisation Zonenschmelzen
	Adsorptionskoeffizient	Adsorptionschromatographie
	Ionenaustauschkoeffizient	Austauscherchromatographie
	Verteilungskoeffizient (fest-flüssig)	Verteilungschromatographie
	Verteilungskoeffizient (flüssig-flüssig)	Multiplikative Verteilung
	Verteilungskoeffizient (gasförmig-flüssig)	Gas-Chromatographie Extraktive Destillation

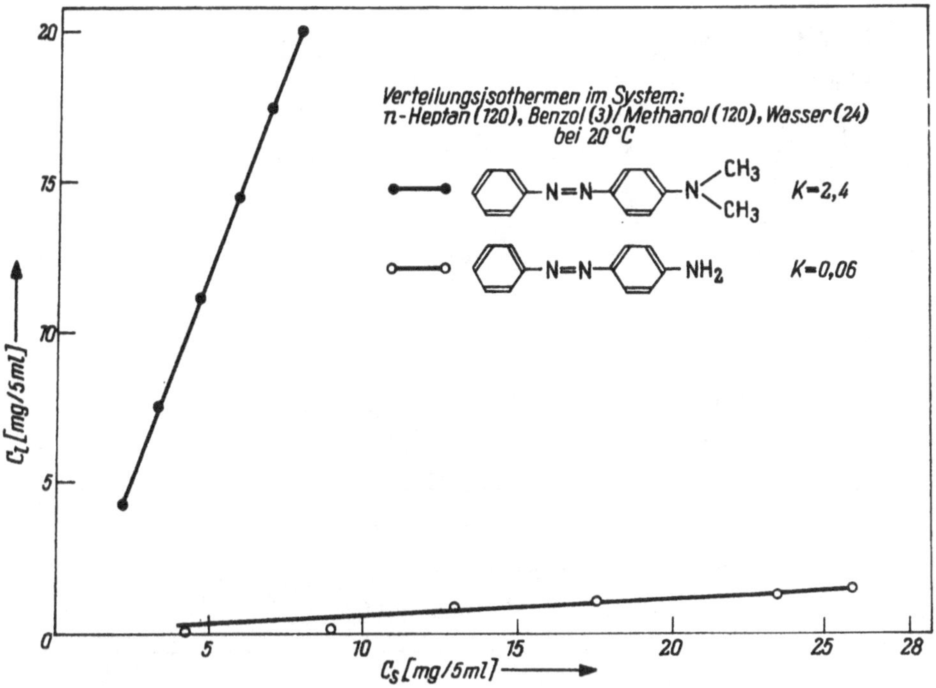

Abb. 1 Verteilungsisothermen von Amino- und Dimethylaminoazobenzol, Erläuterungen im Text (1)

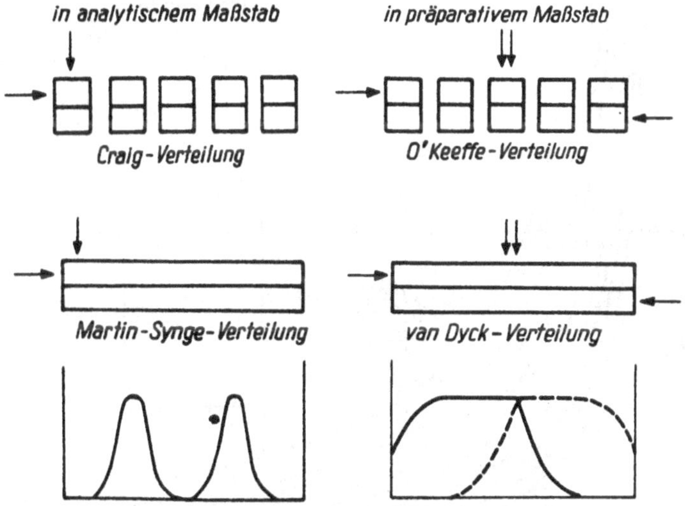

Abb. 2 Die wichtigsten Trennverfahren der multiplikativen Verteilung mit ihren charakteristischen Verteilungskurven, weitere Erläuterungen im Text (2)

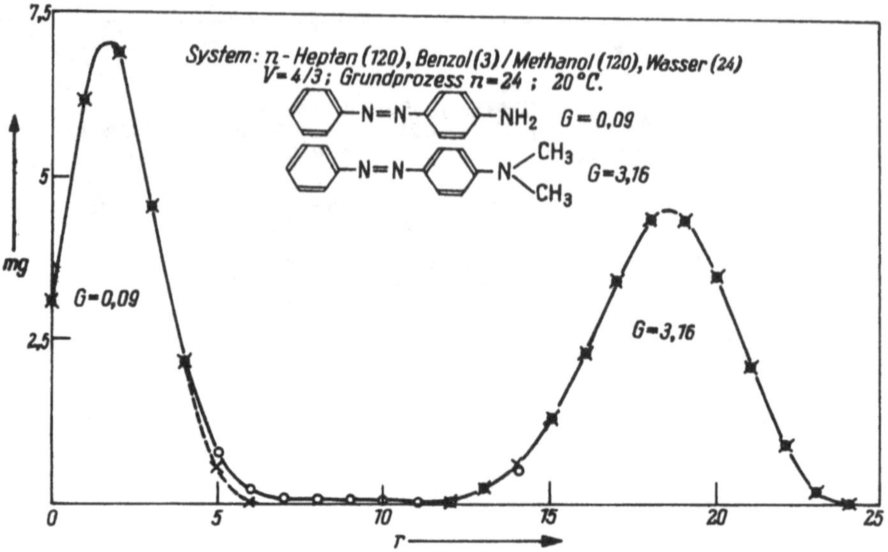

Abb. 3 CRAIG-Verteilung von Amino- und Dimethylamino-azobenzol, Erläuterungen im Text (1)

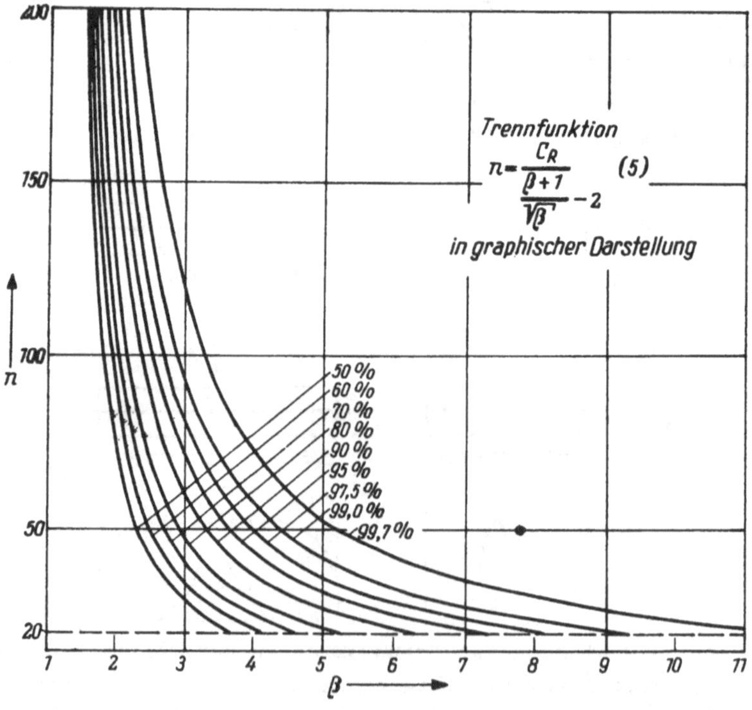

Abb. 4 Die Trennfunktion der CRAIG-Verteilung (2)

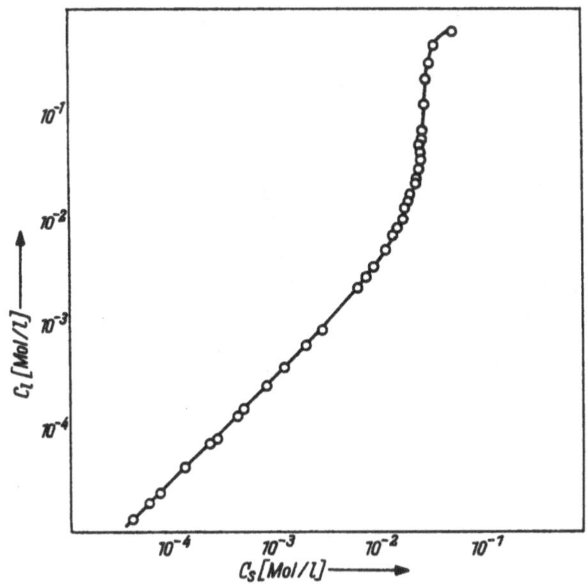

Abb. 5 Verteilungsisotherme für $FeCl_3$ im System Diisopropyläther/5,6 n HCl (2)

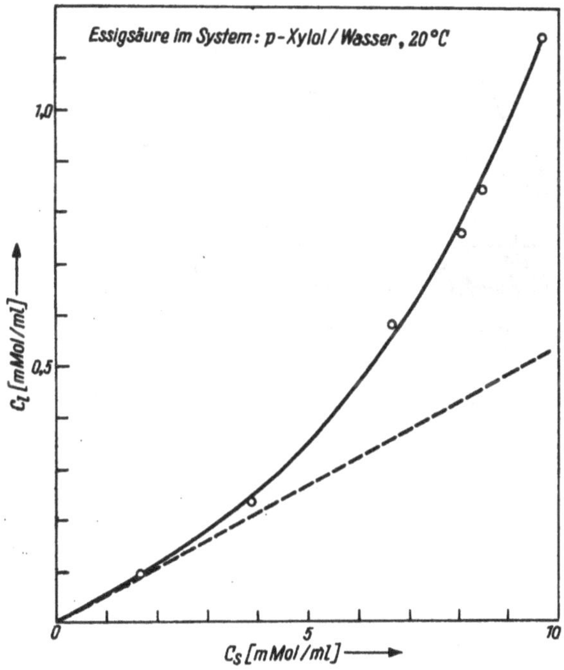

Abb. 6 Verteilungsisotherme von Essigsäure nach (3)

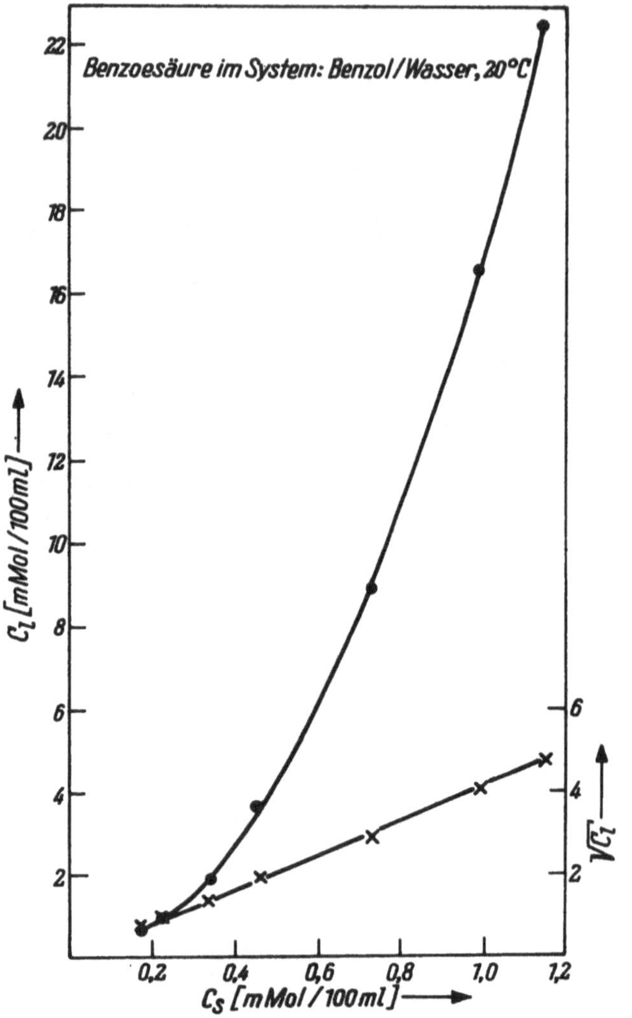

Abb. 7 Verteilungsisotherme von Benzoesäure nach (4)

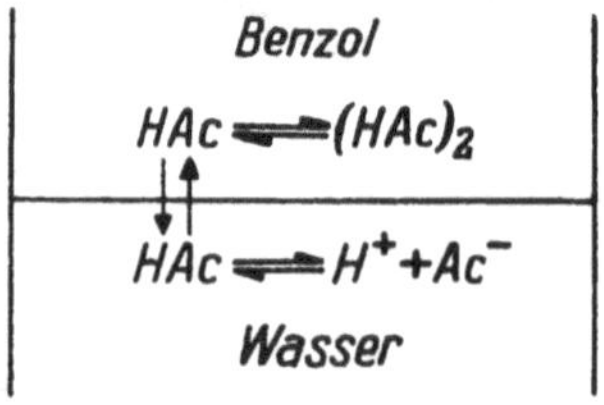

Abb. 8 Bei der Verteilung von Carbonsäuren im System Benzol/Wasser mögliche Gleichgewichte

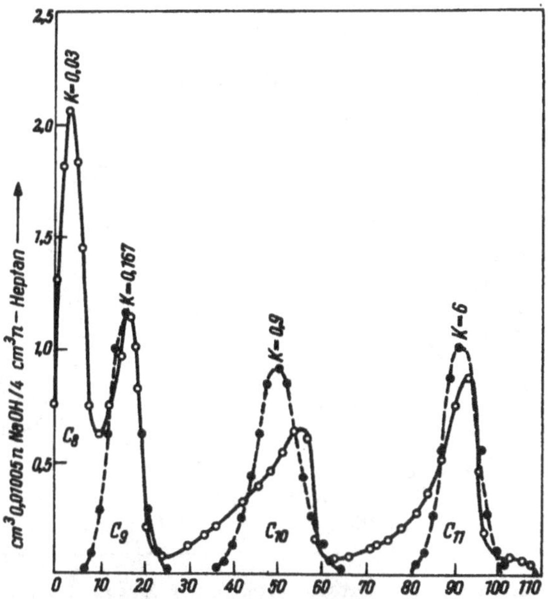

Abb. 9 CRAIG-Verteilung der C_8-, C_9-, C_{10}- und C_{11}-Fettsäuren im System n-Heptan/0,5 m Phosphatpuffer, pH 7,7; V = 1; (—— • ——) gefunden, (---x---) berechnet (nach 2)

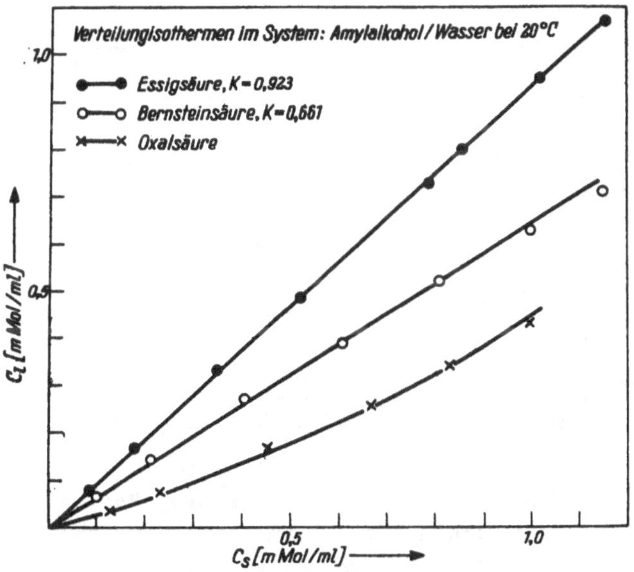

Abb. 10 Verteilungsisothermen von Essigsäure, Bernsteinsäure und Oxalsäure (5)

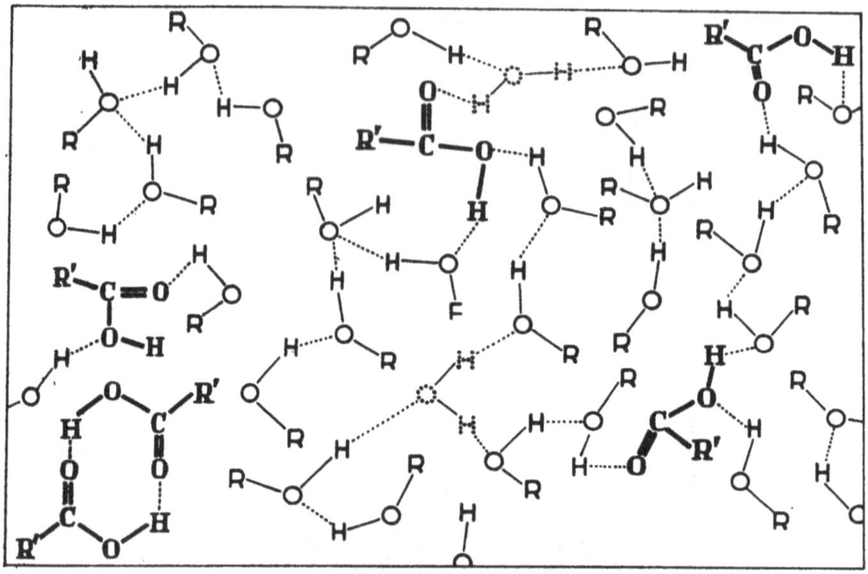

Abb. 11 Inter- und intramolekulare H-Brücken im System Alkohol, Carbonsäure, Wasser

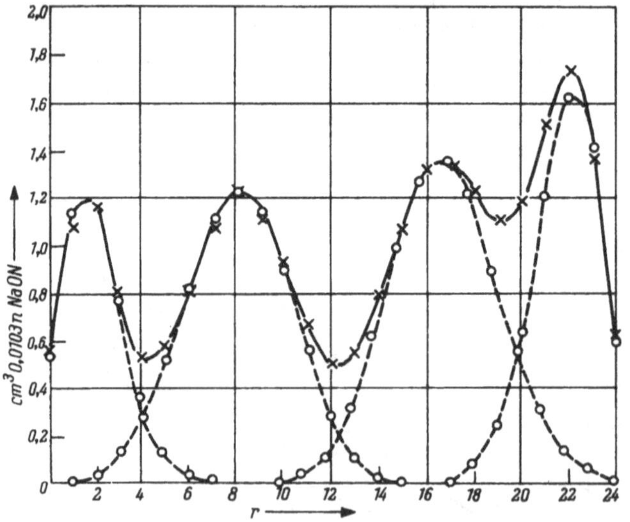

Abb. 12 CRAIG-Verteilung von Essigsäure, Propionsäure, Buttersäure und Valeriansäure im System Diisopropyläther/2,2 m Phosphatpuffer, pH 5,17; V = 1; (—— x——) gefunden, (--- . ---) berechnet (2)

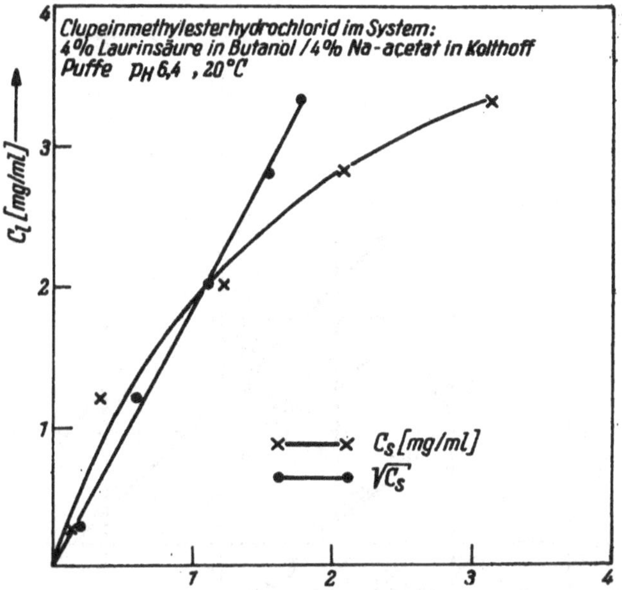

Abb. 13 Verteilungsisotherme von Clupeinmethylester-hydrochlorid, nach (6), weitere Erläuterungen im Text

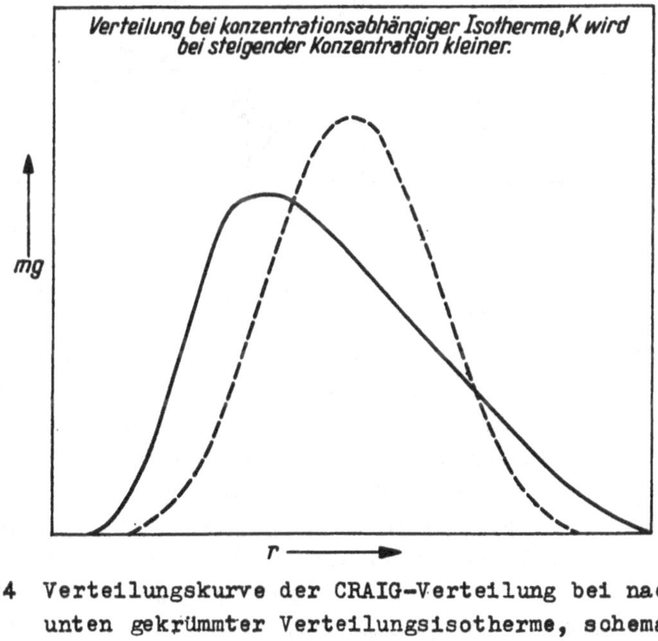

Abb. 14 Verteilungskurve der CRAIG-Verteilung bei nach unten gekrümmter Verteilungsisotherme, schematisch, weitere Erläuterungen im Text

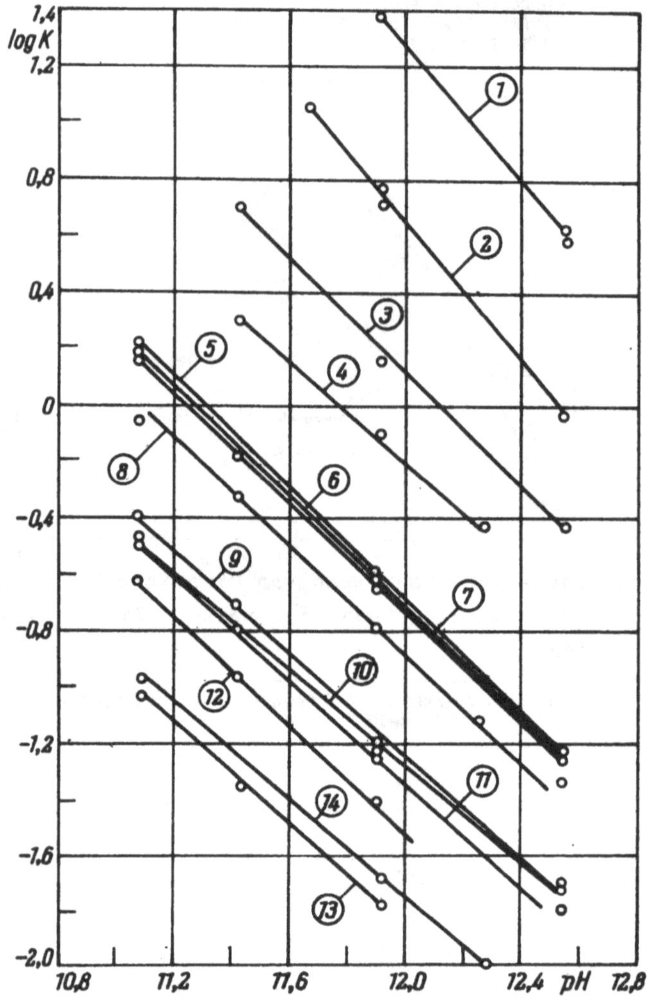

Abb. 15 Verteilungskoeffizienten einiger Phenole in Abhängigkeit vom pH im System Cyclohexan/0,5 m Phosphatpuffer. Assoziation der Phenole in der Cyclohexanphase wurde nicht beobachtet.
1 o-Cyclohexyl-phenol, 2 p-Cyclohexylphenol, 3 o-Phenyl-phenol, 4 2,6-Xylenol, 5 2,4-Xylenol, 6 3-Methyl-5-äthyl-phenol, 7 o-Äthyl-phenol, 8 2,5-Xylenol, 9 p-Äthyl-phenol, 10 m-Äthylphenol, 11 3,5-Xylenol, 12 o-Kresol, 13 m-Kresol, 14 p-Kresol (7)

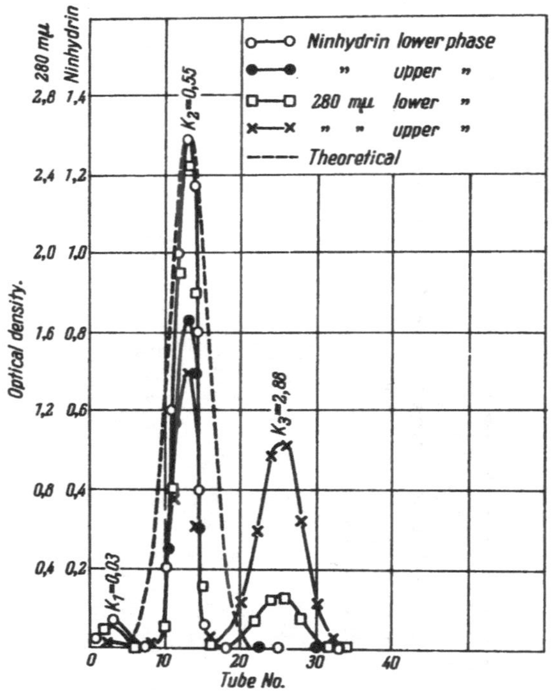

Abb. 16 CRAIG-Verteilung einer nicht dialysierten Cohn V Fraktion menschlichen Serumalbumins, n 31 Verteilungsschritte (8), weitere Erläuterungen im Text

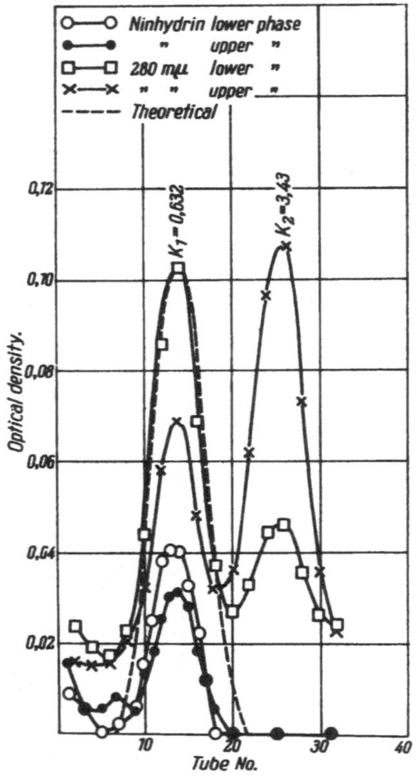

Abb. 17 CRAIG-Verteilung unter denselben Bedingungen wie Abb. 16, jedoch mit ca. 1/1o der Batteriebeladung (8)

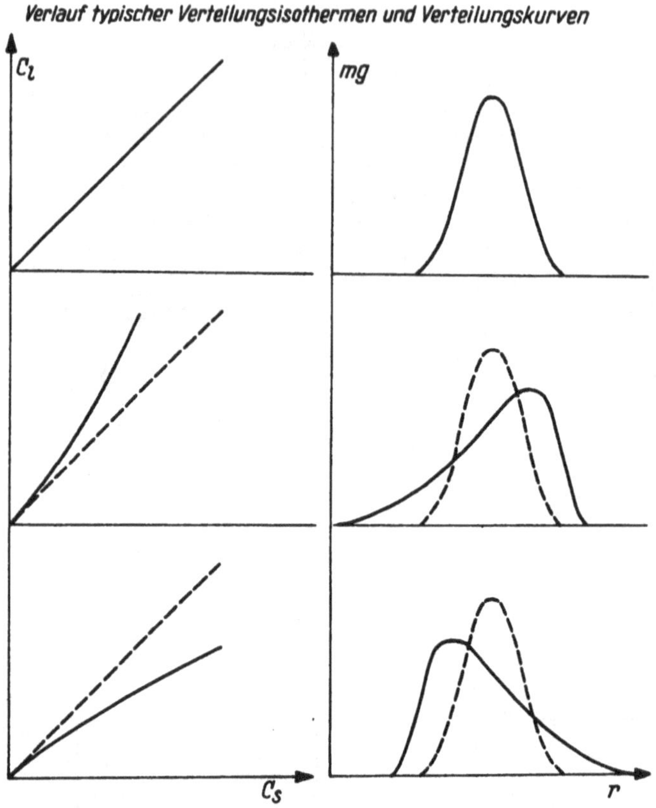

Abb. 18 Die Verteilungskurven der CRAIG-Verteilung in Abhängigkeit vom Verlauf der Verteilungsisothermen, schematisch.

Verteilungschromatographisches Verhalten von Ionenaustauscherharzen unterschiedlicher Struktur

von K. Häupke und F. Wolf
VEB Farbenfabrik, Wolfen

Die diesem Vortrag zugrunde liegenden Versuche wurden am Institut für Technische Chemie in Halle mit dem Ziel durchgeführt, Zusammenhänge zwischen der Struktur von synthetischen organischen Kationenaustauschern und ihrer Wirksamkeit als stationäre Phase bei der Verteilungschromatographie zu finden und zu erklären. Die Verteilungschromatographie, die erstmalig von Tswett (1) bei seinen klassischen Versuchen zur Trennung einiger Naturstoffe angewendet wurde, fand mit der Entdeckung von Bhatnagar und Kapur (2), daß Ionenaustauscher in der Lage sind, Nichtelektrolyte im Sinne einer chromatographischen Trennung zu adsorbieren, eine wesentliche Erweiterung.

Der Begriff "Adsorption" muß hier zum Ausgangspunkt einer kurzen Bemerkung gemacht werden: Wenn im Verlaufe dieser Ausführungen immer wieder der Begriff "Verteilung" gebraucht wird, so ist dies immer mit der Einschränkung zu verstehen, daß die Wechselwirkung zu verteilender Stoffe mit Austauscherharzen nicht im Sinne einer "idealen Verteilung" vor sich geht, sondern Adsorptionseffekte, auf deren Auswirkungen noch eingegangen werden soll, in fühlbarem Maße mitwirken.

Über die grundlegenden Untersuchungen von Kapur hinaus waren für unsere Versuche in erster Linie die Arbeiten von Sargent und Rieman (3), die fanden, daß ein dem Beladungszustand des Austauschers gleichioniger Elektrolytzusatz zum Elutionsmittel den Verzögerungseffekt für gleichzeitig anwesende Nichtelektrolyte erhöht und die Arbeiten von Wheaton und Bauman (4), die ein Verfahren zur chromatographischen Trennung von Elektrolyten und Nichtelektrolyten an Austauscherharzen fanden, von Bedeutung.

Unsere Aufgabe war es nun, an Austauscherharzen graduell abgestufter Zusammensetzung chromatographische Versuche im Sinne der Arbeitsweise der genannten Autoren vorzunehmen. Dazu wurde bei den, wie wir sie genannt haben, "Versuchen zur Aussalzchromatographie" eine kleine Menge eines organischen Nichtelektrolyten an einer Austauschersäule zur Verteilung gebracht, wobei in parallelen Versuchen einmal Wasser, zum anderen eine Elektrolytlösung als Lösungs- und Elutionsmittel diente. Bei den Versuchen zum "Wheaton-Bauman-Effekt" wurde eine kleine Menge einer Mischlösung aus Elektrolyt und Nichtelektrolyt mit Wasser als Elutionsmittel über die Säule transportiert und die Trennung der Komponenten dieser Lösung beobachtet.

Grundsätzlich wurde bei allen diesen Versuchen der eigentliche Ionenaustausch ausgeschlossen. Die Harze wurden nämlich immer im Ruhezustand beansprucht, d. h. das Kation des verwendeten Elektrolyten entsprach dem Beladungszustand des Austauschers.

Um unserem Thema zu genügen, führten wir die eben angedeuteten Versuche an drei Reihen von Austauscherharzen durch, deren Struktur durch schrittweise Verschiebung des gegenseitigen Verhältnisses der Ausgangsstoffe bei Konstanthalten der sonstigen Synthesebedingungen abgestuft war.

Das erste dieser Harze war ein durch gemeinsame Kondensation von ω-Phenolsulfonsäure und Phenol mit Formaldehyd unter alkalischer Katalyse entstandener Kationenaustauscher. In vier Ansätzen wurde das Molverhältnis der ω-Phenolsulfonsäure als aktive Komponente zum Phenol als Gerüstsubstanz zwischen den Grenzen von 20 : 80 bis 80 : 20 Mol% variiert. Die Formaldehyd- und Ätznatronmengen sowie die sonstigen Synthesebedingungen blieben konstant.

Das zweite Kondensationsharz hatte als aktive Komponente ein Reaktionsprodukt der 3,5-Benzaldehyddisulfonsäure mit Anisol und als Gerüstsubstanz Anisol. Diese Bestandteile wurden in den gleichen Verhältnissen wie bei dem ersten Harz gemischt und unter dem katalytischen Einfluß einer konstanten Schwefelsäuremenge mit einer ebenfalls konstanten Menge Formalin kondensiert.

Anders lagen die Verhältnisse in der dritten Reihe von Harzen. Es handelte sich hier um sulfierte Styrol-Divinylbenzol-Perlpolymerisate aus der Produktion des VEB Farbenfabrik Wolfen. Diese Harze hatten annähernd gleichen Sulfierungsgrad, unterschieden sich aber durch die Menge des einpolymerisierten Divinylbenzols, die 4,10 bzw. 16 % betrug. Bekanntlich bestimmt bei derartigen Polymerisaten die Divinylbenzolmenge den Vernetzungsgrad, der damit die Variable in dieser Reihe darstellte.

All diese Harze wurden nach der üblichen Vorbereitung durch mehrmaliges Umladen im Na-H-Zyklus in einer Korngröße von 0,3 bis 0,6 mm eingesetzt. Lediglich von einem Harz wurde, wie später zu erwähnen sein wird, außerdem eine gröbere Fraktion verwendet.

Die Durchführung der Messungen gestaltete sich nun so, daß in Kolonnen von 20 mm lichter Weite und 500 mm Länge jeweils 120 ml der beschriebenen Harze eingebaut wurden. Das Bett in der Kolonne hatte somit eine Höhe von 370 mm. Bei den Versuchen zur Aussalzchromatographie wurde diese Kolonne von Wasser bzw. von einer 1n Elektrolytlösung durchströmt. Neben Kochsalzlösungen wurden bei einigen Versuchen Salzsäure oder Ammoniumchloridlösung gleicher Konzentration verwendet. Es wurde dabei normalerweise eine Durchflußrate von 0,05 ml/min und ml Bettvolumen eingehalten. In diesen Strom wurden dann 10 ml einer Lösung von 50 bzw. 60 g/l Glykol, Glycerin oder Rohrzucker im jeweiligen Elutionsmittel injiziert und über die Kolonne transportiert. Am Ausgang der Säule wurde das Eluat in Fraktionen von je 12 ml aufgefangen. Hier sollte lediglich die Verzögerung des Nichtelektrolyten gegenüber der mobilen Phase bei Verwendung verschiedener Harze und verschiedener Elutionsmittel gemessen und verglichen werden.

Bei den Versuchen zum Wheaton-Bauman-Effekt, die dazu

dienten, die Tauglichkeit der Harze zur Trennung von Elektrolyten und Nichtelektrolyten zu prüfen, wurden in einen Wasserstrom, der das Bett durchspülte, jeweils 10 ml eines Lösungsgemisches eingespeist, das 50 bzw. 60 g/l eines der genannten Nichtelektrolyte enthielt und außerdem 1 normal an Elektrolytsubstanz (neben Kochsalz fanden wieder HCl und NH_4Cl Verwendung) war. Das Eluat wurde auch hier wieder in 12 ml-Fraktionen geteilt.

Für die Auswertung der Versuche war es nun zuerst wichtig, den Gehalt der einzelnen Fraktionen an nichtelektrolytischer und gegebenenfalls an elektrolytischer Substanz kennenzulernen. Zur Bestimmung der elektrolytischen Komponente bei den Versuchen zum Wheaton-Bauman-Effekt dienten uns die üblichen maßanalytischen Verfahren. Auf den Gehalt an Nichtelektrolyten wurde bei allen Versuchen aus dem Brechungsindex der Eluatfraktion geschlossen. Abzug der der Elektrolytkonzentration entsprechenden Erhöhung gab uns im Falle gleichzeitiger Anwesenheit solcher Substanzen die der jeweiligen Nichtelektrolytkonzentration entsprechenden Werte, die mittels Eichkurven ausgewertet wurden.

Die graphische Darstellung dieser Konzentrationen in Abhängigkeit von der Eluatmenge, bei der sie auftraten, führte zu Konzentrationsprofilen, von denen einige Beispiele gezeigt werden sollen (Abb. 1 bis 4).

Abb. 1 und 2 beziehen sich auf Versuche zur Aussalzchromatographie. Die Ergebnisse zweier korrespondierender Versuche, bei denen unter sonst gleichen Bedingungen einmal Wasser, zum anderen eine Elektrolytlösung als Elutionsmittel verwendet wurden, sind hier in einem Diagramm zusammengefaßt. Es ist eine deutliche Erhöhung des Verzögerungseffektes durch den Elektrolytgehalt des Elutionsmittels zu erkennen.

Die unsymmetrische Form der Banden weist darauf hin, daß unter den eingehaltenen Bedingungen, wie schon eingangs betont, durchaus keine ideale Verteilung stattfindet, sondern Adsorptionserscheinungen mitspielen.

Noch deutlicher wird dies bei der Form der Banden für die Elektrolytsubstanz bei den Versuchen zum Wheaton-Bauman-Effekt (Abb. 3 und 4). Trotz dieser starken Schwanzbildung ist aber eine deutliche Tendenz zur Trennung in elektrolytische und nichtelektrolytische Substanz zu erkennen. Während der Nichtelektrolyt wie bei den vorher beschriebenen Versuchen verteilt wird, bewirkt der Donnan-Effekt für den gleichionigen Elektrolyten einen Ausschluß aus der Harzphase.

Wenn sich die Konzentrationsprofile auch hier noch überlappen, so dürfte doch bei Verwendung höherer Filterbetten, wie oben erwähnt, beschränkten wir uns auf eine Betthöhe von 370 mm, eine völlige Trennung gut möglich sein.

Nach Aufstellung dieser Kurven für alle Versuche ergab sich die Notwendigkeit, eine Zahl zu finden, mit deren Hilfe die chromatographische Wirksamkeit eines Harzes einem bestimmten Stoff gegenüber eindeutig beschrieben wird, um Vergleiche anstellen zu können. Die kritische Überprüfung einer Reihe von Methoden zur Berechnung der Anzahl der theoretischen Böden einer chromatographischen Kolonne führte zu keinem befriedigenden Ergebnis. Dies mag darauf zurückzuführen sein, daß die meisten dieser Formeln für die Zwecke der Grachromatographie, deren Bedingungen denen unserer Versuche meist recht fern liegen, entwickelt sind. Es erwies sich schließlich als das Günstigste, mit dem Verteilungskoeffizienten, also dem Verhältnis zwischen den Konzentrationen des zu verteilenden Stoffes in der mobilen und der stationären Phase, zu arbeiten. Der Verteilungskoeffizient ist obendrein nach einer von Beukenkamp, Rieman und Lindenbaum (5) angegebenen Abhängigkeit leicht aus dem Zwischenraumvolumen des Harzes und der Eluatmenge, bei der die Maximalkonzentration des verteilten Stoffes auftritt, zu berechnen.

Diese Werte ermöglichten es uns nun, einen Zusammenhang

zwischen der Struktur eines Austauscherharzes und seiner chromatographischen Wirksamkeit darzustellen:

Wenn wir die Verteilungskoeffizienten, die wir bei Versuchen mit Kondensationsharzen abgestuften Gehalts an aktiver Komponente unter sonst gleichen Bedingungen fanden, gegen die Zusammensetzung des jeweils verwendeten Harzes auftrugen, kamen wir zu Kurven, deren allgemeiner Verlauf in der Abb. 5 wiedergegeben ist. Diese Abhängigkeit des chromatographischen Verhaltens von der Harzstruktur fanden wir in mehr oder weniger abgewandelter Form bei beiden Reihen von Kondensationsharzen. Die Abwandlungen tendieren dabei zu zwei Grenztypen, deren qualitativen Verlauf Abb. 6 und 7 zeigen. Die Kurve der Abb. 6 weist deutliche Ähnlichkeiten mit dem Grundtyp der Abb. 5 auf, nur sind Maximum und Minimum nicht mehr ausgebildet, sondern lediglich durch Unterschiede in der Steigung angedeutet. Die andere in Abb. 7 gezeigte Form der Abhängigkeit, die kein Minimum mehr durchläuft, können wir wohl als dem linken Teil der Kurve in Abb. 5 wesensgleich betrachten.

In Abb. 8 ist schließlich die Abhängigkeit des Verteilungskoeffizienten vom Vernetzungsgrad eines Harzes dargestellt. Diesen Typ fanden wir bei allen Versuchen mit den in ihrer Vernetzung variierten Austauschern auf Polystyrolbasis. Im Gegensatz zu den ihre Richtung wechselnden Abhängigkeiten bei den Kondensationsharzen ist hier ein monotones Sinken des Verteilungskoeffizienten mit steigender Vernetzung zu beobachten.

Wir haben nun versucht, für unsere eben qualitativ dargelegten Ergebnisse eine Erklärung zu finden und sind dabei von der Betrachtung des Feinbaues der Austauscherharze ausgegangen. Folgende Gesichtspunkte haben sich dabei als bedeutungsvoll erwiesen:

Bekanntlich ist das Korn eines austauschaktiven Harzes von Poren und Kanälen durchzogen, deren Durchmesser größenordnungsmäßig 10 bis 50 Å betragen. Durch die Quellung des

Harzes wird so eine große innere Oberfläche zugänglich. Diese Oberfläche, die durch die Wandungen der eben erwähnten Kanäle gebildet wird, ist mehr oder weniger dicht mit den in Gegenwart von Wasser hydratisierten aktiven Gruppen (in unserem Falle Sulfonsäuregruppen) besetzt. Bei der Betrachtung von Vorgängen an Ionenaustauschern sind demgemäß drei Arten von Wasser zu unterscheiden: Das das Volumen zwischen den Körnern ausfüllende Zwischenraumwasser, das in den Poren des Korns befindliche innere Wasser und das an die aktiven Gruppen gebundene Hydratwasser. Die Hydratationshöfe bilden nun, ineinander verlaufend, an den Wandungen der Poren Schichten von ca. 3 Å Stärke, in denen die Eigenschaften des Wassers unter dem Einfluß der aktiven Gruppen verändert sind. Dieses Wasser kann man gewissermaßen als die stationäre Phase bei der Verteilung betrachten. Die Ausbildung der erwähnten Hydratationshöfe und damit der Oberflächenschichten ist aber vom Binnendruck des Harzes abhängig. Ein durch hohe Dichte der aktiven Gruppen und durch hohe Vernetzungsgrade verursachtes Steigen des Binnendruckes senkt die Aufnahmefähigkeit der Oberflächenschichten, weil es die einzelnen Hydrathüllen kontrahiert. Weiterhin ist in Betracht zu ziehen, daß in Kanälen, deren Weite in der Größenordnung der Stärke der Oberflächenschichten liegt, eine gegenseitige Beeinflussung dieser Schichten denkbar ist, die zu einer Erweiterung der strukturellen Veränderung des Wassers über den gesamten Kanalquerschnitt führt.

Bei phenolhaltigen Harzen ist darüber hinaus zweifellos der von Dickel (6) gedeutete Effekt der Inaktivierung der Sulfonsäuregruppen durch Wasserstoffbrückenbildung zur phenolischen Hydroxylgruppe von Bedeutung. Diese Hemmung der Aufnahmefähigkeit für Nichtelektrolytsubstanz würde dann mit der Zunahme des Gehaltes an phenolischer Substanz im Harzgerüst immer stärker werden.

Neben den drei oben beschriebenen Phänomenen dürfte für die Wechselwirkung eines organischen Nichtelektrolyten mit einem Austauscherharz der Siebeffekt von Bedeutung sein. Große und sperrig gebaute Moleküle sind nicht in der Lage, in ein sehr enges Kanalsystem einzudringen und werden so aus der Harzphase ausgeschlossen. Ferner können Van der Waals'sche Attraktionskräfte zwischen dem Kohlenwasserstoffgerüst des Harzes und der Kohlenwasserstoffkette des zu verteilenden Stoffes sowie Aussalzeffekte der aktiven Gruppen des Austauscherharzes wirksam werden. Letztere dürften besonders die Aufnahme wenig hydrophiler Substanzen in die Harzphase erschweren.

Wendet man nun die eben gewonnenen Gesichtspunkte auf die in Abb. 5 dargestellte Abhängigkeit des Verteilungskoeffizienten von dem Gehalt der jeweils verwendeten Kondensationsharze an aktiver Komponente an, so läßt sich diese Kurve, von rechts nach links betrachtet, folgendermaßen kommentieren:

Zunächst bewirkt eine Abnahme der Anzahl der aktiven Gruppen bei gleichzeitiger Kontraktion ihrer Hydrathüllen durch Verengung des Netzwerkes (in diesem Bereich wird die Quellfähigkeit des Harzes stark herabgesetzt) ein Sinken der Verteilungskraft. Bei den phenolhaltigen Harzen ist ein Mitwirken der oben beschriebenen Inaktivierung von Sulfonsäuregruppen zu erwarten. Bei weiterem Sinken des Porendurchmessers durch Abnahme der Quellung kann eine gegenseitige Beeinflussung der Hydratwasserschichten durch ihre begünstigende Wirkung auf die Verteilungskraft diesen Effekt überkompensieren, wobei die Van der Waals'sche Anziehung durch die stärker wirksame Kohlenwasserstoffkomponente und ein Sinken des Binnendruckes durch die Herabsetzung der Ladungsdichte mitwirken können. Im letzten Teil der Kurve führt die noch geringere Quellung zu einer weiteren Herabsetzung des mittleren Porendurchmessers. So kann der Siebeffekt wirksam werden, der zusammen mit dem Mangel an innerem - und Hydratwasser den Verteilungskoeffizienten wieder senkt.

Für die in Abb. 6 dargestellte abgewandelte Form der

Abhängigkeit wäre im Prinzip das Gleiche zu sagen. Nur scheint hier der Siebeffekt schon im rechten Teil der Kurve wirksam zu werden und ihren gesamten Verlauf wesentlich zu bestimmen. Diese Annahme wird durch die Tatsache gestützt, daß wir diesen Kurventyp in erster Linie beim Arbeiten mit Rohrzucker (großes Molekül) fanden.

Die Kurve in Abb. 7 läßt sich ebenso deuten wie der rechte Teil des Grundtyps in Abb. 5. Minimum und Wiederanstieg fielen dann, falls vorhanden, in den nicht durch Messungen erfaßten Bereich.

Gehen wir nun zu der Abhängigkeit des Verteilungskoeffizienten vom Vernetzungsgrad sulfierter, vernetzter Styrolpolymerisate über (Abb. 8), so läßt sie sich dahingehend erklären, daß der Verlauf dieser Kurve, von links nach rechts betrachtet, durch das Sinken der Aufnahmefähigkeit der mit steigender Vernetzung immer mehr gestrafften Hydratwasserhüllen bestimmt wird. Im äußersten rechten Teil, aber nur dort, denn Polymerisationsharze haben an sich ein weiteres Kanalsystem als Kondensationsharze, mag für große Moleküle der Siebeffekt mitwirken. Teilweise kompensiert werden diese Effekte durch die auf einem Zusammenrücken der Grenzflächenschichten beruhende Erhöhung der Verteilungskraft.

All diese Betrachtungen gelten völlig analog für die mit Wasser wie für die mit Elektrolytlösung als Elutionsmittel durchgeführten Versuche zur Aussalzchromatographie. Nur kommt bei den mit Elektrolytlösung als Elutionsmittel gemachten Versuchen ein Aussalzen des zu verteilenden Nichtelektrolyten aus der wässrigen Phase in das Harz hinein hinzu, was zu einer Erhöhung des Verteilungskoeffizienten führt.

Bei den Versuchen zum Wheaton-Bauman-Effekt, also Versuchen zur chromatographischen Trennung von Elektrolyten und Nichtelektrolyten, haben wir als charakterisierende Zahl die Differenz der Verteilungskoeffizienten von Elektrolyt und Nichtelektrolyt gewählt. Diese $\Delta\alpha$-Werte zeigen in allem die gleiche Abhängigkeit von der Harzstruktur wie die eben besprochenen o-Werte.

Abschließend wäre noch über einige weitere, die Verteilungskraft der Austauscherharze beim chromatographischen Arbeiten beeinflussende Faktoren zu berichten:

Die Abhängigkeit des Verteilungskoeffizienten von der Molekülgröße des zu verteilenden Stoffes läßt sich dahingehend beschreiben, daß die Absolutwerte mit der Steigerung der Molekülgröße sinken. Der Siebeffekt und sterische Hinderungen dürften hierfür verantwortlich sein.

Die Versuche, die wir mit einer erhöhten Durchflußrate für das Elutionsmittel anstellten, gaben ganz allgemein niedrigere Verteilungskoeffizienten. Wahrscheinlich reichte in diesen Fällen die Verweilzeit am Austauscher nicht aus, um das Verteilungsgleichgewicht voll einzustellen.

Der Einfluß der Korngröße eines Austauscherharzes auf seine chromatographische Wirksamkeit äußert sich so, daß unter sonst gleichen Bedingungen höhere Korngrößen die Werte für den Verteilungskoeffizienten sinken lassen.

Interessant ist es schließlich noch, den Einfluß der Konzentration des zu verteilenden Stoffes auf das Ergebnis des Verteilungsvorganges kennenzulernen. Es wurden grundsätzlich bei geringeren Konzentrationen bessere Werte gefunden. Diese Tatsache beweist uns, daß wir keineswegs im idealen Gebiet gearbeitet hatten, denn nur bei nichtlinearer Verteilungsisotherme ist der Verteilungskoeffizient, der ja durch den Anstieg der Isotherme gegeben ist, konzentrationsabhängig.

Zusammenfassung

Zusammenfassend läßt sich also feststellen, daß die Wirksamkeit von Austauscherharzen als stationäre Phase bei der Verteilungschromatographie von einer ganzen Reihe von Faktoren abhängig ist. Es hat sich ergeben, daß, grob gesprochen, bei den Polykondensationsharzen die größte Wirksamkeit mit einem mittleren Gehalt an aktiver Komponente verknüpft war. Harze mit zu geringer und zu hoher Kapazität zeigen schlechtere chromatographische Effekte. Wenn Harze extrem hohen Gehaltes an ionogener Substanz ebenfalls gute Ergebnisse erzielen lassen, so steht deren praktischem Einsatz doch meist ihre zu große Quellung und zu geringe mechanische Beständigkeit im Wege. Bei Austauscherharzen auf Polymerisationsbasis dürfte das Optimum für einen chromatographischen Einsatz beim geringsten im Interesse der geforderten mechanischen Qualitäten noch vertretbaren Vernetzungsgrad liegen.

Literatur

1. Tswett, Ber. dtsch. bot. Ges. 24 (1906), 316, 384.
2. Bhatnagar und Kapur, J. Ind. Chem. Soc. 17 (1940), 361.
3. Sargent und Rieman, J. Org. Chem. 21 (1956), 594.
4. Wheaton und Bauman, Ind. Engng. Ch. 45 (1953), 228.
5. Beukenkamp, Rieman und Lindenbaum, Analytic. Chem. 26 (1954), 505.
6. Dickel, Vortrag auf dem Symposium "Ionenaustauscher als Hilfsmittel für die chemische Industrie", April 1958 in Leipzig.

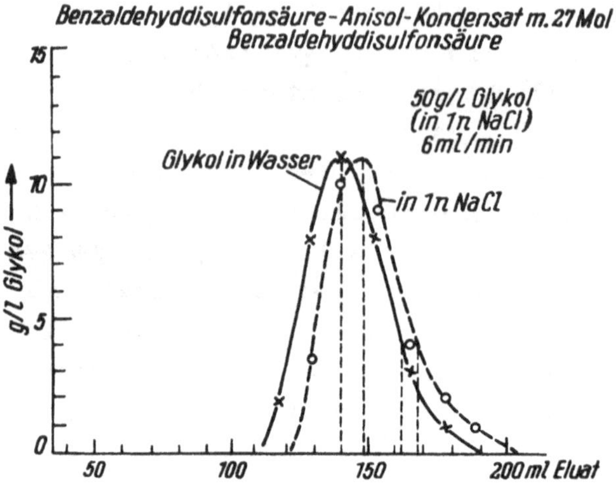

Abb. 1 Konzentrationsprofile bei der Verteilung von Glykol an einem Benzaldehyddisulfonsäure-Anisol-Harz
Elutionsmittel: Wasser bzw. 1 n NaCl-Lösung
Durchflußrate: 6 ml/min = 0,05 ml/min und ml Bettvolumen.

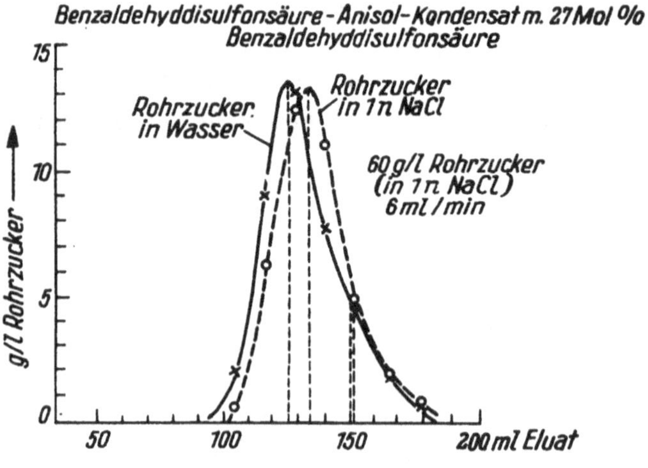

Abb. 2 Konzentrationsprofile bei der Verteilung von Rohrzucker an einem Benzaldehyddisulfonsäure-Anisol-Harz
Elutionsmittel: Wasser bzw. 1 n NaCl-Lösung
Durchflußrate: 6 ml/min = 0,05 ml/min und ml Bettvolumen.

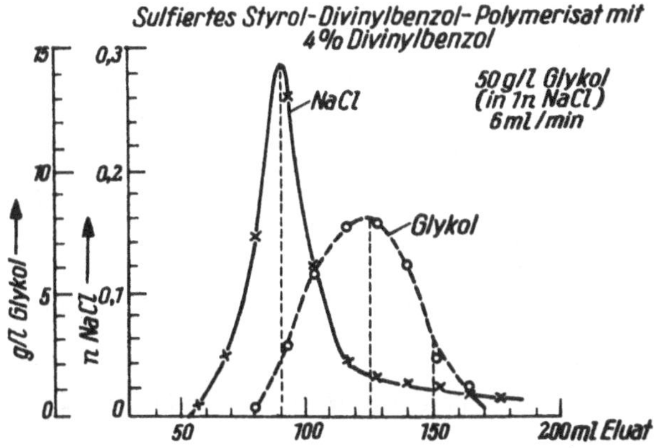

Abb. 3 Konzentrationsprofile bei der chromatographischen Trennung von Glykol und NaCl an einem sulfierten vernetzten Styrolpolymerisat
Elutionsmittel: Wasser
Durchflußrate: 6 ml/min = 0,05 ml/min und ml Bettvolumen.

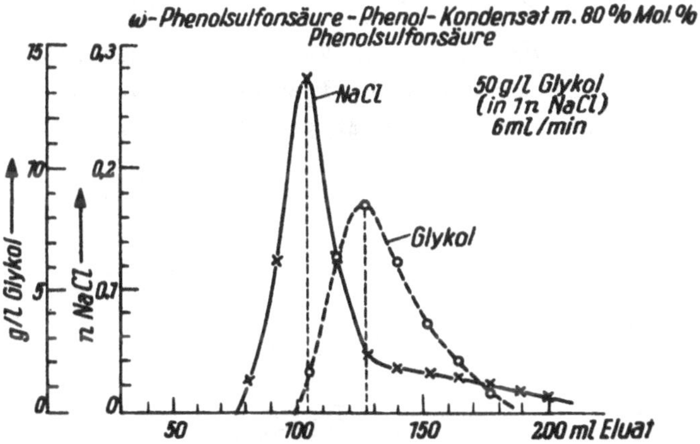

Abb. 4 Konzentrationsprofile bei der chromatographischen Trennung von Glykol und NaCl an einem Benzaldehyddisulfonsäure-Anisol-Harz
Elutionsmittel: Wasser
Durchflußrate: 6 ml/min = 0,05 ml/min und ml Bettvolumen.

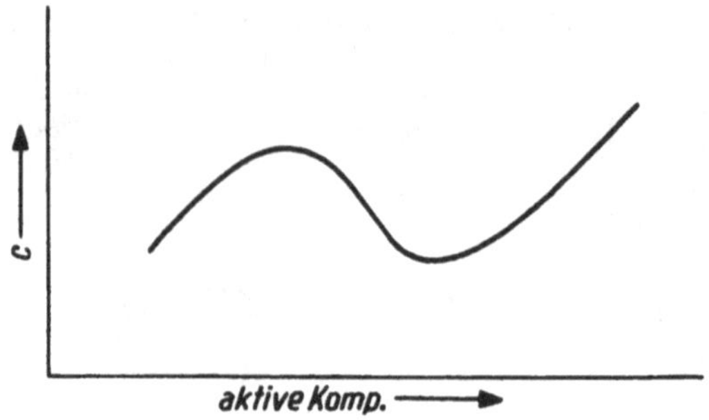

Abb. 5 Abhängigkeit des Verteilungskoeffizienten (c) von dem Gehalt an aktiver Komponente bei Kondensationsharzen (Grundtyp).

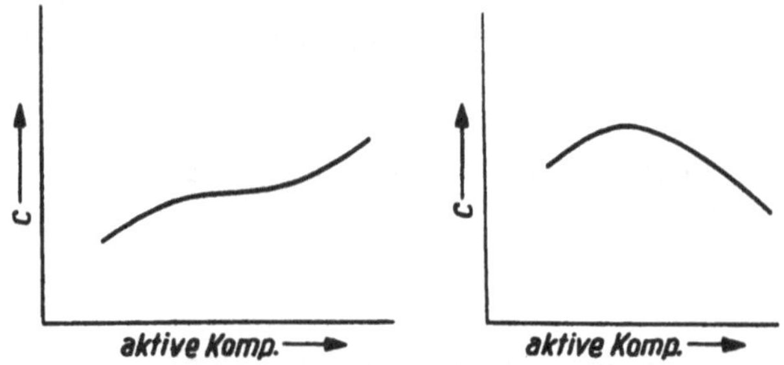

Abb. 6 und 7 Abhängigkeit des Verteilungskoeffizienten (c) von dem Gehalt an aktiver Komponente bei Kondensationsharzen (Grenztypen).

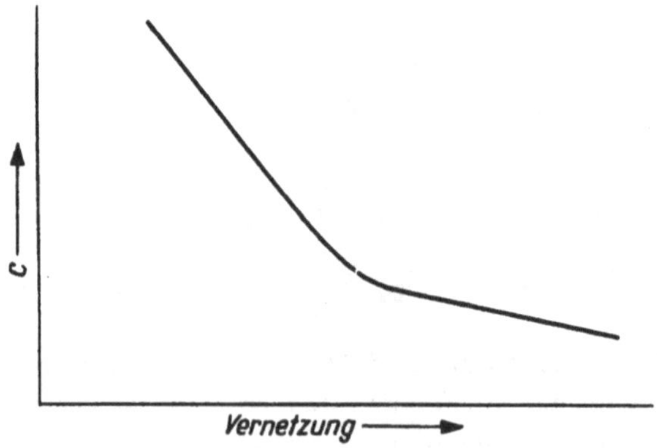

Abb. 8 Abhängigkeit des Verteilungskoeffizienten (c) vom Vernetzungsgrad sulfierter vernetzter Styrolpolymerisate.

Radiochemische Beobachtungen an Ionenaustauschern

von K. Gleu

Institut für anorganische Chemie der
Johann-Wolfgang-Goethe-Universität
Frankfurt/Main

Mit Hilfe von Radioisotopen läßt sich das Verhalten von Ionenaustauschern bei äußerst geringer Beladung untersuchen. Die Einfachheit und hohe Meßgenauigkeit radiochemischer Methoden erlauben, Eigenschaften von Ionenaustauschern festzustellen, die bei Beladung mit Makromengen entweder überhaupt nicht oder doch nur experimentell schwierig zugänglich wären. In diesem Bericht sollen dabei Besonderheiten, die bezogen auf den heutigen Stand der Theorie vielleicht noch "Anomalien" darstellen, im Vordergrund des Interesses stehen.

I. Radioaktive Kationen mit einer Halbwertszeit bis herauf zu einigen Jahren oder Jahrzehnten liegen in Lösung bei Ausnutzung der hohen Nachweisempfindlichkeit auf jeden Fall in so geringen Konzentrationen vor, daß keine normalen Niederschläge mit Anionen auftreten können, die als "quantitative" Fällungsreagenzien aus der gewöhnlichen analytischen Chemie bekannt sind (eine an sich mögliche Bildung von sogenannten "Radio-Kolloiden" soll dabei ausgeschlossen sein). Man kann demgemäß in klarer homogener Lösung die Elution von Radio-Kationen, absorbiert an Kationenaustauschern, mit Anionen verfolgen, die normalerweise Trübungen oder Fällungen liefern würden.

Eigene Untersuchungen betreffen die Elution des 64 h - ^{90}Y und des Thorium-Isotops 24 d - UX_1 . ^{90}Sr - ^{90}Y wurde an einem stark sauren Kationenaustauscher (Nalcite HCR) absorbiert und unter sonst gleichen Bedingungen mit Oxalat bei variiertem pH eluiert. Die eluierte ^{90}Y-Menge zeigt 2 Maxima in Abhängigkeit vom pH, ein Maximum auf schwach saurem Gebiet bei pH 4 - 5, und ein zweites kleineres Maximum auf alkalischem Gebiet bei einem pH von etwa 9. Die letztere alkalische Elution ist durch geringfügige Bildung anionischer Y-Oxalato-Komplexe erklärbar, aber die noch stärkere saure Elution ist "anormal" und zunächst unverständlich. Auch bei der Elution des Th-Isotop UX1 mit Oxalat liegt das Elutionsmaximum auf schwach saurem Gebiet bei einem pH von etwa 5, und eine starke Elution findet noch bei einem pH von 1 und darunter statt. Die Bildung anionischer Th-Oxalato-Komplexe erscheint unter diesen Bedingungen ausgeschlossen.

Eine Erklärung dieser und zahlreicher weiterer analoger Effekte scheint zunächst durch stufenweise Komplexbildung und die damit verbundene Erniedrigung der positiven Ladung des Kations mit zugehöriger Erhöhung der Elutionsfähigkeit gegeben zu sein, z. B. im Sinne der Bildung von Ionen der Form:

$$Y^{3+};\quad Y\,C_2O_4H^{2+};\quad Y\,C_2O_4^{+}$$

oder Th^{4+}; $Th\,C_2O_4H^{3+}$; $Th\,C_2O_4^{2+}$ usw.

Nach unseren Beobachtungen wirkt aber auch Ferrocyanid, nicht dagegen Ferricyanid, eluierend auf UX (Ferrocyanid liefert mit Th in Makromengen einen unlöslichen Niederschlag, Th-Ferricyanid ist leicht löslich). Andere Autoren haben die Sr-Elution durch Sulfat, die Cs-Elution durch Perchlorat beschrieben (H. Yamatera, J. Inorgan. Nucl. Chem. 7 (1958), 299). Diese Effekte sind relativ klein, aber reell und können nicht auf einer "eigentlichen" Komplexbildung beruhen. Man kann zur Deutung die Bildung von "Ionen-Paaren" annehmen, in Analogie zu zahlreichen Beobachtungen auf dem Gebiet der Flüssig-flüssig-Extraktion. Der Übergang von der eigentlichen komplexen Bindung zum Zusammenhalt als Ionen-Paar ist dabei noch dunkel und sei zur Diskussion gestellt.

II. Beim radiochemischen Arbeiten mit kurzlebigen Isotopen ist die Zahl der eingesetzten Atome äußerst klein, verglichen mit der gewöhnlichen Chemie. Da es sich dabei um Unterschiede von 12 Zehnerpotenzen und mehr handeln kann, entsteht die Frage, ob bei derartig extrem niedrigen Konzentrationen noch das gewöhnliche makrochemische Verhalten dieser Isotope vorliegt. An sich ist der Ionenaustausch allgemein durch einen konstanten Verteilungskoeffizienten γ gekennzeichnet, der unabhängig von der Absolut-Konzentration ist, so daß radiochemische Trennungen an Ionenaustauschern genau so verlaufen sollten wie mit Makromengen in einiger Entfernung von der Sättigung des Austauschers. In einer großen Zahl von Beispielen ist dieser Sachverhalt auch experimentell bestätigt worden.

Das schließt nicht aus, daß im Sonderfall bei extrem niedriger Konzentration doch eine wesentliche Abweichung auftreten könnte. So erscheint es durchaus möglich, daß z. B. in einem Anionenaustauscher auf 10^{12} oder mehr gewöhnliche anionische Austauschstellen eine andersartige Stelle, vielleicht sogar kationisch, vorhanden ist. Unsere Beobachtungen über die Absorption von Tl^{I}-Isotopen an Anionenaustauschern können auf diese Weise gedeutet werden.

Es wurden 2 Versuchsreihen angestellt mit etwa folgenden Tl-Mengen in μc pro Versuch:

1) 0,1 μc $-{}^{204}Tl$ (τ = 3,8a = $2{,}0 . 10^{6}$ min) mit Radio-Atomzahl

$R = 3{,}2 . 10^{6} . \tau . \mu c$ (Halbwertszeit τ in Min.)

$R = 3{,}2 . 10^{6} . 2 . 10^{6} . 0{,}1 = 6{,}4 . 10^{11}$ Atome ${}^{204}Tl$

Dieses Radio-Tl enthielt aber auf 1 ${}^{204}Tl$ noch rund 10^{6} inakt. ${}^{205}Tl$., so daß insgesamt $\sim 6 . 10^{17}$ Atome Tl ($=10^{-6}$ Mol) vorhanden waren.

2) 0,1 μc -ThC" mit τ = 3,1 m u. $R = 3{,}2 . 10^{6} . 3{,}1 . 0{,}1 = 1 . 10^{6}$ Atome ${}^{208}Tl$.

Alle Tl-Atome liegen kationisch als Tl^{+} vor.

Die erste Versuchsreihe mit einer noch vergleichsweise hohen Atomzahl an Tl^{I} zeigt das erwartete Ergebnis. Das gesamte Tl in verdünnt saurer Lösung passiert alle geprüften Anionenaustauscher ohne merkliche Absorption. Bei der zweiten Versuchsreihe mit ThC" in 0,5n-HCl ist die Tl-Atomzahl gegenüber der ersten Reihe mit ^{204}Tl bei gleicher Aktivität um fast 12 Zehnerpotenzen geringer. Keiner der zahlreichen geprüften Anionenaustauscher läßt das ThC" quantitativ durch, und keiner absorbiert ThC" vollständig. Die geringste Absorption von etwa 10 % zeigen Wofatit SBS 400w und Nalcite SBR, die höchste beobachtete Absorption von etwa 90 % liefern Wofatit L 150 (L 160) und Nalcite SAR. Man erkennt, daß sich die beiden stark basischen und in der Struktur ähnlichen Anionenaustauscher Nalcite SAR und SBR hinsichtlich der Durchlässigkeit für ThC" sehr unterscheiden.

III. Eine weitere Besonderheit zeigen Anionenaustauscher gegenüber Pb und Bi in verdünnt salzsaurer Lösung.

Von K. A. Kraus ist seit vielen Jahren die Absorption von Kationen am Anionenaustauscher Dowex 1 systematisch untersucht worden. Danach geht die Pb-Absorption zwischen 1n HCl und 2n HCl durch ein Maximum mit einem Austauschkoeffizienten $\gamma \simeq 25$, während die Bi-Absorption bei allen Salzsäurekonzentrationen viel höher ist und mit sinkender HCl-Konzentration dauernd ansteigt.

K. A. Kraus: J.A.C.S. 76. (1954), 5916.

für Bi HCl-Konz.	0,5n	1n	2n	4n	6n	9n	12n
u. Dowex 1 γ	7.10^4	2.10^4	5.10^3	1.10^3	400	130	57

In verdünnter HCl zwischen 0,5n und 2n wird das Bi quantitativ absorbiert und ist praktisch nicht eluierbar, während das Pb bei direktem Durchlaufen der Lösung zunächst weitgehend absorbiert wird, aber mit dem 10- bis 20fachen Volumen an verdünnter Salzsäure anschließend ziemlich vollständig eluiert werden kann.

Diese Verhältnisse lassen sich radiochemisch besonders leicht studieren unter Verwendung einer RaD-Gleichgewichtslösung mit 20 a-RaD (Pb-Isotop) und 5d-RaE (Bi-Isotop). Bei der Messung der Aktivität der Lösung mit einem Geiger-Zählrohr ist das RaD strahlungslos wegen zu weicher Strahlung, die gezählten β-Impulse rühren ausschließlich von RaE mit β 1,16 MeV her. Kurz nach der Elution liefern die β-Impulse des Eluats also die Menge RaE (sehr klein); man wartet nun bis zur Gleichgewichtseinstellung (etwa nach 1 Monat) und mißt wieder. Diese Zählung liefert die eluierte Menge RaD.

Auf diese Weise wurden zahlreiche Anionenaustauscher untersucht, in erster Linie für den praktischen Zweck, um ein einfaches Verfahren zur Darstellung von reinem, folgeproduktfreiem RaD zu gewinnen. Die besten Ausbeuten an RaD ($>$ 90 %) bei hoher radiochemischer Reinheit ($<$ 0,5 % RaE) wurden mit Amberlite I.R.A. 411 und 2n HCl als Elutionsmittel erzielt. (Einen ähnlichen Austauscher verwandte T. Ishimori, Bull. Chem. Soc. Japan 28 (1955), 432).

Andere Austauscher dieser Art auf Polystyrolbasis mit quartären Ammoniumgruppen verhalten sich ähnlich, wenn auch nicht ganz so günstig (z. B. Amberlite I.R.A. 410 und I.R.A. 401, Dowex 1 und 2, Nalcite SAR, Duolite A 42).

Bis hierher ist alles übersichtlich und klar. Das Besondere liegt nun darin, daß es eine zweite Gruppe von Anionenaustauschern gibt, die Pb so fest absorbieren, daß es mit verdünnter HCl praktisch nicht mehr eluierbar ist. Zu dieser Gruppe gehören die schwächer basischen Anionenaustauscher Wofatit L 150 und 160, Nalcite WBR; Dowex 3; Permutit W und andere Handelsmarken. Für die radiochemische Praxis sind diese Anionenaustauscher wertvoll, weil sie Pb und Bi gleichzeitig vollständig absorbieren.

Dabei ist aber ein besonderer und für diese Gruppe sehr charakteristischer Umstand zu beachten. Wenn diese Austauscher vor der Beladung mit Pb nur kurze Zeit (einen Tag lang oder weniger) unter verdünnter HCl gestanden haben, so ist das Blei häufig noch weitgehend eluierbar. Dasselbe kann noch nach einer Woche der Fall sein. Vielfach muß man die Austauscher sogar 1 bis 2 Monate lang mit Salzsäure vorbehandeln, um diese starke Erhöhung der Pb-Absorption zu erreichen. Bei der ersten Gruppe von Anionenaustauschern vom Typus des Amberlite IRA 411 sind derartige Unterschiede nie beobachtet worden.

Eine genauere Untersuchung und Deutung dieser Besonderheiten bei den schwächer basischen Anionenaustauschern ist von erheblicher praktischer Bedeutung, denn eine zuverlässige Anwendung dieser Austauscher, z. B. für radiochemische Trennungen, ist erst möglich, wenn die Absorption für jedes Element definiert und reproduzierbar ist. Damit ist gleichzeitig die wichtige Frage der Standardisierung und Typisierung der Ionenaustauscher angeschnitten, zu deren Beantwortung radiochemische Methoden wertvolle Beiträge liefern können.

Der Einsatz von Wofatit-Mischbettfiltern bei der Behandlung von Primärkreislaufwasser eines Forschungsreaktors (1)

von R.BÖHM und G.FLACH
VEB Farbenfabrik Wolfen

Beim Betrieb von Forschungsreaktoren treten mannigfaltige Probleme der Versorgung und Reinhaltung des Wassers im Primärkreislauf auf, welche aufgezeigt werden. Die zur Zeit der Inbetriebnahme des Forschungsreaktors Rossendorf vorliegenden Wofatit-Mischbett-Ionenaustauscher berechtigten deren Einsatz für oben genannte Aufgaben. Es wird über $2^1/2$jährige Betriebszeit, über die Erfahrungen und deren Auswirkungen auf die Wasserreinheit und den Reaktorbetrieb selbst berichtet. Entsprechende Werte werden mitgeteilt. Die Perspektive und Problematik des Einsatzes von Mischbett-Ionenaustauschern für Leistungsreaktoren werden kurz besprochen.

1) Die Ergebnisse werden an anderer Stelle ausführlich publiziert.

Untersuchung der Kapillareigenschaften eines Kationenaustauschers auf Siliconbasis

von E. Blasius und W. Hein

Anorganisch-Chemisches Institut der Technischen Universität Berlin

Die Verwendung von Austauschern als Ionensiebe, d. h. zur Trennung unterschiedlich großer Ionen gleichen Ladungsvorzeichens, setzt eine möglichst homöokapillare Struktur voraus. Austauscher auf Kunstharzbasis sind jedoch im Gegensatz zu den Alumosilicaten weitgehend heterokapillar aufgebaut. Letztere werden daher mit gutem Erfolg als Molekularsiebe eingesetzt, wie die grundlegenden Arbeiten von Barrer (1) zeigen. Als Ionensiebe können die Alumosilicate kaum verwendet werden, da sie in sauren Lösungen nicht beständig sind.

Zwischen den Austauschern auf Harzbasis und den Alumosilicaten steht der neuerdings von Runge und Mitarbeitern (2) entwickelte Austauscher auf Siliconbasis. Dieser besteht aus Kieselgel mit einem gewissen Gehalt an Benzyltriolsilan-p-sulfosäure als kationenaktiver Komponente.

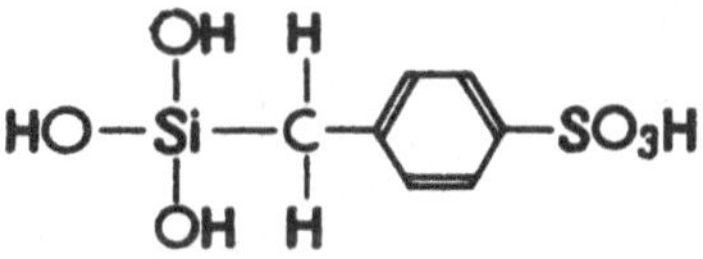

Allgemein ist ein sinnvoller Einsatz von Austauschern als Ionensiebe nur dann möglich, wenn ihre Kapillareigenschaften, d. h. die durchschnittliche Verteilung und Größe der Poren (innere austauschaktive Oberfläche) und ihre äußere austauschaktive Oberfläche bekannt sind.

Blasius, Pittack und Negwer (3) ermittelten die durchschnittliche Verteilung und Größe der Poren für Kationen-

und Anionenaustauscher auf Kunstharzbasis unterschiedlichen Vernetzungsgrades bzw. verschiedener Beladung durch die Auswertung elektronenmikroskopischer Aufnahmen von Kapazitätsbestimmungen und von Sorptionszyklen.

1. Theoretische Grundlagen

Wir benutzen für die Aufnahme von Ad- und Desorptionsisothermen einerseits ein zuerst von Bemmelen (4) beschriebenes und später von Bachmann und Maier (5) apparativ vervollkommnetes Verfahren (hier kurz B.B.M.-Methode genannt), andererseits die bekannte von Brunauer, Emmet und Teller (6) (B.E.T.) entwickelte Methode.

Die theoretischen Grundlagen der B.B.M.-Methode beruhen auf der Kapillaritätslehre. Sie benutzt als Modell zylindrische Hohlräume, in denen die imbibierte Flüssigkeit den Kapillarkräften unterliegt. Der Zusammenhang zwischen dem Gleichgewichtsdruck einer Flüssigkeit in einer Kapillare und dem Durchmesser dieser Kapillare ergibt sich auf Grund einer von Kelvin angegebenen Gleichung, die in der von Mc Bain modifizierten Form lautet:

$$r_K = \frac{2 \cdot v \cdot 0{,}4343}{RT \cdot \log p_0/p} \qquad (1)$$

R = Gaskonstante

T = absolute Temperatur

σ = Oberflächenspannung des Wassers

v = Molvolumen

p_0 = Sättigungsdampfdruck des Wassers (bei 29° C = 30,043 Torr)

Aus dieser Gleichung geht hervor, daß zu einem ganz bestimmten Wert von r_K ein bestimmter Wert von p gehört, d. h. daß bei Einwirkung eines Dampfes vom Drucke p alle Kapillaren mit einem Radius = r_K gefüllt werden.

Nach Mc Bain soll die Kelvin-Gleichung in Abhängigkeit von der Prüfflüssigkeit im allgemeinen für Poren mit dem Radius ab 20 Å bis zu sichtbaren Dimensionen hin anwendbar sein. Für Wasser als Prüfflüssigkeit liegt nach Coelingh (7) und auch Kämpf (8) diese Grenze jedoch bei kleineren Werten der Porenradien.

Die Auswertung der für Austauscher nach der B.B.M.-Methode erhaltenen Desorptionsisothermen mit Hilfe der Kelvin-Gleichung liefert qualitative Ergebnisse über die Verteilung und Größe der Porenradien. Hierbei sind jedoch einige Zusatzannahmen notwendig, die sich aus den speziellen Eigenschaften der Austauscher auf Kunstharzbasis ergeben. Die Unsicherheiten liegen darin, daß erstens der Kunstharzaustauscher während der Ad- und Desorption eine Volumenveränderung, demnach auch eine Veränderung der Porengrößen erleidet, zweitens, daß das die Poren füllende Gesamtsolvat in Lumen-, Benetzungs- und Ionensolvat unterteilt werden muß. Dabei füllt das locker gebundene Lumensolvat den freien Porenraum aus. Das an den Wänden haftende Benetzungssolvat ist stärker und das Ionensolvat besonders fest gebunden. Bei ionischen Adsorbentien wird also zusätzlich zum Dampfdruck des Lumensolvats der des Ionensolvats in Rechnung zu stellen sein. Allgemein ist zu erwarten, daß Hydrat- und Benetzungswasser ineinander übergehen. Bei Verwendung eines Adsorbats, das auf Grund seiner Symmetrie bzw. seines apolaren Charakters keine Ionensolvate zu bilden vermag, dürfte nur mit Benetzungs- und Lumensolvat zu rechnen sein.

Durch die Entwicklung des Kationenaustauschers auf Siliconbasis (2), der auch bei höheren Temperaturen beständig ist, wurde es möglich, die Methode von Brunauer, Emmet und Teller (9) dem oben aufgeführten Verfahren zur Ermittlung der Porenradien gegenüberzustellen.

Die B.E.T.-Gleichung lautet, angewandt auf ionische Adsorbentien:

$$\frac{p}{v(p_o - p)} = \frac{1}{c \cdot v_m} + \frac{c - 1}{c \cdot v_m} \cdot \frac{p}{p_o} \qquad (2)$$

Damit läßt sich aus der bei einem bestimmten Druck p aufgenommenen Adsorbatmenge v, neben der Konstanten c, das Volumen der ersten Schicht v_m berechnen.

Die Gleichung gibt die Adsorptionsisothermen nur bei kleinen relativen Drucken von 0,05 bis etwa 0,35 richtig wieder. Sie liefert nur dann zuverlässige Werte, wenn die Adsorptionsisotherme S-förmig ist.

Die grundsätzliche Wichtigkeit der B.E.T.-Gleichung beruht auf der Möglichkeit, aus ihr die Oberfläche des Adsorbens zu errechnen. Aus v_m kann mit Hilfe der Loschmidt'schen Zahl die Anzahl der adsorbierten Moleküle ermittelt werden. Durch Multiplikation mit dem Oberflächenbedarf f_m jeder dieser Molekeln ergibt sich die gesamte Oberfläche:

$$O = N \cdot f_m \qquad (3)$$

Aus den so ermittelten Oberflächen lassen sich unter der vereinfachenden Annahme zylindrischer Poren und der Vernachlässigung der "äußeren" Oberfläche Werte für die Porenradien errechnen.

Setzt man nach Kohlschütter und Kämpf (8) das Gesamtporenvolumen des Adsorbens $V = h \cdot r^2$ (4) und die Oberfläche $O = 2 \cdot r \cdot h$ (5), so ergibt sich der Porenradius durch Division von (4) durch (5) $r = 2V/O$ (6). Diese einfache Gleichung wird sehr oft zur Berechnung der mittleren effektiven Porenradien verwendet, da sie recht gute Werte liefert (10).

2. Verwendetes Material

Neben einem selbst dargestellten, als Prüfsubstanz verwendeten SiO_2-Gel wurde die H^+, Na^+, K^+-Form des von Runge entwickelten Kationenaustauschers in der Siebfraktion 20-50 mesh und die H^+-Form in der Siebfraktion 200-400 mesh untersucht.

Das verwendete H_2O wurde mehrfach destilliert und in der Apparatur durch das Vakuum entgast. Das Benzol war reinst von Merck.

3. Bestimmungen nach der B.B.M.-Methode

Zur Aufnahme der Sorptionszyklen mit Wasser als Adsorbat diente eine bereits beschriebene Apparatur und Arbeitsweise (3). Die Arbeitstemperatur betrug 29° C. Sie konnte mit Hilfe eines Luftthermostaten auf ± 0,1° C konstant gehalten werden.

Der Kolben V enthält den Wasservorrat. Das Vorratsgefäß P ermöglicht die Aufnahme einer größeren Menge Wasserdampf. Das Kölbchen K wird mit der zu untersuchenden Substanz beschickt. Es kann zur Wägung abgenommen werden. An einem Hg-Manometer M mit Spiegelskala wird der jeweilige Dampfdruck abgelesen. Die abnehmbare Ausfrierfalle taucht in ein mit Eis-Kochsalz-Gemisch beschicktes Dewar-Gefäß.

Als Hauptpumpe dient eine dreistufige Hg-Diffusionspumpe aus Quarz, als Vorpumpe eine Ölpumpe. Zwischen die beiden Pumpen ist das Vorvakuumgefäß geschaltet. Durch Differenzwägung des Kolbens K ermittelt man das Gewicht der in ihm enthaltenen Luft.

Nun werden von dem zu untersuchenden Material 1 - 2 g genau eingewogen. Das Gewicht der feuchten Substanz ist bekannt, wenn Luft- und Leergewicht des Kolbens in Abzug gebracht werden. Die Substanz wird durch oftmals wiederholtes Evakuieren getrocknet. Aus der Gewichtsdifferenz werden der Prozentgehalt an Wasser und das Nettogewicht der Trockensubstanz ermittelt, auf das die Gewichtsänderungen bei der Sorption bezogen werden. Der jedem Meßpunkt zugehörige Dampfdruck p wird mit einer Lupe am Manometer abgelesen.

Das Kölbchen wird abgenommen, nachdem bei geschlossenen Hähnen H_1 und H_2 durch H_3 Luft eingeströmt ist. Dann werden die Hähne H_4 und H_3 geschlossen, H_2 geöffnet und die ganze Apparatur wieder evakuiert. Nach dem Ansetzen des Kolbens muß bei geschlossenem Hahn H_1 der Hahn H_4 geöffnet werden, um auch die Luft aus dem Verbindungsstück Kölbchen-Apparatur zu entfernen.

Zur Befeuchtung läßt man die gewünschte Menge an Wasserdampf einströmen. Das Gleichgewicht stellte sich nach ca. 1 Stunde ein. Der maximale Wassergehalt wurde allerdings bei Sättigungsdampfdruck oft erst nach einigen Tagen erreicht.

Die von Blasius und Pittack (3) erhaltenen Sorptionszyklen für Kieselgel und den Anionenaustauscher Permutit ES in verschiedenen Formen zeigt die Abb. 2.

Die Isothermen haben den bekannten S-förmigen Verlauf. In dem Kurvenverlauf der Anionenaustauscher zeigt sich zwar auch eine ausgesprochene Hysterese, jedoch mit einigen Unterschieden zum Kieselgel. Die Entwässerungskurve mündet nicht - wie beim Silicagel - in den Auffeuchtungsast ein, was auf die Quellung zurückgeführt werden kann. Bei niedrigen Dampfdrucken resultieren höhere g/g_m-Werte; die Kurve mündet von oben in den Nullpunkt ein. Die in diesem Bereich stärkere Bindung des Wassers wird als Ionensolvat gedeutet. Außerdem ist der geradlinige Teil des Entwässerungsastes (p/p_0 angenähert gleichbleibend) bei dem Anionenaustauscher angedeutet, aber bei weitem nicht so stark ausgeprägt. Der Siliconaustauscher (Abb. 3) zeigt demgegenüber eine dem Kieselgel angenäherte homöokapillare Struktur. Jedoch fällt der zweite Wendepunkt auf. Hierin verhält sich der Siliconaustauscher entsprechend den Austauschern auf Kunstharzbasis.

Bei der Auswertung nach B.B.M. sind nur die Desorptionsäste notwendig. Diese werden daher für die verschiedenen Beladungszustände in Abb. 4 gezeigt. Hier ist der Wassergehalt g des Adsorbens pro Gramm Trockensubstanz in Prozent über dem zugehörigen relativen Druck p/p_0 (p_0 = Sättigungsdampfdruck) aufgetragen.

Eine durch den verschiedenen Feuchtigkeitsgehalt bedingte Verschiebung der Kurven parallel zur Abszisse sowie eine durch wachsende Haftfestigkeit ($H < Na < K$) hervorgerufene Verschiebung des ersten Wendepunktes entspricht den Befunden an Harzaustauschern. Wird die bei der

Desorption gemessene Wasserbeladung g/g_m (g_m = Adsorbatgehalt in Prozent bei p_o) als eine Funktion der mit den zugehörigen Drucken korrespondierenden Kapillarradien r_K ausgedrückt, so erhält man die entsprechenden Summen- oder Strukturkurven. Abb. 5 gibt diejenigen für das Kieselgel, KAT 20-50/H und KAT 200-400/H wieder. Ihre graphische Differentiation nach r_K liefert ein Bild über die Verteilung der Porenradien.

Bei den in Abb. 6 dargestellten Porenradien-Verteilungsfunktionen ist das Maximum der Kurve für das Kieselgel (in der Abb. 6 im Maßstab 1 : 10 dargestellt) scharf ausgeprägt, während das der Kurven für den Kationenaustauscher über einen etwas breiteren Bereich verläuft. Der Siliconaustauscher zeigt wie die Harzaustauscher nach Durchschreiten eines Minimums ein nochmaliges Ansteigen der Kurve bei kleinen r_K-Werten.

Die aus den Maxima der Porenradien-Verteilungsfunktionen entnommenen Werte für r_K (Tab. 1) geben noch nicht den effektiven Radius der Poren wieder, da bei der Desorptionsmessung die zurückbleibende Wandbeladung nicht erfaßt wird. Der wahre Porenradius R_K ergibt sich aus dem um die adsorbierte Schichtdicke k vergrößerten Kelvin-Radius r_K. Kämpf (8) errechnet k zu 2,78 Å. Aus der Tab. 1, in der auch die Werte für die "effektiven" Porenradien R_K eingetragen sind, läßt sich ablesen, daß entsprechend der steigenden Bindungsfestigkeit der Gegenionen der Porenradius abnimmt. Die Verkleinerung der Korngröße von 20-50 mesh auf 200-400 mesh bringt keine wesentliche Änderung des Porenradius. Jedoch ist in Abb. 6 das Maximum dieser Verteilungsfunktion wesentlich schwächer ausgeprägt.

Die Anwendung der Kelvin-Gleichung zur Berechnung von Porenradien bei Austauschern ist wegen des Ionensolvates etwas problematisch, jedoch läßt sich wenigstens ein gewisser qualitativer Überblick über die relative Verteilung der Porenradien gewinnen.

Tabelle 1

Mittlere Porenradien

Adsorbens	r_K (Å)	R_K (Å)	$r_{Red.}$ (Å)
Kieselgel	9,67	12,45	-
KAT 20 - 50/H Dowex 50/H	29,01 35,5	31,79 -	5,09 8
KAT 200 - 400/H	29,40	32,18	5,21
KAT 20 - 50/Na Dowex 50/Na	25,82 35,5	28,60 -	4,58 8
KAT 20 - 50/K Dowex 50/K	24,59 29,5	27,37 -	4,45 6

Die Anwendung einer Korrektur der Porenradien hinsichtlich der Wandbeladung für die Austauscher liefert Werte, die zu hoch liegen, da der Dampfdruck des Hydratwassers den Dampfdruck des eigentlichen Porenwassers vergrößert. Unter Beachtung dieser Tatsache lassen sich die "reduzierten" Porenradien berechnen (3). Wird im Minimum der Verteilungsfunktionen nur noch das Ionen- und Benetzungswasser gehalten, so kann der dort gemessene Wert des relativen Druckes diesem Teil des Gesamtadsorbates zugeschrieben werden. Dazu sind sowohl von jedem p-Wert der Entwässerungskurven als auch von den dazugehörigen g-Größen die für das Minimum der Porenradien-Verteilungsfunktionen entnommenen Werte in Abzug zu bringen. Aus den neu berechneten Größen ergeben sich wieder Strukturkurven und daraus abgeleitete Verteilungsfunktionen. Die aus dem Maximum dieser Kurven abgelesenen Porenradien sind in der letzten Spalte der Tab. 1 eingetragen.

Diese "reduzierten" Porenradien müssen aber wiederum als zu klein angesehen werden, da das fester gebundene Ionen- und Benetzungssolvat nicht den vollen Dampfdruck zu liefern vermag.

Die früher (3) nach der B.B.M.-Methode gefundenen Kapillardimensionen des Dowex 50/7,5 sind zu Vergleichszwecken in Tab. 1 eingetragen. Sie entsprechen in ihrer Größe denen des damit vergleichbaren Silicon-Austauschers.

4. Bestimmung nach der B.E.T.-Methode

Eine von Ruths (11) beschriebene Apparatur diente als Vorbild für die Entwicklung einer eigenen, den Bedürfnissen angepaßten Apparatur. Verwendet wurde H_2O und Benzol als Adsorbat. Die B.E.T.-Apparatur (Abb. 7) ist analog der B.B.M.-Apparatur gebaut. Vor die eigentliche Meßapparatur ist ein Pumpenaggregat, bestehend aus Ölpumpe, Vorvakuumgefäß, Hg-Diffusionspumpe und Ausfrierfallen, geschaltet.

Hier ist V wieder das Vorratsgefäß für das Adsorbat, das in diesem Fall eingefroren werden kann.

Das Kölbchen K enthält wieder das zu untersuchende AT-Material. Da es bei der B.E.T.-Auswertung auf den Adsorptionsast ankommt, muß das Adsorbens in K ausgeheizt werden, was mit Hilfe von auf 140° C erhitztem Glyzerin geschieht. Gleichzeitig hierzu wird die Apparatur mit dem schon genannten Pumpenaggregat evakuiert.

Zur Messung der adsorbierten Prüfdampfmenge dient eine sinnvolle Anordnung von mit Hg gefüllten Manometern (M_1, M_2 und M_3) und der Gasbürette B.

Im Bereich höherer Drucke dient die Bürette B als Meßinstrument für die Prüfdampfmenge.

Ein über den Hahn H_5 am Manometer M_2 vorgegebener Druck wird durch Öffnen des Hahnes H_2 von dem eingeschleusten Prüfdampf kompensiert. Somit ist ein ganz bestimmter Gleichgewichtsdruck (z. B. 5 mm) eingestellt. Die infolge des Öffnens der Hähne H_3 und H_4 eintretende Druckminderung wird durch Hochdrücken der Hg-Säule in der Bürette ausgeglichen. Die mit der Zeit durch die Adsorption auftretende Druck- und Volumenminderung des Prüfdampfes wird am Manometer M_1 bzw. der Bürette B gemessen.

Um die Meßgenauigkeit zu erhöhen, wird bei kleinen Drucken der Meniskusstand in der Bürette B konstant gehalten. Nach Einlassen von Prüfdampf über den Hahn H_2 wird der Anfangsdruck am Manometer M_1 abgelesen. Die Hähne H_3 und H_4 werden geöffnet, und der sich durch Verdünnung und Adsorption einstellende Enddruck kann zu gegebener Zeit am Manometer M_1 festgestellt werden.

Um auf die Menge des adsorbierten Prüfdampfes rückschließen zu können, muß das Volumen des Meßteils der Apparatur bekannt sein, was durch Ausmessen mit Helium erfolgte.

4.1 Versuchsergebnisse und Auswertung

Voraussetzung für die Auswertung von Adsorptionsisothermen nach B.E.T. ist eine streng reversible Sorption im Bereich kleiner Drucke. Im Auswertebereich der Isothermen sind die adsorbierten Mengen mit den desorbierten identisch (Abb. 8).

Die Adsorptionsisotherme hat den bekannten S-förmigen Verlauf, der dem Typ IV der B.E.T.-Einteilung (12) entspricht.

Nach dem Ausheizen des Untersuchungsmaterials bei einer Temperatur von 140° C wurden gegenüber den Werten nach B. B.M. um 4,5 - 5 % größere Gesamtadsorbatmengen am Sättigungspunkt gefunden. Somit liefert die Entgasung bei nur gering erhöhter Temperatur (29° C) keine eindeutig freien Oberflächen. Eine Abspaltung von Wasser aus den oberflächenständigen SiOH-Gruppen tritt bei der Untersuchungstemperatur, wie Kämpf und Kohlschütter und auch wir beobachten konnten, nicht ein.

4.12 Die Monoschicht-Kapazitäten

Bei den Messungen zur Bestimmung der Oberfläche werden unmittelbar nur die Werte bei Raumtemperatur für den Anfangsdruck und den Enddruck nach Einstellung des Gleichgewichtes erhalten. Nach den Gasgesetzen kann daraus mit Hilfe des bekannten Volumens der Meßapparatur die Menge des Adsorbates beim Gleichgewichtsdruck p berechnet werden.

Im v-p/p_o-Diagramm ergeben sich dann Kurven, wie die in Abb. 9 als Beispiel gezeigte des KAT 20-50/H mit Benzol als Adsorbat.

In einem $\frac{p/p_o}{v(1-p/p_o)}$ - $^p/_{p_o}$ - Diagramm

ergeben sich Gerade (Abb. 10), deren Steigungsmaß $\frac{c-1}{c.v_m}$ = a und deren Ordinatenabschnitt $1/cv_m$ = b ist. Damit läßt sich die Konstante c nach c = a/b + 1 und die adsorbierte Menge des Prüfdampfes bei monomolekularer Bedeckung der Oberfläche nach v_m = 1/bc berechnen (Tabelle 2).

Tabelle 2

Konstante c, Monoschichtkapazität v_m

Adsorbens	BET/Benzol		BET/H_2O	
	c	v_m cm^3/g	c	v_m cm^3/g
Kieselgel	39,8	66,67	12,6	113,3
KAT 20 - 50/H	50,2	60,78	15,9	146,2
KAT 200 - 400/H	50,4	88,55	16,0	195,3
KAT 20 - 50/Na	67,5	55,83	21,8	99,8
KAT 20 - 50/K	87,5	58,09	26,7	117,1

4.13 Die Oberflächengrößen

Aus den Monoschicht-Kapazitäten v_m lassen sich nach Gl. (3) Oberflächenwerte berechnen, wenn der Flächenbedarf einer Einzelmolekel auf dem Adsorbens bekannt ist. Der Wert für den Platzbedarf adsorbierter Wassermolekeln hängt infolge des Dipolcharakters des Wassers von den Eigenschaften der Oberfläche des Adsorbens ab.

Im Falle des Kieselgels, der wegen der einfachen Oberflächenstruktur besonders übersichtlich gelagert ist, konnten Kämpf und Kohlschütter (13) in einer eingehenden Diskussion als wahrscheinlichsten Wert für den Flächenbedarf oberflächenbeständiger Si-Atome

$$f_m = 20{,}5 \pm 1 \text{ Å}^2$$

ermitteln. Der für die Si-Atome berechnete f_m-Wert kann bei dem Silicagel auch für den Platzbedarf der adsorbierten Wassermolekeln in der ersten Schicht eingesetzt werden. Mit diesem Wert erhält man O = 621 m^2/g.

Bei der Ermittlung der Größe der Austauscheroberfläche ist es günstiger, ein apolares Adsorbat - hier Benzol- zu benutzen, da die Hydrationszahlen der aktiven Gruppen vorerst nicht bekannt sind. Aus den zahlreichen in der Literatur (14) angegebenen f_m-Werten für das Benzolmolekül ergibt sich als wahrscheinlicher Wert:

$$f_m = 35{,}0 \pm 1 \text{ Å}^2.$$

Die Oberflächengrößen liegen zwischen 525 - 570 m^2/g für die einzelnen KAT (H,K,Na) bei gleicher Korngröße, bei dem KAT 200-400/H dagegen erheblich höher (Tab. 3).

Für die Oberfläche des Kieselgels errechnet sich dann nach BET/Benzol: O = 627 m^2/g. Dieser Wert für die Oberflächengröße stimmt gut überein mit den vorhergehenden und beweist die reale Bedeutung des verwendeten Wertes für den Platzbedarf eines Si-Atoms an der Oberfläche des Kieselgels bzw. für den einer Wassermolekel.

4.14 Die Volumina und Durchmesser der Poren

Die Sättigungswerte der Wasseradsorptionsisothermen werden im allgemeinen gleichgesetzt mit dem Porenvolumen, wobei das an der äußeren Oberfläche der Partikel adsorbierte Wasser mit einbezogen wird. Der dadurch entstehende Fehler kann jedoch vernachlässigt werden.

Für das Kieselgel ergab sich nach Kohlschütter und Kämpf (13), daß das Sättigungsvolumen nicht genau dem Porenvolumen entspricht. Die Moleküle der ersten Schicht sind dort lockerer gepackt. Der f_m-Wert von 20,5 Å^2 ist größer als der, der sich für die einzelnen Wassermolekeln in flüssiger Phase bei hexagonal dichtester Kugelpackung mit 12,8 Å^2 ergibt.

Das gemessene Volumen V_m der ersten Schicht und somit auch das Sättigungsvolumen $V_{gef.}$ bei $p/p_0 = 1$ ist danach zu klein und muß nach der von Kämpf und Kohlschütter veröffentlichten Gleichung korrigiert werden. Man erhält dann ein Volumen V_m'. Durch Addition des Differenzbetrages V_m'' zwischen V_m und V_m' zu $V_{gef.}$ ergibt das tatsächliche Porenvolumen

$$V_m' - V_m = V_m'' \quad (7) \qquad V_{gef.} + V_m'' = V_{ecorr.} \quad (8)$$

In der Tab. 3 sind die erhaltenen Werte übersichtlich zusammengefaßt.

Tabelle 3

Korrektur des Porenvolumens

Adsorbens	O (m^2/g)	V_m' (mm^3/g)	V_m (mm^3/g)	V_m'' (mm^3/g)	$V_{gef.}$ (mm^3/g)	$V_{kor.}$ (mm^3/g)
Kieselgel	621	145,9	91,1	54,8	330,2	385,0
KAT 20-50/H	572	134,1	117,4	16,7	308,4	325,1
KAT 200-400/H	835	196,0	156,9	39,1	440,8	479,9
KAT 20-50/Na	525	123,1	80,2	42,9	231,6	274,5
KAT 20-50/K	547	128,3	94,1	34,2	273,8	308,0

Gegenüber der Siebfraktion 20 - 50 mesh des KAT nimmt sowohl die Oberfläche als auch das Porenvolumen bei der Siebfraktion 200 - 400 mesh um rund 14,7 % zu. Bei der Beladung mit Na^+-Ionen verringert sich die Oberfläche um 8,2 % und das Porenvolumen um 15,7 % gegenüber der H^+-Form des KAT bei der gröberen Siebfraktion. Den Zusammenhang zwischen der Oberfläche, dem Porenvolumen und dem mittleren effektiven Porenradius stellt Gl. (6) her.

Werden die korrigierten Porenvolumina und die Oberflächenwerte aus der Tab. 3 in die Gl. (6) eingesetzt, so errechnet sich für das Silicagel mit $r = 12,3$ Å praktisch der gleiche Wert wie nach der Kelvin-Gleichung nach der B.B.M.-Methode mit $R_K = 12,45$ Å. Aus diesem Wert für R_K

errechnet sich umgekehrt für die Oberfläche: O = 619 m^2/g. Die vorgenommene Korrektur des Porenvolumens ist demnach sinnvoll.

Für die Porenradien des KAT ergeben sich folgende Werte:

KAT 20 - 50/H	: r = 11,4 Å
KAT 200 - 400/H	: r = 11,5 Å
KAT 20 - 50/Na	: r = 10,5 Å
KAT 20 - 50/K	: r = 11,3 Å

Die Porenradien der verschiedenen Siebfraktionen und Beladungszustände des KAT befinden sich in guter Übereinstimmung untereinander. Die Vergrößerung bzw. Verminderung der Oberflächengrößen und Porenvolumina bei den einzelnen Beladungsformen des KAT haben also keinen wesentlichen Einfluß auf die Dimensionen der Poren.

4.1.5 Berechnung des Hydratwassers

Bei dem KAT ist ein Teil der oberflächenständigen Si-Atome mit RSO_3H-Gruppen statt mit OH-Gruppen besetzt, wobei das H^+-Ion der Sulfosäuregruppe durch andere Kationen ersetzt werden kann. Die Anzahl der je aktive Gruppe einschließlich Gegenion angelagerten Wassermolekeln (Hydratationszahl) kann bei Kenntnis von V_m, der maximalen Austauschkapazität, dem Platzbedarf von 20,5 Å für ein oberflächenständiges Si-Atom und unter der Annahme, daß je SiOH-Gruppe ein H_2O gebunden wird, berechnet werden.

Mit der Kapazität von

0,56 mval/1 g Trockensubstanz für den KAT 20 - 50 bzw. von
0,63 " " " " " KAT 200 - 400

ergeben sich für die einzelnen Gegenionen die in der Tab. 4 eingetragenen Werte. Sie stimmen gut mit den früher an Dowex 50/7,5 erhaltenen überein.

Tabelle 4

Vergleich der Hydratationszahlen

Gegenion	Austauscher	$S_{akt.}$
H^+	Dowex 50	3,48
	KAT 20 - 50	4,35
Na^+	Dowex 50	1,48
	KAT 20 - 50	1,34
K^+	Dowex 50	1,21
	KAT 20 - 50	2,39

5. Zusammenfassung

Es ergeben sich, wie die Übersichtstabelle 5 zeigt, nach der B.E.T.-Methode für den untersuchten Silicon-AT Porendimensionen, die sich in dem durch die Berechnung mit Hilfe der Kelvin-Gleichung abgegrenzten Bereich befinden.

Tabelle 5

Porenradien des Silicon-AT

Adsorbens	B.B.M.		B.E.T.
	R_K (Å)	$r_{Red.}$ (Å)	r (Å)
KAT 20 - 50/H	31,8	5,1	11,4
KAT 200 - 400/H	32,2	5,2	11,5
KAT 20 - 50/Na	28,6	4,6	10,5
KAT 20 - 50/K	27,4	4,5	11,3
Kieselgel	12,45	-	12,3

Die größenordnungsmäßige Übereinstimmung der so auf zwei voneinander unabhängigen Wegen ermittelten Porendimensionen des KAT auf Siliconbasis mit denen der AT auf Kunstharzbasis dürfte hinreichend die Zuverlässigkeit des von Blasius und Pittack erarbeiteten Verfahrens bestätigen. Ferner liegt bei dem Siliconaustauscher eine weitgehend homöokapillare Struktur vor, die ihn als Ionensieb geeignet erscheinen läßt.

Literatur

1. Barrer, R. M., Disc. Farad. Soc. Nr. 7 (1949), 135.
2. Runge, F. und Zimmermann, H., DWP 8560 vom 29. 12. 1953.
3. Blasius, E., Pittack, H. u. Negwer, M., Angew. Chem. 68 (1956), 671; Angew. Chem. 71 (1959), 445.
4. Bemmelen, J. H. van, Z. anorg. Chem. 13 (1897), 233; 18 (1898), 98; 59 (1908), 225; 62 (1909), 1.
5. Bachmann, W. und Maier, L., Z. anorg. Chem. 168 (1928), 61.
6. Brunauer, S., The Adsorption of Gases and Vapors, Bd. I (Princeton, 1945).
7. Coelingh, M. B., Kolloid-Z. 87 (1939), 251.
8. Kämpf, G. und Kohlschütter, H. W., Z. Elektrochem., Ber. Bunsen-Ges. physik. Chem. 62 (1958), 958.
9. Emmet, P. H. und Brunauer, S., J. Amer. chem. Soc. 56 (1934), 35; 57 (1935), 1754; 59 (1937), 1553; 59 (1937), 2682.
10. Everett, D. H. und Stone, F. S., The Structure and Properties of Porous Materials (London, 1958).
11. Ruths, K., Dissertation Universität Frankfurt 1954.
12. Brunauer, S., Teller, E., Deming, L. S. und Deming, W. E., J. Amer. chem. Soc. 62 (1940), 1723.
13. Kohlschütter, H. W. und Kämpf, G., Z. anorg. allg. Chem. 292 (1957), 298.
14. Griessbach, R. und Gärtner, K., Kolloid-Z. 164 (1959), 8.

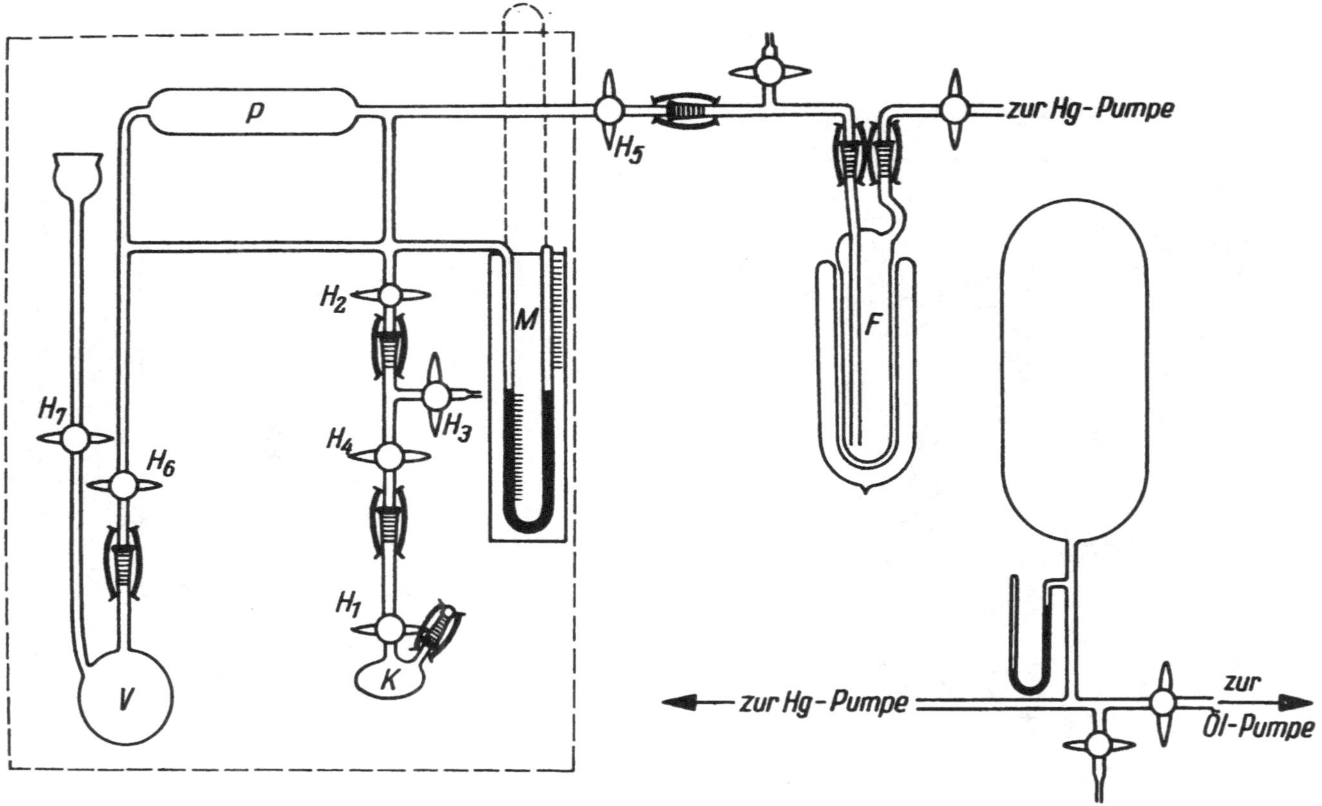

Abb. 1 Apparatur zur Aufnahme der Sorptionszyklen nach B.B.M.

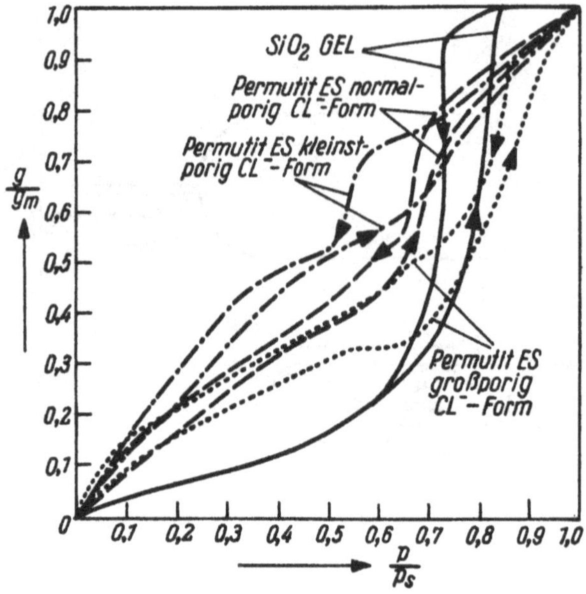

Abb. 2

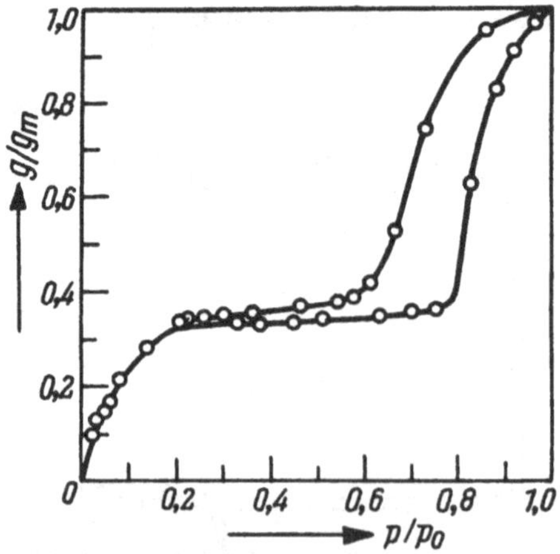

Abb. 3 Sorptionszyklus des KAT 20-50/H.

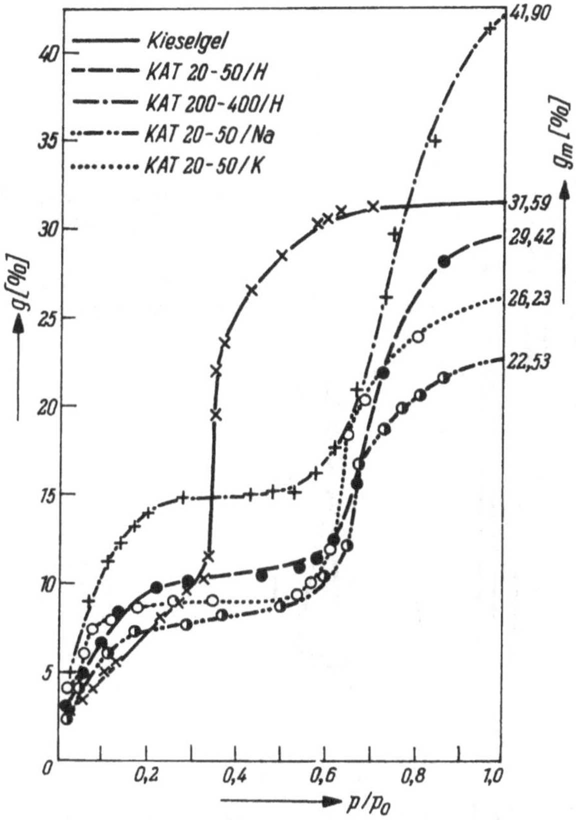

Abb. 4 Entwässerungsäste der Sorptionszyklen nach B.B.M.

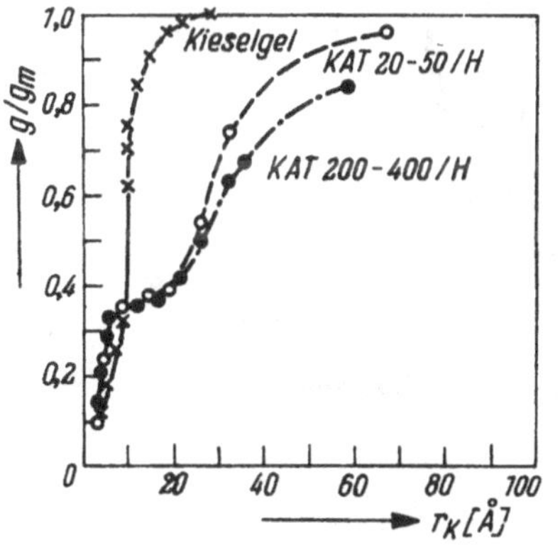

Abb. 5 Strukturkurven.

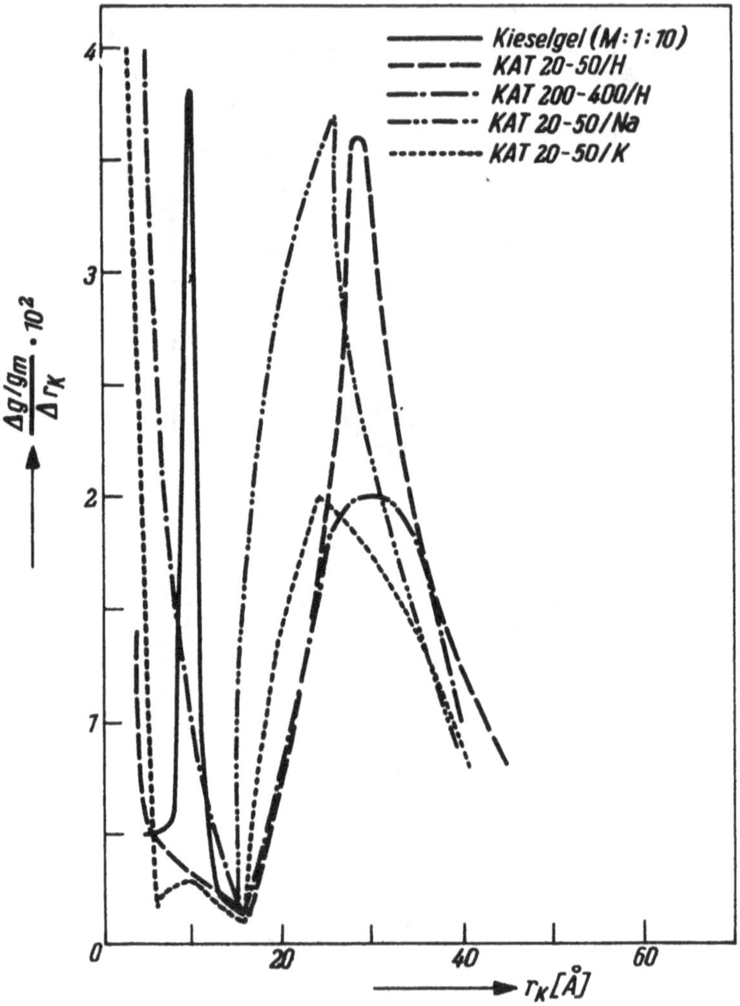

Abb. 6 Porenradien-Verteilungsfunktionen.

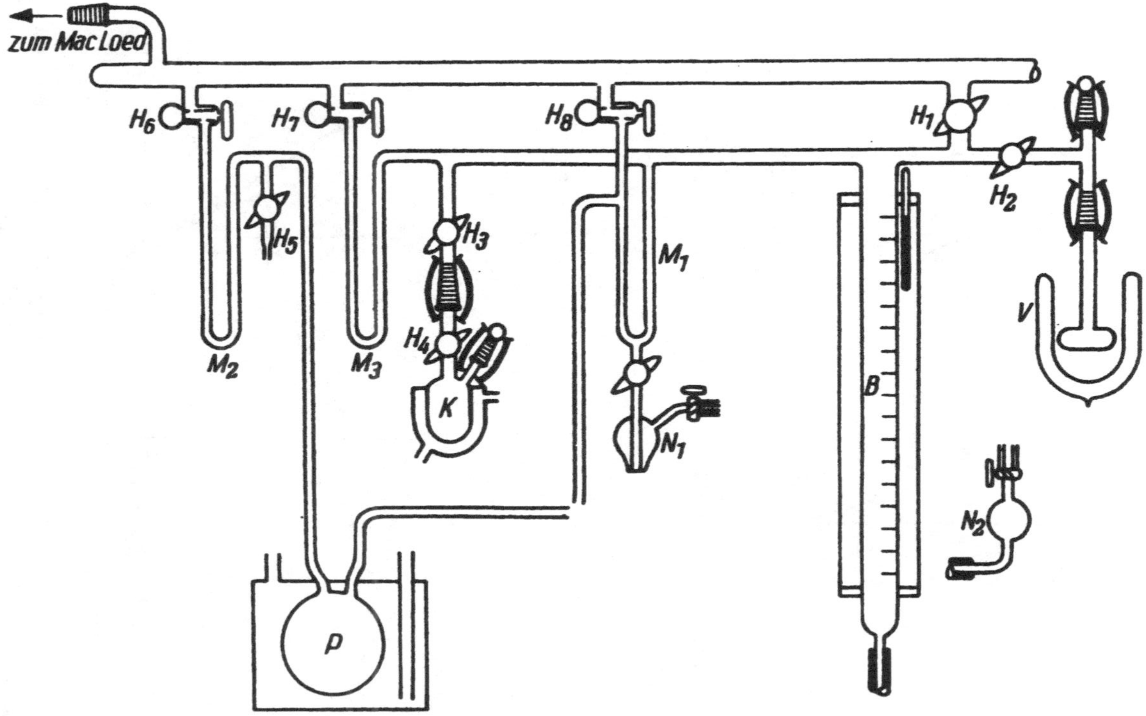

Abb. 7 Meßteil der B.E.T.-Apparatur.

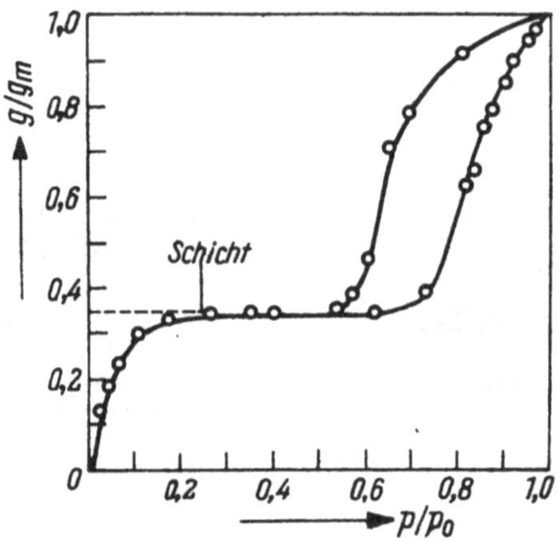

Abb. 8   Sorptionszyklus des KAT 20-50/Na.

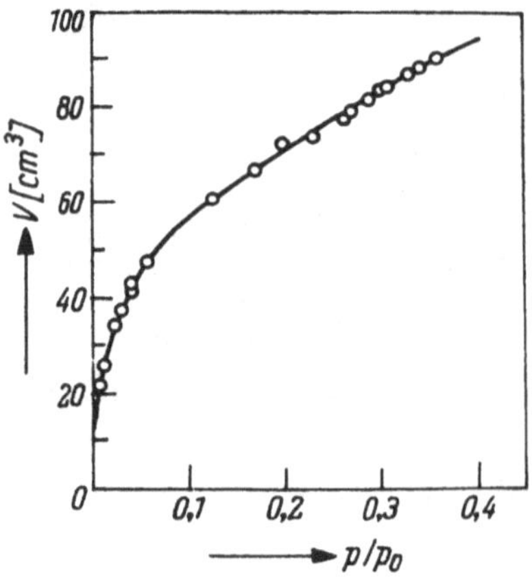

Abb. 9   Benzol-Adsorptions-
isotherme für KAT 2o-5o/H.

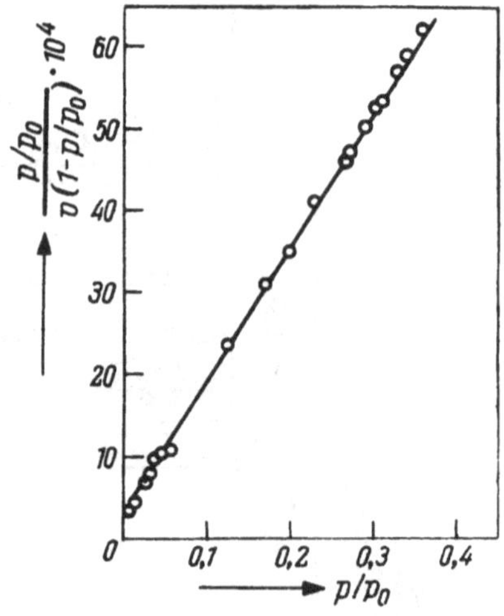

Abb. 1o   BET/Benzol-Auswertung
zu Abb. 9.

Porengrößenverteilung in Ionenaustauscherharzen (1)

von R. SCHLÖGL

Max-Planck-Institut
für physikalische Chemie, Göttingen

Die Gefrierpunktsdepression des Quellmittels in Ionenaustauschern ist eine Funktion des Porendurchmessers sowie der Konzentration der fixierten Ladungen. Das allmähliche Erstarren des Poreninhaltes bei abnehmender Temperatur wurde von H. SCHURIG experimentell durch die Abnahme des Diffusionskoeffizienten eines indizierten Gegenions verfolgt: man beobachtet eine wesentlich stärkere Abnahme mit der Temperatur, als man aus der Aktivierungsenergie für die Diffusion bei höheren Temperaturen extrapoliert. Die Mischkörpertheorie gestattet, daraus den jeweils noch flüssigen Volumenanteil zu bestimmen.
Bei der Umrechnung auf die Verteilung der Porenradien ist neben dem Einfluß der Grenzflächenspannung Eis/Wasser der entropische Beitrag der Gegenionenatmosphäre in den Poren zu berücksichtigen.

1) Die Ergebnisse werden an anderer Stelle publiziert.

Porenstrukturuntersuchungen von Kunstharzaustauschern durch Austauschadsorption großer organischer Farbstoffe

von K. Gärtner und E. Anton

Institut für physikalische Chemie der Technischen Hochschule für Chemie Leuna-Merseburg

Bei der Behandlung von Ionenaustauschgleichgewichten wird allgemein die Voraussetzung gemacht, daß sich die Ionen vollständig, d. h. ohne sterische Hinderung gegenseitig verdrängen. Für große organische und auch anorganische Ionen ist diese Voraussetzung nicht immer erfüllt. Wenn das Porensystem des Austauschers zu eng ist, können die in Betracht kommenden Ionen je nach ihrer Größe mehr oder weniger vom Austausch ausgeschlossen bleiben. Diese sogenannte Molekülsiebwirkung konnte an Kunstharzionenaustauschern bereits für analytische und präparative Trennungen ausgenutzt werden. Für dieses Verfahren ist jedoch die Kenntnis der allgemeinen Kapillareigenschaften und der Porendimensionen der Adsorbentien von erheblicher Bedeutung. Im Rahmen der durchgeführten Untersuchungen+) wurden die in der DDR hergestellten Ionenaustauscher durch den Eintausch von organischen Farbstoffen steigender Molekülgröße und ähnlichen sterischen Baues charakterisiert. Aus den Sättigungskapazitäten dieser Farbstoffe kann dann die gesamte Porenverteilung in Abhängigkeit vom Vernetzungsgrad ermittelt werden. Für die untersuchten Kationenaustauscher wurden Porenverteilungskurven erhalten, deren Maxima sich bei steigendem Gehalt an Vernetzungsmittel nach kleineren Porendurchmessern hin verschieben. Die auf diese Weise für die Porenmaxima erhaltenen Werte stehen in guter Übereinstimmung mit den Angaben, die andere Autoren aus den Desorptionsisothermen von Dämpfen erhalten haben.

+) K. Gärtner, R. Grießbach, E. Anton, Kolloid-Z. 175 (1961), 123.

Die hier zum Einsatz gekommene Methode verspricht besonders in den Fällen gute Ergebnisse, wo es sich um vergleichende Untersuchungen an Austauschern gleichen chemischen Typs handelt.

Zur Porosität von mit Divinylbenzol vernetzten Polystyrol-Ionenaustauschern

von J. Seidl und J. Malinsky

Forschungsinstitut für synthetische Harze und Lacke, Pardubice, CSSR

Einleitung

Die Porosität ist einer der Hauptfaktoren, welche nicht nur die Herstellung, sondern auch den Charakter und die Funktion von Ionenaustauschern beeinflussen.

Bei den anorganischen Naturaustauschern ist die Porosität durch den Charakter des kristallinen Zustandes gegeben. In diesem Falle handelt es sich um eine sehr regelmäßige Struktur mit hinreichend definierten Poren, welche aber kleine Ausmaße besitzen (im Durchschnitt ca. 5 Å). Erst die schnelle Entwicklung der organischen und besonders der makromolekularen Chemie gab eine Voraussetzung für die Herstellung der Ionenaustauscher, die zwar nicht definierte Poren, jedoch breitere Verteilungsbereiche von Porengrößen besitzen. Bei den Ionenaustauschern auf Basis von Kondensaten erreichte man eine größere Porosität durch Zurückgehen mit der Menge an Vernetzungsmitteln oder durch Verdünnung des Kondensationsgemisches. In diesen Fällen hat es sich herausgestellt, daß man die Form und die Porenweite nicht gut einstellen und charakterisieren kann.

Eine andere Lage ist durch Einführung der Synthese von Ionenaustauschern auf Basis vernetzter Polymere entstanden. Auf Grund ihrer vorteilhaften mechanischen und chemischen Eigenschaften dringen sie immer mehr in die ganze Reihe verschiedenster Industriezweige ein, wie z. B. bei Anwendung von Ionenaustauschern zur Wasseraufbereitung. In diesem Falle kommt es besonders bei den Anionenaustauschern leicht zum Verstopfen der Poren durch organische Stoffe.

Von großer Wichtigkeit ist die Porosität auch bei Anwendung der Ionenaustauscher in der Zuckerindustrie hinsichtlich der Sorption und besonders der Desorption der praktisch undefinierten Farbstoffe, welche manchmal schon makromolekularen Charakter annehmen. Auch die Anforderungen der anorganischen und Atom-Industrie sind sehr wichtig.

Eine geeignete Porosität bildet auch die Voraussetzung für eine erfolgreiche Synthese der neueren Typen von Ionenaustauschern, welche auf der nachträglichen Einführung der Funktionsgruppen in das vernetzte Polymergerüst beruhen. Es ist bekannt, daß die Reaktionen auf einem Polymerengerüst mit höherer Vernetzung sehr langsam verlaufen. Polymerengerüste mit einem niedrigeren Gehalt an Vernetzungsmittel sind zu diesem Zweck besser geeignet. Die aus diesem Polymerengerüst hergestellten Ionenaustauscher weisen jedoch bei der Quellung und beim Wechsel der einzelnen Beladungsformen unerwünschte Volumenänderungen auf.

Laut der bisherigen Entwicklung gibt es keinen Zweifel, daß die nächste Zukunft den auf der Basis von typischen porösen Polymerengerüsten hergestellten Ionenaustauschern gehören wird. In dieser Hinsicht sind einige deutsche und britische Patente (1 - 4), wie auch eine Studie von Mikes (5) sehr interessant. Sie beschäftigen sich mit der Herstellung von porösen Ionenaustauschern, von welchen einige nicht nur eine geeignete Porosität, sondern auch ausgezeichnete mechanische (5) und chemische Eigenschaften besitzen. Ihre Beständigkeit gegen Oxydationsmittel ist von größter Wichtigkeit. Leider wurden sie außer dieser Literatur an keiner Stelle beschrieben. Die Basis dieser Ionenaustauscher bildet das Gerüst des Copolymeren von Styrol mit Divinylbenzol, welches durch eine geänderte Polymerisationstechnik hergestellt wird. Das Prinzip derselben liegt darin, daß man das Gemisch der Monomeren in Anwesenheit eines nieder- oder hochmolekularen Stoffes polymerisiert.

Über einige Ergebnisse unserer ausführlicheren Studien

dieser Polymerengerüste wird in diesem Vortrag berichtet werden.

Standardpolymerengerüste

Zuerst einige Worte über die Standardpolymerengerüste. Unter dem Begriff Standardpolymerengerüste verstehen wir einfache Copolymere des Styrols und Divinylbenzols (6). Die Änderung und die Einstellung der Porosität sind in diesem Falle nur von einer geeigneten Vernetzung abhängig. Beachten wir also in dieser Hinsicht ihre Struktur (Abb. 1). Die linearen Polystyrol-Ketten sind miteinander durch Divinylbenzolmolekeln vernetzt.

Im Hinblick auf die dreidimensionale Struktur dieser Copolymeren bilden sich im Polymerengerüst durch Vernetzung bestimmte Räume-Poren. Ihr Durchschnitt und das Gesamtvolumen ist sowohl von der Menge des benutzten Vernetzungsmittels als auch vom Zustand, in welchem sich das Copolymere befindet, abhängig.

Durch den Gehalt an Divinylbenzol kann das Molekulargewicht der Polymerenketten zwischen zwei Vernetzungsstellen und dadurch auch die Porenweite beeinflußt werden. Die theoretische Berechnung der Porenweite bildet den Bestandteil der Arbeit von Überreiter (7) und Grubhofer (8). Die Rechnungen sind relativ einfach; mit Rücksicht auf das Vorhandensein einer ganzen Reihe von Anomalien (wie z. B. mechanische Verschlingungen und Verknotungen, Bildung von Ringen) befinden sie sich jedoch nicht in Übereinstimmung mit der Wirklichkeit. Die Abhängigkeit des mittleren Molekulargewichtes der Ketten zwischen Vernetzungsstellen vom Gehalt an Vernetzungsmittel wird in Abb. 2 gezeigt. Die größte Zunahme des Molekulargewichtes findet sich bei weniger als 5 % Divinylbenzol. Der optimal zu benutzende Gehalt an Divinylbenzol wird nach oben und unten durch Forderungen begrenzt, welche an die Eigenschaften der Polymerengerüste und der Ionenaustauscher gestellt werden.

Polymerengerüste mit hohem Gehalt an Divinylbenzol sind zwar hart, jedoch spröde und zerbrechlich. Aus diesen hergestellte Ionenaustauscher sind für den Austausch ganz ungeeignet. Andererseits besitzen Polymerengerüste mit einem niedrigeren Gehalt an Divinylbenzol zwar eine relativ lockere Struktur und sie lassen eine bequemere Diffusion von Quellungsmitteln zu, sind jedoch durch große Volumenänderungen gekennzeichnet. Bei sehr niedriger Vernetzung sind die mechanischen Eigenschaften nicht befriedigend. Die optimalen Bereiche sind durch die Anwendungen gegeben. In der Regel werden Ionenaustauscher mit 8 bis 12 % DVB benutzt. Für Sonderzwecke kann der Vernetzungsgrad bis zu 0,5 % DVB gesenkt und bis 24 % DVB gesteigert werden (9).

Bei den getrockneten Copolymeren und den aus diesen hergestellten Ionenaustauschern wurde keine praktisch meßbare spezifische Oberfläche festgestellt, und das gesamte Volumen betrug nur einige Tausendstel von cm^3/g (10). Anders verhält es sich im gequollenen Zustande. Es ist wohl bekannt, daß in gequollenen Ionenaustauschern Poren wirklich vorhanden sind. Die Porengröße wurde mit Hilfe des Elektronenmikroskopes, aus Gas- und Dampfsorption sowie auf Grund des Siebeffektes bestimmt. Die gefundenen Porendurchmesser schwanken in Zehnern von Å (11). Daraus kann man annehmen, daß die Poren erst während der Quellung durch die Spannung der Polymerenketten sich zu meßbaren Werten vergrößern. Bei einer Reihe von verschiedenartig vernetzten Copolymeren haben wir die Bestimmung der Gewichtsquellung in der Flüssigkeit und im Dampf durchgeführt. Die Ergebnisse haben gezeigt, daß beide Methoden im Bereich der Vernetzung von 4 % DVB bis 30 % DVB übereinstimmende Werte aufweisen. Bei den Copolymeren mit der Vernetzung unter 4 % DVB wurden in der Flüssigkeit höhere Quellungswerte gefunden. Es wurde keine Ansaugfähigkeit und auch kein Unterschied zwischen der spezifischen (pyknometrisch in Äthanol) und scheinbaren Dichte (pyknometrisch in Quecksilber) festgestellt. Diese Copolymeren sind auch nicht in der Lage, größere Volumenänderungen auszugleichen. Sie werden z. B. bei direkter Verdünnung nach erfolgter Sulfonierung mechanisch beschädigt.

Eine weitere Gruppe von Polymerengerüsten auf Basis des mit Divinylbenzol vernetzten Polystyrols bilden solche Copolymere, welche durch Verwendung einer abgeänderten Polymerisationstechnik hergestellt werden.

Polymerengerüste, die durch Verdünnung des Monomerengemisches mittels einer niedermolekularen Komponente hergestellt werden

Im ersten Falle wird man so vorgehen, daß man das Monomerengemisch durch die niedermolekulare Komponente verdünnt. Als niedermolekulare Komponenten kann man solche benutzen, in welchen das Copolymere quillt oder auch nicht quillt.

Behandeln wir zuerst die Polymerisation in Anwesenheit von Lösungsmitteltypen wie Benzol, Chlorbenzol, Dichloräthan usw., also solchen Flüssigkeiten, in welchen das Endprodukt quillt. Vor Beginn der Polymerisation handelt es sich um die Lösung des Monomeren im inerten Lösungsmittel, also eigentlich um eine Lösungspolymerisation mit verhältnismäßig hoher Konzentration an Monomeren. Während der Polymerisation bildet sich ein vernetztes Copolymeres, welches durch das Lösungsmittel teilweise gequollen ist. Die Ergebnisse, welche Mikes (5) publiziert und welche wir bestätigt haben, weisen auf eine lockerere Struktur dieser Copolymeren im Vergleich zu den Standardcopolymeren hin. Als Beispiel hierfür kann man die Abhängigkeit der Gewichtsquellung von der Menge des eingetragenen niedermolekularen Stoffes angeben (Abb. 3). Die Gewichtsquellung steigt mit der Erhöhung des Gehaltes an inerter Komponente. Sie ist nicht davon abhängig, ob die Quellung in Flüssigkeit oder Dampf durchgeführt wird. Die Messungen der Austauschgeschwindigkeit und der Sorption von größeren Molekeln bei den aus diesen Copolymeren hergestellten Ionenaustauschern ergeben mit der Erhöhung der Menge an Verdünnungskomponente vorteilhaftere Werte. Zwischen den gefundenen spezifischen und scheinbarenDichten wurde keine Differenz gefunden. Es ist also möglich, daß in diesen Copolymeren Poren geschaffen wurden, welche mit von uns benutzten Methoden in trockenem Zustand nicht bestimmt werden können. Es ist auch nicht ausgeschlossen, daß die Struktur nur dadurch aufgelockert wird, daß man die Polymerisation in einem Medium durchführt, in welchem das entstehende Copolymere gleichzeitig gequollen wird. Außerdem wird auch ein Einfluß auf die Verminderung von Verschlingungen und Verknotungen und auf die Erhöhung der Ringbildung nicht ausgeschlossen. Die Copolymeren dieser Gruppe verhalten sich bei den Volumenänderungen ähnlich wie die Standardtypen und werden mechanisch geschädigt.

Einen komplizierten Zustand stellt die Polymerisation eines Monomerengemisches dar, welches mittels einer solchen niedermolekularen Komponente verdünnt wurde, in welcher das Endprodukt nicht quillt. Als Beispiel kann man da aliphatische Kohlenwasserstoffe, aliphatische Alkohole, Nitrobenzol usw. nehmen. Die Ergebnisse des Studiums dieser Systeme werden unabhängig zu einem späteren Zeitpunkt veröffentlicht werden.

Polymerengerüste, die durch Verdünnung des Monomerengemisches mittels der hochmolekularen Komponente hergestellt werden

Polymerengerüste, welche durch Verdünnung des Monomerengemisches mittels der hochmolekularen Komponente hergestellt werden, wurden in unserem Laboratorium ausführlicher studiert. Als hochmolekulare Komponente haben wir eine bestimmte Menge linearen Polystyrols vom bekannten mittleren Molekulargewicht benutzt. Das Molekulargewicht wurde viskosimetrisch bestimmt. Das kugelförmige Copolymere ist nach Extraktion undurchsichtig, milchig getrübt, seine Oberfläche weist unter dem Mikroskop eine charakteristische Struktur auf, welche auf das Vorhandensein von Poren größerer Weite hinweist (Abb. 4).

Auf Grund dieser Beobachtungen haben wir uns um nähere Lösung der Frage bemüht, ob sich durch Extraktion nicht eingebauten Polystyrols im Endprodukt Poren bilden, und welchen Charakter sie besitzen im Vergleich zu denen der vorhergehenden Typen. In erster Linie haben wir die Extrakte quantitativ bestimmt. Die Ergebnisse haben gezeigt, daß das eingetragene Polystyrol an der Polymerisation nicht aktiv teilnimmt. Es verhält sich wie eine inerte Komponente und man kann es aus dem Endprodukt quantitativ extrahieren. Daraus kann man schließen, daß die Poren durch Extraktion von Polystyrol aus dem Copolymeren entstehen. Diese Poren sind qualitativ verschieden von denen der vorhergehenden Typen.

Nach Durchforschung der Extrakte haben wir uns mit dem Studium des Einflusses des mittleren Molekulargewichtes des Polystyrols und seiner eingetragenen Menge auf Volumen, Menge und Charakter der Poren befaßt. Dazu haben wir eine Reihe von Copolymeren ausgewertet, welche unter Änderung der Menge an Polystyrol verschiedenen mittleren Molekulargewichtes hergestellt worden waren. Zur Beurteilung haben wir die Bestimmung der Gewichtsquellung, der spezifischen Oberfläche und der Dichten herangezogen.

Zuerst haben wir die Werte der Gewichtsquellung in Flüssigkeit und Dampf in ihrer Abhängigkeit von der Menge des eingetragenen Polystyrols verfolgt. Die Ergebnisse haben gezeigt, daß die Gewichtsquellung im Dampf mit zunehmender Menge an eingetragenem Polystyrol nur wenig ansteigt. Bei den Werten der Gewichtsquellung in der Flüssigkeit wurde eine wesentlich größere Erhöhung beobachtet (Abb. 5).

Die Erhöhung der Gewichtsquellung in der Flüssigkeit ist durch die Bestimmung der Ansaugfähigkeit zu erklären. Es wurde festgestellt, daß Copolymere dieses Typs im Vergleich zu den vorhergehenden in der Lage sind, schon in trockenem Zustande eine bestimmte Menge von Flüssigkeiten zu binden, in welcher Standardcopolymere nicht quellen.

Die Menge an gebundener Flüssigkeit ist mit der Differenz zwischen der Gewichtsquellung in der Flüssigkeit und im Dampf nicht in Übereinstimmung. Dieses kann man durch Vergrößerung der Poren durch die Quellung erklären. Die kleine Erhöhung der Gewichtsquellung im Dampf wird wahrscheinlich durch Kapillarkondensation verursacht. Die Gewichtsquellung der Copolymerenmasse bleibt die gleiche wie bei den Standardtypen. Diese Tatsache folgt aus indirekten Messungen, konnte aber noch nicht direkt bewiesen werden, da keine geeignete Methode zur Verfügung steht.

Das Vorhandensein von Poren, welche einen verschiedenen Charakter im Vergleich zu den obenangeführten besitzen, folgt aus der Differenz der spezifischen und scheinbaren Dichten. Die spezifische Dichte ist nicht von der Menge des eingetragenen Polystyrols abhängig; die scheinbare Dichte sinkt mit ansteigender Menge an eingetragenem Polystyrol (Abb. 6). Aus dem Unterschied der beiden Werte wurde das gesamte Porenvolumen berechnet, welches zur Berechnung des mittleren Porendurchschnittes notwendig ist. Im Zusammenhang mit dem Verlauf der gemessenen Werte der scheinbaren Dichten ist es notwendig noch hinzuzufügen, daß diese mit den berechneten Werten nicht übereinstimmen, wie immer man die Berechnung vornimmt, entweder aus der eingetragenen oder der extrahierten Menge von Polystyrol. Die verschiedenen Werte sind durch Polymer-Volumenänderungen vor und nach der Extraktion zu erklären. Messungen, welche photographisch, mit Hilfe des Meßzylinders und mikroskopisch durchgeführt wurden, haben bewiesen, daß nach der Extraktion des eingetragenen Polystyrols eine irreversible Kontraktion stattfindet. Die Werte der gemessenen Kontraktionen sind in guter Übereinstimmung mit den gemessenen scheinbaren Dichten. Es ist uns bisher nicht gelungen, die Ursache der Kontraktionen aufzuklären. Darüber hinaus stellt diese Feststellung einen wichtigen Beitrag zur Synthese typisch poröser Polymerengerüste dar.

Die scheinbare Dichte wird nicht durch die Menge deeingetragenen Polystyrols, sondern auch durch sein Molekulargewicht beeinflußt. An Reihen von Copolymeren, welche durch Eintragen von Polystyrol verschiedener mittlerer Molekulargewichte im Bereich von 5.10^3 bis 500.10^3 hergestellt wurden, wurde die unmittelbare Abhängigkeit der scheinbaren Dichte vom mittleren Molekulargewicht bewiesen. Es wurde gefunden, daß das eingetragene Polystyrol auf die Eigenschaften des Copolymeren denselben Einfluß ausübt wie niedermolekulare Komponenten (z. B. indifferente Lösungsmittel), falls sein Molekulargewicht niedriger als 25.10^3 ist. Einen qualitativ verschiedenartigen Charakter besitzen erst solche Copolymere, bei deren Herstellung Polystyrol mittleren Molekulargewichtes von 50.10^3 verwendet wurde.

Aus den gewonnenen Werten der spezifischen und scheinbaren Dichten wurde die Porosität berechnet. In jenen Fällen, in welchen keine Kontraktion eintritt, stimmt die Porosität mit der Menge an eingetragenem Polystyrol prozentual überein.

Um sich über die Porenausmaße der beschriebenen Copolymeren eine Vorstellung zu machen, ist es wichtig, außer dem Gesamtporenvolumen auch die spezifische Oberfläche zu kennen. Die Messung der spezifischen Oberfläche wurde bei den Copolymeren in trockenem Zustand durch Adsorption von Argon nach der Theorie BET durchgeführt.

Die Abhängigkeit der spezifischen Oberfläche von der eingetragenen Menge an Polystyrol wurde bei mit einheitlicher Vernetzung hergestellten Copolymeren verfolgt.

Aus den in Tabelle 1 angeführten Ergebnissen ist es ersichtlich, daß die gefundene spezifische Oberfläche mit ansteigender Menge an eingetragenem Polystyrol nur bis zu einem bestimmten Wert zunimmt, dann sinkt, und daß sie sich in Grenzen von 1 bis 5 Quadratmeter pro g des trockenen Copolymeren bewegt.

Tabelle 1

Die Abhängigkeit des mittleren Porendurchmessers von der Menge des eingetragenen Polystyrols

Gew.% des eingetragenen Polystyrols	Gesamt-Poren-Volumen cm^3/g	spezifische Oberfläche m^2/g	mittlerer Porendurchmesser Å
10	0,029	0,73	649
15	0,086	2,06	837
20	0,277	4,64	1193
25	0,324	3,80	1706
30	0,393	3,02	2570
40	0,363	2,90	2503

Mittleres Molekulargewicht des Polystyrols: $87 \cdot 10^3$
Vernetzungsgrad: 10 % DVB

Interessante Werte wurden bei der Berechnung des mittleren Porendurchmessers ermittelt. Während bei den Standardtypen laut der an Ionenaustauschern durchgeführten Bewertung die mittleren Porendurchmesser sich in den Werten von Zehnern Å bewegen, betragen die Porendurchmesser dieser Typen einige Hunderte bis Tausende Å. Eine verhältnismäßig hohe Porengröße ist gerade für die Sicherstellung der mechanischen Festigkeit der Copolymeren gegen Volumenänderungen von Wichtigkeit. Falls nämlich eine minimale Porenmenge bestimmter Größe nicht vorliegt, sind die gewünschten mechanischen Eigenschaften nicht zu erlangen. Die Copolymeren sind mechanisch beständig, sofern diese Minimalmenge vorhanden ist, so daß dieselben nach erfolgter Sulfonierung direkt mit Wasser verdünnt werden können, ohne daß hierbei eine Schädigung eintritt. Auch die aus diesen Copolymeren hergestellten Ionenaustauscher sind bei Überführung aus dem trockenen in den Quellungszustand beständig.

Eine verhältnismäßig hohe Porosität dieser Copolymeren gestattet die Anwendung eines höheren Vernetzungsgrades als es bei den üblichen Standardtypen der Fall ist. Während bei den Ionenaustauschern auf Basis der Standardcopolymeren die Vernetzung in der Regel mit 8 % der Vernetzungskomponente angegeben wird, ist es möglich, in diesen Fällen bis 25 % der Vernetzungskomponente anzuwenden, ohne die Diffusionsgeschwindigkeit herabzusetzen. Die auf der Basis von Copolymeren eines solchen Vernetzungsgrades hergestellten Ionenaustauscher sind gegen Oxydationsmittel, wie z. B. Chlor, sehr beständig.

Zusammenfassung

Den oben angeführten Resultaten ist zu entnehmen, daß das Problem der Porosität der auf Basis von Styrol-Divinylbenzol-Copolymeren hergestellten Polymerengerüste und der aus diesen hergestellten Ionenaustauscher nunmehr deutlichere Form annimmt. Noch unlängst wurden Zweifel darüber geäußert, ob man bei den auf Basis von Standardcopolymeren hergestellten Ionenaustauschern von den Poren sprechen könne (10). Das Studium der durch eine abgeänderte Polymerisationstechnik hergestellten Copolymeren überzeugt uns jedoch davon, daß eigentlich sämtliche Polymerengerüste ihre eigene charakteristische Porosität besitzen. Die einzelnen Typen unterschieden sich indessen voneinander durch den Charakter der Porosität, deren Bewertung vom Zustand des jeweiligen Copolymeren und der gewählten Methodik abhängt.

Die gewonnenen Resultate können nicht als endgültig betrachtet werden. Es ist notwendig, weitere Studien hauptsächlich über gequollene Polymerengerüste anzustellen. Vom Standpunkt der Synthese aus kann man sagen, daß die Einstellung einer geeigneten Porosität nicht nur durch Abänderung des Vernetzungsgrades, sondern, wie bereits früher von Mikes (5) angedeutet, in weitaus breiterem Maße auch durch die Wahl einer geeigneten Polymerisationstechnik erreicht werden kann. Die Einstellung der Porosität der Polymerengerüste durch Wahl einer geeigneten Variante der Polymerisationstechnik wird eine erfolgreiche Löung dieser

Aufgabe und eine vereinfachte Technologie sicherstellen. Damit ist eine gute Grundlage für die Herstellung von Ionenaustauschern hervorragender Qualität hinsichtlich der mechanischen, chemischen und der Austausch-Eigenschaften sichergestellt.

Am Ende dieser Arbeit danken wir dem Ing. J. Štamberg C. Sc. und dem Ing. K. Dušek C. Sc. für wertvolle Ratschläge und Hinweise.

Literatur

1. McBurney, Ch. H., DP 829 223 (1949).
2. Corte, H., Meyer, A., DP 1 045 102 (1958).
3. Millar, J. R., BP 849 122 (1958).
4. Abrams, I. M., BP 785 157 (1957).
5. Mikes, J. A., J. Pol. Sci., 30 (1958), 615.
6. Abrams, I. M., Ind. Eng. Chem. 48 (1956), 1469.
7. Überreiter, K., Kanig, G., J. Phys. Chem. 18 (1950), 399.
8. Grubhofer, N., Makromol. Chem. 30 (1959), 15.
9. Helfferich, F., Ionenaustauscher, Bd. 1, Verlag Chemie G.m.b.H., Weinheim, 1959, S. 31.
10. Tager, A.A., Vysokomol. soj. 1960, 997.
11. Griessbach, R., Austauschadsorption in Theorie und Praxis, Akademie-Verlag, Berlin, 1957, S. 314 - 323.

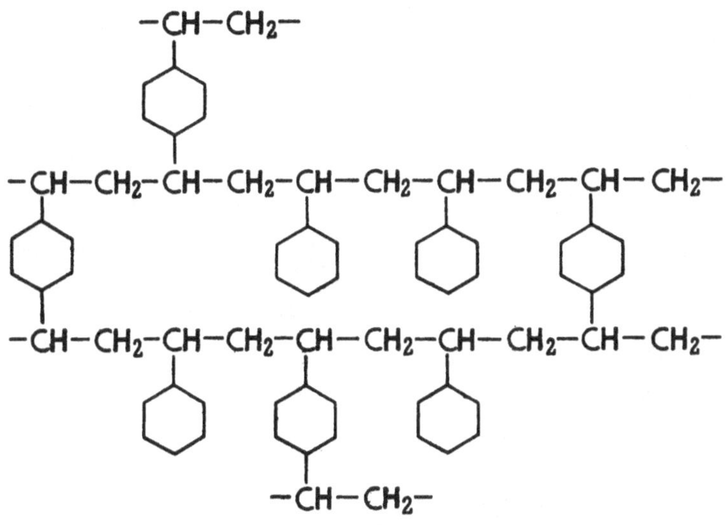

Abb. 1 Schematische Darstellung des mit Divinylbenzol vernetzten Polystyrols.

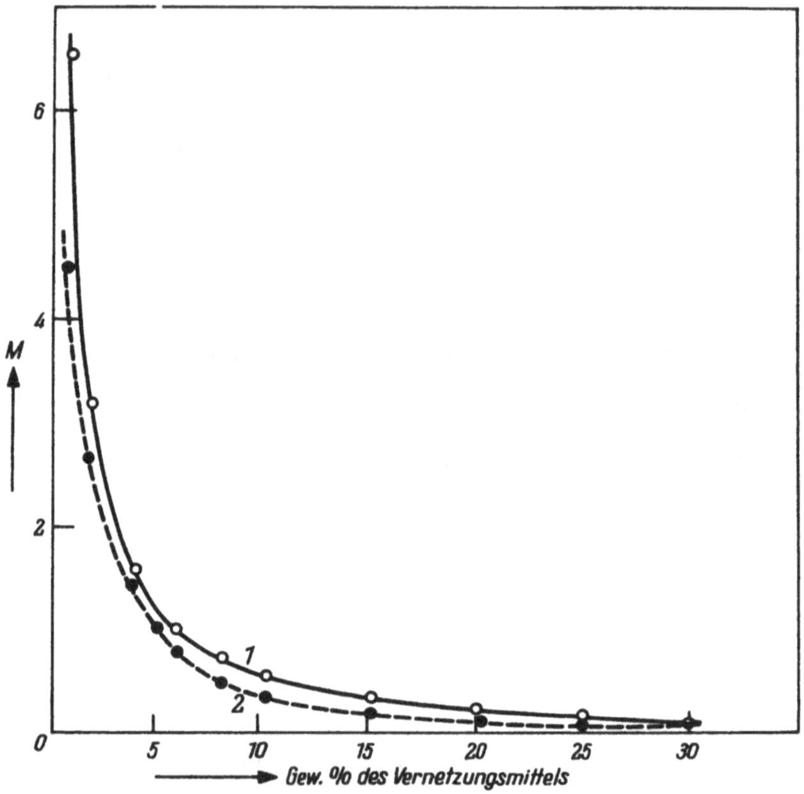

Vernetzungsmittel: Divinylbenzol
M – Molekulargewicht · 10^3: 1 – berechnet, 2 – gefunden

Abb. 2 Abhängigkeit des mittleren Molekulargewichtes zwischen den Vernetzungsstellen vom Gehalt an Divinylbenzol.

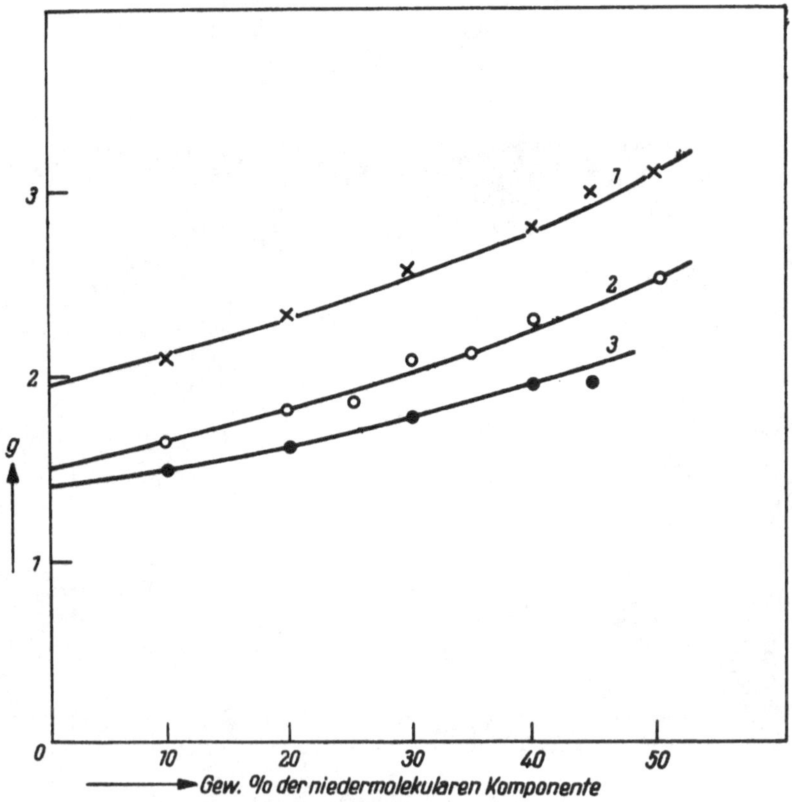

Niedermolekulare Komponente: Äthylbenzol
Gewichtsquellung, in der Flüssigkeit: g gequollenes Copolymer bezogen auf 1g trockener Substanz
Vernetzungsgrad: 1 – 6 % DVB, 2 – 10 % DVB, 3 – 15 % DVB

Abb. 3 Abhängigkeit der Gewichtsquellung von der Menge der eingetragenen niedermolekularen Komponente.

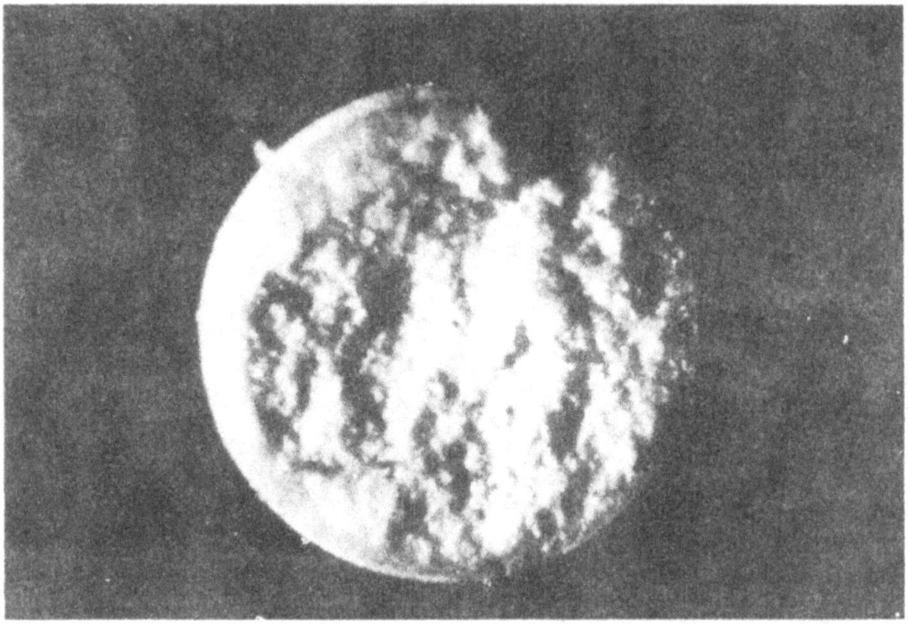

Abb. 4 Mikroskopische Abbildung des Durchschnitts von typisch porösen Copolymeren (ca. 70-fach vergr.).

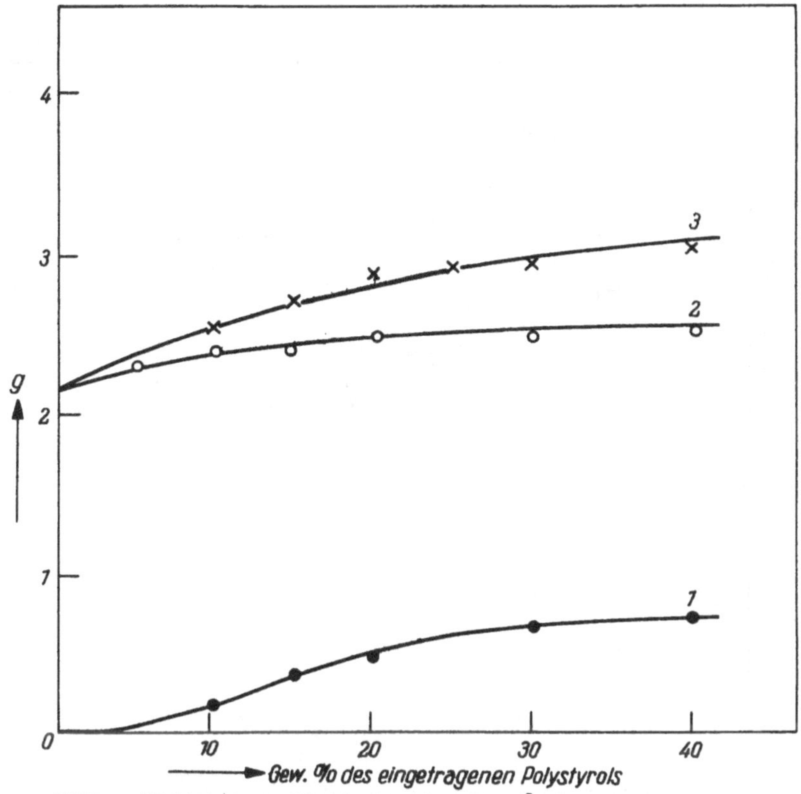

Mittleres Molekulargewicht des Polystyrols: $87 \cdot 10^3$
Vernetzungsgrad: 10 % DVB
Gewichtsquellung: 2 — im Dampf, 3 — in der Flüssigkeit / g gequollenes Copolymer bezogen auf 1g der trockenen Substanz
Ansaugfähigkeit: 1 — Zunahme der Flüssigkeit auf 1g der trockenen Substanz

Abb. 5 Abhängigkeit der Gewichtsquellung in der Flüssigkeit und im Dampf von der Menge des eingetragenen Polystyrols.

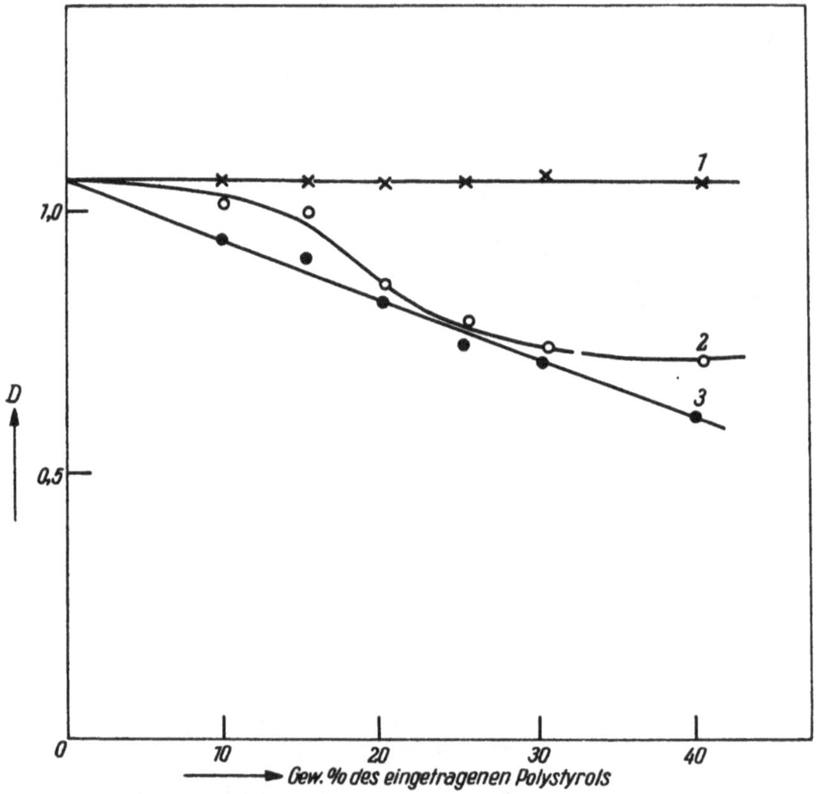

Mittleres Molekulargewicht des Polystyrols: $87 \cdot 10^3$
Vernetzungsgrad: 10 % DVB
Dichte: 1—spezifische, 2—scheinbare, 3—berechnete

Abb. 6 Abhängigkeit der spezifischen und scheinbaren Dichte von der eingetragenen Menge an Polystyrol.

Die selektive Adsorption komplexer Uranylanionen als Funktion des Vernetzungsgrades

von K. Stamberg

Forschungsinstitut für anorganische Chemie

Ústi n. L., ČSSR

Es wurde die selektive Adsorption komplexer Uranylsulfat- und -karbonatanionen an stark basischen Polystyrolanionenaustauschern mit verschiedenem Divinylbenzolgehalt (2, 4, 6, 8, 10 und 12 % DVB) verfolgt.

Die Abhängigkeit der Selektivitätskoeffizienten vom DVB-Gehalt besitzt annähernd parabolischen Charakter mit einem Maximum bei 6 und 4 % DVB. Die gleichzeitig gemessenen Volumenveränderungen der Anionenaustauscher weisen, in Übereinstimmung mit den bisherigen theoretischen Vorstellungen, auf einen Zusammenhang zwischen der Selektivität und dem Kornvolumen hin.

Einführung

Auf der Grundlage der Thermodynamik von Austauschprozessen wurde von Gregor (1, 2) die Theorie der selektiven Sorption an Ionenaustauschern ausgearbeitet. In ihrer endgültigen Fassung ist sie durch die Gleichung

$$RT \ln K_D = \pi \; (v_2^o - v_1^o) + RT \ln \left(\frac{\gamma_1}{\gamma_2}\right)_o - RT \ln \left(\frac{\gamma_1}{\gamma_2}\right)_i \quad (1)$$

wiedergegeben, wo

π – den Quellungsdruck

v_1^o, v_2^o – **die stöchiometrischen partialen Molarvolumina** der Ionen "1" und "2"

o – die äußere (wässrige) Phase

i – die Ionenaustauscherphase

γ_1, γ_2 – die Aktivitätskoeffizienten der Ionen "1" und "2"

darstellen.

In erster Annäherung kann der Therm mit den Aktivitätskoeffizienten der wässrigen Phase vernachlässigt werden, so daß die Gleichung (1) zu

$$K_D = \left(\frac{\gamma_2}{\gamma_1}\right)_i \exp\left[\frac{\pi[v_2^o - v_1^o]}{RT}\right] \qquad (2)$$

vereinfacht wird, wo

$$K_D = \frac{\left(\frac{n_1}{n_2}\right)_i}{\left(\frac{n_1}{n_2}\right)_o} \qquad (3)$$

n_1 - die Anzahl der Äquivalente des Ions "1" und
n_2 - die Anzahl der Äquivalente des Ions "2" bedeuten.

In unserem Falle verfolgten wir die Selektivität folgender Ionenpaare:

$$/UO_2/SO_4/_n/^{2-2n} \quad - \quad SO_4^{2-}$$

$$/UO_2/CO_3/_n\ H_2O/^{2-2n} \quad - \quad CO_3^{2-}$$

In Veröffentlichungen technischen Charakters wird für "n" ein Wert von 2 - 3, öfters auch nur 3, angegeben. Wie jedoch die Versuche von Kraus und Nelson (3) mit Sulfatlösungen und die Versuche japanischer Autoren (4) mit Karbonatlösungen zeigten, nimmt im sorbierten Komplex im Konzentrationsbereich von 0,1 - 1,0 M SO_4^{2-}, resp. CO_3^{2-} "n" den Wert 2 an. (Die Ergebnisse der Arbeit (4) wurden in unserem Laboratorium bestätigt.) Wir setzten daher in dieser Arbeit voraus, daß Uranylkomplexe zweiwertig sind.

Experimenteller Teil

Alle Versuche wurden nach der statischen Methode durchgeführt: Die Ionenaustauscherprobe wurde mit der Lösung bestimmter Zusammensetzung bei 25° C für die Dauer von 20

Stunden geschüttelt. Nach Beendigung des Versuches wurde die Lösung analysiert und die Kapazität des Harzes und sein Volumen bestimmt.

Charakteristik der verwendeten Anionenaustauscher:
Die stark basischen, kugelförmigen Polystyrol-Anionenaustauscher mit einer Trimethylammonium-Funktionsgruppe und verschiedenem DVB-Gehalt wurden im Forschungsinstitut für synthetische Harze und Lacke in Pardubice hergestellt. Ihre wichtigen Charakteristiken sind in Tabelle 1 angeführt. Jeder dieser Anionenaustauscher wurde mit Hilfe von 0,5 M H_2SO_4, resp. 1 M Na_2CO_3 in den SO_4^{2-}, resp. CO_3^{2-}-Zyklus überführt, sodann mit dest. Wasser ausgewaschen, an der Luft getrocknet, zum Korn 0,5 - 0,8 mm ausgesiebt und in dieser Form zu den Versuchen verwendet.

Bestimmung der Selektivitätskoeffizienten K_D:
In Polyäthylenfläschchen mit 150 ml Fassungsvermögen wurde 1 g Anionenaustauscherharz eingewogen, 30 ml Wasser zugesetzt und ca. 20 Stunden quellen gelassen. Sodann wurden noch 70 ml einer Lösung von solcher Zusammensetzung zugegeben, daß die Konzentration der Gesamtmenge der Lösung (= 100 ml) 0,2 Äquival. Na_2SO_4, resp. Na_2CO_3 pro Liter betrug. Das Uran wurde zur Lösung als UO_3 zugesetzt. Bei der Bestimmung von K_D im Sulfat-Milieu wurde weiterhin beachtet, daß der pH-Wert der Ausgangslösung stets 2,0 betrug (der pH-Wert der Lösung nach Beendigung des Versuchs bewegte sich im Bereich 2,1 - 2,2). Nach Beendigung des Schüttelns wurde aus der Analyse der Lösung und der Kapazität des Harzes der Koeffizient K_D berechnet.

Bestimmung der Kapazität des Harzes:
Die Harzprobe wurde nach der dynamischen Methode im Falle vorausgegangener Sorption aus Sulfatlösungen mit 200 ml einer 1 M NH_4NO_3 + 0,1 M HNO_3-Lösung, im Falle vorausgegangener Sorption aus Karbonatlösungen mit 200 ml einer 1 M NaCl-Lösung, welche im Liter 5 g Na_2CO_3 enthielt, eluiert. In den Eluaten wurde der Urangehalt bestimmt.

Bestimmung des Volumens der Anionenaustauscher:
Nach 20-stündigem Schütteln von 1 g Anionenaustauscherharz mit der entsprechenden Lösung wurde der Ionenaustauscher mit destilliertem Wasser ausgewaschen, in ein Pyknometer (mit dest. Wasser) überführt und gewogen. Das Gewicht der eigentlichen Harzprobe wurde sodann mittels der Zentrifugalmethode von Gregor (5, 6) bestimmt. Aus den Ergebnissen wurde das spezifische Volumen Ve berechnet, welches dem Volumen von 1 g Anionenaustauscherharz in gequollenem Zustand entspricht.

Die analytische Bestimmung des Urans:
Das Uran wurde nach der von Singer (7) beschriebenen spektrophotometrischen Methode bestimmt. Im Prinzip handelt es sich hierbei um Ausbildung eines farbigen UO_2^{2+}-Komplexes mit Dibenzoylmethan und Extinktionsbestimmung bei Wellenlänge von 400 mμ

Ergebnisse und Auswertung der Versuche

Die Ergebnisse der Versuche sind in den Tabellen 2 und 3 zusammengefaßt; es werden hier die Konzentrationen der Lösungen nach Beendigung der Versuche, die Kapazitäten des Harzes, die Werte der Selektivitätskoeffizienten K_D angeführt. (Die Koeffizienten K_D wurden mit Hilfe von Gleichung (6) und der Konstanten k_1 und k_2 aus Tabelle 4 und 5 berechnet).

Aus den Ergebnissen in den Tabellen 3 und 4 geht hervor, daß der Wert der Koeffizienten K_D in enger Beziehung zur Urankonzentration der Lösung, resp. dem Sättigungsgrad des Harzes steht. Zum gegenseitigen Vergleich der einzelnen Anionenaustauscher mit Hilfe der K_D war es deshalb notwendig, bestimmte Konzentrationsniveaus zu wählen. Zu diesem Zweck wurde unter Anwendung der linearen Korrelationsmethode für jeden Anionenaustauschertyp die Gestalt der Gleichung

$$\left(\frac{n_1}{n_2}\right)_i = f\left(\frac{n_1}{n_2}\right)_0 \qquad (4)$$

bestimmt, und dies sowohl im Sulfat- als auch im Karbonatmilieu. Die Werte der Korrelationskoeffizienten lagen in allen Fällen sehr nahe um eins (dies gilt allerdings nur für den von uns verfolgten Konzentrationsbereich, d. h. für $(n_1/n_2)_o \leq 1$). Wir stellten fest, daß die oben erwähnte Gleichung (4) die exponentiale Gestalt

$$\left(\frac{n_1}{n_2}\right)_i = k_2 \left(\frac{n_1}{n_2}\right)_o^{k_1} \qquad (5)$$

besitzt. Die Werte der Konstanten k_1 und k_2 sind in den Tabellen 4 und 5 angeführt.

Einsetzen der Beziehung (5) in Gleichung (3) ergibt sodann

$$K_D = k_2 \left(\frac{n_1}{n_2}\right)_o^{k_1 - 1} \qquad (6)$$

Mit Hilfe von Beziehung (6) wurden sodann im weiteren die Werte K_D für drei verschiedene Konzentrationsniveaus: $(n_1/n_2)_o = 0{,}1;\ 0{,}01;\ 0{,}001$ berechnet. Die derart gewonnenen Werte für K_D sind einesteils in den Tabellen 4 und 5, andernteils teilweise auf Abb. 1 in Abhängigkeit vom DVB-Gehalt in den verwendeten Anionenaustauschern wiedergegeben.

Aus Abb. 1 ist sehr gut ersichtlich, daß

a) der optimale DVB-Gehalt im Falle der Sulfatlösungen 6 % und im Falle der Karbonatlösungen 4 % beträgt;

b) mit sinkender Urankonzentration die Unterschiede zwischen den einzelnen Anionenaustauschern anwachsen;

c) die Harze eine höhere Selektivität für den Uranylkarbonatkomplex besitzen.

Die in den Tabellen 2 und 3 wiedergegebenen Werte des spezifischen Volumens Ve sinken mit dem Ansteigen des Sättigungsgrades des Harzes, was bedeutet, daß das Kornvolumen zurückgeht. Diese Erscheinung steht in Übereinstimmung mit der höheren Selektivität der Anionenaustauscherharze an den Uranylkomplexen, resp. in Übereinstimmung mit der erwähnten Gregorschen Theorie.

Die Abb. 2 und 3 geben die Abhängigkeiten des $\log K_D = f(Ve)$ sowohl für das Sulfat- (Abb. 2) als auch für das Karbonatmilieu (Abb. 3) wieder. Den vorwiegend linearen Verlauf der wiedergegebenen Abhängigkeiten (vgl. mit Gleichung (2)) erklären wir auf Grund folgender Tatsachen und Literaturangaben:

a) Die gemessenen Werte beziehen sich (im Hinblick auf die möglichen Veränderungen des Aktivitätstherms der Ionenaustauscherphase) **auf einen verhältnismäßig engen Bereich des Sättigungsgrades des Harzes** $((n_1/n_2)_2 = 0{,}3 - 2{,}0)$**(6).**

b) Das Harzvolumen Ve und die Volumina der Ionen v^o sind bis zu einem gewissen Grade zueinander direkt proportional (6).

Aus Beziehung (2) kann unter Berücksichtigung der Punkte a und b weiter geschlossen werden, daß die Tangente der semilogarithmischen Abhängigkeiten $\log K_D = f(Ve)$ einen **qualitativen Maßstab des Quellungsdruckes darstellt.** Deshalb werden in den Tabellen 4 und 5 ebenfalls die Werte dieser Tangenten k_3 (für $K_D \sim 10$) angeführt; die graphische Darstellung der Tangenten k_3 in Abhängigkeit vom DVB-Gehalt in den Anionenaustauschern gibt Abb. 4 wieder.

Wir nehmen an, daß die Funktion $\pi = f$ (% DVB) im Bereich von $K_D \sim 10$ einen qualitativ analogen Verlauf zu den in Abb. 4 wiedergegebenen Abhängigkeiten besitzt.

Zusammenfassung

1. Der Einfluß des DVB-Gehalts im Trägerskelett stark basischer Polystyrolanionenaustauscher auf ihre Selektivität gegenüber Uranylsulfat- und Uranylkarbonatanionen tritt besonders bei kleinen Urankonzentrationen der Lösung in Erscheinung. Die optimalen DVB-Gehalte liegen für den Karbo**natkomplex bei 4 % und für den Sulfatkomplex bei 6 % DVB.**

2. Die experimentellen Ergebnisse, d. h. die Größen K_D und Ve, stehen in Übereinstimmung mit dem Gregorschen **thermodynamischen Modell für Ionenaustauscherharze;** die auf Grund ihrer Auswertung gewonnene qualitative Ab-

hängigkeit des Quellungsdruckes vom DVB-Gehalt zeigt, daß der Quellungsdruck gleichsinnig mit dem Prozentgehalt von DVB ansteigt, wobei der Druckanstieg beim Austausch im Karbonatmilieu mit annähernd doppelter Intensität erfolgt als im Sulfatmilieu.

Literatur

1. Gregor, H. P.: J. Am. Chem. Soc. 70 (1948), 1293.
2. Gregor, H. P.: Ibid 73 (1951), 642.
3. Kraus, K. A. u. Nelson, F.: Internationale Konferenz für die Auswertung der Atomenergie, Genf 1955, Referat Nr. 837.
4. Misumi, Seizo u. Taketatsu, Tomitsu: Bull. Chem. Soc. Japan 32 (1959), 876.
5. Gregor, H. P.: Anal. Chem. 23 (1951), 620.
6. Gregor, H. P.: J. Coll. Sci. 6 (1951), 245.
7. Singer, E.: Acta Chim. Hung., im Druck.

Tabelle 1

Die Charakteristiken der verwendeten Anionenaustauscher

Vernetzungsgrad % DVB	Kapazität mÄq/g totale	Kapazität mÄq/g stark basische	Quellung gH_2O/g	Spezifisches Volumen ml/g Zyklus SO_4^{2-}	Spezifisches Volumen ml/g Zyklus CO_3^{2-}
2	2,92	2,60	3,31	2,660	2,911
4	3,21	2,40	1,65	1,846	2,037
6	3,28	2,47	0,92	1,452	1,503
8	3,41	2,71	0,78	1,323	1,376
10	2,88	2,28	0,57	1,204	1,266
12	2,92	2,31	0,55	1,146	1,193

Tabelle 4

Werte der Konstanten k_1, k_2, k_3 und des Selektivitätskoeffizienten K_D für verschiedene Werte $/n_1/n_2/_o$ in Sulfatlösungen

Anionenaustauscher % DVB	k_1	k_2	k_3	K_D		
			$K_D \sim 10$	$(\frac{n_1}{n_2})_o$		
				0,1	0,01	0,001
2	0,255	1,73	1,26	9,6	53,4	297
4	0,237	1,92	6,57	11,12	64,5	373
6	0,213	2,40	20,0	14,7	90,0	550
8	0,237	1,92	22,2	11,2	64,5	373
10	0,205	1,60	44,5	9,97	62,2	388
12	0,149	0,92	57,0	6,52	47,2	327

Tabelle 2

Versuchsergebnisse der Selektivitätsverfolgung der Anionenaustauscher für das Uranylsulfatanion

Anionen-austauscher % DVB	flüssige Phase gU/Lit.	Ionenaustauscherphase Kapazität mÄqU/g	Ionenaustauscherphase spezif. Volumen Ve ml/g	Selektivitätskoeffizient K_D
2	0,60	1,170	2,219	26,40
	1,52	1,365	1,939	12,76
	1,90	1,41	1,872	10,66
	4,00	1,57	1,687	5,68
4	0,098	0,85	1,711	374,0
	0,47	1,160	1,54	27,7
	1,30	1,565	1,515	16,8
	2,40	1,670	1,450	10,15
	3,90	1,820	1,447	6,83
	9,80	2,060	1,376	2,57
6	0,046	1,04	1,368	1 098
	0,250	1,56	1,320	85,50
	1,170	1,82	1,303	24,60
	2,440	2,01	1,260	10,83
	3,720	2,02	1,252	9,03
	10,60	2,28	-	2,88
8	0,04	1,03	1,248	252,0
	0,26	1,24	1,20	59,8
	1,21	1,63	1,198	18,0
	2,62	1,49	-	9,45
	3,86	1,90	1,178	6,73
	7,94	2,18	-	3,30
10	0,036	0,853	1,164	281,0
	0,45	1,21	1,145	35,1
	1,40	1,36	1,130	14,5
	2,68	1,44	1,125	8,25
	4,27	1,55	1,124	5,37
	9,48	1,77	-	1,78
12	0,071	0,823	1,109	128,5
	0,77	1,032	1,103	17,12
	1,82	1,11	1,102	7,65
	3,08	1,10	1,085	4,67
	4,80	1,25	1,074	2,96

Tabelle 3

Versuchsergebnisse der Selektivitätsverfolgung der Anionenaustauscher für das Uranylkarbonatanion

Anionenaustauscher % DVB	flüssige Phase	Ionenaustauscherphase		Selektivitätskoeffizient
		Kapazität	spezif. Volumen Ve	
	gU/Lit.	mÄqU/g	ml/g	K_D
2	0,102	1,31	2,486	240,0
	0,70	1,46	2,064	42,5
	1,71	1,54	1,948	18,65
	3,02	1,58	1,897	10,68
	11,5	1,72	1,744	2,08
4	0,022	1,23	1,818	1 152
	0,57	1,45	1,669	61,20
	1,70	1,48	1,625	23,40
	2,90	1,59	1,620	13,23
	9,75	1,73	1,618	3,74
6	0,007	0,962	1,399	3 105
	0,56	1,46	1,398	56,5
	1,66	1,51	1,391	21,0
	2,98	1,53	1,373	11,8
	4,92	1,58	1,353	6,83
	9,37	1,66	1,35	2,88
8	0,024	1,23	1,341	833
	0,63	1,45	1,325	42,70
	1,73	1,53	1,326	16,60
	2,98	1,57	1,316	9,70
	4,85	1,61	1,304	6,07
	9,62	1,66	1,297	2,59
10	0,007	0,865	1,244	2 910
	0,78	1,19	1,228	32,30
	1,90	1,24	1,220	13,92
	3,22	1,29	1,216	8,24
	5,10	1,32	1,214	3,33
	9,87	1,37	1,213	2,14
12	0,017	0,953	1,178	1 012
	0,92	1,162	1,170	25,92
	3,32	1,242	1,169	7,26
	5,17	1,290	1,162	4,63
	10,10	1,32	1,159	1,87

Tabelle 5

Werte der Konstanten k_1, k_2, k_3 und des Selektivitätskoeffizienten K_D für verschiedene Werte $\left(\frac{n_1}{n_2}\right)_o$ in Karbonatlösungen

Anionen-austauscher % DVB	k_1	k_2	k_3 $K_D \sim 10$	K_D $(\frac{n_1}{n_2})_o$ 0,1	0,01	0,001
2	0,112	1,98	5,72	14,95	112,8	851
4	0,113	2,30	21,32	17,73	136,8	1 053
6	0,112	2,1	40	16,18	125	965
8	0,104	1,7	66,6	13,37	105	828
10	0,111	1,58	100	12,2	94,5	738
12	0,092	1,4	133	11,3	91,4	730

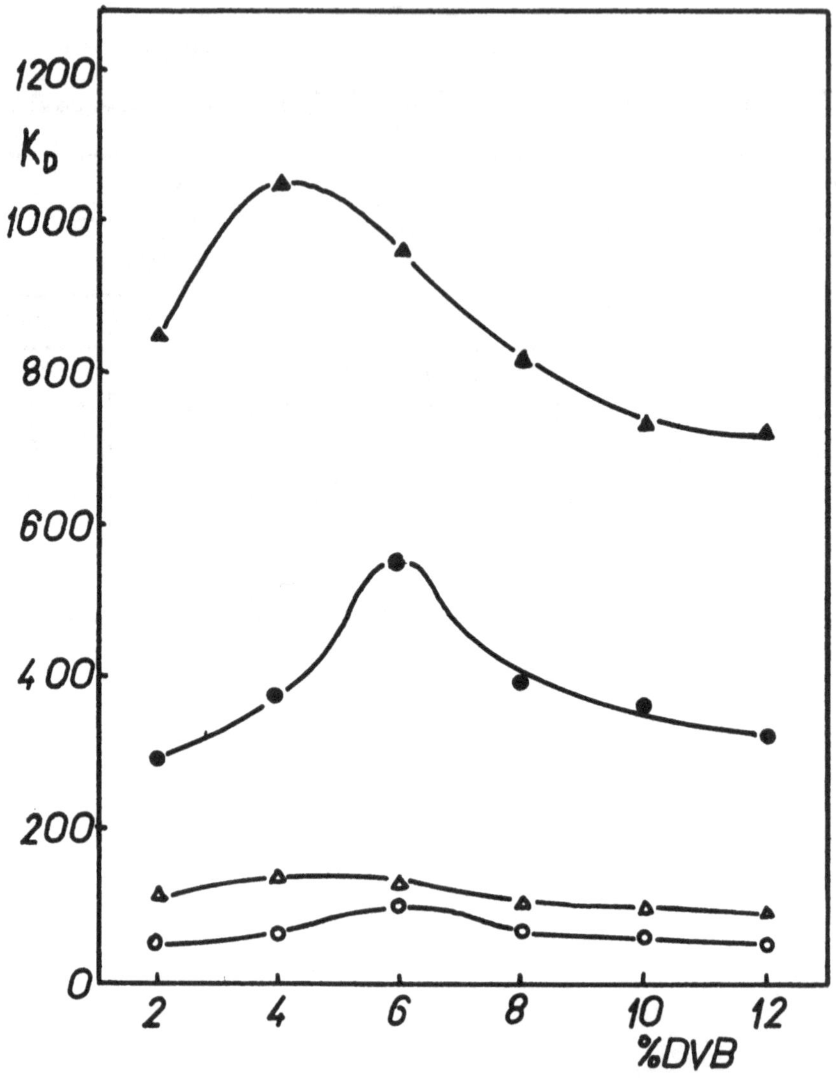

Abb. 1 Abhängigkeit der Selektivitätskoeffizienten vom DVB-Gehalt

Sorption des Uranylsulfatanions; $\left(\frac{n_1}{n_2}\right)_o$ = 0,01

" " " = 0,001

" Uranylkarbonatanions; " = 0,01

" " " = 0,001

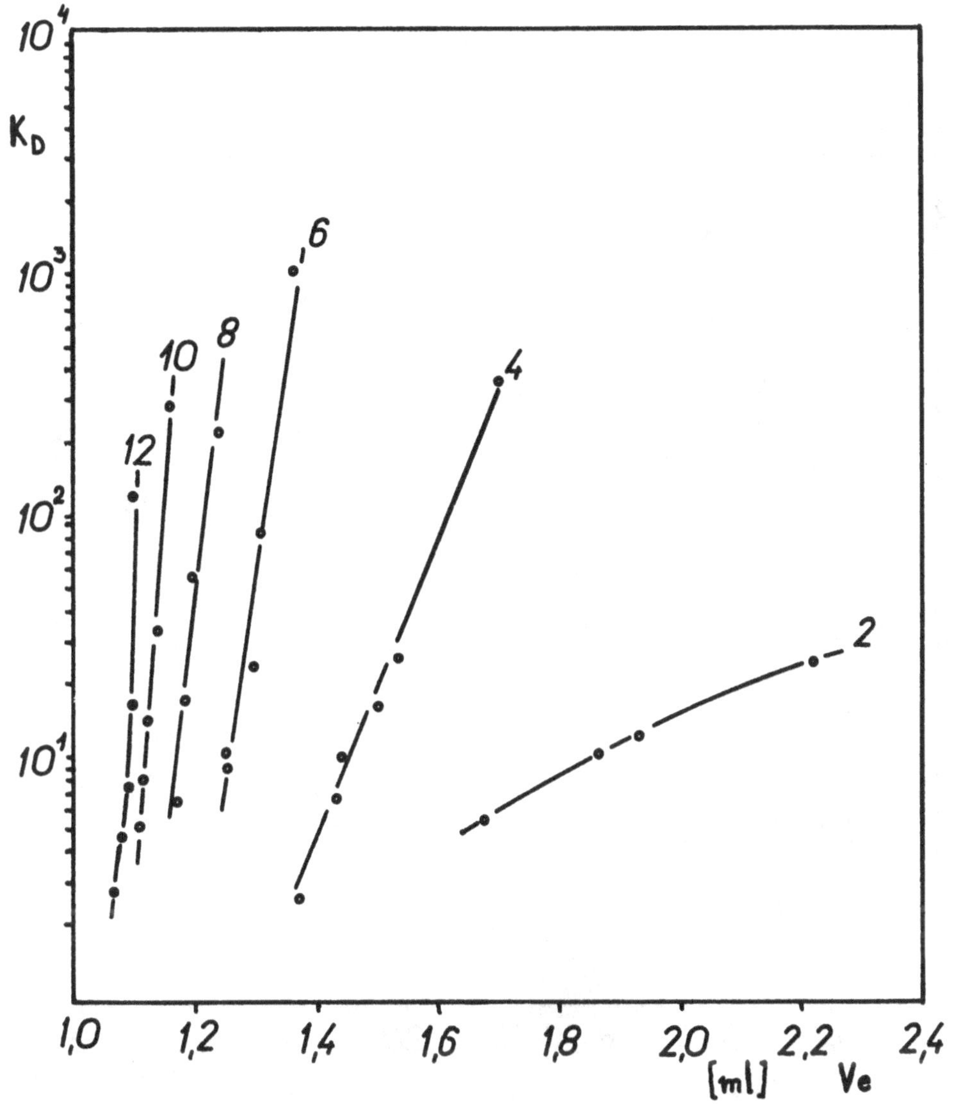

Abb. 2 Semilogarithmische Abhängigkeit des Koeffizienten K_D vom spezifischen Volumen Ve. Sorption des Uranylsulfatanions an Anionenaustauschern mit verschiedenem Divinylbenzolgehalt.

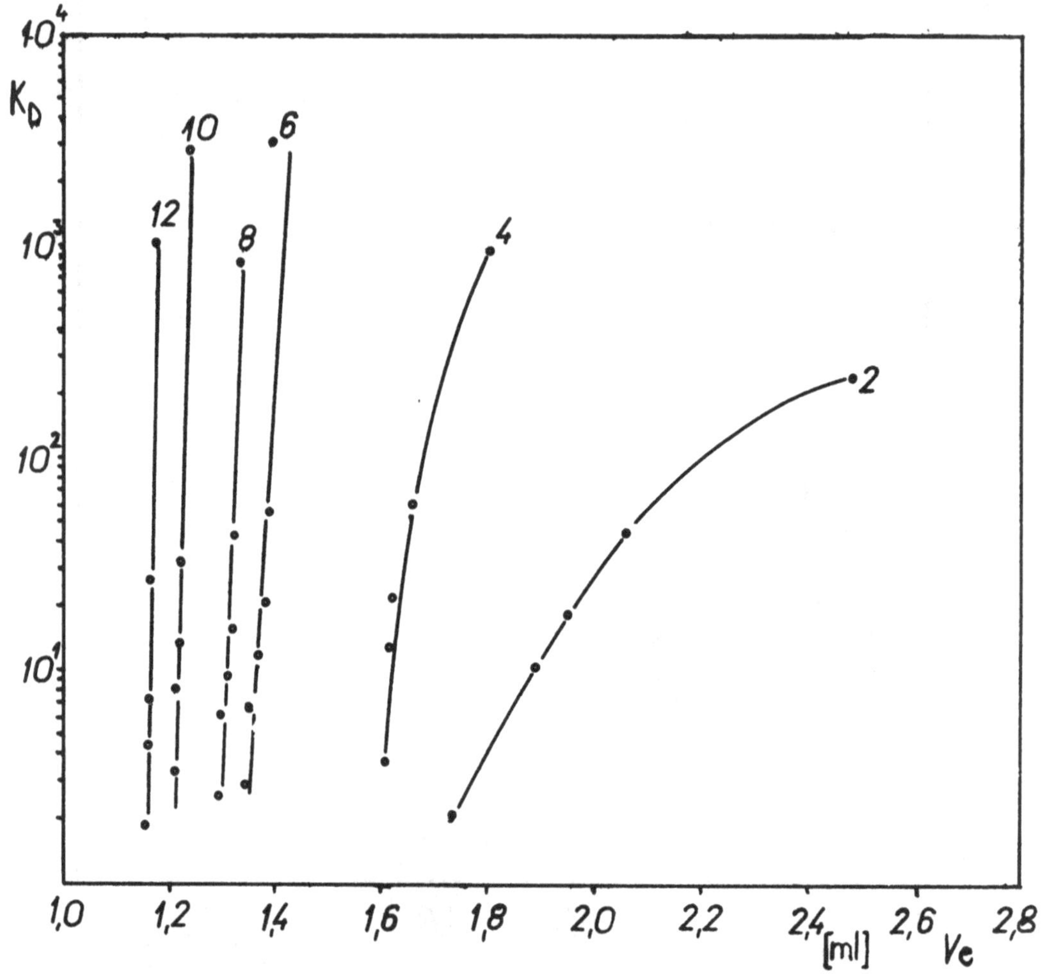

Abb. 3 Semilogarithmische Abhängigkeit des Koeffizienten K_D vom spezifischen Volumen Ve. Sorption des Uranylkarbonatanions an Anionenaustauschern mit verschiedenem Divinylbenzolgehalt.

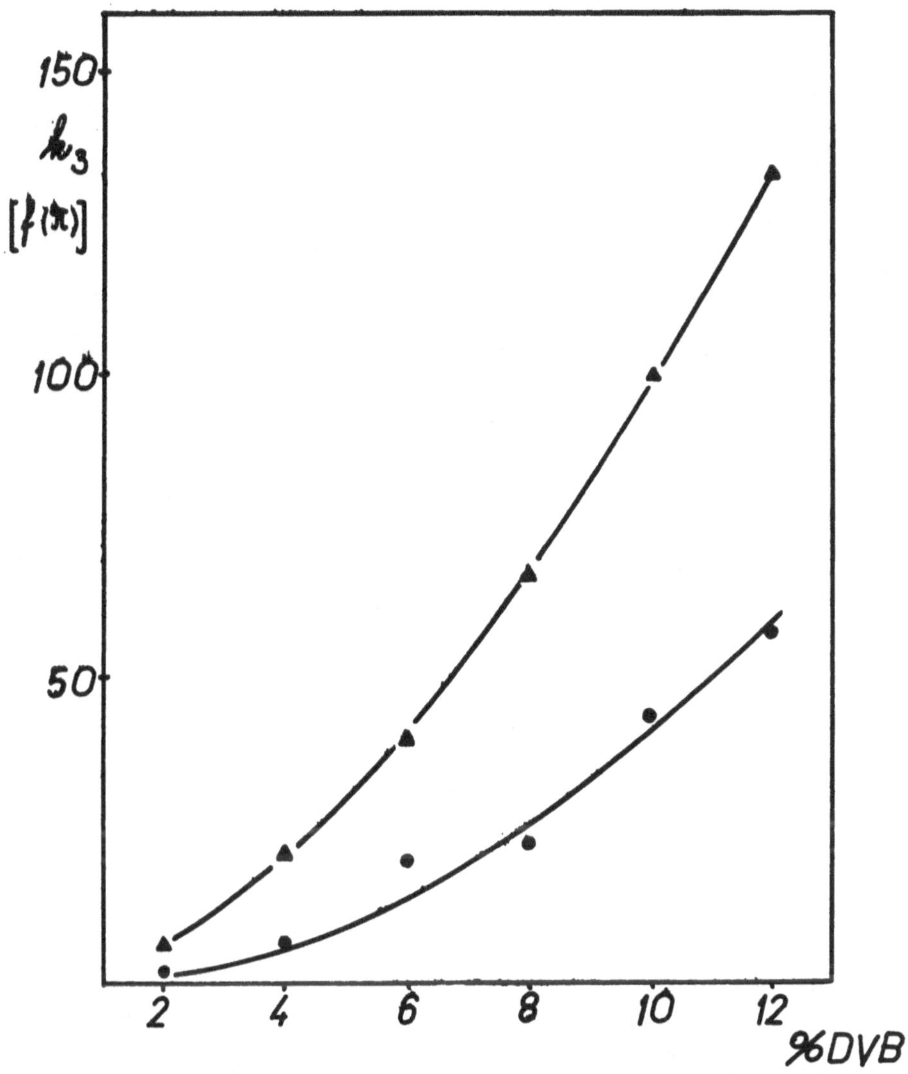

Abb. 4 **Abhängigkeit der Tangente k_3 (=f(π)) vom DVB-**
Gehalt der Anionenaustauscher.
Sorption des Uranylsulfatanions.
Sorption des Uranylkarbonatanions.

Untersuchungen am Mercaptobenzimidazolium-Methylpoly-Styrol als Modellsubstanz für einen spezifischen Ionenaustauscher

von Chr. Brechling und K. Gärtner

Institut für physikalische Chemie der Technischen Hochschule Leuna-Merseburg

In den letzten Jahrzehnten trat die Nachfrage nach Ionenaustauschern, die spezifisch für bestimmte Metalle sind, immer mehr in den Vordergrund.

Der erste Austauscher dieser Art war der von Skogseid (1) auf der Basis des Dipicrylamins synthetisierte, später wurden auch Anthranilsäure, Dimethylglyoxim, Aminosäuren usw. in das Harzgerüst eingebaut. Besondere Eigenschaften und eine hohe Spezifität für Metalle der H_2S-Gruppe waren von einem Austauscher zu erwarten, der Mercapto-Gruppen enthält. So stellte Braun (2) aus der p-Lithiumverbindung des linearen Polystyrols das Poly-p-mercaptostyrol dar, das eine hohe Bindungsfähigkeit für Hg zeigte. Da in der Literatur Veröffentlichungen über Mercaptogruppen enthaltende, wasserlösliche makromolekulare Polyelektrolyte uns nicht bekannt waren, sollte im Verlauf der vorliegenden Untersuchung ein solcher Ampholyt hergestellt und hinsichtlich seiner Komplexbindungsfähigkeit charakterisiert werden.

1. Darstellung des MBP

Lineares Polystyrol wurde nach Jones (3) mit Chlormethyläther chlormethyliert, das Reaktionsprodukt wurde zur Reinigung in einer Wasser-Methanol-Mischung umgefällt.

Dann wurde in Dimethylformamid mit 2-Mercaptobenzimidazol aminiert. Die Reaktion dauerte etwa 10 Tage bei Zimmertemperatur.

Nach Beendigung wurde der Reaktionslösung die gleiche Menge destilliertes Wasser hinzugesetzt, wobei nicht umgesetztes Polystyrol und Mercaptobenzimidazol ausfielen. Aus der durch Filtration geklärten Lösung wurde dann das Dimethylformamid durch Destillation entfernt. Die zurückbleibende wässrige Lösung des MBP war intensiv gelb gefärbt.

Abb. 1 zeigt durch Vergleich der UR-Spektren, daß die charakteristischen Gruppen der Ausgangskomponenten im gelösten Polyelektrolyten enthalten sind. Die UR-Spektren entsprechen sich hinsichtlich der Lage der charakteristischen Banden vollständig. So ist die - im allgemeinen wenig intensive - Bande bei 3,9 μ der SH-Absorption zuzuordnen, während die Absorptionsmaxima bei 3,2 μ der NH-Valenzschwingung, bei 16,7 μ zur CS-Schwingung gehören.

Es ist demnach anzunehmen, daß der in Lösung vorliegende Polyelektrolyt die Gruppierung

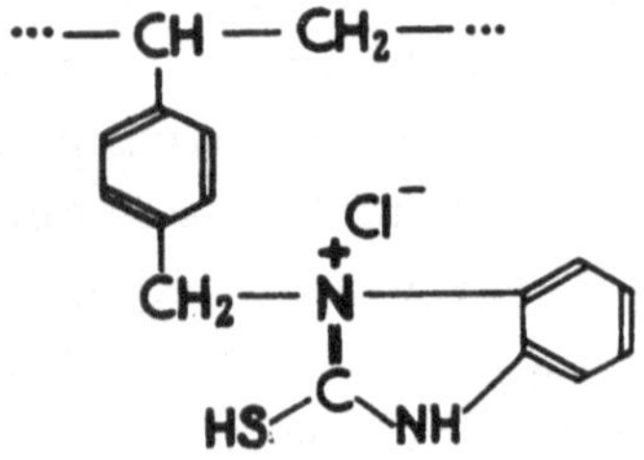

enthält.

2. Viskositätsmessungen

Zur weiteren Charakterisierung des makromolekularen Charakters des vorliegenden Polymeren wurden mit einem Ostwald-Viskosimeter Viskositätsuntersuchungen des MBP in rein wässriger Lösung durchgeführt. Abb. 2 zeigt, daß $\eta_{spez.}/c$ mit steigender Verdünnung nicht stetig ansteigt, sondern durch ein eindeutiges Minimum läuft. Zur Erklärung des in Abb. 2 dargestellten Kurvenverlaufes muß man annehmen, daß hier die Überlagerung von zwei Einflüssen sichtbar wird. Einmal wird bei der Verdünnung die normale Entknäuelung der Polyelektrolyte stattfinden, d. h. infolge der Verringerung der Ionenstärke wird die abschirmende Wirkung der einzelnen Ladungen untereinander immer geringer, die steigenden Abstoßungskräfte strecken das

Molekülknäuel zur Kette. Zum anderen werden die in der Lösung vorhandenen Assoziate des MBP mit zunehmender Verdünnung dissoziieren. (Infolge des Vorhandenseins von SH-Gruppen ist eine solche Assoziation sehr wahrscheinlich). Die Überlagerung dieser beiden Vorgänge - Streckung des Moleküls und Ansteigen von $\eta_{spez.}/c$ bei sehr geringen Konzentrationen - Assoziation und damit Absinken von $\eta_{spez.}/c$ bei hohen Konzentrationen - bringt somit das Minimum in der obigen Kurve hervor.

3. Bestimmung der Komplexbildungskonstanten

Die in der folgenden Berechnung benutzte Methode ist eine Modifikation des Bjerrum'schen Ansatzes und wurde zuerst von Gregor (8) benutzt.

Für ein System mit der maximalen Koordinationszahl 2 gilt

$$2\,A^- + Me^{++} = MeA_2$$

$$k_1 = \frac{(MeA^+)}{(Me^{++})\,(A^-)} \qquad k_2 = \frac{(MeA_2)}{(MeA^+)\,(A^-)}$$

$$K^+ = k_1 k_2 = \frac{(MeA_2)}{(Me^{++})\,(A^-)^2}.$$

Im Falle einer monomeren Säure werden die Komplexbildungskonstanten eindeutige Konstanten sein, für eine polymere Säure ist die Gültigkeit dieser Voraussetzung nicht sehr wahrscheinlich, denn die obige Reaktion hat eine Änderung der Ladung zur Folge. Die Molekülkonfiguration, das Dissoziationsgleichgewicht und andere Eigenschaften eines hochpolymeren Elektrolyten werden aber wesentlich von der Ladung beeinflußt. Aus diesem Grunde betrachten wir die Reaktion

$$2\,HA + Me^{++} \xrightarrow{B} MeA_2 + 2H^+$$

In diesem Falle ist die Reaktion mit keiner Änderung der Ladung verbunden, die Gleichgewichtskonstante sollte eine eindeutige Größe sein. Die Verdrängungskonstante B ist mit der Dissoziationskonstante K der Säure durch die Beziehung verknüpft

$$B = K^{+} \cdot K^{2}$$

Für eine monomere Säure ist K eine eindeutige Konstante, für eine polymere Säure ist K eine Funktion der Ladungsdichte

$$K = \frac{(H^{+}) \cdot (A^{-})}{(HA)} \; f\,(Z)$$

Z ist das Verhältnis der geladenen zu den ungeladenen Bausteinen einer Kette. Im Falle der Titration einer hochpolymeren Säure bei Abwesenheit eines chelatbildenden Metalls ist die Ladung pro monomerer Einheit gleich dem Neutralisationsgrad α. Daher kann man aus einer solchen Titrationskurve K als Funktion der Ladungsdichte berechnen (Abb. 3).

Zur Bestimmung der Komplexbildungskonstanten ermittelt man die pH-Titrationskurve bei Gegenwart eines chelatbildenden Metalls.

Unter Verwendung des Bjerrum'schen Ansatzes definiert man den Bildungsgrad $\bar{n}$ eines Komplexes zu

$$\bar{n} = \frac{(MeA^{+}) + 2\,(MeA_{2})}{(Me^{++}) + (MeA^{+}) + (MeA_{2})}$$

Durch eine einfache Substitution erhält man

$$\bar{n} = \frac{b_1 \left(\frac{HA}{H^{+}}\right) + 2\, b_1 b_2 \left(\frac{HA}{H^{+}}\right)^{2}}{1 + b_1 \left(\frac{HA}{H^{+}}\right) + b_1 b_2 \left(\frac{HA}{H^{+}}\right)^{2}}$$

bei $\bar{n} = 1$ $\log B = \log (b_1 b_2) = 2p \left(\frac{HA}{H^+}\right)$

Aus den Beziehungen

$$\bar{n} = \frac{\alpha A_t - HA - A^-}{Me_t}$$

und $$HA = A_t (1 - \alpha) - H^+$$

erhält man

$$\bar{n} = \frac{\alpha A_t + H^+ - A^-}{Me_t}$$

α, A_t (Gesamtmenge an Komplexbildner) und Me_t (Gesamtmenge an Metallionen) sind bekannt, (H^+) kann aus der Messung des pH bestimmt werden, und A^- ergibt sich aus der allgemeinen Gleichung zwischen pK und α. Aus diesen beiden Werten kann man dann $\bar{n}$ und $\frac{HA}{H^+}$ ermitteln. Die erhaltenen Kurven sind in Abb. 4 dargestellt. Die experimentellen Werte erfüllen die geforderten Geraden recht gut. Für die Konstanten ergeben sich die folgenden Werte:

	log B	pK (für $\bar{n} = 1$)	log K^+ (für $\bar{n} = 1$)
Hg	- 4,4	9,05	+ 13,7
Cu	- 4,7	9,0	+ 13,3
	- 5,6	11,3	+ 17,0 4 : 1 Dioxan/H_2O-Mischung
Ag	- 8,0	8,6	+ 9,2

Die entstehenden Metallkomplexe sind löslich in einer 4 : 1 Dioxan-Wasser-Mischung. Eine pH-Titrationskurve in dieser Lösung würde dann Aufschluß über die Komplexbildung ohne Ausfällung geben. Fernelius und Mitarbeiter (5) untersuchten die Komplexbildungsfähigkeit verschiedener Diketone in derartigen Mischsystemen. Unter Benutzung ihrer Werte für die Korrektur der gemessenen pH-Werte wurden die in der obigen Tabelle enthaltenen Werte erhalten.

Die Dissoziation ist geringer, die Komplexbildung etwas höher als in wässrigen Lösungen.

Literatur

1. Skogseid
2. Braun, D. Chimia 14 (1960), 24.
3. Jones, G. D., Ind. Engng. Chem. 44 (1952), 2686.
4. Gregor, H. P., Andelman, J. B. und Hoeschele, G. K., J. phys. Chem. 62 (1958), 1239.
5. van Uitert, L. G., Fernelius, W. C. u. Douglas, B. E., J. phys. Chem. 75 (1953), 457.

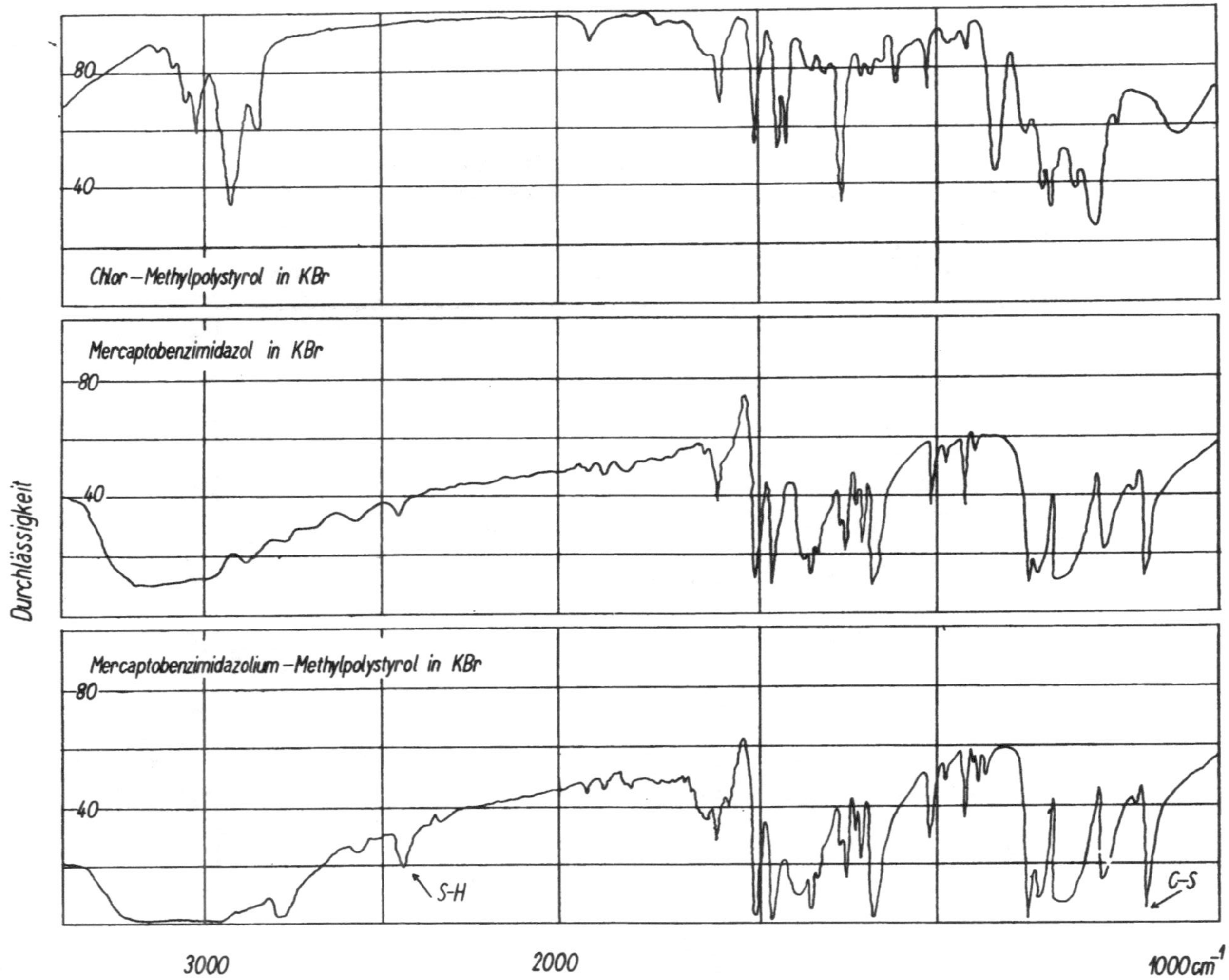

Abb. 1 UR-Spektren der Ausgangs- und Endprodukte.

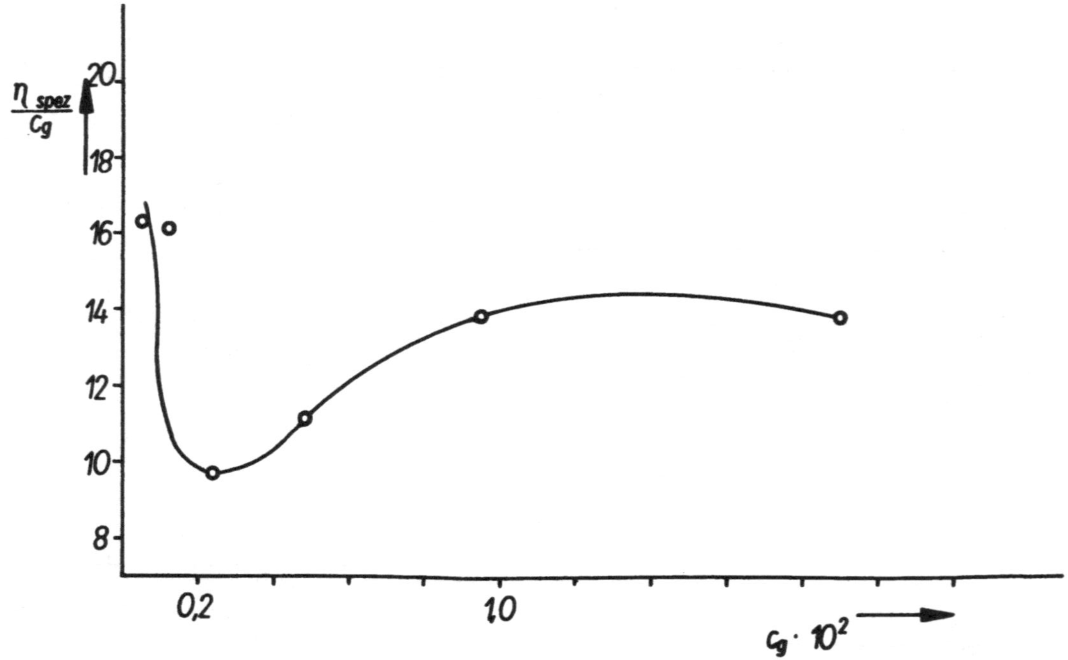

Abb. 2 Viskositätsverhalten des Meroaptobenzimidazolium-methylpolystyrols.

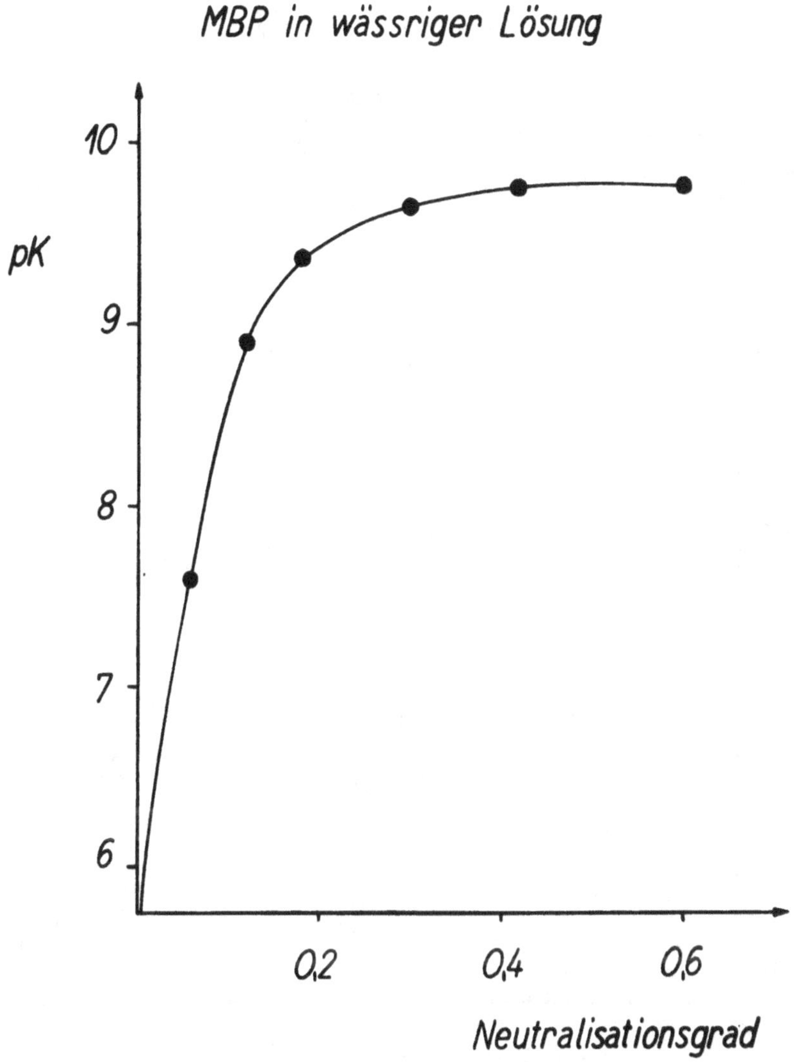

Abb. 3 Dissoziationskonstante K als Funktion der Ladungsdichte.

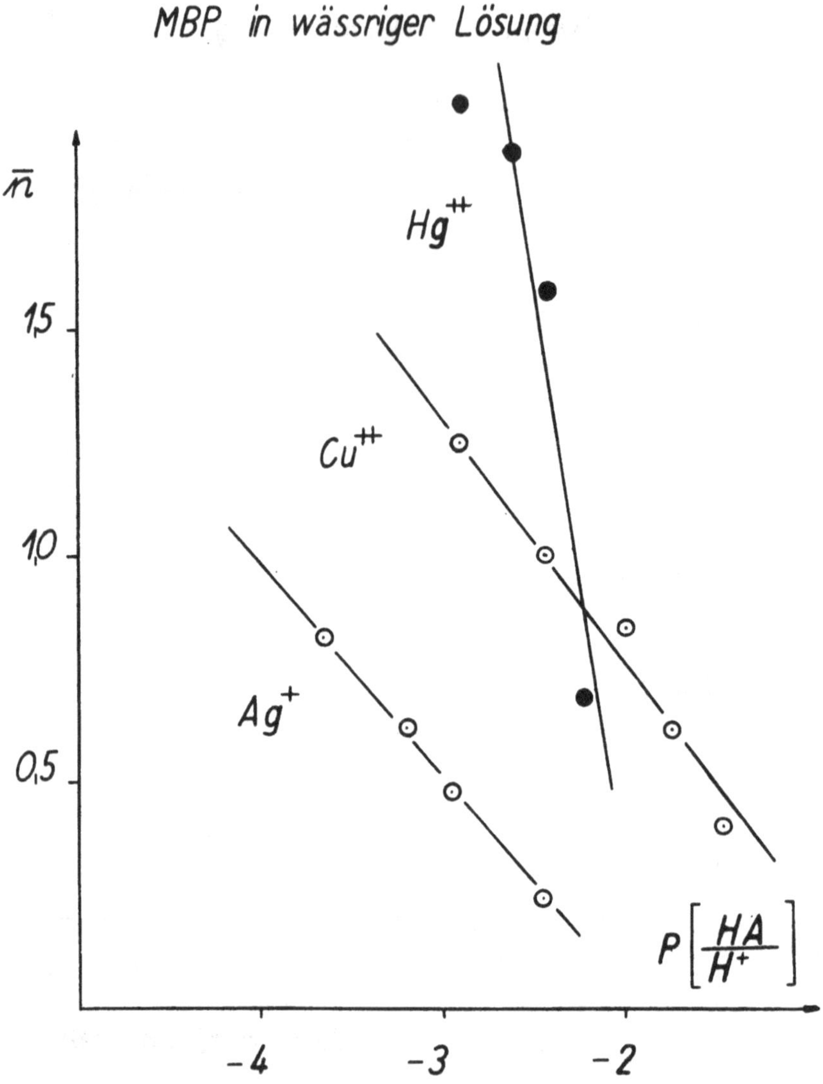

Abb. 4 Bildungsfunktionen der untersuchten Polyelektrolyt-Komplexe.

Modelluntersuchungen zum Selektivitätsverhalten von Anionenaustauschern an makromolekularen Polyelektrolyten

von K. Gärtner und P. Olschinka

Institut für physikalische Chemie der Technischen Hochschule für Chemie Leuna-Merseburg, Merseburg und Physikalisch-Chemisches Institut der Karl-Marx-Universität, Leipzig

Allgemeines

Ein Ionenaustauscher wird immer dann selektiv für ein Gegenion sein, wenn dieses einen geringen Aktivitätskoeffizienten im Austauscher besitzt. Für die Größe dieses Aktivitätskoeffizienten sind die Wechselwirkungen zwischen den Gegenionen und den strukturellen Bestandteilen der Harzmatrix maßgebend, so z. B. Ionenpaarbildung und Assoziation. Dabei können entweder die zwischen Fest- und Gegenionen herrschenden Bindungen kovalenter Natur sein, oder aber starke elektrostatische Kräfte binden das Gegenion mehr oder weniger fest an die austauschaktiven Gruppen der Matrix. Diese Ionenpaarbildung spielt im molekularen Modell nach Rice und Harris (1) für das Quellungsgleichgewicht eine wesentliche Rolle. Bei diesem Modell stellt die Harzmatrix einen Polyelektrolyten dar und besteht aus einem Netzwerk von Ketten, deren einzelne Segmente je eine aktive Gruppe tragen. Die Festionen bilden entweder mit den Gegenionen ein Ionenpaar oder bleiben unbesetzt, ihre Ladung wird durch "freie" Gegenionen kompensiert. Zwischen den unbesetzten Ankergruppen treten elektrostatische Abstoßungskräfte auf, die beim Austauschergel zur Volumenvergrößerung, bei der Polyelektrolytkette zur Streckung führen. Da der Zusammenhang zwischen Ionenpaarbildung und Streckungszustand eines Polyelektrolyten experimentell noch nicht näher bearbeitet worden war, erschienen uns Viskositätsuntersuchungen eines linearpolymeren Anionenaustauschers als Modellbetrachtung aussichtsreich.

Die Verbindung zwischen der beobachteten Viskosität eines Polyelektrolyten und dem Grad der Ionenpaarbildung zwischen Polyion und Gegenionen ergibt sich aus dem Vergleich ihres Verhaltens mit den für das Viskositätsverhalten Hochpolymerer geltenden Beziehungen.

Unter der Annahme eines völlig durchspülten Knäuels gilt nach Debye (2):

$$\eta - \eta_0 = \frac{1}{6} n \cdot f \cdot \sum \bar{r}^2 \cdot N_S \qquad (1)$$

n = Zahl der Moleküle/ml

η = Viskosität der Lösung

η_0 = Viskosität des Lösungsmittels

f = Reibungskoeffizient eines Segments der Polymerenkette

N_S = Zahl der Segmente

$\sum \bar{r}^2$ = Summe der mittleren Quadrate der Abstände der einzelnen Segmente vom Knäuelmittelpunkt

Unter der Voraussetzung einer gleichmäßigen Verteilung der Segmente der Polymerenkette innerhalb einer Kugel vom Radius R ergibt sich:

$$\sum \bar{r}^2 = \frac{3}{5} R^2 \qquad (2)$$

Aus dem Gesetz von Stokes erhält man

$$f = 6 \cdot \pi \cdot \eta_0 b \qquad (3)$$ b = Radius eines Segments

Aus (1), (2) und (3) erhält man schließlich:

$$\eta_{sp} = \frac{\eta - \eta_0}{\eta_0} = \frac{3}{5} n \cdot \pi \cdot b \cdot N_S \cdot R^2 = \frac{3}{5} \pi \cdot b \cdot N_S \cdot R^2 \cdot N_L \cdot c \qquad (4)$$

c = Konzentration

Für die vorliegenden Polyelektrolyte wächst η_{sp}/c mit steigender Verdünnung ständig an, so auf eine fortwährende Vergrößerung des Polymerknäuels hindeutend. Für diesen Anstieg sind in erster Linie die Coulombschen Abstoßungskräfte zwischen den "ungepaarten" positiven Ladungen verantwortlich, da mit zunehmender Verdünnung die Abschirmung der positiven Ladungen durch Gegenionen benachbarter Moleküle entfällt und immer mehr negative Ionen dissoziieren werden. Der Grenzfall der Viskosität wird in unendlicher Verdünnung durch das hydrodynamische Verhalten des starren Stäbchens dargestellt. In diesem Falle würde das Polyion keine auf kurze Entfernungen assoziierte Gegenionen besitzen.

Die Konzentrationsabhängigkeit der spezifischen Viskosität beschreiben Fuoss und Strauss (3) durch die Gleichung:

$$\eta_{sp}/c = \frac{D}{1 + G\sqrt{c}} \qquad (5)$$

Dabei stellt D den Wert der reduzierten Viskosität bei unendlicher Verdünnung dar und ist nach Staudinger eine Funktion des Molekulargewichtes und damit der Molekülgröße. G beschreibt die Wirksamkeit der Abschirmung durch die assoziierten Gegenionen und steigt deshalb mit sinkender Dielektrizitätskonstante des Lösungsmittels an, entsprechend einer zunehmenden Intensität der Coulombschen Anziehungskräfte.

Experimentelles

Die im Rahmen einer früheren Arbeit (4) hergestellten Chloride des Trimethylammonium-(TMP), Triäthylammonium-(TAeP) und Pyridinium-Methylpolystyrols (PP) dienten als Ausgangsmaterial. Mittels Dialyse wurden sie von monomeren Bestandteilen gereinigt. Aus analytischen Bestimmungen ergab sich für den Quaternierungsgrad γ (Quotient von quaterniertem Anteil und Gesamtsubstanz in gMol)

	γ
TMP^{+}	0,49
$TAeP^{+}$	0,40
PP^{+}	0,23

Die freien polymeren Basen wurden mit Hilfe eines stark basischen Ionenaustauschers gewonnen und durch Umsatz mit der berechneten Menge Säure in das entsprechende Salz übergeführt.

Die Viskositätsmessungen wurden in einem Ostwald-Viskósimeter ausgeführt.

Ergebnisse und Diskussion

Wie die Abbildung zeigt, gehorchen die experimentellen Werte recht gut der obigen Gleichung in den untersuchten Konzentrationsgebieten. Für die Auswertung der Kurven ergibt sich aus den vorstehenden Ausführungen, daß im Diagramm c/η_{sp} gegen $\sqrt{c}$ die Ordinatenwerte eine Funktion der Moleküldimension sind. Bei einer bestimmten Konzentration entsprechen also große Ordinatenwerte kleinen Moleküldimensionen und damit geringen intramolekularen Abstoßungskräften, d. h. einem hohen Grad der Ionenpaarbildung. Dabei zeigt sich, daß die Basenstärke in der Reihenfolge

$$PP^+ < TAeP^+ < TMP^+$$

zunimmt. In der nachstehenden Tabelle sind für die verschiedenen Polymerkationen die Konstanten der Fuoss'schen Gleichung dargestellt.

Tabelle

Konstanten der Fuoss'schen Gleichung

	TMP^+		$TAeP^+$		PP^+	
	D	G	D	G	D	G
Cl^-	2300	13	2900	62	750	130
Br^-	2300	26	2900	84	750	230
J^-	2300	145	2900	190	750	240
NO_3^-	2300	26	2900	105	750	240
$CCl_3CO_2^-$	2300	28	2900	135	750	240
BS^- +)	2300	33	2900	118	-	-
p-TS^- +)	2300	48	2900	130	-	-

+) BS^- = Benzolsulfonat;
p-TS^- = Paratoluolsulfonat

D scheint für Salze eines Polymerkations konstant zu sein. G ist nach den obigen Betrachtungen ein Maß für die Ionenpaarbildung, die nach den Versuchsergebnissen in folgender Reihe zunimmt:

$$Cl^- < Br^- < NO_3^- \sim BS^- < pTS^- < CCl_3COO^- < J^-.$$

Literatur

1. S. A. Rice und F. E. Harris; Z. physik. Chem. N. F. 8 (1956), 207.
2. P. Debye; J. chem. Physics 14 (1946), 636.
3. R. M. Fuoss und U. P. Strauss; J. Polymer Sci. 3 (1948), 246.
4. K. Gärtner und H. Kühn; Makromolekulare Chem. 36 (1960), 140.

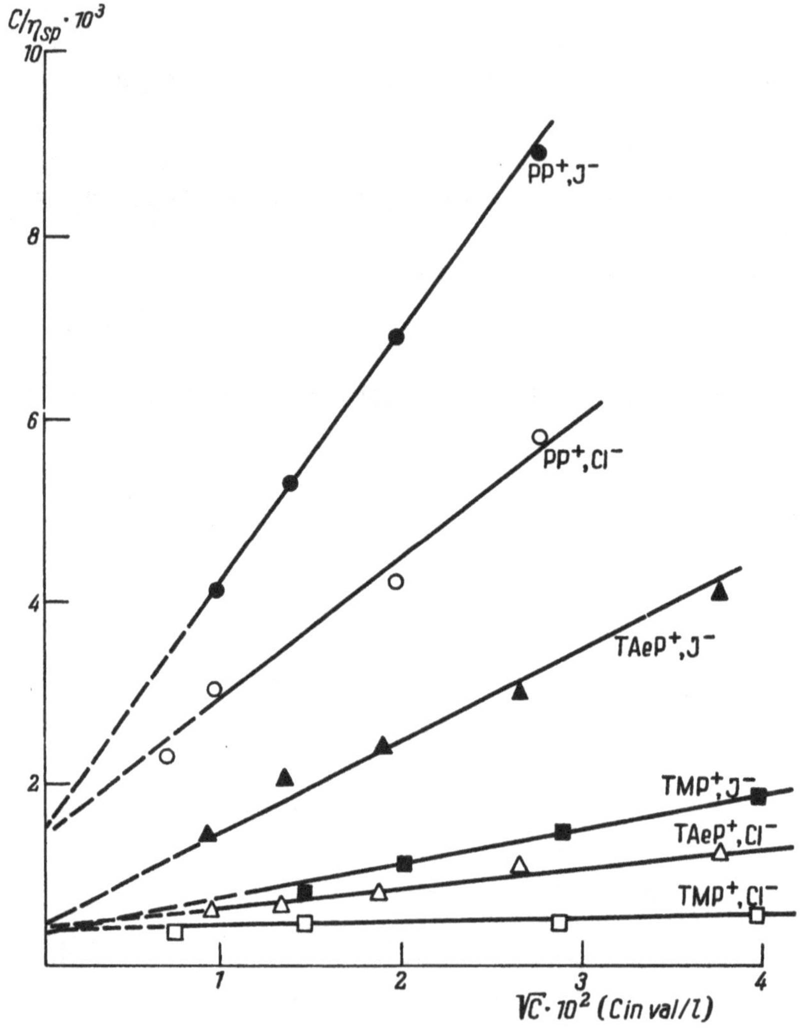

Abb. 1 Konzentrationsabhängigkeit der Viskosität von Salzen der Polystyrolaminobasen im Fuoss-Diagramm

Melamin-Guanidinharz als Anionenaustauscher, einige Betrachtungen über seine Struktur

von F. Polak und B. Kubiak

Institut für Technologische Chemie
der Universität Krakau

Literaturberichten zufolge können durch Formaldehydkondensation eines Melamin-Guanidin-Gemisches Anionenaustauscher erhalten werden (1). Patentbeschreibungen, welche die Erzeugung dieser Harze zum Gegenstand haben, enthalten keine genaueren Herstellungsbedingungen und die Literaturangaben über die Eigenschaften solcher Austauscher sind manchmal widersprechend (2).

In Anbetracht dessen wurde in Voruntersuchungen der Einfluß einer Reihe von Reaktionsparametern auf die Eigenschaften anfallender Anionenaustauscher geprüft (2, 3), und zwar wurden Einflüsse der in den Ansatz eingeführten Wassermenge, der Temperatur sowie der Zeitdauer der Anfangskondensation, des Molverhältnisses Formaldehyd : Amin sowie des Salzsäuregehalts bei der Endkondensation untersucht. Der Einfluß des Melamin : Guanidin-Molverhältnisses wurde besonderen Untersuchungen unterzogen (4). Dabei ist festgestellt worden, daß das Guanidin allein innerhalb der Versuchsbedingungen kein im Wasser unlösliches Kondensationsprodukt ergibt und daß ein gewisser Melaminzusatz hierzu unentbehrlich ist.

Beim Molverhältnis Guanidin : Melamin von 6 : 1 konnte ein Anionenaustauscher mit stark basischen Eigenschaften entwickelt werden. Seine nach Kunin, Myers (5) ermittelte Gesamtkapazität (Austausch von Cl' gegen $SO_4^{=}$-Ionen) betrug 5,6 mval/g, die Zahl der stark basischen Gruppen wurde auf Grund der Neutralsalzspaltung auf ca. 2 mval/g errechnet (6).

Wir haben beschlossen, die Struktur der auf diese Weise erhaltenen Austauscher einer näheren Betrachtung zu unterziehen. Arbeiten von Köhler (7), Gams u. Mitarb. (8), Kämmerer und Mitarb. (9) haben manches zur Aufklärung des Aufbaus von Melaminharzen beigetragen. Bei diesen Untersuchungen verliefen die chemischen Reaktionen im neutralen bzw. leicht alkalischen Medium. Die Herstellung der hier beschriebenen Anionenaustauscher wurde dagegen in zwei Etappen vorgenommen. In der ersten verlief die Reaktion im neutralen, in der zweiten im stark sauren Medium. Außerdem erfolgte die Polykondensation stets in Anwesenheit von Guanidin. Man konnte also erwarten, hier andere Ergebnisse als in den oben erwähnten Arbeiten zu erzielen. Zu Vergleichszwecken wurde noch ein reines Melaminharz angefertigt.

Es wurden die Austauschkapazitäten der erhaltenen Austauscher bestimmt, Titrationskurven ermittelt sowie Elementaranalysen vorgenommen. An Hand dieser Untersuchungen konnten angenähert Aussagen über die Struktur gemacht werden.

Als Ausgangsstoffe zu Harzsynthesen dienten: Melamin (umkristallisiert, bezogen aus Zaklady Azotowe "Kedzierzyn"), Guanidin (zweimal umkrist. Schm. Pkt. 213,5°). Bei allen Synthesen wurden dieselben Richtlinien wie früher befolgt (2, 3, 4). Auf jedes Mol Amin wurden stets 4,5 Mol Formaldehyd (in Form einer ca. 35 %igen Lösung) eingetragen. Das Gemisch wurde im Kolben unter Rückfluß im Verlauf von 10 Minuten auf 65° gebracht und danach 10 Minuten bei 65 - 70° gehalten. Dies war die Vorkondensation. Daraufhin wurde die Lösung auf 40° abgekühlt, mit 60 ml konz. Salzsäure versetzt und bei Zimmertemperatur in Porzellanküvetten stehen gelassen. Es wurden 5 Harze angefertigt, wobei 1a und 1b reine Melaminharze waren, beim Harz 2 betrug das Melamin: Guanidin-Molverhältnis 4 : 1; beim Harz 3 entsprechend 1 : 1 und beim Harz 4 1 : 6. In den Fällen 1a, 1b, 2 und 3 waren die Lösungen nach drei Tagen in ein Gel übergegangen. Die Gele wurden folgendermaßen weiter verarbeitet:

1a - wurde mit Wasser bis zur neutralen Reaktion gewaschen und über P_2O_5 zum konstanten Gewicht getrocknet.

1b - wurde 12 Std. bei 100° erwärmt.

2 und 3 - wurden 4 Std. bei 50° und weitere 6 Std. bei 100° gehalten.

Die Harzlösung 4, welche nach drei Tagen nicht gelierte, wurde bei Zimmertemperatur einen Monat abgestellt. (Die Lösung wurde im Verlauf der Zeit dicker, erstarrte aber nicht). Sie wurde darauf 4 Std. bei 50° und 10 Std. bei 100° erhitzt. Harze 1b, 2, 3 und 4 wurden mit Wasser neutral gewaschen und luftgetrocknet. Sie wurden gewogen, auf den Feuchtigkeitsgehalt geprüft, womit gleichzeitig die wahren Ausbeuten ermittelt werden konnten.

Auf Bild 2 ist die Sorption von Borsäure am Harz 4 wiedergegeben.+) Zum Vergleich wurde eine entsprechende Sorption am Amberlite IRA 400 herangezogen.

Aus den obigen Angaben ist zu entnehmen, daß Harz 4 einen stark basischen Austauscher darstellt, der daneben noch schwach basische Gruppen enthält. Qualitative Untersuchungen wiesen auf Abwesenheit von NO_3'-Ionen in den erhaltenen Harzen hin. Übrigens konnte schon am Ende des mit Wasser vorgenommenen Auswaschens ein allmähliches Verschwinden dieser Ionen beobachtet werden.

In den untersuchten Austauschern ist der gesamte, mittels Elementaranalyse darin festgestellte Chlorgehalt in Form von austauschfähigen Gegenionen enthalten. Tabelle 2 gibt eine Zusammenstellung der auf Grund der Austauschkapazitäten errechneten sowie der durch Elementaranalyse ermittelten Chlorgehalte in %.

In einer früheren Arbeit war an einigen aus Melamin und Guanidin im Molverhältnis 1 : 1 hergestellten Harzen die Feststellung gemacht worden, daß der in den Harzen ermittelte Stickstoffgehalt innerhalb zulässiger Grenzen mit derjenigen Stickstoffmenge übereinstimmte, welche in Form von Melamin und Guanidin (ohne NO_3) in das Reaktionsgemisch eingeführt worden war. Dies erlaubt den Schluß, daß sowohl das Melamin als auch das Guanidin sich am Kondensationsprozeß beteiligen.

+) Diese Sorptionskurven sind von Mgr. L. Wilkosz angefertigt worden.

Unter Berücksichtigung dieses Umstandes, daß nämlich Melamin und Guanidin gleichermaßen in Reaktion eingehen, ist es möglich, eine Berechnung des "Grundbausteins" durchzuführen. Dieser ist bei Harzen 1a und 1b durch ein Mol Melamin gegeben, bei Harzen 2, 3 und 4 dagegen entsprechend durch

$$\frac{4\ \text{Mole Melamin} + 1\ \text{Mol Guanidin}}{5},\quad \frac{1\ \text{Mol Melamin} + 1\ \text{Mol Guanidin}}{2}$$

$$\frac{1\ \text{Mol Melamin} + 6\ \text{Mol Guanidin}}{7}$$

(ohne Berücksichtigung der Wasserstoffatome). Demzufolge befinden sich im Grundbaustein der Harze (d. h. einem Misch-Mol Melamin-Guanidin) bei 1a und 1b jeweils 6 Atome Amino-Stickstoff und in den Grundbausteinen der Harze 2, 3 und 4 entsprechend 4,8 + 0,6 = 5,4; 3,0 + 1,5 = 4,5 sowie 0,86 + 2,57 = 3,43 N-Atome. In Bezug auf diese Zahlen der Stickstoff-Atome (Mel.-N + Gu.-N.) lassen sich entsprechende Mengen anderer Elemente berechnen; zur Kennzeichnung wurden nach Gams u. Mitarb. (8) die Symbole C_m, H_m usw. eingeführt. So gehören zum Grundbaustein der Harze 1a und 1b drei, zu den Grundbausteinen der Harze 2, 3 und 4 entsprechend 2,6; 2 sowie 1,29 C-Atome. Nach Abzug dieser Werte vom C_m-Wert erhält man die Zahl C_F derjenigen C-Atome, welche dem Formaldehyd entstammen.

Entsprechende Ergebnisse sind in der Tabelle 3 zusammengestellt. In der letzten Rubrik dieser Tabelle sind die Verhältnisformeln für die außerhalb des Grundbausteins zusätzlich vorhandenen Atomarten aufgeführt. (Sie wurden ähnlich berechnet, wie es Kämmerer (9) getan hatte.) Gemäß diesen Formeln wurden die Ausbeuten der Tabelle 1 berechnet. Zum Vergleich wurde eines der Harze von Kämmerer herangezogen, welches auf Grund seiner Herstellungsbedingungen, besonders der 4,5-stündigen Erwärmung bei 110°, unseren Harzen am nächsten kommt.

Die berechneten Ausbeuten stimmen innerhalb von Fehlergrenzen mit den ermittelten überein. Nur beim Harz 4 ergab sich in Wirklichkeit eine kleinere Ausbeute als nach den Berechnungen zu erwarten war. Dies steht zweifellos mit dem großen Prozentgehalt an Guanidin in Zusammenhang, der eine schwächere Vernetzung und gleichzeitig einen höheren Gehalt an wasserlöslichen Bestandteilen im Harz nach sich zieht.

Heutzutage wird ziemlich allgemein die Meinung vertreten, daß die Melaminreste durch Ätherbrücken $-CH_2-O-CH_2-$ bzw. Methylenbrücken $-CH_2-$ verknüpft sind. Eine weitere Möglichkeit besteht darin, daß im Harz vorhandener Sauerstoff außer in Form von Ätherbrücken noch in Methylolgruppen gebunden sein kann. Diese Voraussetzungen dürften auch für die Melamin-Guanidinharze zutreffen.

Eine weitere Durchrechnung nahmen wir nach anderen Richtlinien vor als Gams (8) und Kämmerer (9). Es wurden nämlich zwei extreme Möglichkeiten in Erwägung gezogen. Nach der einen wurde sämtlicher Sauerstoff als in Form von Methylolgruppen, nach der anderen als ausschließlich in Ätherbrükken enthalten angenommen. Auf diese Weise läßt sich für jeden Einzelfall die Zahl der Methylenbrücken errechnen. So kann z. B. für den ersten Extremfall die Zahl der Methylenbrückenbindungen aus $C_F - O_m$, für den zweiten aus $C_F - 2O_m$ ermittelt werden. Darüber hinaus ergibt sich noch die Möglichkeit, die Zahl der dem Melamin bzw. Guanidin zugehörigen, aber an der Kondensation nicht beteiligten Wasserstoffatome zu bestimmen. Diese beträgt für den ersten Fall:
6 (bzw. 5,8 oder 5,5 oder 5,14) $- 2 (C_F - O_m) - O_m = 6$ (bzw. 5,8 oder 5,5 oder 5,14) $- 2 C_F + O_m$.
Für den zweiten Fall entsprechend:
6 (bzw. 5,8 oder 5,5 oder 5,14) $- 2 (C_F - 2O_m) = 6$ (bzw. 5,8 oder 5,5 oder 5,14) $- 2C_F + 2O_m$.

In Klammern befindliche Ziffern entsprechen Zahlen von Wasserstoffatomen, die den Grundbausteinen der Harze 2 bzw. 3 oder 4 zukommen. Jede Methylolgruppe verbraucht jeweils ein Wasserstoffatom, jede Äther- und Methylenbrücke hingegen zwei. Die Zahl der Methylolgruppen bzw. Ätherbindungen beträgt stets O_m.

In Wirklichkeit aber schwankt die Zahl der jeweils auf einen Grundbaustein bezogenen, in den Kondensationsprozeß nicht eingegangenen und dem Melamin sowie Guanidin entstammenden Wasserstoffatome zwischen den beiden oben angeführten Werten. In extremen Fällen beträgt der Unterschied O_m. Auf diese Weise hat man es in der Hand, sowohl das Vorhandensein von Ätherbrücken als auch Methylolgruppen zu berücksichtigen.

Tabelle 4 enthält entsprechende Berechnungen mit der Voraussetzung, daß der gesamte Sauerstoff ausschließlich auf Methylolgruppen zu beziehen ist. Tabelle 5 hingegen, daß er nur in Ätherbrücken enthalten ist. Für den zweiten Fall können keine Berechnungen zum Kämmerer-Harz vorgenommen werden, da in diesem zu wenig Kohlenstoff im Verhältnis zu Sauerstoff vorhanden ist. Die letzten Rubriken beider Tabellen geben in Prozenten, auf den Grundbaustein bezogen, die entsprechenden Zahlen umreagierter Wasserstoffatome an.

Die Harze können einem Vergleich unterzogen werden. Zu diesem Zwecke wurden drei Melaminharze ausgewählt, nämlich eines von Gams (C aus Tabelle 3), eines von Kämmerer, welches in dieser Arbeit in Tabellen 3 und 4 angeführt ist sowie das Harz 1b. Alle drei wurden unter verhältnismäßig ähnlichen Temperatureinwirkungen erhalten, wenn auch das Harz 1b der mildesten Einwirkung ausgesetzt war. (Das Harz von Gams ist bei seiner Herstellung 20 Stunden auf 120° erhitzt worden). Das Harz von Kämmerer kann hier nur mit großem Vorbehalt verglichen werden, da seine Herstellungsbedingungen von denen der übrigen Harze stark abwichen. Beim Vergleich weist das Harz 1b den kleinsten Wert für O_m auf, nämlich 1; Gams - 2,7; Kämmerer 1,5. Auch ist in ihm die Zahl der nicht umreagierten H-Atome am geringsten. Sie beträgt 0,2; Gams - 1,1; Kämmerer - 2,9. Dies läßt auf einen anderen Ablauf des Kondensationsprozesses im sauren gegenüber dem im alkalischen Medium schließen. Im ersten Fall werden verhältnismäßig mehr Methylenbrücken und weniger Methylolgruppen bzw. Ätherbrücken gebildet. So fallen z. B. unter der Voraussetzung, daß der Sauerstoff ausschließlich in CH_2OH-Gruppen vorliegt, im Harz 1b auf jedes Mol Melamin 1,0 Methylol- und

2,4 Methylengruppen an. Im sauren Medium ist die Polykondensation weiter vorgerückt, was aus dem Prozentgehalt der an der Reaktion beteiligten Melamin-Wasserstoffatome zu entnehmen ist. Das anfallende Produkt dürfte auch unter sonst gleichen Bedingungen kompakter sein.

Harze, die durch Cokondensation von Melamin und Guanidin erhalten worden sind, weisen - dieselben Versuchsbedingungen vorausgesetzt - einen geringeren Gehalt an umreagierten Wasserstoffatomen auf. Diese Tatsache kann als eine schwächere Reaktionsfähigkeit des Guanidins gedeutet werden. Schon in früheren Arbeiten würde die Vermutung ausgesprochen, daß Guanidin während der Kondensation sich so verhält, als wäre es eine bifunktionelle Verbindung. Das durch Analysen erbrachte Ergebnis bekräftigt im hohen Maße diese Behauptung.

<u>Literatur</u>

1. R. Grießbach, Austauschadsorption in Theorie und Praxis, Berlin 1957.
2. F. Polak, B. Kubiak-Bem, Przemysl Chemiczny <u>38</u> (1959), 107.
3. F. Polak, B. Kubiak-Bem, Przemysl Chemiczny <u>39</u> (1960), 307.
4. F. Polak, B. Kubiak-Bem, Przemysl Chemiczny <u>40</u> (1961), 153.
5. R. Kunin, R. Myers, Ion exchange resins, New York, 1950.
6. R. Kunin, Mc Garvey, Ind. Eng. Chem. <u>41</u> (1949), 1265.
7. R. Kohler, Kunst. Technik <u>11</u> (1941), 1; Kolloid Z. <u>103</u> (1943), 138.
8. A. Gams, G. Widmer, W. Fisch, Helv. Chim. Acta <u>24</u> (1941), 302 EA.
9. H. Kämmerer, W. Heits, Makromolek. Chemie <u>41</u> (1960), 174.

Tabelle 1

Eigenschaften erhaltener Harze

Harz	Ausbeute g		Austauschkapazität mval/g	Neutralsalzspaltung mval/g	Elementaranalyse				
	gef.	ber.			% C	% H	% N	% Cl	% O
1a	213,3	220,1	2,2	-	35,2	5,3	37,8	8,3	13,4
1b	198,8	205,0	2,3	0,2	37,4	5,0	40,7	8,8	8,1
2	172,8	186,2	3,4	0,7	36,1	4,2	40,6	12,3	6,8
3	152,6	158,3	4,3	0,7	32,6	4,8	39,9	15,3	7,4
4	78,8	119,8	5,6	1,8	30,5	5,2	40,2	20,1	4,0

Tabelle 2

Vergleich der nach den Austauschkapazitäten errechneten Cl-Gehalte mit den entsprechenden durch Elementaranalyse ermittelten Werten

Harz	Austauschkapazität mval/g	% Cl	
		nach Austauschkapazität ber.	durch Elementaranalyse ermittelt
1a	2,2	8,0	8,3
1b	2,3	8,2	8,8
2	3,4	12,1	12,3
3	4,3	15,2	15,3
4	5,6	19,9	20,1

Tabelle 3

Auf den Grundbaustein (= 1 Misohmol Mel + Gu) entfallende Atomzahlen

Harz	Mel-N	Gu-N	C_m $C_{Mel + Gu}$	C_F	O_m	H_m	Cl_m	Verhältnisformel außerhalb des Grundbausteins
1a	6	0,0	6,5 = 3	+ 3,5	1,8	11,6	0,5	$C_{3,5}H_{11,6}Cl_{0,5}O_{1,8}$
1b	6	0,0	6,4 = 3	+ 3,4	1,0	10,5	0,5	$C_{3,4}H_{10,5}Cl_{0,5}O_{1,0}$
2	7,8	0,6	5,6 = 2,6	+3,0	0,78	7,9	0,65	$C_{3,0}H_{7,9}Cl_{0,65}O_{0,78}$
3	3	1,5	4,3 = 2	+ 2,3	0,7	7,6	0,7	$C_{2,3}H_{7,6}Cl_{0,7}O_{0,7}$
4	0,86	2,57	3,0 = 1,29	+1,7	0,3	6,2	0,7	$C_{1,7}H_{6,2}Cl_{0,7}O_{0,3}$
								$C_{2,3}H_{10}O_{1,53}$
Kämmerer (9)								

Tabelle 4

Errechnung der Bindungsart von Grundbausteinen unter der Voraussetzung, daß sämtlicher Sauerstoff in Methylolgruppen vorliegt

Harz	die Zahl der Gruppen		nicht umreagierter Wasserstoff %	umreagierter Wasserstoff %
	$-CH_2OH$	$-CH_2-$		
1a	1,8	1,7	0,8	86,5
1b	1,0	2,4	0,2	96,5
2	0,78	2,2	0,58	90
3	0,7	1,5	1,7	69
4	0,3	1,4	2,0	61
Kämmerer (9)	1,5	0,8	2,9	51,7

Tabelle 5

Errechnung der Bindungsart der Grundbausteine unter der Voraussetzung, daß sämtlicher Sauerstoff in Ätherbrücken vorliegt

Harz	die Zahl der Gruppen		nicht umreagierter Wasserstoff %	umreagierter Wasserstoff %
	$-CH_2OCH_2-$	$-CH_2-$		
1a	1,8	-	2,4	60
1b	1,0	1,4	1,2	80
2	0,78	1,43	1,37	76,4
3	0,7	0,9	2,3	58,2
4	0,3	1,1	2,3	54,6

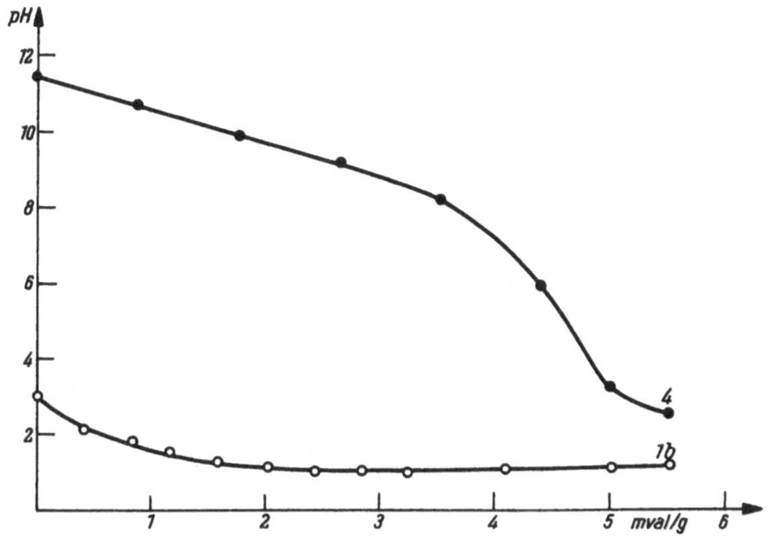

Abb. 1 pH-Titrationskurven

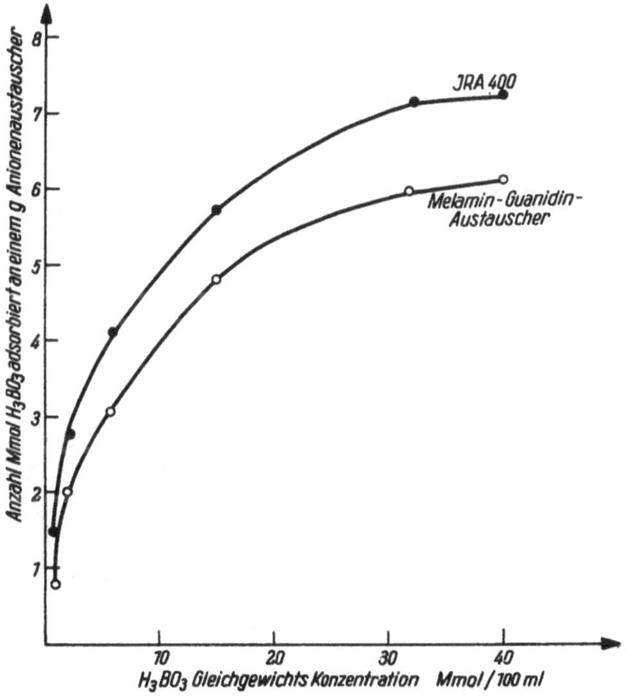

Abb. 2 Sorption von Borsäure

Beziehungen zwischen katalytischer Wirksamkeit und Verteilungsgleichgewichten an Ionenaustauscherharzen (1)

von F.WOLF
VEB Farbenfabrik Wolfen

Es werden die Reaktionsgeschwindigkeiten der Esterverseifung bzw.der Rohrzuckerinversion an stark sauren Kationenaustauscherharzen auf Kondensations- und Polymerisationsbasis betrachtet. Es zeigte sich im Falle der Esterverseifung, daß die Ionenaustauscherharze eine bessere katalytische Wirksamkeit als eine äquivalente Mineralsäuremenge besitzen, während es im Fall der Rohrzuckerinversion umgekehrt ist. Reaktionskenetische Betrachtungen zeigen, daß die katalytische Wirksamkeit der Ionenaustauscherharze mit der Größe der entsprechenden Verteilungskoeffizienten für die umsetzenden Moleküle identisch ist, wie schon von F.HELFFERICH vermutet wurde. Diese Schlußfolgerung ließ sich durch unabhängige Messungen der entsprechenden Verteilungskoeffizienten nach der statischen und der säulenchromatographischen Meßmethode bestätigen. Damit bietet sich in besonderen Fällen die katalytische Methode als ein Verfahren zur Bestimmung von Verteilungskoeffizienten an.

1) Eine ausführliche Publikation erfolgt an anderer Stelle.

Ionenaustauscher als Katalysatoren bei Umsetzungen in der organischen Chemie

von F. Andreas
VEB Leuna-Werke "Walter Ulbricht",
Leuna

1. Einleitung

Untersuchungen, Säure-Basen-Katalysen durch feste in dem zu arbeitenden Medium unlösliche Stoffe zu ermöglichen, sind schon sehr alt, da die Verwendung fester Katalysatoren eine Reihe von Vorteilen gegenüber der homogenen Phase bringt.

Jedoch erst mit der Entwicklung von Ionenaustauschern auf Kunstharzbasis entstanden hier neue erfolgversprechende Arbeitsmöglichkeiten, insbesondere auf dem Gebiet der präparativen organischen Chemie.

Nach Ausarbeitung des grundsätzlichen Verfahrensprinzips durch Griessbach, Lauth und Meier (1) in der Farbenfabrik Wolfen im Jahre 1942 fanden organisch-präparative Katalysen mit Ionenaustauschern schnelle Verbreitung.

Eine Reihe von Übersichtsarbeiten (2) und zahlreiche Einzelabhandlungen (3) lassen die Vielfalt der experimentellen Möglichkeiten erkennen.

2. Theoretische Grundlagen

Die katalytische Wirkung der Ionenaustauscher beruht in den meisten Fällen auf Anwesenheit von Wasserstoff- oder Hydroxylionen. Es vollzieht sich hier also die Katalyse genau wie bei den Prozessen, bei denen nach der herkömmlichen Methode Mineralsäure oder Alkalilaugen zur Einwirkung kommen.

Da diese Wasserstoff- und Hydroxylionen an Makromoleküle gebunden sind, die im Reaktionsmedium unlöslich sind, liegt eine heterogene Katalyse in fest-flüssiger oder fest-dampfförmiger Phase vor, während die sonst üblichen Verfahren mit Säuren bzw. Laugen eine homogene Katalyse darstellen.

3. Praktische Anwendung

a) Veresterungen

Unter den Anwendungen in der organisch-präparativen Chemie ist die katalytische Veresterung von Karbonsäuren mit Alkoholen zweifellos diejenige, bei der Ionenaustauscher bisher besonders häufig Verwendung fanden.

Während im Jahre 1942 Lauth und Meier in Wolfen im Laboratorium mit Hilfe von Ionenaustauschern die Veresterung von Essigsäure mit Äthylalkohol erfolgreich durchführen konnten, gelang es bereits ein Jahr später in Leuna Herold und Mitarbeitern (4), in eleganter Weise auf diesem Wege Adipinsäureester in einer kontinuierlich arbeitenden Anlage im technischen Maßstab herzustellen.

Wenn auch die Veresterungen mit Ionenaustauschern gegenüber Schwefelsäure langsamer ablaufen (vgl. Abb. 1 und Tab. 1), so liegt doch der große Vorteil darin, daß nach Beendigung der Veresterung der als freie Säure zugegebene Katalysator nicht erst durch Neutralisation entfernt werden muß, sondern die Abtrennung des Produktes vom Ionenaustauscher in einfacher Weise durch Filtration oder Dekantieren erfolgen kann, und der abgetrennte Austauscher meistens beliebig oft wiederverwendet werden kann.

Der besondere Vorteil für die Verwendung von Ionenaustauschern liegt aber bei allen Anwendungsmöglichkeiten in der kontinuierlichen Arbeitsweise, wo die umzusetzenden Gemische einfach über den fest angeordneten Austauscher bei höherer Temperatur geleitet werden. Im einfachsten Falle genügt hierfür eine mit fester Säure gefüllte und von außen beheizte Kolonne.

Bei der auf diesem Wege durchgeführten Veresterung wird z. B. das zu veresternde Alkohol-Säure-Gemisch am Kopf der Kolonne aufgegeben und rieselt in der Kolonne über den Austauscher nach unten. Der fertige Ester, der in vielen Fällen höher siedet als die Säure und der Alkohol, läuft unten ab, während das bei der Veresterung entstehende Wasser und der im Überschuß eingesetzte Alkohol oben abdestillieren.

Bei der Herstellung größerer Mengen Butylacetat hat sich diese Arbeitsweise bestens bewährt.

Anhand eines einfachen Schemas (Abb. 2) sollen Aufbau und Arbeitsweise dieser kontinuierlichen Laboratoriumsapparatur beschrieben werden.

Das zu veresternde Gemisch aus Essigsäure und Butylalkohol wird bei 70 - 80° C durch die Vorveresterungskolonne (A) geleitet. Durch Vorschalten einer zweiten mit feinkörnigem Ionenaustauscher gefüllten Kolonne, die auf 70 - 80° C angeheizt wird, gelingt es, Essigsäure und Butylalkohol bereits bis zum Gleichgewicht (50 - 75 %) zu verestern.

Ein Gemisch, bestehend aus Essigsäure, Butylalkohol, Butylacetat und Wasser, gelangt nun auf den Kopf der eigentlichen Veresterungskolonne (F), die mit grobkörnigem Katalysator (Korngröße 8 - 15 mm) gefüllt ist und von außen mit Dampf auf 100 - 120° C vorgeheizt wird. In der Kolonne, deren Länge etwa 2 m beträgt und die einen Ø von ca. 5 cm hat, destilliert das gebildete Veresterungswasser über die kurze Kolonne (C) ab und wird im Kühler (D) kondensiert.

Das Destillat fällt im Wasserabscheider (E) in zwei Schichten an, wobei sich unten das Veresterungswasser abtrennt, und die obere Schicht, bestehend aus Butylalkohol, durch einen Überlauf kontinuierlich in die Vorveresterungskolonne (A) zurückfließt. In der Kolonne selbst wird nun die Veresterung vervollständigt.

Das gebildete Butylacetat sammelt sich im Kolben (G). Zur Entfernung der letzten Anteile von Butylalkohol und Essigsäure wird der Kolbeninhalt auf 125° C angeheizt. Aus dem Kolben (G) läßt sich dann schließlich fortlaufend der fertige Ester abnehmen.

Die mit dieser kleinen Apparatur erhaltenen Ergebnisse sind in Tab. 2 zusammengestellt. Sie zeigen, daß sich auf diese Weise ohne weiteres ein sehr reines Butylacetat herstellen läßt.

Bei Dauerversuchen konnte diese kontinuierlich arbeitende Kleinanlage über mehrere Wochen ohne Unterbrechung in Betrieb bleiben. Ein Nachlassen der Aktivität des eingebauten Katalysators war hierbei nicht zu beobachten. Die Leistung der Anlage lag bei etwa 1 kg Ester/h.

Das Vorschalten einer Vorveresterung ist außerordentlich wichtig, weil dadurch die Leistung der Kolonne erhöht wird und die Qualität des die Kolonne verlassenden Rohesters sich wesentlich verbessert.

Diese Arbeitsweise ließ sich in eine kontinuierlich arbeitende Betriebsanlage für die Herstellung von Adipinsäuredimethylester übertragen (vgl. Abb. 3).

b) Verseifung

α) Ester

Auch den umgekehrten Vorgang, nämlich die Verseifung von Karbonsäureestern, konnten Griessbach, Lauth und Meier (1) als erste bereits im Jahre 1942 mit Hilfe von in der Wasserstoff-Form vorliegenden Austauschern erfolgreich durchführen. Sie untersuchten dies erstmals im Rührkolben beim Äthylacetat.

Bei der Verseifung bringt die kontinuierlich durchgeführte Arbeitsweise ebenfalls besondere Vorteile. Die hierfür benötigte Apparatur ist denkbar einfach. Anhand eines einfachen Schemas sei die kontinuierliche Verseifung von Adipinsäuredimethylester kurz beschrieben:

Ester und Wasser werden am oberen Ende einer mit grobkörnigem Wofatit gefüllten und von außen mit Dampf beheizten Kolonne (C) eingeführt (vgl. Abb. 4). In die Kolonne strömt zur Beschleunigung der Verseifung von unten zusätzlich Dampf ein.

Der bei der Verseifung entstandene Alkohol destilliert über die aufgesetzte Kolonne (D) ab, die verseifte Adipinsäure bleibt im heißen Wasser gelöst und fließt mit diesem über einen Siphon in die Vorlage (F), wo sie beim Erkalten in reichlicher Menge auskristallisiert und nach Filtration in reiner Form vorliegt. Das Filtrat geht wieder in die Verseifung zurück.

In der gleichen Weise und in der gleichen Apparatur lassen sich auch viele andere Karbonsäureester verseifen.

β) <u>Verseifung von Lactamen</u>

Bei der Polymerisation von Lactam werden geringe Mengen ε-Aminocapronsäure benötigt, die am zweckmäßigsten aus dem ε-Lactam durch Hydrolyse gewonnen werden.

Die Verseifung von ε-Lactam erfolgt gemäß nachstehender Reaktionsgleichung:

$$\underbrace{CH_2\text{-}CH_2\text{-}CH_2\text{-}CH_2\text{-}CH_2\text{-}CO}_{NH} + H_2O \xrightarrow{H^+} H_2N.CH_2\text{-}CH_2\text{-}CH_2.CH_2.CH_2COOH$$

Die Verseifung nimmt man am zweckmäßigsten mit Säuren vor, deren vollständige Abtrennung macht jedoch bei der außerordentlich guten Wasserlöslichkeit von ε-Aminocapronsäure in Wasser große Schwierigkeiten. Deshalb sind zahlreiche Versuche unternommen worden, um die Verseifung katalytisch durchzuführen.

Hierbei ist auch die Verwendung von Ionenaustauschern studiert worden. Die ersten Versuche zeigten hier ebenfalls gewisse Erfolge. Am zweckmäßigsten finden Kationenaustauscher Verwendung, jedoch verläuft in diesem Fall die Verseifung nicht so schnell und glatt wie bei den Karbonsäureestern.

Um eine einigermaßen vergleichbare Verseifungsgeschwindigkeit zu erreichen, muß bei Temperaturen über 100° gearbeitet werden. Wie bei der Esterbildung und -verseifung hat sich auch hierfür die kontinuierliche Fahrweise mit besonderem Vorteil anwenden lassen.

Anhand eines einfachen Schemas (vgl. Abb. 5) soll die Durchführung der Verseifung von Lactam beschrieben werden. Eine wässrige Lösung von 1 000 Gew.-Tln. ε-Lactam in 2 000

Gew.-Tln. Wasser wird in den Vorratsgefäßen (A) vorgelegt und aus diesen unter einem Druck von 20 atü Stickstoff über die Schaugläser (B) stündlich 300 cm^3 dieser Lösung von unten in den ebenfalls unter 20 atü stehenden aus V_2A gebauten Hochdruckofen (C) geleitet. Im Ofen befinden sich 3 l eines feinkörnigen Kationenaustauschers.

Nachdem die Lösung in dem Vorheizer (D) auf 120 - 140° angezeigt ist, wird sie von unten über den Ionenaustauscher geleitet und verläßt oben den Ofen, um im Kühler (E) auf Raumtemperatur abgekühlt zu werden.

Nach Entspannung fällt in der Vorlage (F) das Reaktionsgemisch an, aus ihm läßt sich nach der Extraktion des nicht umgesetzten Lactams mit Chloroform durch Eindampfen unter Vakuum reine ε-Aminocapronsäure gewinnen.

Der Umsatz beträgt bei dieser Ofenbelastung und bei dieser Temperatur ca. 40 %. Er könnte bei Einsatz von temperaturbeständigeren Kationenaustauschern durch Temperatursteigerung noch erhöht werden. Auf diese Weise ist es möglich, unter Umgehung der umständlichen Neutralisation von Mineralsäuren eine reine -Aminocapronsäure zu gewissen.

c) Dehydratisierung von Alkoholen

In gleicher Weise läßt sich in Gegenwart von Kationenaustauschern die Wasserabspaltung aus Alkoholen ermöglichen. Sie verläuft nach Untersuchungen von Swistals und Mastagli (5) bei primären Alkoholen der aliphatischen Reihe überwiegend im Sinne der Ätherbildung.

$$R.CH_2\text{-}CH_2OH + HO.CH_2\text{-}CH_2R \xrightarrow{H^+} R.CH_2\text{-}CH_2\text{-}O\text{-}CH_2\text{-}CH_2\text{-}R + H_2O$$

Die Ausbeute erreicht hierbei in manchen Fällen bis zu 80 %. Als sekundäre Reaktion tritt daneben noch im geringen Umfang die Umsetzung zum entsprechenden Äthylenkohlenwasserstoff ein.

Diese Nebenreaktion wird jedoch bei sekundären und tertiären aliphatischen Alkoholen zur Hauptreaktion. Die entsprechenden aromatischen Alkohole neigen wiederum mehr zur

Ätherbildung.

Auch die Gewinnung cyclischer Äther aus Diolen ist auf diese Weise möglich, so wie es von Swistals (6) und von Andreas (7) für die Herstellung von Tetrahydrofuran aus 1.4-Butandiol beschrieben wird.

Für die präparative Durchführung der Wasserabspaltung im Labormaßstab genügt fast immer das einfache "batch"-Verfahren, bei dem im Rührkolben der zu dehydratisierende Alkohol mit dem Ionenaustauscher unter Erwärmen verrührt wird, hierbei vollzieht sich die Wasserabspaltung. Nach Beendigung der Umsetzung wird vom Ionenaustauscher dekantiert und die abdekantierte Lösung destilliert.

Noch eleganter läßt sich die Arbeitsweise auch hier gestalten, wenn die entstandenen Umsetzungsprodukte abdestilliert und frischer Alkohol im gleichen Maße kontinuierlich zugeführt wird.

Die vorteilhafteste Arbeitsweise ist jedoch auch hier wieder das kontinuierliche Arbeiten in einer Kolonne, die mit grobkörniger Festsäure gefüllt ist. Hierbei wird oben das Gemisch eingespritzt, entstandenes Olefin oder Äther destillieren am Kopf der Kolonne gemeinsam mit dem abgespaltenen Wasser ab, während unten nicht umgesetzter Alkohol abläuft. Die Laborapparatur gleicht im wesentlichen der für die Herstellung von Butylacetat eingesetzten Glasapparatur.

Auf diese Weise konnte bei einer Reihe von Alkoholen (vgl. Abb. 2) die Wasserabspaltung mühelos verwirklicht werden.

Jedoch nicht bei allen Alkoholen und Diolen genügen die bei der Verwendung von Ionenaustauschern erreichbaren Bedingungen für eine erfolgreiche Wasserabspaltung, so z. B. gelingt es nur mit sehr schlechter Ausbeute, aus dem 1.3-Butylenglykol Butadien zu erhalten.

d) Hydratation von Epoxydringen

α) Äthylenoxyd

Die katalytische Hydratation von Epoxydringen verläuft in Gegenwart stark saurer Wasserstoffaustauscher ebenfalls recht glatt.

Hamilton und Metzner (3) haben z. B. die Verseifung von Äthylenoxyd in der Gasphase durchgeführt und den Prozeß, der nach ihrer Meinung in 7 Teilstufen abläuft, kinetisch eingehend studiert.

Bei unseren Untersuchungen (8) konnten wir feststellen, daß der Prozeß in der flüssigen Phase mit gleichem Erfolg in einer drucklos arbeitenden Apparatur abläuft. Die Wasseranlagerung läßt sich im Rührkolben mit einem ca. 30 %igen wässrigen Äthylenoxyd in Gegenwart eines feinkörnigen Kationenaustauschers ohne Mühe durchführen.

Eleganter und vor allem kontinuierlich durchführbar ist die Wasseranlagerung, wenn wieder in einer Kolonne gearbeitet wird. Die verwendete Apparatur (vgl. Abb. 6) ähnelt der für die Veresterung eingesetzten Kolonne außerordentlich.

Anhand eines einfachen Schemas soll die Umsetzung kurz beschrieben werden:

Von einer wässrigen Lösung, bestehend aus 300 Gew.-Tln. Äthylenoxyd und 1 700 Gew.-Tln. Wasser, werden aus dem Vorratsbehälter (B) stündlich 300 cm^3 über das mit etwa 1 l feinkörnigem Wofatit P gefüllte Vorfilter (A) bei 60 - 80° geleitet, dabei werden bereits 60 - 70 % des im Wasser enthaltenen Äthylenoxyds verseift. Diese Lösung gelangt auf den Kopf einer etwa 2 m langen, mit Dampf auf 100° geheizten Kolonne (D), in der sich rund 2 l eines grobkörnigen Ionenaustauschers (Korngrößen 8 - 15 mm) befinden.

In der Kolonne wird die Verseifung des Äthylenoxyds zu Ende geführt, und das ausreagierte Gemisch läuft unten über einen Siphon in das Vorratsgefäß (F) ab.

Die Kolonne ist mit einem Rückflußkühler (C) versehen, um entweichendes nicht umgesetztes Reaktionsgemisch durch Rückflußkühlung wieder auf die Kolonne zurückzuführen.

Das in der Vorlage (F) abfließende Umsetzungsgemisch wird destilliert, dabei fällt das Äthylenglykol in 83 %iger Ausbeute an. Der Rest sind Polyglykole.

In gleicher Weise konnte Andreas (9) Propylenoxyd und Epichlorhydrin zum 1.2-Propylenglykol bzw. Monochlorhydrin verseifen.

β) <u>Propylenoxyd</u>

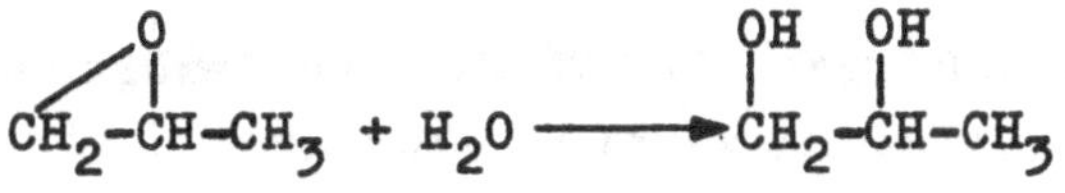

γ) <u>Epichlorhydrin</u>

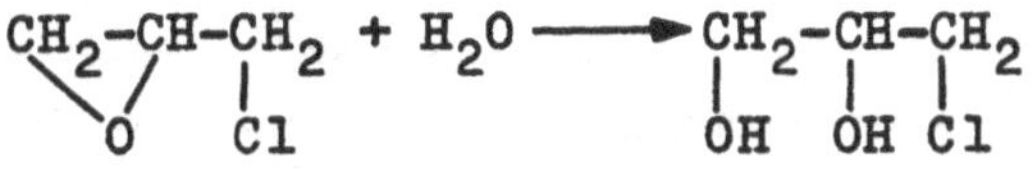

e) <u>Prins'sche Reaktion</u>

Bei der Umsetzung von Olefinen mit Formaldehyd entstehen in Gegenwart starker Säuren Dioxanderivate oder Glykolverbindungen gemäß folgender Reaktionsgleichungen:

1) 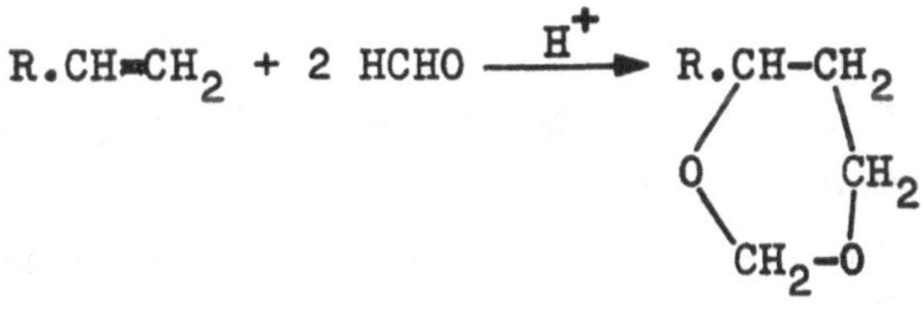

2) 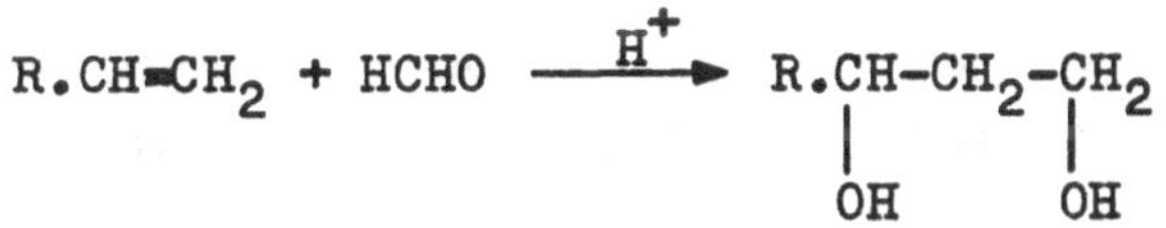

Auch diese Umsetzung läßt sich bei Verwendung tertiärer Olefine, die der Prins'schen Reaktion besonders leicht zugänglich sind, mit Kationenaustauschern ermöglichen. Die Durchführung erfolgt am zweckmäßigsten wiederum in der für die Verseifung von ε-Lactam beschriebenen Druckapparatur, indem aus dem einen Vorratsgefäß Isobutylen flüssig, und aus dem anderen Vorratsgefäß 30 %ige Formaldehydlösung unter 20 atü Stickstoff im Molverhältnis 1 : 2 über den Vorheizer von unten in den Ofen geführt werden. Nach Vorheizen auf 140° C passiert das Gemisch den feinkörnigen Austauscher. Aus dem Anfallgemisch läßt sich das Dioxanderivat durch Destillation in 65 %iger Ausbeute isolieren.

f) Isomerisierung

Es ist bekannt, daß sich eine Reihe von Verbindungen im sauren oder alkalischen Medium umlagert.

Auch diese Reaktionen lassen sich, wenn an die H- bzw. OH-Konzentration nicht zu große Anforderungen gestellt werden, mit Ionenaustauschern durchführen.

So wird z. B. Methallylalkohol in schwach saurer Lösung gemäß nachstehender Reaktionsgleichung zum Isobutyraldehyd (10) umgelagert:

$$CH_2{=}C(CH_3)-CH_2OH \xrightarrow{H^+} CH_3-CH(CH_3)-CHO$$

4. Zusammenfassung

Anhand der in Abb. 7 gegebenen Übersicht läßt sich zeigen, daß zahlreiche Umsetzungen in der organischen Chemie mit Vorteil unter Einsatz von Ionenaustauschern durchgeführt werden können. Diese Aufzählungen könnten noch weiter fortgesetzt werden, davon soll jedoch abgesehen werden, da die meisten Anwendungsmöglichkeiten bereits veröffentlicht wurden.

Manche Umsetzungen, wie z. B. die Veresterung von Essigsäure mit Furfurylalkohol, sind nur mit Ionenaustauschern möglich. Bei Verwendung anderer Säuren treten stets Verharzungen ein. Ebenso lassen sich eine Reihe von Umsetzungen selektiv gestalten.

Überall lassen sich natürlich die Säuren und Basen jedoch nicht ersetzen, da ihre Wirkung im allgemeinen nur mit einer etwa 10 %igen Säure oder Lauge zu vergleichen ist. Außerdem sind die Ionenaustauscher wegen geringer Temperaturbeständigkeit (maximal 200°) und Löslichkeit unter extremen Bedingungen nicht anwendbar.

Literatur

1. DBP 882 091 (1942).
2. Helfferich, F.; Angew. Chem. 66 (1954), 241; Naumann, G.; Chem. Techn. 11 (1959), 18 - 23.
3. Sussman, S.; Ind. Engng. Chem. 38 (1946), 1228; Andreas, F.; Chem. Techn. 11 (1959), 24 - 38; Hamilton, G. E. u. Metzner, A. B.; Ind. Engng. Chem., 49 (1957), 838.
4. DBP 878 348 (1942); DBP 881 646 (1942).
5. Swistals, E. u. Mastagli, P.; C. R. hebd. Séances Acad. Sci. 239 (1954), 709.
6. Swistals, E.; C. R. hebd. Séances Acad. Sci. 240 (1955), 1544.
7. I. G. Patentanmeldung O. Z. 14 468 vom 15. 11. 43.
8. DDR Patent Nr. 13 468 vom 28. 6. 55.
9. Andreas, F.; Unveröffentlichte Laborversuche.
10. Andreas, F. u. Rudolph, I.; Unveröffentlichte Laborversuche.

Tabelle 1

Herstellung verschiedener Ester mit Hilfe von Wofatit P (feinkörnig) als Veresterungskatalysator

Zeit min	Äthylacetat (% Ester)[1a]			Adipinsäuredimethylester (% Ester)[1b]			Butylacetat (% Ester)[1c]		
	ohne Katalysator	Ionenaustauscher	H_2SO_4 konz.	ohne Katalysator	Ionenaustauscher	H_2SO_4 konz.	ohne Katalysator	Ionenaustauscher	H_2SO_4 konz.
15	1,7	11,5	80,5	12,0	15,0	89,3	11,6	23,2	79,8
30	2,8	22,4	81,2	18,0	28,5	90,7	19,3	33,5	81,0
45	3,7	30,6	81,4	23,0	43,7	91,0	23,3	41,6	81,1
60	4,3	36,8	81,7	28,0	56,1	91,5	28,1	49,2	81,3
75	5,1	42,2	82,3	32,0	65,4		33,0	56,7	
90	6,5	47,6	82,7	35,2	69,8		35,9	60,4	
105	7,4	51,9		38,5	73,2		39,1	65,2	
120	8,0	55,6		40,8	77,4		41,8	67,8	
135	8,7	60,9		43,3	80,5		44,1	71,3	
150	9,6	63,7		45,6	81,5		46.7	73,7	
165	10,3	66,0		47,2	82,5		48,2	75,3	
180	11,0	67,5	82,7	48,5	82,5	91,9	49,5	76,7	81,3

1) Folgende Mengen wurden jeweils eingesetzt:

a) Äthylacetat:

198 g Äthylalkohol) 6 g Wofatit P
60 g Eisessig) 3 g H_2SO_4 konz.

b) Adipinsäuredimethylester:

320 g Methanol) 10 g Wofatit P
146 g Adipinsäure) 7 g H_2SO_4 konz.

c) Butylacetat:

296 g Butylalkohol) 6 g Wofatit P
60 g Eisessig) 3 g H_2SO_4 konz.

Tabelle 2

Kontinuierliche Herstellung von Butylacetat mit Wofatit als Katalysator

Versuch Nr.	Katalysator		Einspritzung		Molverhältnis Säure : Alkohol	Belastung[1]		% veresterte Säure	
	Turm[2] g	Kolonne g	Säure g	Alkohol g		Turm[2]	Kolonne	Turm[2]	Kolonne
1	600	1100	180	246	1 : 1,1	0,3	0,16	73,4	99,8
2	600	1100	270	369	1 : 1,1	0,45	0,24	62,9	99,6
3	600	1100	360	492	1 : 1,1	0,6	0,32	58,6	98,7
4	600	1100	360	666	1 : 1,5	0,6	0,32	60,3	99,2
5	600	1100	600	820	1 : 1,1	1,0	0,55	51,5	93,8

1) bezieht sich auf Gramm eingesetzte Säure/g Kontakt
2) Turm = Vorveresterungskolonne

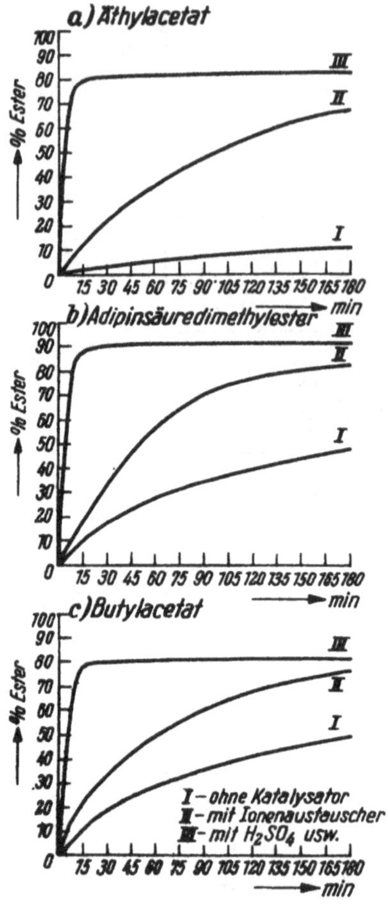

Abb. 1 Verlauf der Veresterung mit verschiedenen Katalysatoren.

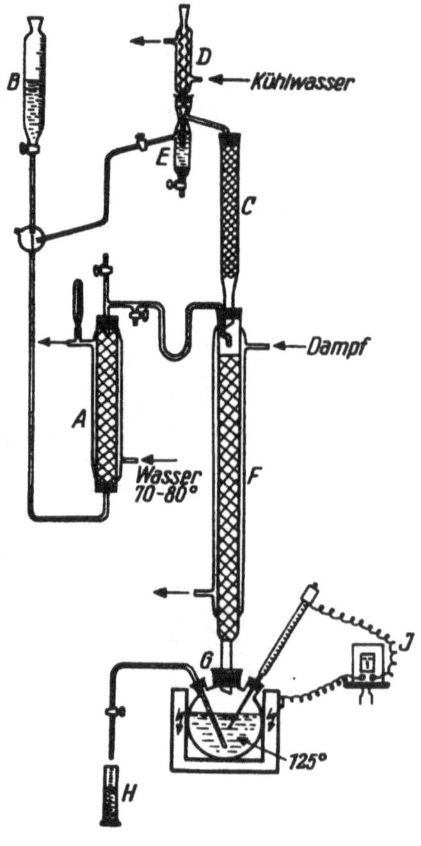

Abb. 2 Kontinuierliche Herstellung von Butylacetat (Labor-Apparatur).

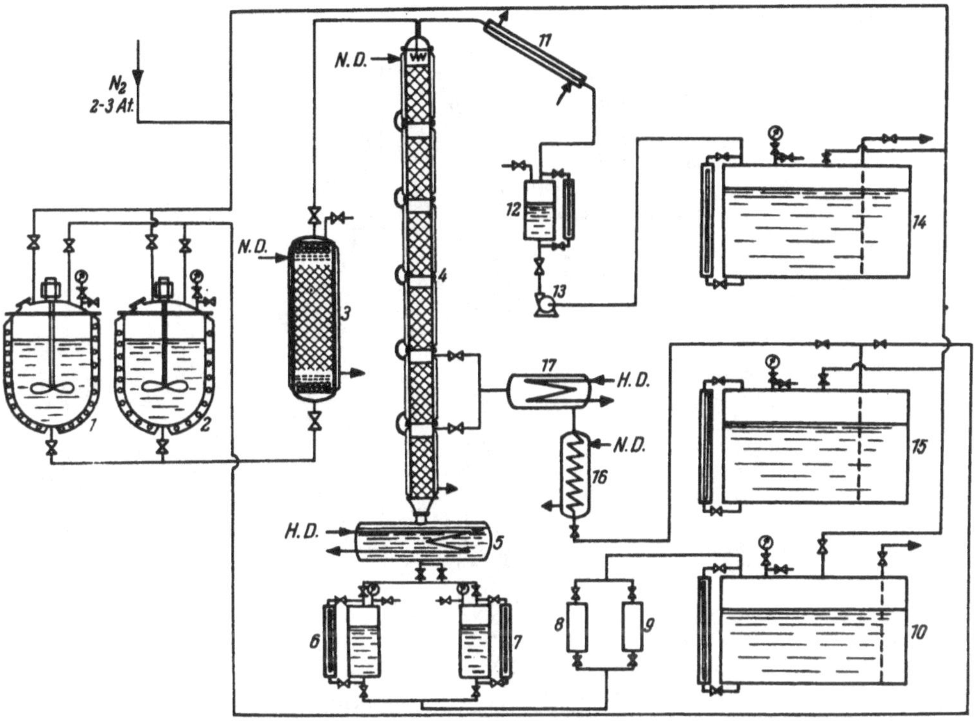

Abb. 3 Betriebsanlage zur kontinuierlichen Herstellung von Adipinsäuredimethylester.

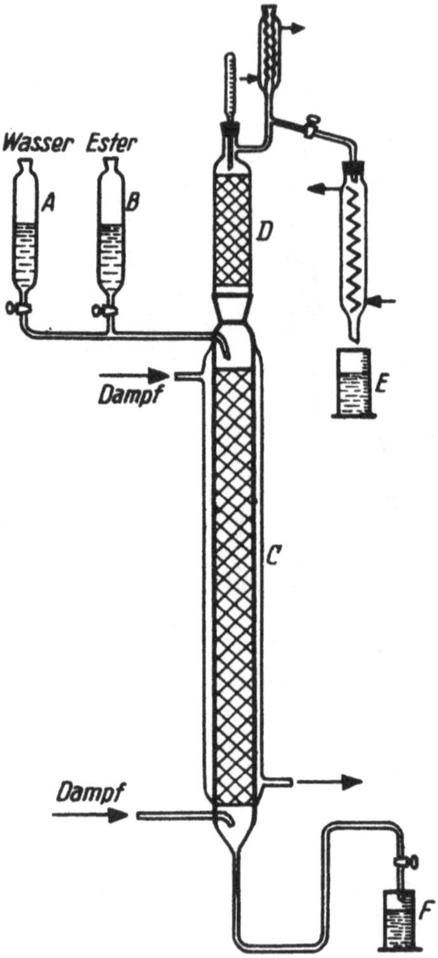

Abb. 4 Laboratoriumsapparatur zur kontinuierlichen Verseifung von Estern.

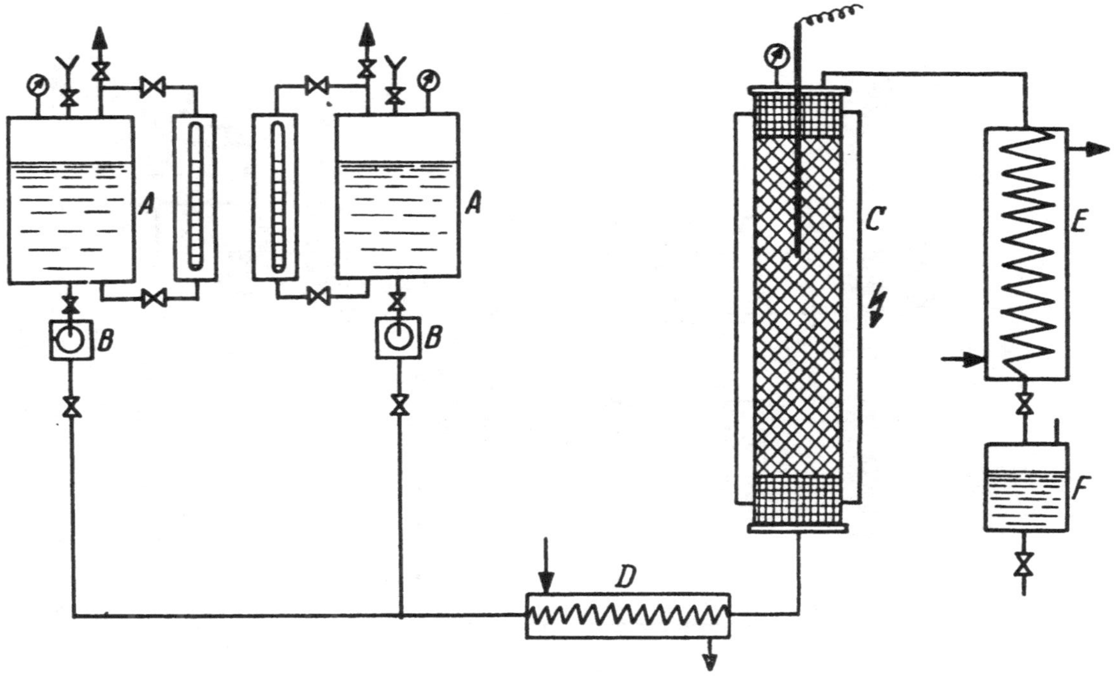

Abb. 5 Kleintechnische Anlage zur kontinuierlichen Durchführung von Umsetzungen mit Ionenaustauschern unter Druck.

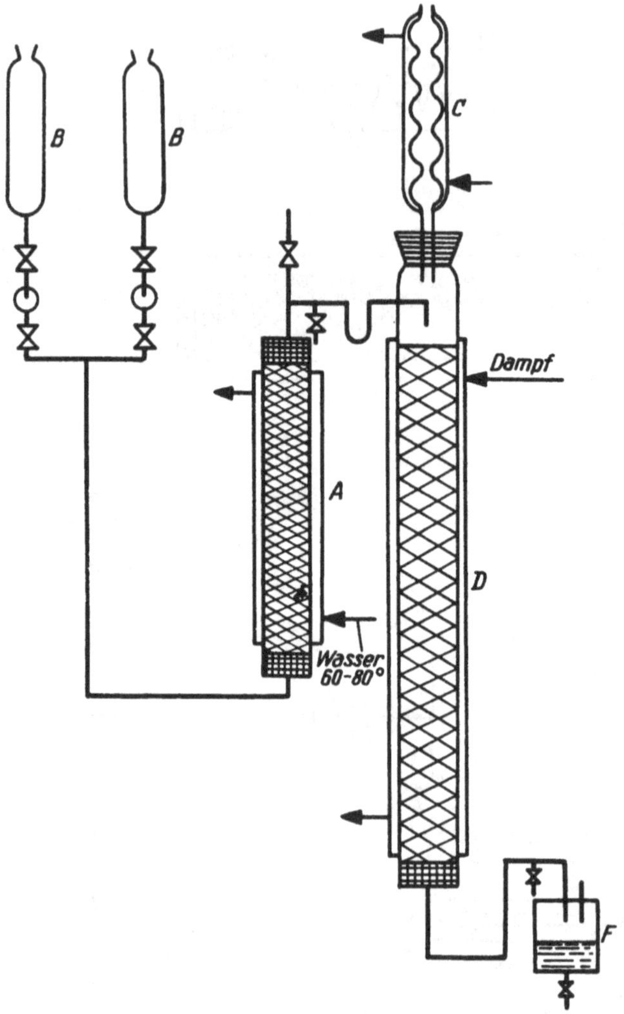

Abb. 6   Apparatur für die kontinuierliche Hydratation von Epoxydverbindungen.

Reaktion	Austauscher	Katalysierendes Ion	Lösungsmittel	Temp. °C	Verfahren	Ausbeute	Bemerkungen	Literatur
1. Veresterungen								
Essigsäure-äthylester	Wofatit P	H^+		kochen	Rückfluß	90% nach 5h		I. G. Farbenindustrie, DBP 8820901 (1942) Vgl. R. Grießbach, Chem. Techn. 5, 187 (1953)
Adipinsäure-dimethylester	Wofatit P	H^+		120°	Kolonne	99—100%	techn. Verfahren	I. G. Farbenindustrie, Anmeldungen 1942 u. 1943
Ester aus folgenden Säuren und Alkoholen: Essigsäure — Methanol, Butanol Buttersäure — Äthanol Laurinsäure — prim., sek. u. tert. Butanol Stearinsäure — Dodekanol Bernsteinsäure — Glykol Adipinsäure — Butylenglykol Ketopimerlinsäure — Hexandiol Sebacinsäure — Hexantriol	Wofatit P	H^+		erhöhte Temp.	Kolonne	92—100%		I. G. Farbenindustrie, Anmeldungen 1942 u. 1943
Essigsäure-furfurylester	Zeokarb	H^+	Benzol	kochen	Rückfluß	21%	direkte Veresterg. durch Säurekatalyse unmöglich	S. Sussman, Ind. Engng. Chem. 38, 1228 (1946)
Glykol-diacetat	Zeokarb	H^+	Benzol	kochen	Rückfluß	48%		
Ölsäurebutylester	Zeokarb u. 2 weitere phenolsulfonsaure Austauscher	H^+	—	115°	Rückfluß	99%		
		H^+	—	115°	Rückfluß			Ch. L. Levesque u. A. M. Craig, Ind. Engng. Chem. 40, 96 (1948)
2. Verseifungen								
a) Ester								
Essigsäure-äthylester	Wofatit KS	H^+	—		Umpumpen oder Rückfluß	20% nach 5h		I. G. Farbenindustrie DBP. 882091 (1942) und Anmeldungen
Oxal-, Bernstein-, Adipin- und Sebacinsäure-methylester	Wofatit P	H^+	—		Kolonne			
Ölsäure-butylester	Zeokarb	H^+	Wass./Alkoh.		Rückfluß	9%	orientierender Versuch, schlechte Ausbeute	S. Sussman, Ind. Engng. Chem. 38, 1228 (1946)
Essigsäure-methyl-, -n-butyl-, -amyl-, -benzylester	Wofatit C u. Amberlite IR100	H^+	Wass.	15—55°	batch			G. G. Thomas, C. W. Davies, Nature (London) 159, 372 (1947); C. W. Davies, G. G. Thomas, J. chem. Soc. (London) 1952, 1607
b) Lactam ε-Caprolactam → ε-Aminocapronsäure $CH_2-CH_2-CH_2-CH_2-CH_2-CO$ NH —————— $+ H_2O \rightarrow$ $H_2N \cdot CH_2 \cdot CH_2 \cdot CH_2 \cdot CH_2 \cdot CH_2 \cdot COOH$	Wofatit P	H^+	Wass.	140°	kontl.	ca. 40%	—	I. G. Anmeldung O. Z. 15109 v. 24. 1. 46
3. Wasserabspaltung								
Cyclohexen aus Cyclohexanol 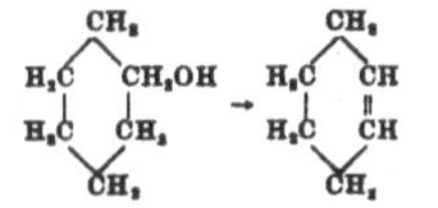	Wofatit	H^+	—	100—140°	batch	91%		I. G. Anmeldung O. Z. 14547 v. 6. 1. 44

Abb. 7

Reaktion	Austauscher	Katalysierendes Ion	Lösungsmittel	Temp. °C	Verfahren	Ausbeute	Bemerkungen	Literatur
Propylen aus Isopropylalkohol $CH_3 \cdot CH(OH) \cdot CH_3 \rightarrow CH_2{=}CH{-}CH_3$	Wofatit	H^+	—	150°	Kolonne	83,5%		I. G. Anmeldung O. Z. 14547 v. 6. 1. 44
Isobutylen aus Isobutylalkohol $CH_3 \cdot CH(CH_3){-}CH_2OH \rightarrow CH_2{=}C(CH_3){-}CH_3$	Wofatit	H^+	—	160°	Kolonne	ca. 80%		
Butadien aus 1.3-Butylenglykol $CH_2(OH){-}CH_2{-}CH(OH){-}CH_3 \rightarrow CH_2{=}CH{-}CH{=}CH_2$	Wofatit	H^+	—	160—170°	batch	ca. 10%		
Isobutylen aus tert. Isobutylalkohol $CH_3{\cdot}C(CH_3)(OH){\cdot}CH_3 \rightarrow CH_2{=}C(CH_3){-}CH_3$	Zeokarb	H^+	Xylol	kochen	Rückfluß	50%		G. Sussman, Ind. Eng.. Chem. 38, 1228 (1946)
Tetrahydrofuran aus 1.4-Butylenglykol $CH_2(OH){-}CH_2{-}CH_2{-}CH_2(OH) \rightarrow CH_2{-}CH_2{-}CH_2{-}CH_2(-O-) + H_2O$	Wofatit	H^+	—	130°	batch	92%		I. G. Anmeldung O. Z. 14468 v. 15. 11. 43
4. Hydratation von Epoxydringen								
Äthylenoxyd zum Äthylenglykol $CH_2{-}CH_2(-O-) + H_2O \rightarrow CH_2(OH){-}CH_2(OH)$	Wofatit	H^+	—	100°	konti. Kolonne	83%		Patent DDR Nr. 13468
Propylenoxyd zum 1.2-Propylenglykol $CH_2{-}CH(-O-){-}CH_3 + H_2O \rightarrow CH_2(OH){-}CH(OH){-}CH_3$	Wofatit	H^+	—	100°	konti. Kolonne	87%		unveröffentlichte Versuche
Epichlorhydrin zum Monochlorhydrin $CH_2{-}CH(-O-){-}CH_2Cl + H_2O \rightarrow CH_2(OH){-}CH(OH){-}CH_2Cl$	Wofatit	H^+	—	100°	konti. Kolonne	80%		
5. Prins'sche Reaktion								
Isobutylen zum 4.4-Dimethyl-1.3-dioxan $CH_3{-}C(CH_3){=}CH_2 + 2\,HCHO \rightarrow CH_3{-}C(CH_3){-}CH_2{-}CH_2{-}O{-}CH_2{-}O$ (Ring)	Wofatit P	H^+	Wass.	140°	konti. Druckapparatur	65%		I. G. Anmeldung
6. Isomerisierung								
Methallylalkohol zum Isobutyraldehyd $CH_2{=}C(CH_3){-}CH_2OH \rightarrow CH_3{-}CH(CH_3){-}CHO$	Wofatit P	H^+	Wass.	100°	batch konti.	quantitativ		unveröffentlichte Versuche

Zur Theorie der kontinuierlich arbeitenden Veresterungsanlagen, insbesondere bei Anwendung von Ionenaustauschern als Katalysatoren

von V. Vasilescu

Physikalisch-chemisches Laboratorium
des VEB Deutsches Hydrierwerk Rodleben

1. Einführung

Bei dem Betrieb bzw. bei der Projektierung kontinuierlich arbeitender Veresterungsanlagen ist es vorteilhaft zu wissen, welche Leistung von der Anlage zu erwarten ist, vor allem dann, wenn ein oder mehrere der wichtigsten Parameter, beispielsweise Katalysatorart, Katalysatormenge, Temperatur, Überschuß der sauren bzw. der hydroxylhaltigen Komponente oder der Durchsatz des zu veresternden Gemisches, geändert werden.

Bei Veresterungen, die in mehreren Stufen verlaufen, braucht man ebenfalls die wirkungsvollste Schaltung der einzelnen Reaktionsgefäße.

Es ist außerdem nicht uninteressant, beurteilen zu können, ob eine gewisse Bauart der Reaktionsgefäße günstig oder ungünstig ist bzw. ob sie den optimalen Effekt zu gewährleisten vermag.

Angeregt von unserer Tätigkeit auf dem Gebiet der kontinuierlichen Veresterung wasserfreier bzw. sehr stark wasserhaltiger Carbonsäuren aus der Paraffinoxydation Rodleben mit Ionenaustauschern als Katalysatoren im Forschungslaboratorium des VEB Deutsches Hydrierwerk Rodleben während der Jahre 1950 - 1953 (1) haben wir versucht, auf Grund von reaktionskinetischen Betrachtungen und mit einfachen mathematischen Hilfsmitteln den Ablauf der sich in den einzelnen Reaktionsstufen abspielenden Umsetzung durch möglichst allgemein gültige Gleichungen darzustellen, die u. a. dazu dienen sollen, die Kontrolle und die Projektierung solcher Anlagen im Labor- oder Betriebsmaßstab rationell durchzuführen und zu erleichtern.

2. Theoretische Betrachtungen über die kontinuierliche Veresterung

Bezeichnen wir innerhalb einer vom reagierenden Gemisch aufsteigend durchströmten Kontaktsäule (Abb. 1) mit:

A: die Ebene des Eintritts in die Kontaktsäule (Zeit $t = o$, $x = o$)

B: eine Ebene im Abstand x von der Ebene A (Zeit t)

C: eine Ebene im Abstand $(x + dx)$ bei der Zeit $(t + dt)$

α: die Konzentration der Carbonsäure in B, in Mol/kg Gemisch

β: die Konzentration der Alkoholkomponente in B, in Mol/kg Gemisch

γ: die Konzentration des Esters in B, in Mol/kg Gemisch

δ: die Konzentration des Reaktionswassers in B, in Mol/kg Gemisch

α_o, β_o, γ_o, δ_o : α-, β-, γ- bzw. δ-Wert in A (d. h. bei $x = o$)

$d\alpha$, $d\beta$, $d\gamma$, $d\delta$: die Änderung von α, β, γ bzw. δ zwischen B und C

SZ: die Säurezahl des Gemisches in B ($SZ = 56{,}1 \cdot \alpha$)

μ : mittlere Durchströmungsgeschwindigkeit in der Ebene B

k_1: Geschwindigkeitskoeffizient der Esterbildung

k_2: Geschwindigkeitskoeffizient der Esterverseifung

K: Gleichgewichtskonstante

m: Überschuß der hydroxylhaltigen Komponente in Mol/Mol. Säure.

Aus der theoretischen Reaktionsgleichung der Veresterung:

$$R\text{-}COOH + R'\text{-}OH \rightleftharpoons R\text{-}COOR' + H_2O$$

ergibt sich

$$d\alpha = d\beta = -d\gamma = -d\delta$$

In der Ebene B bei der Zeit t und der entsprechenden Höhe x gilt für die Reaktionsgeschwindigkeit

$$\frac{d\alpha}{dt} = k_1 \cdot \alpha \cdot \beta - k_2 \cdot \gamma \cdot \delta \qquad (1)$$

und für die Durchflußgeschwindigkeit:

$$\mu = \frac{dx}{dt} \qquad (2)$$

Für die weitere Entwicklung ist es zweckmäßig, den Fall der ersten Veresterungsstufe zu behandeln, bei der im allgemeinen das zu reagierende Gemisch keinen Ester und kein Wasser enthält, d. h. $\gamma_0 = 0$, $\delta_0 = 0$.

2.1 Ausgangskomponenten: Carbonsäure und hydroxylhaltige Verbindung im Überschuß, d. h.:

$$\alpha_0, \ \beta_0 = (1 + m) \cdot \alpha_0, \ \gamma_0 = 0, \ \delta_0 = 0 \qquad (3)$$

Aus (1), (2) und (3) ergibt sich nach Variabeltrennung und Integrieren:

$$-\mu \cdot \int_{\alpha_0}^{\alpha} \frac{d\alpha}{k_1 \cdot \alpha \cdot (\alpha + m \cdot \alpha_0) - k_2 \cdot (\alpha - \alpha_0)^2} = x - x_0 \qquad (4)$$

Setzt man $$y = \alpha_0 - \alpha \qquad (5)$$

so wird aus Gleichung (4), indem wir anstelle von α die neue unabhängige Veränderliche y einführen:

$$\frac{\mu}{k_2} \cdot \int_{y}^{0} \frac{dy}{y^2 - K \cdot (y - \alpha_0)(y - \beta_0)} = x - x_0 \qquad (6)$$

wobei zwischen K, k_1 und k_2 bekanntlich die Beziehung

$$K = \frac{k_1}{k_2} \qquad (7)$$

gilt.

Die Gleichung (6) kann weiterhin wie folgt umgestaltet werden:

$$\frac{\mu}{k_2 \cdot (K-1)} \cdot \int_0^y \frac{dy}{(y-\eta_1)(y-\eta_2)} = x - x_0 \tag{8}$$

Hier sind η_1 und η_2 die Wurzeln der quadratischen Gleichung

$$(K-1) \cdot y^2 - K \cdot (\alpha_0 + \beta_0) \cdot y + K \cdot \alpha_0 \cdot \beta_0 = 0 \tag{9}$$

Setzen wir $\lambda = \frac{(k_1 - k_2)(\eta_1 - \eta_2)}{\mu}$ (10)

so ergibt sich der Gleichung (8) zufolge:

$$\boxed{y = \eta_2 + \frac{\eta_1 - \eta_2}{1 - \left(\frac{\eta_1}{\eta_2}\right) \cdot e^{\lambda \cdot x}}} \tag{11}$$

Aus Gleichung (9) gewinnt man die η_1- und η_2-Werte wie folgt:

$$\eta_{1,2} = \alpha_0 \cdot \frac{K \cdot (m+2) \pm \sqrt{(K \cdot m + 2) + 4 \cdot (K-1)}}{2 \cdot (K-1)} \tag{12}$$

Aus (11) gewinnt man einen neuen Ausdruck für λ:

$$\lambda = \frac{1}{x} \cdot \ln\left(\frac{\eta_2}{\eta_1} \cdot \frac{y-\eta_1}{y-\eta_2}\right) \tag{13}$$

2.2 Ausgangskomponenten: Carbonsäure, hydroxylhaltige Verbindung und Ester (Fall der 2., 3., 4. Veresterungsstufe)

Da wir voraussetzen, daß am Ende der 1. Veresterungsstufe (1. Kontaktsäule) das Reaktionswasser destillativ restlos entfernt wird, hat man hier bei t = o, d. h. beim Eingang in die 2. Kontaktsäule:

$$\alpha_0,\ \beta_0 = (1 + m) \cdot \alpha_0,\ \gamma_0 \text{ und } \delta_0 = 0$$

Die Formeln (10), (11) und (13) gelten auch in diesem Fall; die Formel (12) ist allerdings durch (14) wie folgt zu ersetzen:

$$\eta_{1,2} = \frac{K\cdot(\alpha_0+\beta_0)+\gamma_0 \pm \sqrt{[K\cdot(\alpha_0+\beta_0)+\gamma_0]^2 - 4\cdot K\cdot(K-1)\cdot\alpha_0\cdot\beta_0}}{2\cdot(K-1)} \qquad (14)$$

2.3 Anwendung der theoretischen Ergebnisse

Das der Kontaktsäule 1 zugeleitete Carbonsäure-Alkohol-Gemisch ist durch α_0 und m gekennzeichnet; die Gleichgewichtskonstante K ist aus Literaturangaben bzw. aus einem sinngemäß durchgeführten Laborversuch als bekannt vorausgesetzt. Formel (12) vermag somit, die η_1- und η_2-Werte auszurechnen.

Aus einem Veresterungsversuch im Labormaßstab mit einer Kontaktsäule, bei gleichen Ausgangskomponenten, m-Wert, Katalysator (Sorte, Konzentration bzw. Körnung), Betriebstemperatur und möglichst auch bei gleicher Durchflußgeschwindigkeit in der Kontaktsäule ergibt sich die Säurezahl und somit der α- bzw. der y-Wert in der Ebene der Entfernung x innerhalb der Kontaktsäule. Zweckmäßigerweise wird hierzu die Säurezahl am Ausgang der Kontaktsäule ermittelt und wegen der evtl. stattgefundenen azeotropen Destillation des Reaktionswassers korrigiert.

Somit läßt sich aus der Formel (13) der λ-Wert und weiterhin aus (10) unter Berücksichtigung der mittleren Durchflußgeschwindigkeit μ innerhalb der Kontaktsäule (als gleichbleibend betrachtet), die Differenz (k_1-k_2) der Geschwindigkeitskoeffizienten der Veresterung bzw. der Verseifung ausrechnen.

Aus (k_1-k_2) und K lassen sich die k_1- und k_2-Werte ermitteln, die wir bei gleichem Katalysator und bei gleicher Betriebstemperatur für die sämtlichen Kontaktsäulen der Veresterungsanlage als gültig betrachten. Es soll hier jedoch darauf hingewiesen werden, daß für weitere Berechnungen nicht k_1 und k_2, sondern nur (k_1-k_2) benötigt wird.

Der Verlauf der Säure innerhalb der ersten Kontaktsäule kann ohne Schwierigkeiten aus der Formel (11) abgeleitet werden, indem man

$$N = e^{\lambda \cdot x} \tag{15}$$

setzt und die N- bzw. y-Werte für verschiedene x-Werte ermittelt (ein ausführliches Beispiel hierzu findet unter Pos. 4 statt).

Aus der Säurekonzentration am Ende der 1. Kontaktsäule wird nun, unter Berücksichtitung der azeotropen Destillation des Reaktionswassers, die Zusammensetzung des Reaktionsgemisches beim Eingang in die 2. Kontaktsäule, d. h. die neuen $\alpha_{\bar{0}}$, $\beta_{\bar{0}}$ und γ_0-Werte (da $\delta_0 = 0$) und mit dem gleichen K-Wert wie bei der Kontaktsäule 1 die η_1- und η_2-Werte für den 2. Kontaktofen vermittels Formel (14) bestimmt.

Aus dem sich daraus ergebenden $(\eta_1 - \eta_2)$, dem früher bestimmten (k_1-k_2) und dem für die 2. Kontaktsäule gültigen μ-Wert ergibt sich nach (10) der λ-Wert und nach (11) der Verlauf des y-Wertes, d. h. der Säurekonzentration bzw. der Säurezahl in der Kontaktsäule 2. Besonders wichtig dabei ist die Endsäurezahl im wasserhaltigen Rohester der 2. Veresterungsstufe, die nach Berücksichtigung der azeotropen Destillation des Reaktionswassers dem experimentellen Wert gegenübergestellt werden kann (falls eine aus mehreren Kontaktsäulen bestehende Veresterungsanlage vorliegt) und in ähnlicher Weise zur Berechnung der 3., 4. usw. Kontaktsäule als Grundlage verwendet werden kann.

3. Anwendungsbeispiel 1: Laborapparatur mit vier Kontaktsäulen in Kaskadenschaltung

Kontaktsäulen: Länge = 31 cm (maximaler x-Wert)
Innendurchmesser = 3,5 cm
Querschnitt = 9,7 cm^2.

Katalysator: Wofatit KPS-200 (VEB Farbenfabrik Wolfen)
Schüttvolumen = 300 cm^3
Leervolumen = 150 cm^3.

Veresterungskomponenten:
Vorlauffettsäure II aus der Paraffinoxydation Rodleben (Kettenlängenbereich gemäß gaschromatographischer Analyse C_5-C_{15}, zum größten Teil jedoch C_7-C_9), SZ = 390; n. Butanol techn., OHZ = 720.

Veresterungsgemisch:
100 Mol% Butanolüberschuß (m = 1), SZ_o = = 187,5; α_o = 3,34; β_o = 6,68; γ_o = o; δ_o = o (jeweils in Mol/kg Gemisch).

Durchsatz in der 1. Kontaktsäule: 300 cm^3/h
Verweilzeit in der 1. Kontaktsäule: ca. 30 Min.
Temperatur im Ölbad der Kontaktsäulen: 125° C.

Berechnungsgrundlagen:

a) K = 4 (Gleichgewichtskonstante)
b) SZ = 60 am Ende der 1. Kontaktsäule im wasserhaltigen Ester, d. h. vor der azeotropen Destillation des Reaktionswassers (ca.68,5 im trockenen Ester) bei der Variante 4.1 unten; bzw. SZ = = 35 im feuchten Ester (d. h. 40 im trockenen Ester) bei der Variante 4.2.
c) Reaktionswasser am Ende jeder Kontaktsäule restlos azeotrop abdestilliert.

3.1 Variante 1

Die Berechnung der Laborapparatur erfolgte nach den Formeln (10), (11), (12), (13), (14) und (15) gemäß den bei Pos. 3.3 mitgeteilten Hinweisen. Es soll hierzu bemerkt werden, daß bei dieser Variante die für den Ablauf aus der Kontaktsäule 1 vorausgesetzte Säurezahl (68,5 im Trockenester bzw. 60 im feuchten Ester) absichtlich zu hoch liegt und bei den oben mitgeteilten Betriebsverhältnissen einem alten, ziemlich inaktiv gewordenen Katalysator entspricht, weshalb auch die SZ im Ablauf der 2., 3. bzw. 4. Kontaktsäule zu hoch liegt.

Die Tabelle 1 enthält die μ-, η_1-, η_2- und λ-Werte für die Kontaktsäulen 1, 2, 3 und 4 sowie die aus der 1. Kontaktsäule ermittelten Geschwindigkeitskoeffizienten k_1 und k_2.

Tabelle 1

Kontaktsäule	μ (cm/s)	η_1	η_2	λ	$k_1 \cdot 10^4$	$k_2 \cdot 10^4$
1	0,0172	10,54	2,82	0,0448	1,333	0,333
2	0,0150	6,673	0,923	0,0377	-	-
3	0,01485	5,29	0,4165	0,03285	-	-
4	0,0142	4,704	0,217	0,0317	-	-

Die Tab. 2 enthält die Teil- und Endergebnisse zu dem Verlauf der SZ innerhalb der 1., 2., 3. und 4. Kontaktsäule. Die letzte Kolonne gibt die SZ im feuchten Rohester unmittelbar vor der azeotropen Destillation des Reaktionswassers wieder, während die 1. Kolonne die SZ im Ausgangsgemisch bzw. im trockenen Ablauf aus den Kontaktsäulen 1, 2 und 3, d. h. nach der azeotropen Destillation, darstellt.

Daraus ergibt sich, daß bei einer SZ = 187,5 im Ausgangsgemisch die SZ im Rohesterablauf

68,5 in der 1. Veresterungsstufe (vorausgesetzt)
32,6 in der 2. "
18,1 in der 3. "
ca. 10,5 in der 4. "

beträgt.

Tabelle 2

K-Säule	x=	0 cm	5 cm	10 cm	15 cm	20 cm	25 cm	31 cm
	Nr.							
	1	0	0,0975	0,1950	0,2925	0,3900	0,4875	-
	2	0	0,0818	0,1637	0,2455	0,3274	0,4092	0,5075
log N	3	0	0,0713	0,1426	0,2139	0,2852	0,3565	0,4420
	4	0	0,0688	0,1377	0,2065	0,2754	0,3442	0,4265
	1	1	1,2520	1,567	1,9610	2,455	3,073	-
	2	1	1,2075	1,458	1,7600	2,125	2,566	3,2175
N	3	1	1,1785	1,389	1,6365	1,9285	2,2725	2,7670
	4	1	1,1720	1,373	1,6090	1,886	2,209	2,6700
	1	3,340	2,625	2,115	1,744	1,465	1,256	1,070
	2	1,225	1,046	0,905	0,792	0,702	0,630	0,560
α	3	0,581	0,514	0,045	0,412	0,373	0,341	0,308
	4	0,323	0,288	0,259	0,234	0,213	0,195	0,178
	1	187,5	147,2	118,6	97,8	82,2	70,4	60,0
	2	68,5	58,6	51,7	44,3	39,3	35,3	31,4
SZ	3	32,6	28,9	25,8	23,1	20,9	19,1	17,3
	4	18,1	16,3	14,5	13,1	11,9	10,9	10,0

Es soll hierzu noch daran erinnert werden, daß bei diesen theoretischen Betrachtungen sowie im obigen Anwendungsbeispiel im Laufe der Veresterung keine Zugabe von Veresterungskomponenten zwischen oder während der Reaktionsstufen vorgenommen wurde. Sollte jedoch z. B. eine Zugabe von Alkohol vor dem Eintritt in eine Stufe als notwendig oder wünschenswert erachtet sein, so ändern sich dementsprechend die α_0-, β_0- und γ_0-Werte, die sämtlichen Formeln gelten allerdings nach wie vor.

Mit den Zahlenwerten der Tabelle 2 wurden die Kurven der Abb. 2 aufgezeichnet, die den Verlauf der SZ im wasserhaltigen, die Kontaktsäulen durchströmenden Reaktionsgemisch darstellen.

Wie zu erwarten war, nimmt die SZ am stärksten in der 1. Kontaktsäule und am wenigsten in der 4. Kontaktsäule ab, wo trotz des relativ großen Überschusses der hydroxylhaltigen Komponente gegenüber der sauren Komponente die Esterkonzentration erheblich ist.

3.2 Variante 2

Die gleiche Labor-Veresterungsanlage mit 4 Kontaktsäulen wurde bei der Voraussetzung SZ = 35 vor der azeotropen Destillation des Reaktionswassers bzw. SZ = 40 im wasserfreien Ablauf (gegenüber 60 bzw. 68,5 im Fall der Variante 1) berechnet. Die Tabelle 3 enthält die gleichen Werte wie die Tab. 1 bei der Variante 1.

Tabelle 3

Kontakt-säule	μ (cm/s)	η_1	η_2	λ	$k_1 \cdot 10^4$	$k_2 \cdot 10^4$
1	0,017.2	10,54	2,82	0,096.7	2,220	0,555
2	0,014.7	5,586	0,539	0,057.0	-	-
3	0,014.3	4,683	0,200	0,052.0	-	-
4	0,014.2	4,366	0,083	0,050.2	-	-

Die Berechnung der Anlage in dieser Variante führte bei gleicher SZ (= 187,5) im Ausgangsgemisch zu folgendem Ergebnis:

SZ = 40,0 im Ablauf der 1. Kontaktsäule (vorausgesetzt!)
16,1 " 2. "
7,2 " 3. "
3,6 " 4. "

Diese Zahlenergebnisse entsprechen einem frischen, hochaktiven Katalysator.

4. Anwendungsbeispiel 2: Betriebsanlage mit 4 Kontaktsäulen in 8 Schaltungsvarianten

Kontaktsäule: Länge 2800 mm, Außendurchmesser 600 mm, Innendurchmesser 200 mm

Katalysator: Wofatit KPS-200 (VEB Farbenfabrik Wolfen)

Veresterungs-komponenten:	Vorlauffettsäure II aus der Paraffinoxydation Rodleben, SZ = 390 und n.Butanol techn. OHZ = 720
Veresterungs-gemisch:	100 Mol% Butanolüberschuß (m = 1), SZ = 187,5; $\alpha_0 = 3{,}34$; $\beta_0 = 6{,}68$; $\gamma_0 = 0$; $\delta_0 = 0$ (jeweils in Mol/kg Gemisch)
Durchsatz:	900 l/h
Temperatur:	125° C
Berechnungs-grundlagen:	a) K = 4 b) $k_1 - k_2 = 1.10^{-4}$ (wie im Beispiel 11) c) restlose azeotrope Entfernung des Reaktionswassers am Ende jeder Kontaktsäule.

Die Berechnung dieser Anlage wurde in 8 Schaltungsvarianten durchgeführt (s. Abb. 31); dabei wurden folgende Ergebnisse (d. h. Endsäurezahl im wasserfreien Rohester) erreicht:

Variante	Schaltung der 4 Kontaktsäulen	Endsäurezahl
I	Kaskadenschaltung (S-Schaltung[x])	15,0
II	P. von 2 Gruppen je 2 Säulen in S.	19,5
III	S. von Säule 1 mit (2+3+4) in P.	23,4
IV	P. der 4 Kontaktsäulen	34,4
V	S. v. Säule 1 mit (2+3) in P. u.4	>15,0
VI	S. von (1+2) in P. mit 3 und 4	>15,0
VII	S. von (1+2+3) in P. mit 4	ca.22
VIII	S. von 1, 2 und (3+4) in P.	17,0

x) P = Parallelschaltung; S = Serienschaltung

Aus dieser Zusammenstellung ist ersichtlich, daß bei gleichbleibenden Betriebsbedingungen, u. a. bei gleichem Durchsatz, die Kaskadenschaltung die niedrigste und die Parallelschaltung (Variante IV) die höchste Säurezahl im Ablauf aufweist. Die optimale Kombination der 4 Kontaktsäulen ist also die Serienschaltung.

Je mehr eine Schaltung von der Kaskadenschaltung abweicht (stufenzahlmäßig) und je unsymmetrischer die Einzelstufen sind (z. B. Variante III oder VII gegenüber II), desto höher wird die Endsäurezahl im Rohester.

Aus obiger Zusammenstellung ergibt sich tatsächlich folgender Einfluß der Serienstufenzahl auf die Endsäurezahl:

S.-Stufenzahl	Variante	Endsäurezahl
4	I	15,0
3	V, VI, VIII	> 15 - 17,0
2	II, III, VII	19,5 - 23,4
1	IV	34,4

Aus dem Vergleich der Anwendungsbeispiele 1 und 2 ersieht man, daß die theoretisch ermittelte Endsäurezahl der Betriebsanlage höher als die der Laboranlage ist. Gleichzeitig kann aber festgestellt werden, daß der Belastungsfaktor der 1. Anlage bedeutend größer als der der zweiten Anlage ist (0,322 gegenüber 0,250 Liter Gemisch/Liter Gesamtwofatit, d. h. um 28,5 % größer).

5. Weitere Anwendungen der theoretischen Ergebnisse

Betrachtet man die Kontaktsäule 1 und die dazugehörige Gleichung (11), so stellt man fest, daß bei unendlich langer Säule ($x = \infty$) y nicht null ist, sondern einen Grenzwert:

$$\lim y_{x=\infty} = \eta_2 \tag{16}$$

hat.

Dies bedeutet, daß auch bei unendlich langer Kontaktsäule die SZ = 0, d. h. die restlose Veresterung, theoretisch nicht erreicht werden kann; der Formel (16) zufolge hat die Säurekonzentration den Grenzwert

$$\begin{aligned}\lim_{x=\infty} \alpha &= \alpha_0 - \eta_2 \\ &= 3,34 - 2,82 \\ &= 0,52 \text{ Mol/kg Gemisch}\end{aligned} \tag{17}$$

und dementsprechend

$$\lim_{x = \infty} (SZ) = 29{,}2 \qquad (18)$$

Es soll allerdings hier daran erinnert werden, daß die theoretischen Ergebnisse unter Pos. 3, darunter die Gleichung (11), unter der Voraussetzung gewonnen wurden, daß das Reaktionswasser bis am Ende der Kontaktsäule im reagierenden Gemisch gelöst bleibt und an dieser Stelle abdestilliert wird.

Aus obigen Ergebnissen (s. auch Abb. 2) ist ersichtlich, daß es unzweckmäßig und unwirtschaftlich ist, mit langen Kontaktsäulen zu arbeiten, bei denen die zunehmende Konzentration des Reaktionswassers mit zunehmendem x ein Hindernis für das Fortschreiten der Veresterung darstellt.

Viel vorteilhafter ist es, mit mehreren, nacheinander geschalteten, kurzen Kontaktsäulen zu arbeiten, wobei das Reaktionswasser schnellstens und restlos entfernt werden kann.

Diese Feststellung gab uns Anlaß zu einer prinzipiellen Bauänderung der mit oder ohne Katalysator kontinuierlich arbeitenden Anlagen für Veresterungen oder für andere unter Wasserabspaltung verlaufenden Reaktionen.

Dabei wurde von senkrecht gestalteten, langen Reaktionssäulen Abstand genommen und von horizontal bzw. schwach geneigt gelagerten, wenig hohen und mit Zwischenwänden oder dergl. versehenen Reaktionsgefäßen Gebrauch gemacht, bei denen das reagierende Gemisch von unten nach oben und umgekehrt (d. h. schlangenförmig) durchfließt und das gebildete Reaktionswasser (oder im allgemeinen: eine der durch die Reaktion gebildeten Komponenten) schnellstens und örtlich entfernt wird (s. hierzu Literaturzitate (2) und (3)).

Eine nach diesen Richtlinien aufgebaute Laborapparatur zur kontinuierlichen Veresterung mit Ionenaustauscher als Katalysator ist beispielsweise in Abb. 4 schematisch und in Abb. 5 als Gesamteinrichtung veranschaulicht. Der Ionenaustauscherinhalt beträgt dabei 1 Liter.

Diese Apparatur zeichnet sich durch sehr geringe Massen (ca. 50 cm . 70 cm . 100 cm), sehr einfache Bedienung und hohe Leistung aus; die SZ im Ablauf lag, bei gleichem Gemisch wie bei Pos. 4, bei einem Belastungsfaktor von 0,33, bei 120° C im Ölbad und mit Wofatit D als Katalysator, zwischen 7 und 10.

In der Abb. 4 sind für die 6 Wofatiträume 6 Dampfabzugrohre vorgesehen, die gleichzeitig zum Einfüllen bzw. zur Entleerung des Katalysators dienen. Bei Anwendung von gelösten Katalysatoren oder beim Arbeiten ohne Katalysator kann die Apparatur entsprechend einfacher gestaltet werden, indem z. B. die kommunizierenden Räume mit einem gemeinsamen Dampfabzug versehen sind und die Anzahl der Räume herabgesetzt wird.

6. <u>Zusammenfassung</u>

Durch reaktionskinetische Betrachtungen werden Gleichungen abgeleitet, die den Verlauf der Konzentration der sauren Komponente bzw. der Säurezahl innerhalb der Reaktionssäule oder in einer aus mehreren Reaktionssäulen bestehenden Anlage zu bestimmen vermögen.

Die dabei gewonnenen Ergebnisse können in vorteilhafter Weise zur rationellen Planung bzw. zur Kontrolle kontinuierlich arbeitender Veresterungsanlagen angewendet werden.

Die aufgestellten Gleichungen enthalten einige Konstanten, die vorwiegend bei katalysierten Reaktionen bestimmt werden müssen.

Als Beispiel wird eine kleine Laborapparatur ausführlich berechnet, die aus 4 mit Wofatit KPS-200 (als Katalysator) gefüllten, in Kaskaden geschalteten Reaktionssäulen besteht, und die daraus gewonnene Säurezahl am Ende jeder Veresterungsstufe dem experimentellen Wert gegenübergestellt.

Als weiteres Beispiel wird eine im Prinzip ähnlich arbeitende Betriebsanlage berechnet, die aus 4 in 8 Schaltungsvarianten ebenfalls mit Wofatit KPS-200 gefüllten Kontaktsäulen besteht. Dabei ergab sich, daß die Kaskadenschaltung die niedrigste Endsäurezahl im Reaktionsgemisch aufweist.

Aus diesen theoretischen Betrachtungen ergibt sich außerdem, daß eine aus Reaktionssäulen bestehende Apparatur nicht die günstigste Ausführung darstellt.

Literatur

1. V. Vasilescu, Chemische Technik 11 (1959), 29.
2. V. Vasilescu, DWP 13 010 (1952).
3. V. Vasilescu, DWP 15 825 (1956).

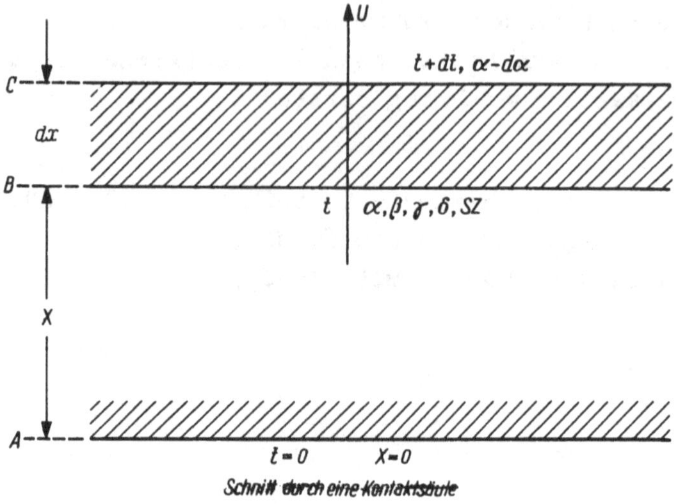
U
t+dt, α-dα
C
dx
B
t
α, β, γ, δ, SZ
X
A
t=0
X=0
Schnitt durch eine Kontaktsäule

Abb. 1

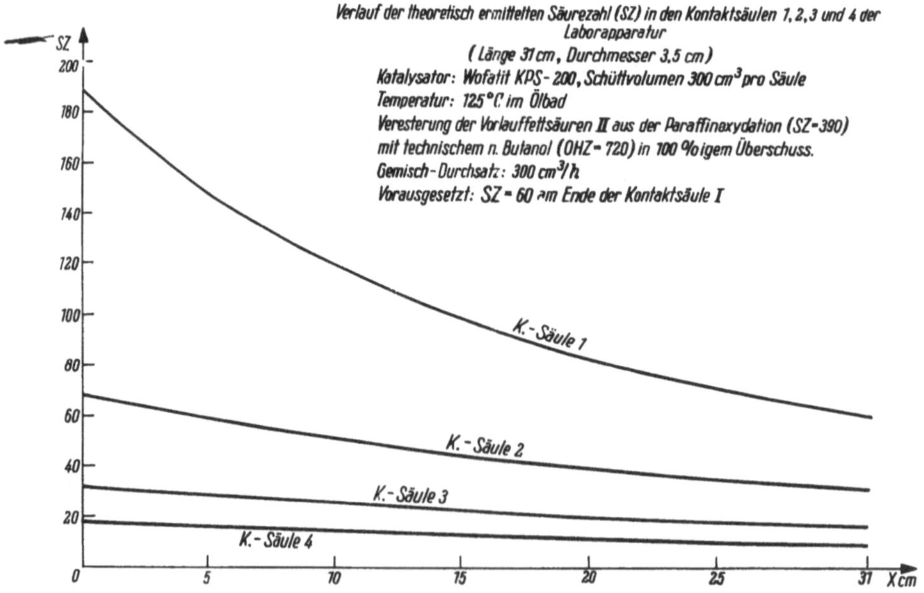
Verlauf der theoretisch ermittelten Säurezahl (SZ) in den Kontaktsäulen 1, 2, 3 und 4 der Laborapparatur
(Länge 31 cm, Durchmesser 3,5 cm)
Katalysator: Wofatit KPS-200, Schüttvolumen 300 cm³ pro Säule
Temperatur: 125°C im Ölbad
Veresterung der Vorlauffettsäuren II aus der Paraffinoxydation (SZ=390)
mit technischem n. Butanol (OHZ=720) in 100 %igem Überschuss.
Gemisch-Durchsatz: 300 cm³/h
Vorausgesetzt: SZ=60 am Ende der Kontaktsäule I
SZ
200
180
160
140
120
100
80
60
40
20
0
5
10
15
20
25
31
X cm
K.-Säule 1
K.-Säule 2
K.-Säule 3
K.-Säule 4

Abb. 2

Anwendungsbeispiel 2: Betriebsanlage mit 4 Kontaktsäulen in 8 Schaltungsvarianten (I bis VIII)

Säulen: L = 2800 mm, D_a = 600 mm, D_i = 200 mm, Wofatit KPS-200, Temp. = 125 °C

Durchsatz: 900 l/h Gemisch: PO-Fettsäure C_7-C_9 (SZ = 390) + n-Butanol (OHZ = 720), m = 1

100 Mol-% But.-Überschuss, SZ_0 = 187,5 K = 4

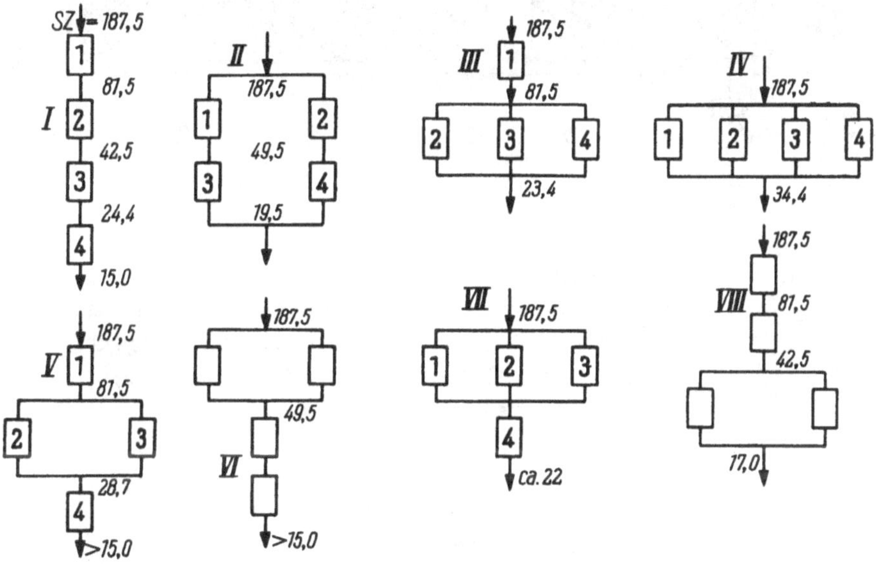

Abb. 3   Verlauf der Säurezahl in wasserfreiem Rohester.

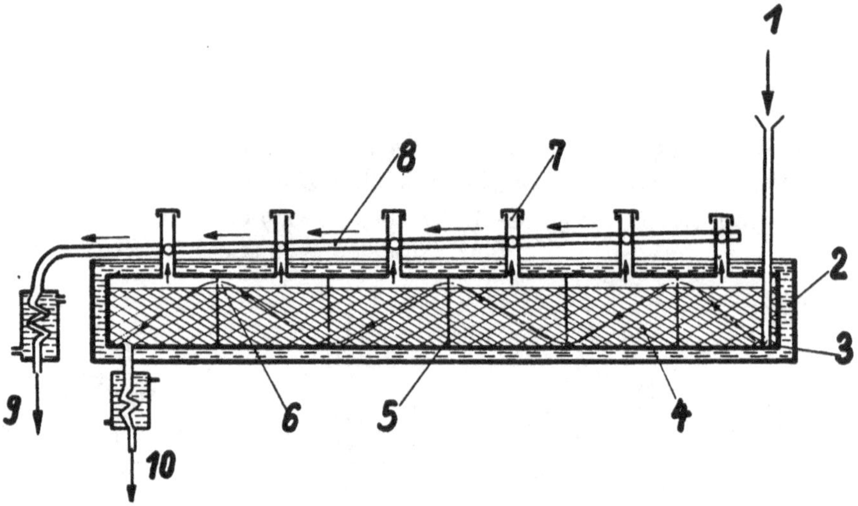

Abb. 4 Schema einer kontinuierlich arbeitenden Laborveresterungsapparatur für wasserfreie Carbonsäuren mit horizontal gelagertem Reaktionsraum (gemäß DWP 13010 und 15825, Erf. Dr. V. Vasilescu).

1 - Carbonsäure-Butanol-Gemisch;
2 - Heizbad;
3 - V2A-Rohr;
4 - Reaktionsraum mit Wofatitfüllung;
5 - Trennungswände;
6 - Sieb;
7 - Wofatit-Einfüllrohr;
8 - Sammelrohr für Destillat;
9 - Butanol-Wasser-Kondensat;
10 - Rohester.

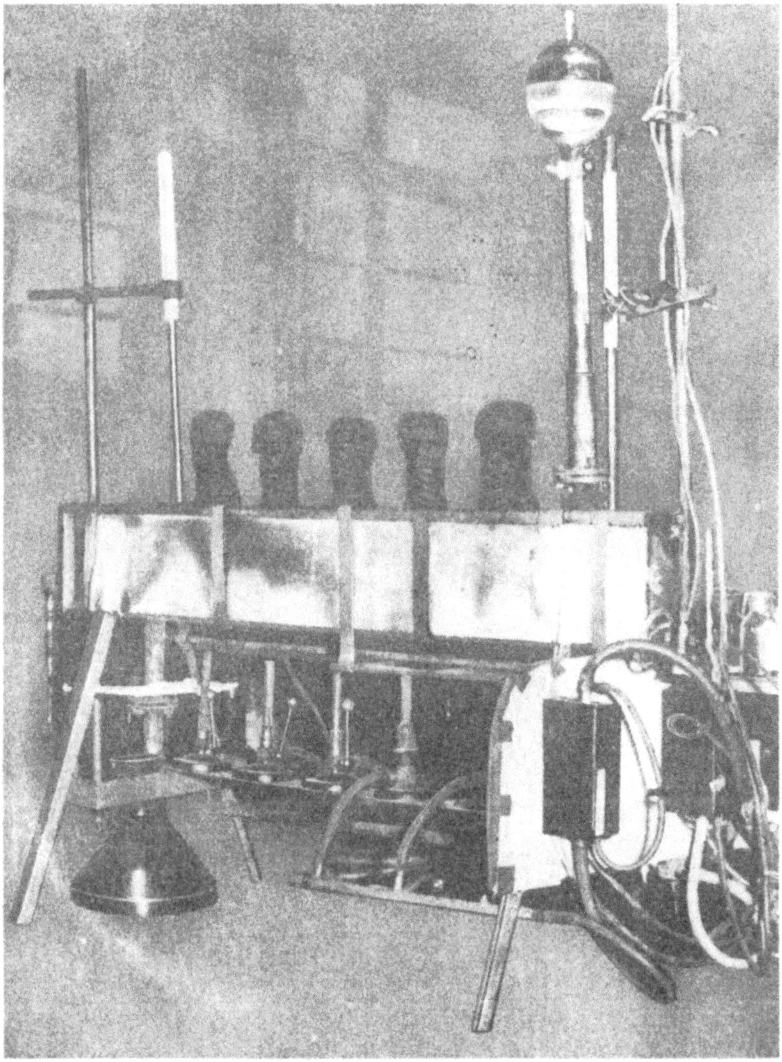

Abb. 5 Laborveresterungsapparatur nach dem Schema der Abb. 4.

Anomale Reaktion von Ionenaustauschern in der Zuckerindustrie

von Peter Smit, imacti, Industrieele
Maatschappij Activit N. V., Amsterdam

Historische Vorbemerkung:

Die Anwendung von Ionenaustauscherprozessen in der Zuckerindustrie ist ein sehr altes und zugleich sehr schwieriges Problem, das im Entwicklungsgang der Ionenaustauscher selbst eine bedeutende Rolle gespielt hat. (Rümpler, Gans).

Nach Auftauchen der Kunstharzaustauscher wurde es von der Zuckerindustrie mit Enthusiasmus wieder neu aufgegriffen. Die Einführung auch der Kunstharzaustauscher in den Fabrikationsprozeß der Zucker- und Glukoseindustrie verfolgte zunächst das alte bescheidenere Ziel einer Beseitigung nur der Härtebildner aus den Säften, um die bekannten Störungen durch Verkrusten der Verdampferaggregate zu vermeiden.

Eine vollständige Entmineralisierung der Säfte und damit Erhöhung der Zuckerausbeute- und -qualität unter Wegfall des Melasseanfalles erschien zwar als lockendes Ziel; die halbtechnischen Vorarbeiten stießen indessen auf recht erhebliche Schwierigkeiten. Schwierigkeiten, die bei den ersten Versuchen mit Kunstharzaustauschern kaum kleiner waren als etwa bei den klassischen Versuchen von Gans in Fraustadt mit seinen Schmelzzeolithen; sie schienen eine Anwendung des Ionenaustauschverfahrens in der Zuckerindustrie zeitweise in Frage zu stellen. Andererseits wurden bei diesen Vorarbeiten gewisse qualitativ interessante Nebeneffekte beobachtet, die den Ionenaustauschern für die Zuckertechnik neuartige Ausblicke eröffneten.

Und zwar handelte es sich dabei um sehr hohe, kaum erwartete Reinigungseffekte, für die, wie wir heute wissen, z. T. die Befähigung der Ionenaustauscher zur Allgemeinadsorption und z. T. kolloidchemische Umladungseffekte verantwortlich zu machen sind. Bei diesen Reaktionen, z. T. als Störungsphänomene betrachtet, z. T. als neuartige, positive Erfolge versprechende Effekte, spielen somit gewisse anomale Reaktionen an Ionenaustauschern eine entscheidende Rolle. Im folgenden sei ihnen unsere besondere Aufmerksamkeit zugewandt.

Die Anwendung ionenaustauschender Substrate in der Zuckerindustrie hat sich, den obigen Darlegungen entsprechend, in der Folgezeit in zwei verschiedenen Richtungen entwickelt. Einesteils waren die Bemühungen der Zuckertechniker darauf gerichtet, die großen technischen Schwierigkeiten zu überwinden, welche mit einer Entionisierung von Zuckersäften verbunden waren und auf die wir nachstehend näher eingehen werden; anderenteils hat man die überraschende Befähigung gewisser zum Ionenaustausch befähigter Substanzen zur Entfernung von färbenden und kolloidalen Begleitstoffen der Zuckerlösungen mit bestem Erfolg nutzbar gemacht.

Beide Entwicklungen erforderten sowohl bezüglich der benötigten ionenaustauschenden Materialien als auch hinsichtlich der Anwendungstechnik Neuentwicklungen, die bedeutende Anstrengungen erforderten. Heute kann man sagen, daß die umfangreiche, hier geleistete Vorarbeit, nicht fruchtlos gewesen ist: Ionenaustauscher sind in der Zuckerindustrie zu einem unentbehrlichen, nicht mehr wegzudenkenden Hilfsmittel geworden.

Zunächst seien einige Hinweise gegeben auf die bei Anwendung der Ionenaustauscher auf dem Zuckergebiete wahrgenommenen zahlreichen Schwierigkeiten, welche wie erwähnt, einen Nutzen des Ionenaustauschverfahrens zunächst durchaus problematisch machten. Wir erwähnen:

Anomale Quellung und Schrumpfung des Austauscherharzes; also abnorme und zunehmende Atmungsdifferenz.

Nachzerkleinerung des Harzes, evtl. bis zu feinem Pulver.

Peptisation, Weichwerden und gegebenenfalls Auflösung des Harzes.

Amphoterwerden des Austauschers.

Schlechte Auswaschbarkeit des Harzes.

Kapazitätsverlust.

Nachlassen der Regenerierbarkeit.

Änderung des spezifischen Gewichtes.

Es ist selbst für den Laien leicht zu übersehen, daß zwischen verschiedenen der genannten Schwierigkeiten vielfach ein innerer Zusammenhang besteht. Beispielsweise wird ein abnormes Quellen und Schrumpfen des Harzes, d. h. eine zu große Atmungsdifferenz innerhalb eines Arbeitsspieles, sicher den Zerfall der Harzkörner zu Pulver, bzw. ihre Peptisation begünstigen; bedeutende Harzverluste, mangelnde Filtrierfähigkeit, stellen sich als weitere Folgen ein. Manche der beobachteten Schwierigkeiten sind von durchaus individuellem Charakter. Teils sind sie durch die Natur der zu verarbeitenden Lösung gegeben, teils durch Wahl eines im speziellen Falle ungeeigneten Austauschers bedingt. Es gehört sehr viel Erfahrung dazu, um den Einzelfall richtig zu beurteilen und demzufolge den auftretenden Schwierigkeiten wirksam zu begegnen.

Einige allgemeine Bemerkungen über Natur und Eigenschaften der in der Zuckerindustrie bisher angewandten, bzw. der heute hier gebräuchlichen Austauscher seien daher eingeschaltet, sowie die an sie zu stellenden besonderen Anforderungen vermerkt.

Die für den eigentlichen Zweck des Ionenaustausches, d. h. zur Enthärtung oder Entmineralisierung von Zuckerlösungen eingesetzten Kunstharzaustauscher sind bekanntlich Polyelektrolyte auf Polykondensat- oder Polymerisatbasis. Die eingebauten ionisierbaren Gruppen verleihen ihnen je nach Art und Stärke stark oder schwach sauren, bzw. basischen Charakter. Dabei ist zu beachten, daß den sauren (SO_3H, COOH) Austauschern eine wesentlich höhere Stabilität zukommt als den basischen Harzen, insbesondere denen mit quaternär-basischen Gruppen. Harze vom Charakter der Polystyrolsulfonate zeigen bekanntlich ein einfacheres und übersichtlicheres Verhalten als manche andere Austauscher, insbesondere polyfunktionelle Harze vom Kondensationstyp.

Dies hängt damit zusammen, daß erstere monofunktionell sind, während letztere Nebengruppen (z. B. phenolische Hydroxylgruppen usw.) enthalten, die sich normalerweise am Austausch nicht beteiligen. Diesen kommen manche erwünschte, aber auch unerwünschte Nebenreaktionen zu. Anzahl und Art der austauschaktiven Gruppen und Nebengruppen (Ladungsdichte) bestimmen neben dem Vernetzungsgrad weitestgehend das Reaktions- und Quellungsverhalten der Kunstharzaustauscher.

Daß die Anwendung der stark sauren Sulfonsäureaustauscher für die Zuckerindustrie wegen der Inversionsgefahr besondere Schwierigkeiten bedingt, ist bekannt, wie andererseits die mangelnde Temperaturbeständigkeit quaternär-basischer Harze ihren Einsatz bei höheren Temperaturen ausschließt.

Für die Harzadsorber ist ihr polarer Charakter gleichfalls von entscheidender Wichtigkeit, insbesondere auch hinsichtlich ihres Reaktionsverhaltens gegenüber Kolloiden. Hervorragend geeignet für Entfärbungszwecke sind insbesondere die Harze schwachsauren und schwachbasischen Charakters.

Das unterschiedliche Verhalten beider Typen von Kunstharzadsorbentien, d. h. der für den eigentlichen Ionenaustauschvorgang eingesetzten Austauscher einerseits, bzw. der für Zwecke der Entfärbung und Allgemeinadsorption gebrauchten andererseits, liegt wesentlich in ihrer Struktur und damit in den ihnen zukommenden Porenbereichen begründet. Im allgemeinen sind bei ionenaustauschenden Adsorbentien zwei Gruppen von Kanälen vorhanden. Man unterscheidet sogenannte Leitporen, die im mikroskopisch sichtbaren Gebiete liegen und Arbeits-Poren, deren Dimension weit unterhalb der sichtbaren Grenze liegt. Die Forschung, insbesondere der letzten Jahre, hat gezeigt, daß für die eigentlichen ionenaustauschenden Harze mittlerer und enger Vernetzung das Kanalsystem zwischen etwa 6 und 15 Å und wenig darüber maßgebend ist, während die Entfärbungsharze größere Porenweiten von etwa 30 bis 50 Å aufweisen.

Die Weite der Haupt- und Nebenkanäle, d. h. der Bereiche enger und starker Vernetzung wird wesentlich durch die Art der Synthese und die dabei angewandte Menge an Brückenbildnern bedingt (cross-links). Bei Polymerisaten verwendet man für diesen Zweck meist Divinylbenzol, bei Kondensaten Formalin. Phenolische Hydroxylgruppen wirken im Sinne einer weiteren Verstärkung der Raumvernetzung durch Wasserstoffbrückenbindung, die jedoch auch noch von anderen Gruppen ausgehen kann.

Im Hinblick auf die zu reinigenden Zuckerlösungen ist zu beachten, daß diese je nach ihrer Vorgeschichte und Provenienz einen recht unterschiedlichen Charakter aufweisen. Die Rübenzucker- und Rohrzuckersäfte enthalten neben bedeutenden Mengen einfacher Elektrolyte, wie K-, Na- und Mg-Salzen, bekanntlich bedeutende Mengen hochmolekularer Stoffe und von Nichtelektrolyten: Eiweißabbauprodukte, Aminosäuren, diverse Zuckerarten, abgebaute Zucker und als Umwandlungsprodukt Caramelstoffe, darunter zahlreiche Stoffe kolloidalen Charakters.

Besondere Schwierigkeiten bietet die Verarbeitung von Produkten der Stärkehydrolyse: Dextroseaufschlüsse unter Druck und bei hohen Temperaturen; diese enthalten zum Teil sehr schlecht filtrierbare, kolloidale Stoffe (reduzierende Zucker, Hydroxymethylfurfurol u. dgl.). Manche der in Zuckerlösungen anwesenden Begleitstoffe interessieren heute als Nebenprodukte, wie z. B. die Aconitsäure in Rohrzucker- oder die Glutaminsäure in Rübenzuckersäften.

Nach diesen allgemeinen Bemerkungen über Wesen und Eigenschaften von Kunstharzaustauschern, sowie über den Charakter der zu verarbeitenden Zuckerlösungen kommen wir nunmehr auf die oben erwähnten Schwierigkeiten zurück.

Abnorme Quellung und Schrumpfung, Nachzerkleinerung

Ein gewisses Maß von Quellen und Schrumpfen eines Ionenaustauscherharzes ist bekanntlich durch den Wechsel der Beladungsform gegeben. Die Atmungsdifferenz ist als Auswirkung unterschiedlicher Größe und Hydratation der vom Harz aufgenommenen Gegenionen gegeben. Ihr Ausmaß ist durch den Vernetzungsgrad des Harzes wesentlich festgelegt.

Eine Vergrößerung der Quellungsdifferenz im Laufe einer Reihe von Arbeitsgängen bedeutet im allgemeinen eine Lockerung der Vernetzung, mechanische Zerstörung, Aufhebung von Wasserstoffbrücken usw. Man wird sie daher meist als ein Phänomen beginnender Zerstörung des Harzes deuten, die so weit gehen kann, daß die teure Filterfüllung nach verhältnismäßig kurzer Zeit ausgewechselt und durch eine neue ersetzt werden muß. Nun sind in der Tat die einzelnen Harztypen gegenüber einer Überquellung und einer Nachzerkleinerung sehr verschieden empfindlich.

In der Reihe der Entfärbungsharze sind in den letzten Jahren neue Aminharztypen von mehr kreidigem Aussehen wichtig geworden, die gegenüber den früher allgemein verbreiteten gelartigen Typen von vornherein eine wesentlich geringere Atmungsdifferenz aufweisen. Sie besitzen damit eine geringere Neigung zur Nachzerkleinerung.

Peptisation des Harzes

Bei der Peptisation eines Austauscherharzes sind neben dem ursprünglichen Vernetzungsgrad ohne Zweifel die Nebengruppen von besonderer Bedeutung. Das Wirksamwerden von schwachsauren Gruppen in alkalischen Medien vermehrt die Hydratation des Harzes; mit der Lösung von Wasserstoffbrücken geht eine Verringerung des Vernetzungsgrades parallel. Dies verbietet bekanntlich den Einsatz von Phenolharzen in stark alkalischen Medien.

Amphoterwerden des Austauschers

Ein Unbrauchbarwerden der Austauscherfüllung wird vielfach auch bewirkt durch Amphoterwerden des Harzes. Die Ursachen können verschiedener Art sein. Von chemischen Einwirkungen sind zu nennen: Hydrolyseeffekte und Redoxwirkungen. Diese gehen teils von Bestandteilen der zu reinigenden Lösung, teils der Regenerierlösung, teils der Waschwässer aus. Auch die Anwesenheit katalytisch wirkender Metallionen, wie z. B. Eisen usw. spielt eine Rolle.

Bei basischen Harzen ist insbesondere an die zerstörende Wirkung gewisser Nebenbestandteile (Nitrat oder Nitrit im Waschwasser) oder Hilfs-Chemikalien zu denken: z. B. wird vielfach eine zeitweise Anwendung stark oxydierender Regeneriermittel, u. a. Hypochlorite, empfohlen, um einem Nachlassen der Leistung des Harzes durch Verschlammung usw. zu begegnen. Diese Chemikalien haben zumal auf Aminharze mit nichtsubstituierten Gruppen eine stark abbauende Wirkung. In der geringeren Empfindlichkeit gegenüber Agentien dieser Art liegt die besondere Bedeutung, welche basische Harze mit tertiären Aminogruppen für die Zuckerindustrie besitzen.

Das Amphoterwerden von Harzen kann andererseits auch durch mangelnde Regenerierung hervorgerufen sein, insbesondere wenn Stoffe kolloidalen Charakters aufgenommen wurden. Da die in den Zuckerlösungen vorhandenen Kolloide zumeist sauren Charakter haben, also vom Aminharz festgehalten werden, muß deren ungenügende Beseitigung bei der Regenerierung notwendig einen Kapazitätsabfall des Harzes mit sich bringen und schließlich zum Amphoterwerden des Harzes führen. Eine Aufquellung des Harzes im Arbeitszustand und ein Schrumpfen im Regeneriermedium begünstigen dieses Phänomen.

Schlechte Auswaschbarkeit des Harzes

Eine schlechte Auswaschbarkeit des Harzes kann u. a., wie z. T. bereits erwähnt, gewisse mechanische Ursachen haben, z. B. mit einer Nachzerkleinerung des Harzes oder einer Nesterbildung bei Umschichtung der Harzfüllung usw. zusammenhängen. Ein Nachteil ist auch eine zu große Atmungsdifferenz zwischen Arbeitsspiel und Regenerierung. Eine Anwendung des Austauschers in möglichst gleichmäßiger Körnung ist anzustreben. Im allgemeinen sind rundliche Körner eckigen, polyedrischen Bruchstücken vorzuziehen.

Kapazitätsverlust und Nachlassen der Regenerierbarkeit

Auf die Ursachen eines Kapazitätsverlustes und des Nachlassens der Regenerierbarkeit des Austauschers wurde oben schon eingegangen und unter Amphoterwerden das Wesentliche gesagt.

Veränderung des spezifischen Gewichtes

Eine Veränderung des spezifischen Gewichtes des Austauschers im Verlaufe einer längeren Arbeitsperiode ist insbesondere bei der Beanspruchung der Harze im Mischbett nachteilig (allmähliche Aufquellung des Harzes, Auflockerung der Vernetzung usw.), weil dadurch die Möglichkeit der Trennung der sauren und basischen Harzkomponente erschwert und damit die Wiederbelebung gefährdet bzw. unmöglich wird.

Erfahrungen der letzten Jahre und neuere Entwicklungen

Zur Beseitigung der angeführten Schwierigkeiten boten sich verschiedene Wege. Viel kann schon durch eine der Natur des Austauschers angepaßte Apparatur und eine zweckdienliche Führung des Arbeitsprozesses erreicht werden. Neben der mechanisch-technischen Durchführung des Verfahrens spielt die Wahl geeigneter Austauschertypen nebst der Schaltungsfolge eine entscheidende Rolle.

Da es keinen Universalaustauscher gibt und je geben wird, der die verschiedenartigen Aufgaben, welche die Zuckerindustrie stellt, sämtlich zugleich erfüllen kann, ist es wichtig, aus der Reihe der zur Verfügung stehenden Typen in Anpassung an die Eigenart der gestellten Teilaufgabe jeweils den passendsten auszuwählen. Austauscherhersteller wie Austauscheranwender haben in der Tat die Durchbildung des Arbeitsprozesses wie die Weiterentwicklung der ionenaustauschenden Adsorbentien in enger Zusammenarbeit zielbewußt und richtig geleitet. Die Synthese neuer Austauschertypen wird also auf die Sonderaufgabe und die speziellen Bedingungen in jeder einzelnen Arbeitsstufe (der Entbasung, der Entsäuerung und der Entfärbung der Zuckerlösungen) ausgerichtet, und es sind jeweils optimale Arbeitsbedingungen zu schaffen.

Technologische Verbesserungen

Durch eine weitgehende mechanische Vorreinigung der Zuckerlösungen werden Entfärbungsharz wie eigentliche Ionenaustauschfilter von kolloidalen Bestandteilen weitgehend entlastet. Eine geeignete Schaltung der Filter, zweckmäßige Regeneriermethoden usw. tun das ihrige. Einige filtertechnische Fortschritte seien herausgestellt:

Viele der oben vermerkten Übel und ihre Folgen kann man durch Anwendung einer den Eigenschaften der Adsorbentien angepaßten Filterkonstruktion verringern. Es ist eine Tatsache, daß ein nach oben konisch gestaltetes Filter eine Expansion des Bettes mit größerer Leichtigkeit ermöglicht als ein zylindrisches Filter. Die Kostspieligkeit eines solchen Filters hat sich aber in der Praxis immer als ein Hindernis erwiesen. Einen Fortschritt prinzipieller Art auch für die Zuckerindustrie brachte das Immedium-Filter, das inzwischen durch das sogenannte Gittersystem eine weitere Verbesserung erfahren hat. Auch die Anwendung eines Hilfsmediums bei Gebrauch von Filtern dieser Art verspricht gerade für unser Problem noch weitere Fortschritte.

Filtermaterialien

Von den diversen zur Verfügung stehenden Filtermaterialien haben sich für den Zweck der einfachen Enthärtung von Zuckersäften engporige Materialien (meist auf Sulfonsäurebasis) bewährt. Eine gute mechanische Vorfiltration wird gleichwohl immer Voraussetzung bleiben. Gleiches gilt für die zur Entbasung als der ersten Arbeitsstufe einer Entmineralisierung benötigten Wasserstoffaustauscher. Für die anschließende Entsäuerung als der zweiten Arbeitsstufe des Entsalzungsprozesses ist eine sorgfältige mechanische Vorfiltration eine der wichtigsten Voraussetzungen. Bei Nachschaltung eines quaternären Harzes als Entsäuerungsfilter ist das Niedrighalten der Arbeitstemperatur eine gleichfalls notwendige Voraussetzung.

Auf die geringere Empfindlichkeit von Anionenaustauschern

mit tertiären Aminogruppen gegenüber thermischen wie oxydativen Einflüssen ist oben schon hingewiesen. Allgemein ist zu beachten - und dies gilt für alle Austauschadsorbentien -, daß immer anzustreben bleibt, extrem schnelle Änderungen hinsichtlich der einzustellenden pH-Differenzen, Temperatur- und Konzentrationsunterschiede zu vermeiden, insbesondere auch beim Wechsel von Arbeitsperiode und Regenerierung. Der Inversionsgefahr begegnet man in der Zuckerindustrie bekanntlich durch Zwischenkühlung der Zuckersäfte.

Bedeutende Fortschritte sind in den letzten Jahren hinsichtlich der Entfärbungstypen zu verzeichnen. Ihre Schaltung vor die Enthärtungs- bzw. Entsalzungsfilter hat sich bestens bewährt. Auf dem Gebiete saurer entfärbender Adsorbentien haben sich vor allem aktivkohleähnliche Austauscher mit Carbonsäuregruppen eingeführt, die als Nebenprodukt bei der Zersetzung der Säureharze der Ölraffinerien anfallen.

Von basischen Entfärbungstypen ist eine bereits eingangs kurz erwähnte Entwicklung bemerkenswert, die durch den Übergang zu kreidigen, mehr schwammartigen Typen anstelle der bisher gebrauchten Gelharze charakterisiert ist.

Die Synthese der gewöhnlichen Kunstharzaustauscher erfolgt bekanntlich zumeist über Gallerten und Gele. In der Literatur finden wir darüber sehr zahlreiche Betrachtungen und Hinweise. Für die Zuckerindustrie sind aber in den letzten Jahren gerade Adsorbentien mit Ionenaustauscheigenschaften wichtig geworden, die (zumindest makroskopisch) nicht Gelcharakter, sondern eine mehr schwammartige Struktur aufweisen und damit den Aktivkohlen näher stehen. Diese Austauscher sind nicht glatt und elastisch wie die Geltypen, sondern mehr rauh und gefurcht. Sie sind interessanterweise einer Schwellung und Schrumpfung viel weniger ausgesetzt. Ihre Herstellung erfolgt in der Weise, daß der Polymerisations- oder Kondensationsvorgang durch gewisse Maßnahmen oder Zusatzstoffe gestört wird.

Schließlich seien zwei Beispiele angefügt, die für das gelegentliche Fehlschlagen des Reinigungsverfahrens charakteristisch sind.

Ein sechs Jahre altes schwachbasisches Entfärbungsharz

wurde verglichen mit einem neu hergestellten Harz. Dabei zeigte sich, daß das alte Harz amphoter geworden war. An sich hatte dies zwar für die Entfärbung keine Bedeutung, jedoch war die Auswaschbarkeit bedeutend verringert. Schwer auswaschbar war nicht nur die zur Wiederbelebung benutzte Natronlaugelösung, auch die Entfernung der adsorbierten Farbstoffe gelang viel schwieriger. Man braucht global 2 bis 2,5 mal mehr Zeit für diese Manipulationen. Die Entfärbungskraft für den Glukosesaft war wunderlicherweise nicht herabgesetzt worden.

Das spezifische Gewicht des Harzes hatte zugenommen.

Ein Harz, welches tertiärisiert worden war, erwies sich in Bezug auf Auswaschbarkeit und Amphoterwerden bedeutend stabiler.

Ein tertiär basisches Harz, an sich sehr geeignet zur Entsäuerung des gereinigten Zuckersaftes einer Rübenzuckerfabrik, verlor bald seine Aktivität, und zwar infolge mangelhafter Leistung des vorhergeschalteten Kationenaustauschers. Es stellte sich heraus, daß insbesondere durchgeschlichene Kolloide und Eisenverbindungen die Hauptursache des Übels darstellten.

Es gelang nicht, das Harz in irgendeiner Weise zu regenerieren, und es blieb nur Ersatz durch einen neuen Anionenaustauscher übrig. Es ist klar, daß nur durch eine äußerst pünktliche Überwachung der Leistung des Kationenaustauschers und der vorausgehenden Vorreinigung Störungen dieser Art sich vermeiden lassen.

Zusammenfassung

Die Entwicklung der letzten Jahre hat die vielfältigen Schwierigkeiten, welche sich dem Einführen der Ionenaustauscher in die Zuckerindustrie anfänglich entgegenstellten, weitgehend zum Verschwinden gebracht. Wenn ohne Zweifel auch heute noch Wünsche offen stehen, so kann man doch mit Sicherheit sagen, daß durch die Zusammenarbeit von Chemiker und

Ingenieur das Problem der Reinigung von Zuckersäften verschiedenster Art einer Lösung zugeführt wurde.

Die Ionenaustauscher sind in den letzten Jahrzehnten zu einem unentbehrlichen Hilfsmittel der Zuckerindustrie geworden. Einesteils ist es gelungen, mit den zahlreichen (neben dem eigentlichen Ionenaustausch einhergehenden) als Störeffekte auftretenden Anomalien fertig zu werden; andererseits werden gewisse Anomalien, wie sie in Form von Allgemeinadsorption in Erscheinung treten, mit bestem Erfolg für die Zwecke der Vor- und Feinreinigung von Zuckerlösungen aller Art ausgenutzt.

Neben dem Ziel einer Steigerung der Zuckerqualität und einer Erhöhung der Zuckerausbeute ist auch die Möglichkeit nahe gerückt, im Verlaufe des Prozesses der Saftreinigung mit Austauschadsorbentien wichtige Nebenbestandteile der Zuckerlösungen anzureichern, um sie anschließend als Nebenprodukte zu gewinnen; auch hier wurde bereits eine weitgehende technische Vorarbeit geleistet.

Über den Einfluß der Ionenaustauscherstruktur auf die Entfärbungsfähigkeit gegenüber Zuckerlösungen

von J. Stamberg und Z. Vasioek

Forschungsinstitut für synthetische
Harze und Lacke, Pardubice, ČSSR

Die Entfärbung von Zuckerlösungen mittels der Ionenaustauscherharze wurde in den letzten Jahren mit steigender Aufmerksamkeit verfolgt. Diese Methode findet in den Zuckerfabriken und Zuckerraffinerien immer häufigere Anwendung. Einer der ersten Pioniere dieses neuen Verfahrens war die Zuckerraffinerie in Halle a. S., in welcher E. Schulze die Anwendbarkeit der neuen Methode unter Betriebsbedingungen bewiesen hat. Die Entfärbungsionenaustauscher wurden nach und nach in den italienischen, finnischen, polnischen und französischen Zuckerfabriken und Zuckerraffinerien eingeführt. In Holland wurde der Entfärbung und Behandlung einfacher Zuckerarten größere Aufmerksamkeit zugewandt. Eine große Verbreitung erreichte die Ionenaustauscherentfärbung bei der Rohrzuckerfabrikation in Japan. Die Entfärbungsionenaustauscher haben in kleinerem Maße zum selben Zweck auch in den Vereinigten Staaten von Nordamerika Anwendung gefunden.

In der Tschechoslowakei wird schon seit einigen Jahren an der Entwicklung der Entfärbung der Zuckerlösungen mittels der Ionenaustauscher gearbeitet. Über die ersten erzielten Ergebnisse wurde auf dem im Jahre 1958 in Leipzig stattgefundenen Symposium der Deutschen Chemischen Gesellschaft berichtet. Detaillierte Angaben hierüber wurden in den letzten Jahren in einer Reihe von in den tschechischen Fachzeitschriften "Listy cukrovarnické" (Zuckerblätter) und "Chemický prumysl" (Chemische Industrie) erschienenen Originalarbeiten publiziert. Zur Zeit wird die Prüfung der Entfärbungsionenaustauscher in einigen Zuckerfabriken fortgesetzt. In einer Zuckerraffinerie haben sie die klassischen Entfärbungsmittel bereits ersetzt.

In diesem Vortrage soll eine kurze Charakteristik der zur Entfärbung von Zuckerlösungen geeigneten Ionenaustauscherharze gegeben und auf die Zusammenhänge zwischen der Struktur und den Entfärbungseigenschaften derselben hingewiesen werden. Dieses Übersichtsreferat stützt sich größtenteils auf detaillierte Originalarbeiten, welche in den erwähnten tschechischen Fachzeitschriften entweder bereits veröffentlicht wurden oder zur Veröffentlichung vorliegen.

Eingangs wird kurz auf die gelöste Problematik eingegangen.

Bei der Entfärbung von Zuckerlösungen handelt es sich um Sorption von Farbstoffen verschiedener chemischer Zusammensetzung und überwiegend sauren Charakters. Nach Zerban enthalten die Melassefarbstoffe Karamelsubstanzen, ferner die sog. Melanoide, d. h. Produkte der Maillardschen Reaktion zwischen den reduzierenden Zuckern einerseits und Aminocarbonsäuren, Polypeptiden bzw. einfacheren Eiweißstoffen andererseits und zuletzt Komplexverbindungen der mehrwertigen Phenole mit Eisen. Mit Rücksicht auf die Gefahr der Sacharose-Inversion werden die zu entfärbenden Lösungen im pH-Bereich über 7 üblicherweise in mild alkalischem Gebiet gehalten. Die behandelten Flüssigkeiten können nicht als wässrige Lösungen im üblichen Sinne des Wortes betrachtet werden. Die Raffinerie-Kläre und der Dicksaft, deren Entfärbung insbesondere in Betracht kommt, enthalten 60 - 65 % Sacharose. Die entfärbten Lösungen sind viskose Flüssigkeiten und ihre Temperatur bewegt sich unter Betriebsbedingungen bei ca. 80° C.

Die wesentliche Eigenschaft des Entfärbungsionenaustauschers ist eine hinreichende Porosität des Grundgerüstes, welche die freie Diffusion der Farbstoffe ins Innere des Harzes ermöglicht. Für die Aufnahme von Farbstoffen kann man sowohl die Allgemein-Adsorption als auch den Ionenaustausch ausnützen. Durch rationelle Auswahl bzw. Synthese des Ionenaustauschers kann man vorzugsweise von einem der erwähnten Prozesse Gebrauch machen und das Wirksamwerden des anderen begrenzen. Im ersten Falle, wenn die Allgemein-Adsorption begünstigt werden soll, kommt die Anwendung von schwachbasischen Anionenaustauschern oder amphoteren Austauschern in Frage, welche schwachbasische sowie schwach saure Gruppen enthalten. Im zweiten Falle werden hochkapazitive mittelstarkbasische Anionenaustauscher und stark basische Anionenaustauscher angewandt, welche unter betrieblichen Entfärbungsbedingungen dissoziiert sind und dadurch zur Aufnahme von sauren Farbstoffen im Ionenaustausch befähigt sind.

Die für die Entfärbung von Zuckerlösungen geeigneten Ionenaustauscherharze kann man in folgende drei Gruppen einreihen:

1. Adsorptionsharze, hergestellt durch Polykondensation von aromatischen Aminen bzw. Phenolen mit Formaldehyd, z. B. Dekolorex A2, Wofatit E, Asmit 173 u. a.

2. Mittelstarkbasische Anionenaustauscher auf Basis von aliphatischen Polyaminen, z. B. Dekolorex A4, Asmit 224, Wofatit L 150 u. a.

3. Stark basische Anionenaustauscher auf Styrolbasis, z. B. Dekolorex A5, Amberlite IRA 401 S u. a.

Im folgenden werden die einzelnen Gruppen näher beschrieben.

Der ersten Gruppe gehören hauptsächlich die Polykondensate des m-Phenylendiamins mit Formaldehyd bzw. die Mischpolykondensate des m-Phenylendiamins und Resorzins mit Formaldehyd an. Sie werden gewöhnlich durch saure Katalyse im Block hergestellt, welcher durch Mahlen und Sieben auf die vorgeschriebene Korngröße gebracht wird.

Die hohe Reaktivität des m-Phenylendiamins und Resorzins mit Formaldehyd hat die Neigung des Reaktionssystems zur Bildung eines hochvernetzten wenig porösen Harzgerüstes zur Folge. Diese Eigenschaft der Monomeren ist bei der Herstellung zu berücksichtigen.

Die Einstellung der Porosität durch Zugabe des Formaldehyds als Vernetzungsmittel erscheint nur wenig effektiv. Außerdem hat die Erniedrigung der Formaldehydzugabe unter eine bestimmte Grenzmenge einen unvollständigen Verlauf der Polykondensationsreaktion und Anwachsen der löslichen Anteile im hergestellten Ionenaustauscherharz zur Folge. Als wirksamer hat sich die Einstellung der Porosität durch Verdünnung des Reaktionssystems erwiesen. In Abb. 1 wird die Abhängigkeit der Gewichtsquellung, der m-Phenylendiamin-Polykondensate von der Verdünnung des Reaktionsgemisches mit Wasser dargestellt. Mit Rücksicht auf die hohe Reaktivität des m-Phenylendiamins mit Formaldehyd können auch bei der Nachbehandlung der gebildeten Gallerte nachträgliche Porositätsverluste eintreten. Bei der eigentlichen Herstellung ist vor allem die Nachkondensation sorgfältig durchzuführen, und es sind solche Arbeitsbedingungen zu wählen, bei denen keine Wasserverluste eintreten können. Die Temperung des Harzes kann man z. B. entweder im geschlossenen Druckgefäß oder in überschüssigem Wasser oder in Gegenwart gesättigten Wasserdampfes durchführen. Das Harz darf niemals bei Zimmertemperatur austrocknen, anderenfalls verliert es irreversibel die Porosität und die Entfärbungsfähigkeit. Eine fortschreitende Abnahme der Porosität und der Entfärbungsfähigkeit tritt auch unter Betriebsbedingungen ein, insbesondere bei der alkalischen Desorption der Farbstoffe.

Die Entfärbungsharze der ersten Gruppe werden gewöhnlich in Form unregelmäßiger Körner hergestellt, obwohl die Herstellung in Perlform gut durchführbar ist. In Abb. 2 wird die Abhängigkeit der Entfärbungsfähigkeit des m-Phenylendiamin-Formaldehyd-Polykondensationsharzes von der Verdünnung des Reaktionsgemisches, einmal für die unregelmäßige Kornform und zum anderen für Perlen zur Anschauung gebracht. Der Darstellung kann man gut entnehmen, daß die Perlen erst bei hoher Verdünnung eine praktisch ausnutzbare Entfärbungsleistung aufweisen. Unter solchen Bedingungen ist aber die Gewichtsquellung des hergestellten Harzes zu hoch und die mechanische Beständigkeit zu klein.

Diese Erscheinung wird durch den Unterschied zwischen den Eigenschaften der Perloberfläche und der eigentlichen Harzmasse erklärt.

Die sphäroide Form des Ionenaustauschers wird bei der Polykondensation dadurch erreicht, daß man die wässrige Lösung der Reaktionskomponenten in einer inerten organischen Flüssigkeit, z. B. in Kohlenwasserstoffen dispergiert. Die Grenzschicht, welche sich bei der Dispersion bildet, wird an der Seite der wässrigen Phase durch Polykondensation fixiert. Die einzelnen Reaktionskomponenten sind mehr oder weniger oberflächenaktiv und man muß ihre Anreicherung in der Grenzschicht unter gleichzeitiger Orientierung zu dem nichtpolaren Dispersionsmedium erwarten. Die Oberflächenschicht der Harzperlen bildet sich unter diesen Bedingungen in geringerer Verdünnung, und es kann eine die Diffusion der Farbstoffe ins Innere der Ionenaustauscherteilchen weitgehend beeinflussende Oberflächenschale entstehen.

Für die Untermauerung dieser Hypothese wurde die Entfärbungsfähigkeit unbeschädigter Perlen bestimmt und mit der Entfärbungsfähigkeit desselben Produktes verglichen, bei dem durch milde Zermahlung die innere Masse der Farbstoffaufnahme zugänglich gemacht wurde. Die Mikrophotos auf Abb. 3 zeigen die beiden geprüften Proben. Bei den beschädigten Perlen wurde dieselbe Entfärbungsfähigkeit festgestellt, wie dies bei dem aus einem Block hergestellten Ionenaustauscher der Fall war. Die Entfärbungsfähigkeit der unbeschädigten Perlen war dagegen sehr gering.

Die Adsorption der gelösten Stoffe in der Grenzschicht folgt der bekannten Gibbs-Adsorptionsgleichung:

$$a = - \frac{c}{RT} \cdot \frac{d\sigma_{ff}}{dc}$$

a - adsorbierte Menge

c - Konzentration des gelösten Stoffes

σ - Grenzschichtspannung

Die Bestimmung der Grenzschichtspannung von Modelllösungen sowie des kompletten Reaktionsgemisches gestattet, die Gibbs-Adsorptionsgleichung zur Erklärung der verschiedenartigen Entfärbungsfähigkeiten heranzuziehen und unterstützen die Hypothese der Bildung einer kleinporigen Oberflächenschale.

Bei den Entfärbungsharzen der ersten Gruppe findet bei der Farbstoffaufnahme unter Betriebsbedingungen höchstwahrscheinlich kein echter Ionenaustausch statt. Die Konzentration der austauschaktiven Gruppen, bezogen auf das Quellungswasser, schwankt zwischen 0,8 - 2,2 mval/g H_2O. Der größte Teil der austauschaktiven Gruppen bleibt jedoch bei der Entfärbung undissoziiert, und man muß zur Erklärung der Sorptionsprozesse vor allem die Allgemein-Adsorption in Betracht ziehen.

Die Entfärbungsfähigkeit ist weitgehend pH-abhängig. Sie verbessert sich im allgemeinen mit Erniedrigung des pH-Wertes. Mit Rücksicht auf die gefährliche Sacharose-Inversion muß man jedoch ein Kompromißintervall des pH-Wertes von 7 - 8 ausnutzen. Zur Desorption der Farbstoffe benutzt man alkalische Regeneriermittel, am häufigsten verdünnte Alkalilauge von ungefähr 80° C. Das Spülen der Regeneratlösung geht nur langsam vor sich, und das Harz behält im Harzgerüst noch lange die alkalische Reaktion. Die langsame Abnahme des pH-Wertes im Spülwasser wird durch die Anwesenheit der schwach sauren Gruppen bedingt. Diese Gruppen werden bei der alkalischen Desorption in die Na^+-Form übergeführt und während des Spülens hydrolysiert. Schwach saure Gruppen enthalten nicht nur amphotere Harze, sondern auch Polykondensate des m-Phenylendiamins mit Formaldehyd. Bessere Resultate erhält man beim Spülen der letzten Reste des alkalischen Regenerationsmittels durch die sog. Aktivation. Die Austauscherschicht wird mit einer geeigneten Pufferlösung behandelt, welche den gewünschten pH-Wert des Harzes einstellt. Ein zu niedriger pH-Wert der Aktivationslösung ist nicht zweckmäßig, da die unerwünschte Sacharose-Inversion eintreten könnte. Außerdem ist die Aktivationslösung mit niedrigem pH-Wert nur von vorübergehender Wirkung, welche sich nur im Anfangsstadium der Entfärbungsperiode bemerkbar macht. Auf Grund der praktischen Erfahrungen wurde eine Relation zwischen dem pK-Wert der Anionenaustauschgruppe, dem pH-Wert der zur Entfärbung bestimmten Lösung - pH_1 - und dem zweckmäßigen pH-Wert der Aktivationslösung - pH_2 - folgendermaßen abgeleitet:

$$pK \lessdot 14 - pH_1 + \Delta pH$$
$$\Delta pH = pH_1 - pH_2 \lessdot 1 \text{ bis } 2$$

Zu bedeutenden Eigenschaften eines Sorptionsmittels gehört die Erhaltung der Aufnahmefähigkeit in wiederholten Arbeitszyklen, anhand welcher man eine Vorstellung über die Lebensdauer einer Betriebsfüllung gewinnen kann. Zur Erforschung dieser Eigenschaft im Labormaßstab wurde ein vollautomatisches Gerät (automatischer Rezyklator) angewendet, in dem man eine Harzprobe dem gesamten Betriebszyklus in einer Reihe von Kurzversuchen aussetzt. Das Schema und die Ansicht des Geräts ist in Abb. 4 veranschaulicht. Zur Entfärbung wurde eine Melasselösung hoher Farbkonzentration (40° St) verwendet, welche die Harzschicht mit einer den Betriebsverhältnissen angepaßten Filtrationsgeschwindigkeit durchfloss. Unter diesen Bedingungen konnte man in 30 Minuten dieselbe Farbstoffaufnahme erzielen, wie es im Betrieb während einer Woche der Fall ist. Die geprüfte Harzprobe wurde einer bestimmten Zahl der Betriebszyklen ausgesetzt und danach die verbliebene Entfärbungsfähigkeit durch eine statische Methode festgestellt und ferner die Gewichtsquellung als allgemeines Maß der Porosität bestimmt. Die Resultate für Wofatit E gibt Abb. 5 wieder. Es zeigte sich, daß die Entfärbungsfähigkeit bereits nach Ablauf der ersten Zyklen unter gleichzeitigem Porositätsverlust herabsinkt. Die Gewichtsquellung und die relative Entfärbung stabilisieren sich auf niedrigen Werten, welche sich im weiteren Verlauf nur wenig verändern.

Die Laboratoriumsversuche auf dem Rezyklator wurden durch betriebliche Untersuchungen des Harzes ergänzt. Die Harzproben wurden während der Kampagne den Betriebsfiltern einer Zuckerraffinerie entnommen und ihre Entfärbungsfähigkeit nach einer statischen Arbeitsmethode bestimmt. Der Vergleich der auf dem Rezyklator gewonnenen Werte mit den Betriebsdaten ist in Abb. 6 veranschaulicht. Mit Rücksicht auf die verkürzte Entfärbungsperiode im Kleinversuch gegenüber der im Betrieb sind die Betriebsdaten mit besserem Erfolg auf die Gesamtbetriebsdauer als auf die Zahl der einzelnen Arbeitszyklen zu beziehen. Auf diese Weise wurde eine gute Übereinstimmung der Rezyklator- und Betriebsdaten erreicht, wobei ein Laboratoriumszyklus fünf Betriebstagen entsprach.

Die zweite Gruppe der Entfärbungsharze umfaßt verschiedene mittelstarkbasische hochkapazitive Anionenaustauscher auf der Basis aliphatischer Polyamine mit einer Struktureinheit $-[CH_2CH_2NH]_n-$. Anionenaustauscher dieser Art können beispielsweise durch Polyreaktion der Polyäthylenpolyamine mit Epichlorhydrin als Vernetzungsmittel hergestellt werden. Harze dieser Gruppe besitzen in der Regel eine genügende Porosität gegenüber den Melassefarbstoffen, und es ist nicht notwendig, bei ihrer Herstellung besondere Reaktionsbedingungen einzuhalten. Die Abb. 7 und 8 zeigen, daß die Zugabe des Vernetzungsmittels und die Verdünnung des Reaktionssystems mit Wasser keinen ausgeprägten Einfluß auf die Entfärbungsfähigkeit ausüben.

Genügende Porosität weisen auch einige handelsübliche Anionenaustauscher auf der Basis aliphatischer Amine auf, welche nicht als Spezialharze bezeichnet werden. Als Beispiel kann man Wofatit L 150 nennen, welches gute Entfärbungseigenschaften besitzt.

Die Verschiedenheit zwischen den Polyaminaustauschern und den Harzen der ersten Gruppe macht sich auch in anderen Eigenschaften bemerkbar. Diese Anionenaustauscher kann man vollständig austrocknen, evtl. bei erhöhter Temperatur, ohne daß die Entfärbungsfähigkeit derselben zurückgeht.
Die Polyaminharze lassen sich auch gut in Perlform herstellen, ohne daß sie dadurch die Entfärbungsfähigkeit verlieren, wie dies bei den Harzen der ersten Gruppe der

Fall ist.

Die Entfärbungsharze der zweiten Gruppe besitzen eine hohe Konzentration der austauschaktiven Gruppen, bezogen auf das Quellungswasser und sind bei der Entfärbung in bedeutend höherem Maße dissoziiert als diejenigen der ersten Gruppe. Damit sind die Voraussetzungen dafür gegeben, dem Ionenaustausch bei der Farbstoffaufnahme eine größere Bedeutung beizumessen. Die Polyaminanionenaustauscher haben polyfunktionellen Charakter, und der Anteil des Ionenaustauschs an den Sorptionsprozessen vergrößert sich mit dem wachsenden Gehalt an starkbasischen Austauschgruppen. Mit Rücksicht auf die Eigenschaften der Harze der zweiten Gruppe ist ihre Entfärbungsfähigkeit in einem kleineren Maße pH-abhängig.

Unter den Gleichgewichtsbedingungen erhält man keine höhere Entfärbungsleistung mit Polyaminharzen als mit den Entfärbungsharzen der ersten Gruppe. Wesentlich bessere Leistungen der Polyaminanionenaustauscher ergeben sich erst unter dynamischen Arbeitsbedingungen. Die Sorptionsperiode ist unter Betriebsbedingungen bis zehnmal größer als bei den Harzen der ersten Gruppe. Die Resultate einiger Laboratoriumsversuche werden in Abb. 9 und 10 dargestellt. Die Harze der ersten Gruppe besitzen zwar eine höhere Selektivität gegenüber den Melassefarbstoffen, die Polyaminharze aber eine bedeutend höhere Kapazität.

Die Wiederbelebung der Entfärbungsharze der zweiten Gruppe kann im allgemeinen auf eine leichtere Weise durchgeführt werden als bei den Harzen auf Basis aromatischer Amine der Fall ist. In den ersten Zyklen kann man reine Natriumchloridlösungen anwenden, in späteren Zyklen sind verdünnte Natronlauge- bzw. Mischlösungen von Alkalilauge mit Neutralsalzen empfehlenswert. In den ersten Zyklen ist die Regenerierung der Polyaminharze ohne Aktivation durchführbar. Bei älteren Harzen scheint die Aktivation ähnlich wirksam zu sein wie bei den Harzen der ersten Gruppe.

Zur Erforschung des Verhaltens der Polyaminharze im Laufe wiederholter Zyklen wurde eine ähnliche Methode wie bei den Entfärbungsharzen der ersten Gruppe angewandt. Verschiedenartig verlief die Auswertung der Entfärbungsleistung. Nach jedem Arbeitszyklus wurde bei den Durchschnittsproben die Farbkonzentration der Melasselösungen vor und hinter der Kolonne kolorimetrisch bestimmt. Das Ergebnis wurde in Prozent der Erniedrigung der Farbkonzentration ausgedrückt.

Aus den auf Abb. 11 dargestellten Resultaten für ein Polyaminharz, Dekolorex A4, geht hervor, daß die Abnahme des Entfärbungsvermögens in wiederholten Zyklen wesentlich langsamer vor sich geht als dies bei den Entfärbungsharzen der ersten Gruppe der Fall ist. In Abb. 12 werden einzelne Regeneriermittel verglichen. Nach den erzielten Ergebnissen kann man eine Natriumchloridlösung allein nur in den ersten Zyklen mit Erfolg anwenden. Besser geeignet erscheint entweder verd. Natronlauge oder eine Mischung von Natronlauge- und Kochsalzlösung, bei deren Verwendung die Entfärbungsfähigkeit in geringerem Maße abnimmt.

In wiederholten Zyklen wurde bei Dekolorex A4 auch die Veränderung der Gewichtsquellung und Austauschkapazität verfolgt. Es wurde dabei keine wesentliche Veränderung der Gewichtsquellung festgestellt. Die Gesamtkapazität wird im Laufe der Wiederholung der Zyklen kleiner. Nach 13 Laboratoriumszyklen wurde bei Dekolorex A4 eine Kapazitätserniedrigung von ca. 13 % beobachtet. Derselbe Wert wurde nach einmonatlicher Beanspruchung im Betrieb festgestellt. Im wesentlichen erniedrigt sich bei Wiederholung der Zyklen der Anteil an stark basischen Gruppen. Am Anfang enthielt z. B. Dekolorex A4 bei der Prüfung auf Neutralsalzspaltung 11 % stark basische Gruppen. Dieser Wert erniedrigte sich nach 13 Laboratoriumszyklen um 84 % und nach einmonatlichem Betrieb in einer Zuckerfabrik um 52 %. Nach diesen Resultaten gewinnt das Polyaminharz im Laufe wiederholter Zyklen einen schwach basischen Charakter. Damit kann man auch den oben erwähnten kleinen Regeneriereffekt mit Kochsalzlösung verstehen und die Zweckmäßigkeit einer Aktivation bei den älteren Harzen begreifen.

Zur dritten Gruppe gehören stark basische Styrol-Anionenaustauscher. Sie werden durch Chlormethylierung und nachfolgende Aminierung der Styrol-Divinylbenzol-Copolymeren gewonnen. Dabei bildet sich eine stark basische quaternäre Ammoniumgruppe als austauschaktive Gruppe.

Die Einstellung der Porosität des Austauschergerüstes wird meist durch Zudosierung des Vernetzungsmittels, des Divinylbenzols, bei der Herstellung des Grundcopolymeren erreicht. In Abb. 13 ist die Beziehung zwischen der unter statischen Bedingungen bestimmten relativen Entfärbungsleistung und der Austauscherporosität angegeben. Die Ergebnisse lassen erkennen, daß zur Entfärbung der Melasselösungen nur Austauscherharze mit einem maximalen Divinylbenzolgehalt von 6 - 8 % geeignet sind. Da bei der Einführung der Austauschgruppen eine weitere nachträgliche Vernetzung des Harzgerüstes stattfinden kann, wird die relative Entfärbung mit besserem Erfolg auf die Gewichtsquellung als allgemeines Maß der Porosität bezogen. Zur Entfärbung sind die Styrolanionenaustauscher mit Divinylbenzolgehalten von etwa 1 - 2 %, welche als "porös" bezeichnet werden, besonders gut geeignet.

Die Porosität der Styrolanionenaustauscher kann man bei der Herstellung der Grundcopolymeren auch durch die Verdünnung des Reaktionssystems mittels einer inerten Komponente einstellen. Man kann entweder Flüssigkeiten, in denen das entstehende Copolymere quillt - nach J. A. Mikes - oder Flüssigkeiten, welche mit dem Monomeren mischbar sind, die das Copolymere jedoch nicht zur Quellung bringen - nach H. Corte und A. Meyer - oder lösliche Linearpolymere - nach I. M. Abrams - anwenden. Die Erforschung der Entfärbungseigenschaften der aus diesen Copolymeren hergestellten Anionenaustauscher, welche wirkliche Poren bereits in ungequollenem Zustand besitzen, wird bei den weiteren Entwicklungsarbeiten verfolgt.

Die Entfärbungsharze der dritten Gruppe unterscheiden

sich von den früher genannten vor allem durch den monofunktionellen, stark basischen Austauschcharakter. Unter Arbeitsbedingungen besitzen sie von allen drei Typen der Entfärbungsharze die höchste Konzentration an dissoziierten Austauschgruppen und damit die besten Voraussetzungen zur Farbstoffaufnahme durch Ionenaustausch.

Der Vergleich der unter statischen sowie dynamischen Bedingungen bestimmten Entfärbungseigenschaften wird für Styrol-Entfärbungsharz, Dekolorex A5, in Abb. 14 und 15 angegeben.

Die Wiederbelebung der Entfärbungsharze der dritten Gruppe ist besser durchführbar als jene der Polyaminharze. In der Regel genügt auch nach wiederholten Zyklen Kochsalzlösung. Die Erhaltung der Entfärbungseigenschaften nach wiederholten Zyklen ist von der Porosität und von der Konzentration der austauschaktiven Gruppen abhängig. In Abb. 16 ist die Abnahme der Entfärbungsfähigkeit für die Harze mit verschiedener Gewichtsquellung und Gewichtskapazität veranschaulicht. Die Arbeitsmethodik war dieselbe wie bei den Polyaminharzen. Bei den Optimaltypen der Styrol-Entfärbungsharze bleibt die Entfärbungsfähigkeit nach wiederholten Zyklen beinahe konstant. Von diesem Standpunkt aus kann man bei dieser Austauscherart die beste Entfärbungsleistung erwarten. In Abb. 17 ist z. B. ein Vergleich der drei Vertreter der einzelnen Gruppen, Dekolorex A2, A4 und A5, angegeben.

Sobald sich bei den Styrolharzen die übliche Regenerierung mittels Kochsalzlösung als ungenügend herausstellt, wird in der Literatur die Verwendung von Salzsäure oder von Natriumhypochlorit empfohlen. Eine derartige Reaktivierung ist nicht von dauernder Wirkung und im zweiten Fall kann sogar eine chemische Zerstörung der Austauschaktiven Gruppen eintreten. Als weitaus zweckmäßiger erscheint die Anwendung solcher Harze, welche ihre Entfärbungskraft im Laufe wiederholter Zyklen kaum verlieren.

Der beschränkten chemischen Stabilität der Styrolharze

unter Betriebsbedingungen ist mit Rücksicht auf die Alkalität der Zuckerlösungen sowie auf die Betriebstemperatur in Zuckerfabriken besondere Beachtung zu schenken. Bei den Laboratoriumsversuchen wurde nach 17 Zyklen ein 18 %iger Gesamtkapazitätsverlust und nach 30 Zyklen ein 35 %iger Gesamtkapazitätsverlust verzeichnet. Auch der Basizitätsindex, d.h. das Verhältnis der den stark basischen Gruppen entsprechenden Kapazität zur Gesamtkapazität erniedrigte sich in bedeutendem Maße. Vom Anfangswert 0,99 war er unter Laboratoriumsbedingungen nach 17 Zyklen auf 0,8 und nach 30 Zyklen auf 0,6 herabgesunken. Die Abnahme der Entfärbungskraft im Vergleich zur Veränderung der Austauscheigenschaften ist, wie bereits in Abb. 17 angegeben, wesentlich kleiner.

Zusammenfassung:

Die beschriebenen drei Gruppen von Entfärbungsharzen stellen eigentlicheine Entwicklungsreihe für Harze dieses Typs mit steigender Leistung dar. Indessen können die allgemein effektiveren Harzarten die übrigen Harztypen nicht in vollem Umfange ersetzen. In bestimmtem Maße weist jede Harzgruppe spezielle, bei der Anwendung zu berücksichtigende Eigenschaften auf. Mit steigender Gesamtleistung erhöht sich in der Regel auch der Preis der Entfärbungsharze. Bei der Anwendung einzelner Austauscherarten sind daher auch die ökonomischen Faktoren in Erwägung zu ziehen.

Bei der weiteren Entwicklung der Entfärbung von Zuckerlösungen mittels Harzadsorbentien muß man der Anwendung der Styrolanionenaustauscher mit echter Porosität in ungequollenem Zustand eine entsprechende Aufmerksamkeit zuwenden. Heutzutage stehen dem Zuckerfachmann die nach Abrams, nach Corte und Meyer und nach weiteren neuen Methoden dargestellten porösen Copolymeren zur Verfügung. Es ist zu erwarten, daß diese Produkte nicht nur eine erhöhte mechanische Beständigkeit, sondern auch vor allem eine bei der Sorption gesteigerte Arbeitsgeschwindigkeit aufweisen werden, welche höhere Filtrationsgeschwindigkeiten zulassen wird. Ferner ist die Problematik der chemischen Stabilität der austauschaktiven Gruppen zu beachten. Zwar sind die Aussichten auf eine wesentlichere Vervollkommnung im weiteren Verlauf dieser Entwicklungsarbeiten nicht allzu vielversprechend, doch wird die gründliche Kenntnis der speziellen Eigenschaften der verschiedenartig substituierten Ammoniumgruppen sowie anderer stark basischer und mittelstark basischer Gruppen die Wahl optimaler Typen von Entfärbungsharzen erleichtern und zur optimalen Durchführung des Entfärbungsprozesses in bedeutendem Maße beitragen.

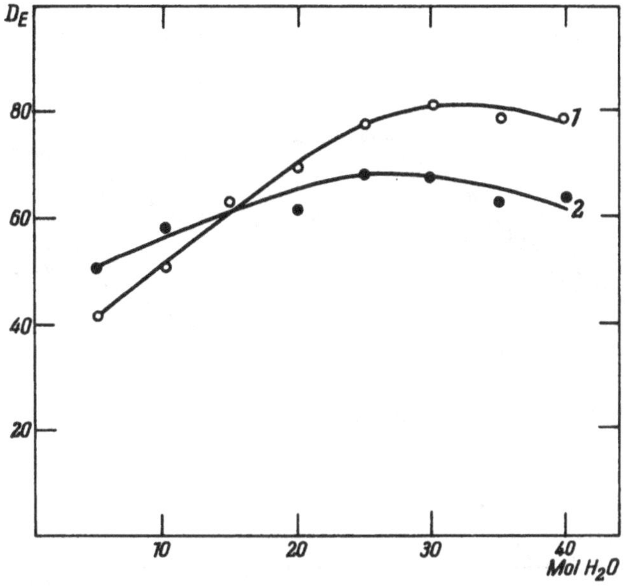

Abb. 1 Abhängigkeit von D_E von der Verdünnung des Reaktionsgemisches bei der Darstellung der Harze. D_E - relative Erniedrigung der Farbkonzentration der verdünnten Melasselösung (7 - 8° St) bei statischer Arbeitsweise, Verdünnung des Reaktionsgemisches in Mol H_2O/Mol m-Phenylendiamin angegeben; 1 - bezogen auf die Gewichtseinheit der Trockensubstanz; 2 - bezogen auf die Schüttelvolumen-Einheit.

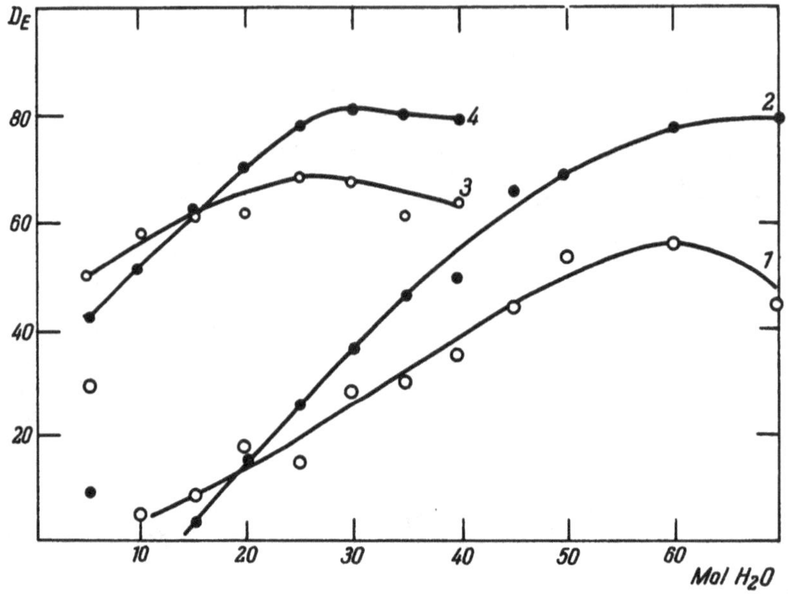

Abb. 2 Abhängigkeit der Entfärbungsfähigkeit der m-Phenylendiaminharze von der Verdünnung des Reaktionsgemisches bei der Darstellung derselben; dargestellt für Perlen (1, 2) und für unregelmäßige Kornform (3, 4). 2,4 - bezogen auf die Gewichtseinheit der Trockensubstanz, 1, 3 - bezogen auf die Schüttelvolumen-Einheit.

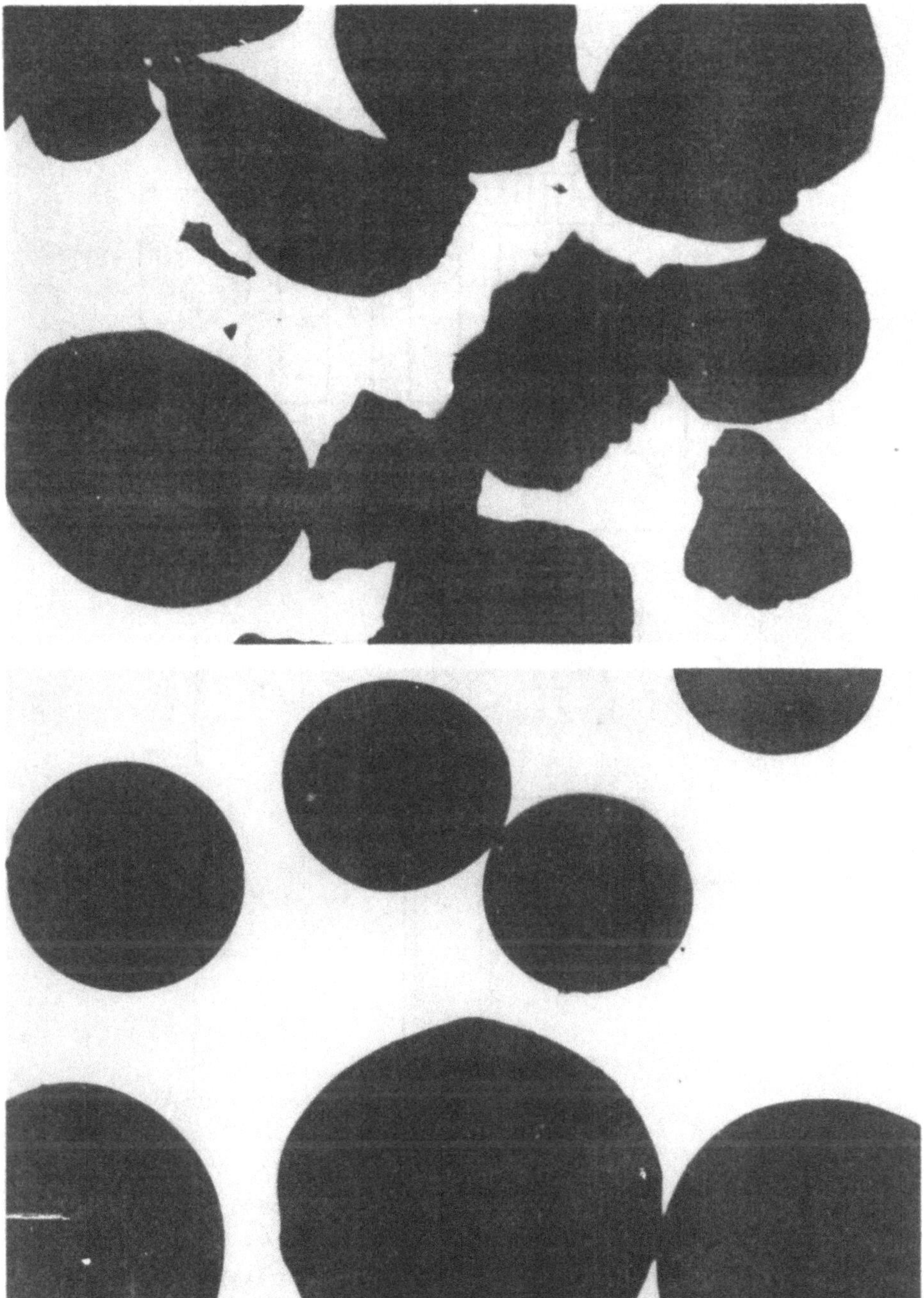

Abb. 3 Entfärbungsharz auf der Basis des m-Phenylendiamins. Oben - zermahlene Perlen; unten - unbeschädigte Perlen.

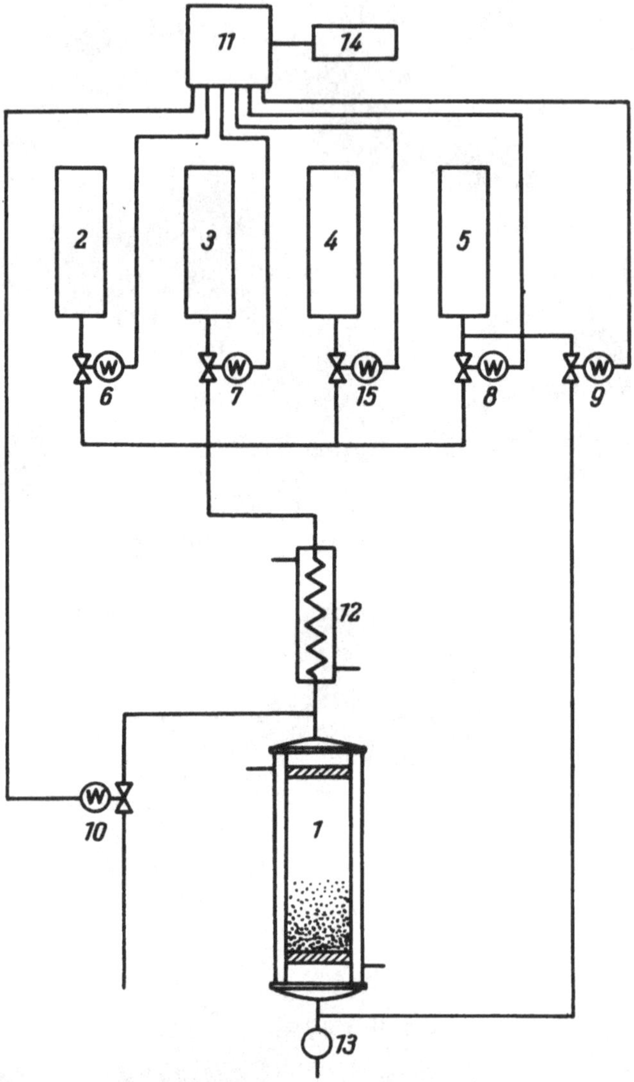

Abb. 4 Automatischer Rezyklator. a - Schema des Gerätes: 1 - Ionenaustauscherkolonne; 2, 3, 4, 5 - Vorratsbehälter; 6 - 1o, 15 - elektromagnetische Glasventile; 11 - Elektronische Steuerungseinrichtung ; 12 - Wärmeaustauscher; 13 - Gummischlauch-Dosierungspumpe; 14 - Zyklenzähler.

b - Ansicht der Vorderseite des Gerätes (mit 6 Austauscherkolonnen),

c - Ansicht der Rückseite des Gerätes.

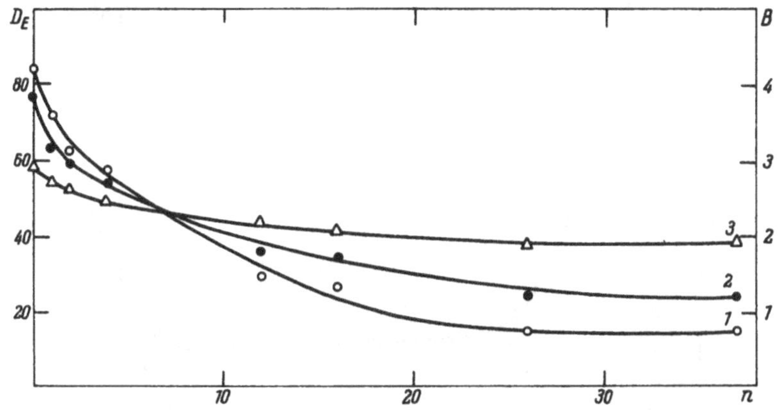

Abb. 5 **Änderung der Eigenschaften von Wofatit E im Laufe** einer Zyklenfolge. n - Zyklenzahl, 1 - D_E - bezogen auf die Gewichtseinheit der Trockensubstanz; 2 - D_E - bezogen auf die Schüttelvolumen-Einheit; 3 - B-Gewichtsquellung in g H_2O/g Trockensubstanz.

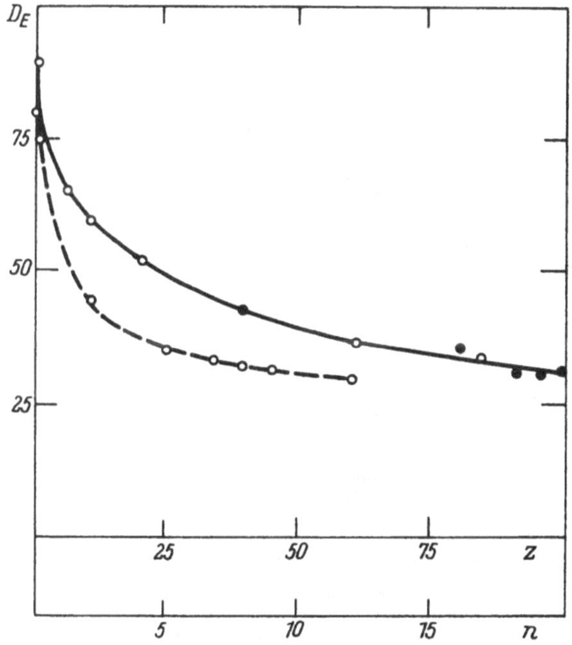

Abb. 6 Abnahme der Entfärbungsfähigkeit von Wofatit E im Laufe einer Zyklenfolge. z - Zahl der Betriebstage; n - Zyklenzahl; O - auf dem Rezyklator gewonnene Werte, bezogen auf die Zyklenzahl; x - durch Auswertung der Austauscherproben von Betriebsfiltern gewonnene Werte, bezogen auf die Zahl der Betriebstage; + - durch Auswertung der Austauscherproben von Betriebsfiltern gewonnene Werte, bezogen auf die Zyklenzahl.

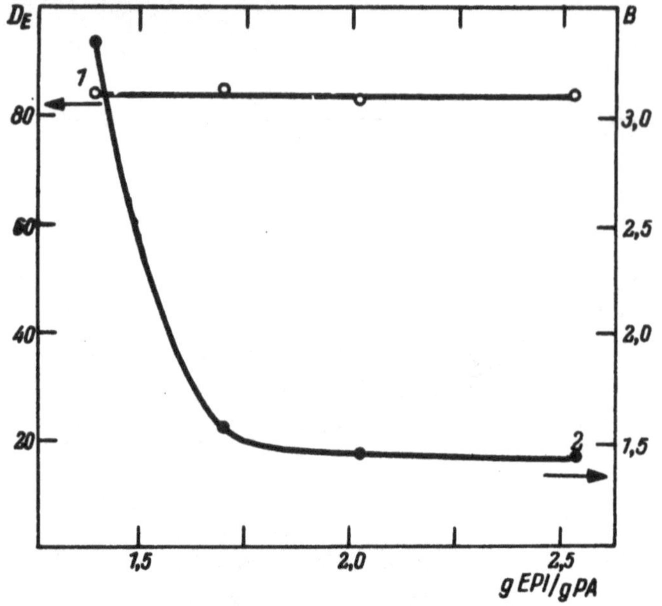

Abb. 7 Einfluß der Zugabe des Vernetzungsmittels auf die Eigenschaften der Polyaminaustauscher. EPI - Epichlorhydrin; PA - Polyäthylenpolyamin; 1 - D_E - bezogen auf die Gewichtseinheit der Trockensubstanz; 2 - B, Gewichtsquellung in g H_2O/ g Trockensubstanz.

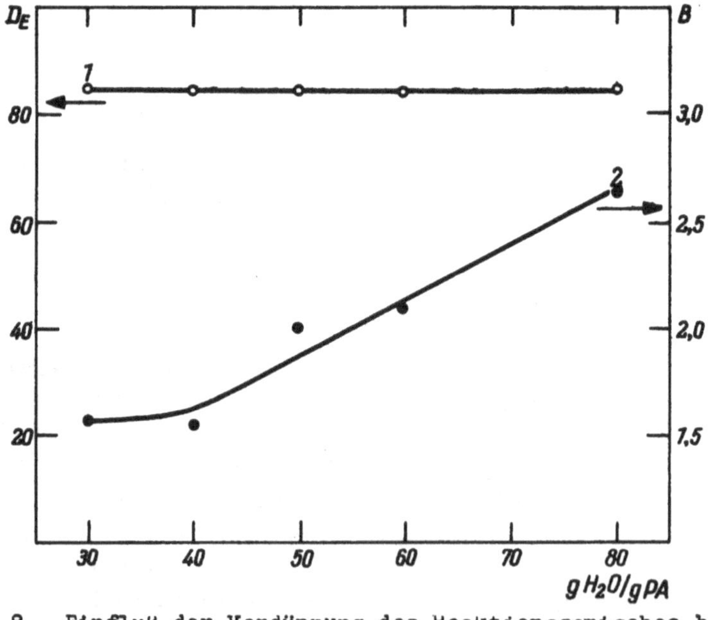

Abb. 8 Einfluß der Verdünnung des Reaktionsgemisches bei der Darstellung der Polyaminaustauscher auf deren Eigenschaften. PA - Polyäthylenpolyamin; 1 - D_E - bezogen auf die Gewichtseinheit der Trockensubstanz; 2 - B - Gewichtsquellung in g H_2O/g Trockensubstanz.

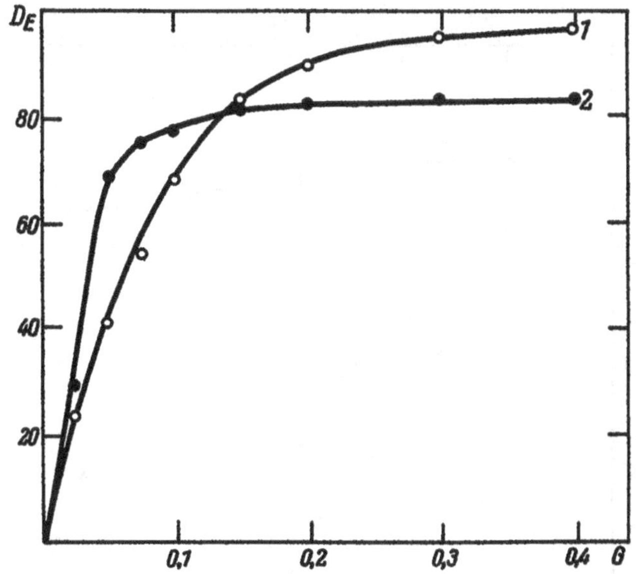

Abb. 9 Abhängigkeit der relativen Entfärbung von der Ionenaustauschermenge bei der statischen Arbeitsweise. G - Einwaage in g der Trockensubstanz; 1 - Dekolorex - A2, 2 - Dekolorex - A4.

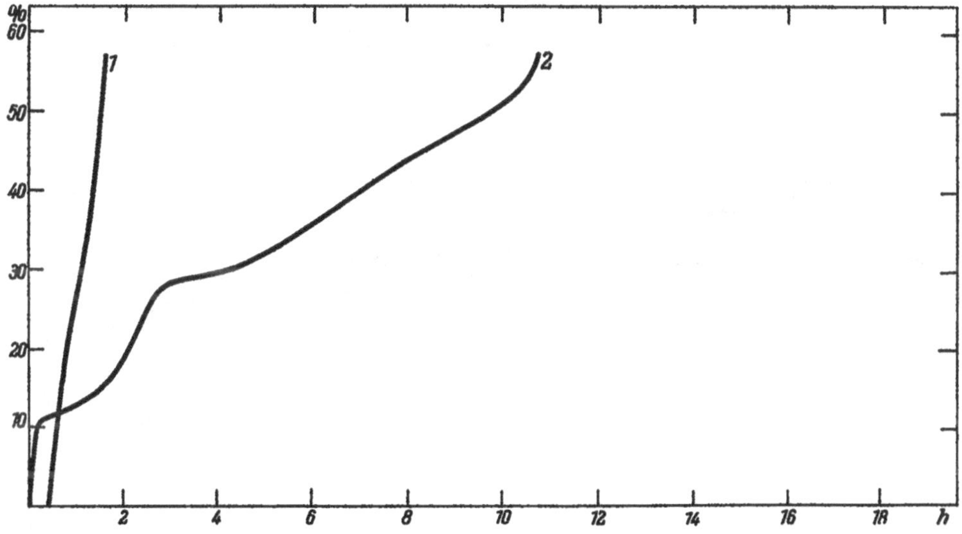

Abb. 10 Entfärbungskurven bei dynamischer Arbeitsweise (Anfangskonzentration der Melasselösung entsprach 30° St, Harzschichtvolumen 15 ml, spezifische Belastung 40 h^{-1}, Versuchtstemperatur 80° C. Farbkonzentration wurde kontinuierlich mittels des Visomat-Colorimeters bestimmt). 1 - Dekolorex A2; 2 - Dekolorex A4.

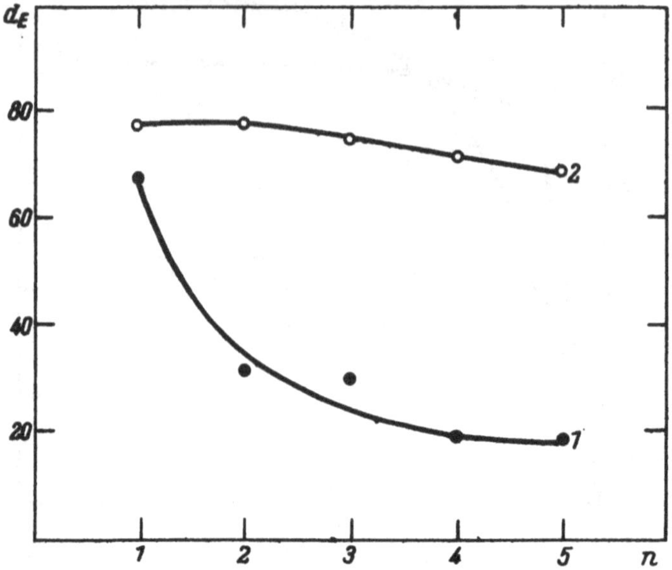

Abb. 11 Abnahme der Entfärbungsfähigkeit in einer Zyklenfolge. d_E - durchschnittliche Entfärbung in einem Zyklus; n - Zyklenzahl; 1 - Dekolorex A2; 2 - Dekolorex A4.

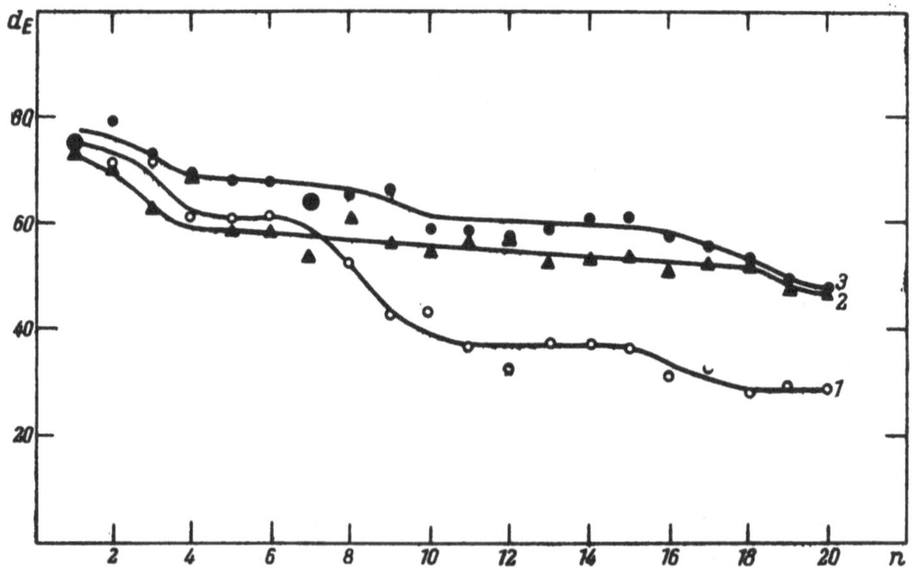

Abb. 12 Abnahme der Entfärbungsfähigkeit in einer Zyklenfolge. Vergleich verschiedener Regenerierungsmittel bei Dekolorex A4: 1 - 10 % NaCl; 2 - 1 % NaOH; 3 - 10 % NaCl + 1 % NaOH.

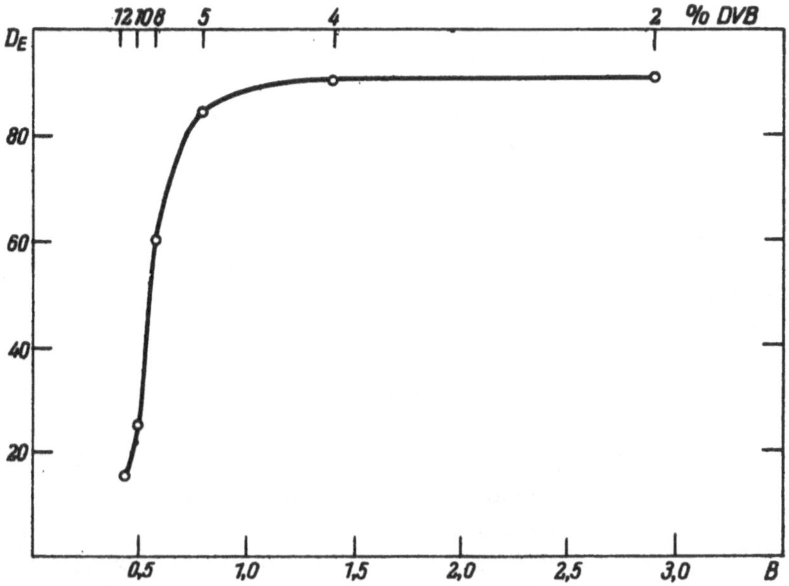

Abb. 13 Abhängigkeit der Entfärbungsfähigkeit (D_E) der stark basischen Styrolanionenaustauscher von deren Gewichtsquellung (B) oder Vernetzungsgrad (% DVB).

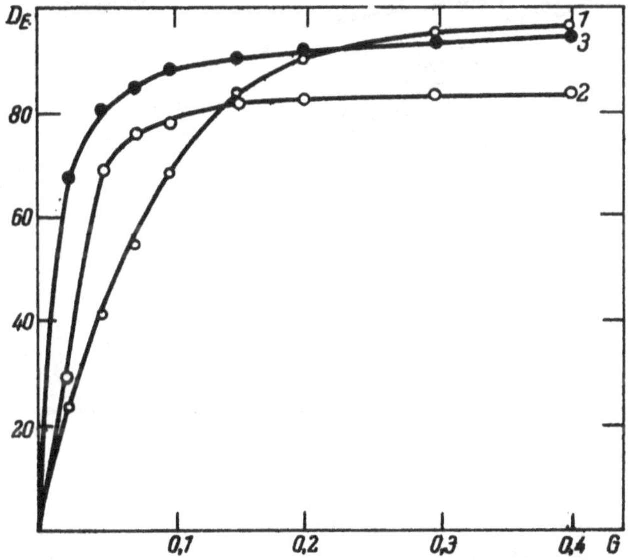

Abb. 14 Abhängigkeit der relativen Entfärbung von der Ionenaustauschermenge bei statischer Arbeitsweise. G - Einwaage in g der Trockensubstanz; 1 - Dekolorex A2; 2 - Dekolorex A4; 3 - Dekolorex A5.

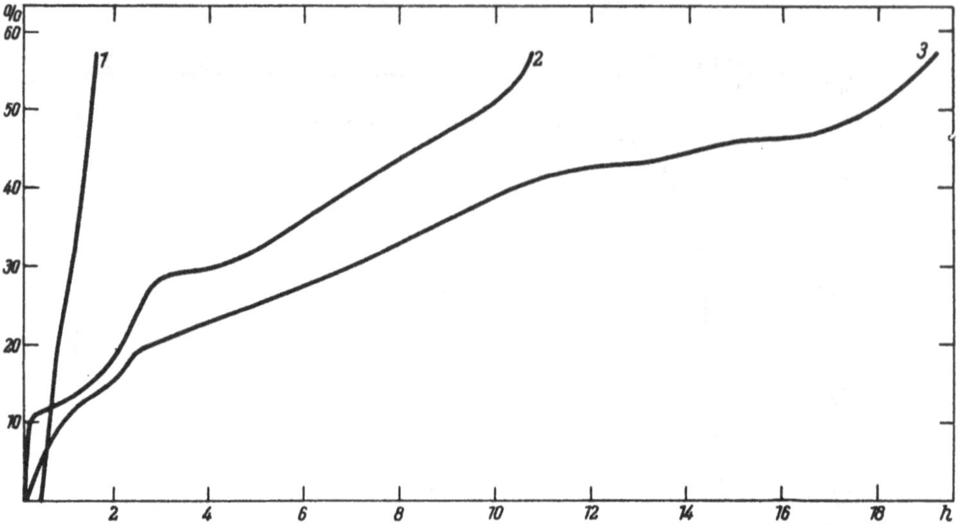

Abb. 15 Entfärbungskurven bei dynamischer Arbeitsweise. (Versuchsbedingungen, siehe Abb. 10). 1 - Dekolorex A2; 2 - Dekolorex A4; 3 - Dekolorex A5.

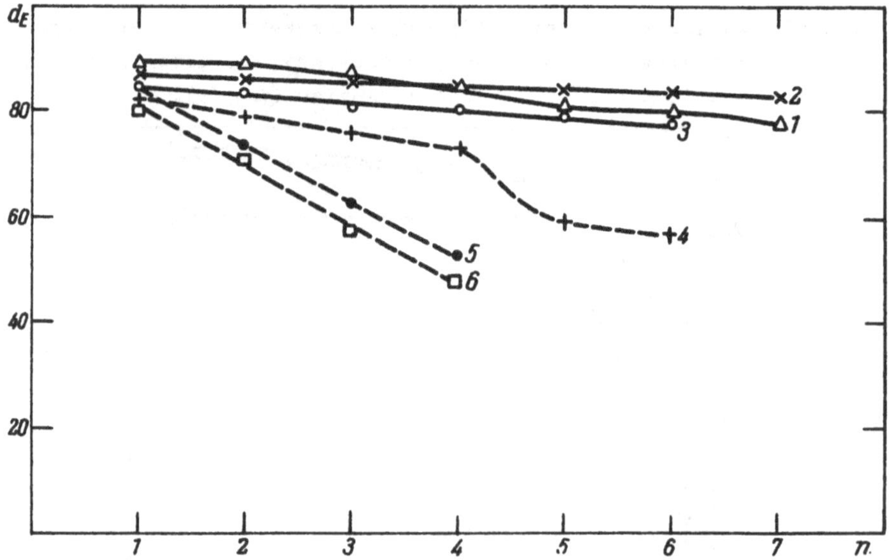

Abb. 16 Abnahme der Entfärbungsfähigkeit in einer Zyklenfolge bei Styrolharzen mit verschiedener Gewichtsquellung (B - gH_2O/g Trockensubstanz) und Gewichtskapazität (Q - mäqu/g).

1 -Amberlite IRA 401 S, B = 1,58; Q = 3,45
2 - Dekolorex A5, B = 1,53; Q = 4,67
3 - Styrolharz mit 1 % DVB, B = 2,20; Q = 4,90
4 - " " 4 % DVB, B = 0,85; Q = 4,48
5 - " " 8 % DVB, B = 0,67; Q = 4,05
6 - Amberlite IRA 401, B = 1,06; Q = 3,65.

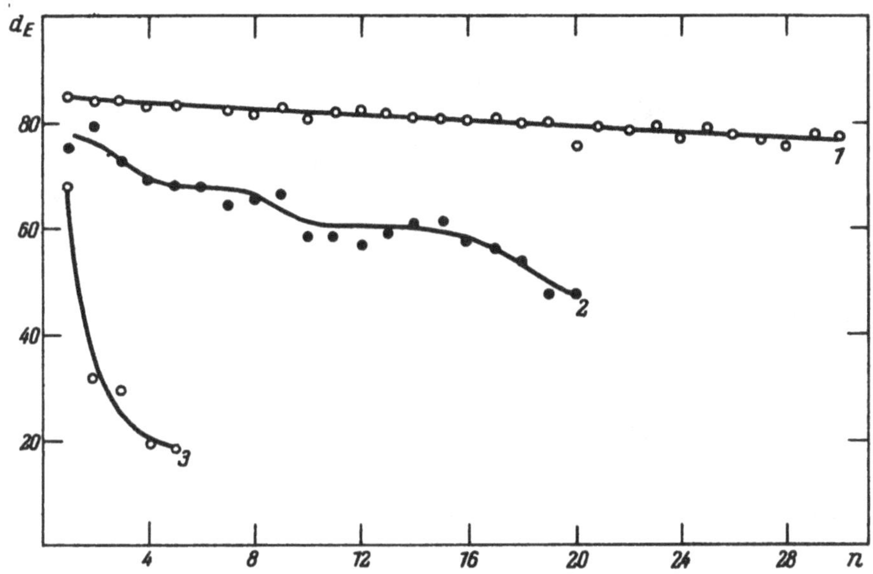

Abb. 17 Abnahme der Entfärbungsfähigkeit in einer Zyklenfolge. 1 - Dekolorex A5; 2 - Dekolorex A4; 3 -Dekolorex A2.

Der Einsatz von Ionenaustauschern zur Serumverarbeitung (1)

von G. ZIMMERMANN
Forschungsinstitut für Impfstoffe, Dessau

Die Einbeziehung und Nutzbarmachung von Austauschern bei der Verarbeitung von Seren - das heißt also: Fraktionierung von Vollseren, Isolierung und Reindarstellung von individuellen Serum- bzw. Plasmaproteinen - läßt von vornherein mannigfaltige Anwendungsmöglichkeiten, aber auch ganz spezifische Probleme erwarten. Viele davon liegen eindeutig auf dem Gebiete der "Anomalien" der Austauschadsorption.

Nach einem kurzen Überblick (Tabelle) über die unterschiedlichen chemischen und physikalisch-chemischen Daten der wichtigsten Komponenten eines Vollserums und des daraus zu erwartenden Verhaltens gegenüber Austauschern wird zunächst der Stand der Literatur referiert mit dem Versuch der Eingruppierung in die Art der Anomalien (nach GRIESSBACH). Unter dem gleichen Gesichtspunkt wird danach über eigene Arbeiten berichtet, die in den letzten 8 Jahren mit Wolfener Harzaustauschern durchgeführt wurden, unter besonderer Berücksichtigung folgender Arbeitsgebiete:

1. Eliminierung von Farbkörpern (Pigmenten) aus Serumproteinen zur Gewinnung hellfarbiger Produkte, die schon äußerlich der Vorstellung von standardisierten Reinproteinen entsprechen.
2. Eliminierung von Nebenprodukten bei der Darstellung konjugierter (azogekuppelter) Proteine.
3. Fraktionierung von Vollseren.
4. Versuche zur Eliminierung pyrogener Stoffe aus Serumprotein-Lösungen.

1) Publikation erfolgt an anderer Stelle.

Über das Verhalten kationischer Komplexon-Komplexe der Seltenen Erden an Kationenaustauschern

von L. Wolf

Institut für Anorganische Chemie der
Karl-Marx-Universität, Leipzig

Zwecks Trennung von Gemischen der Seltenerd-Ionen (SE^{+++}) im Wege der Komplexelution hatten wir in früheren Arbeiten (1) ausführlich das Verhalten zweier sehr einfacher Komplexone, nämlich der β-Hydroxyäthyliminodiessigsäure (H_2Z) sowie der o-Hydroxycyclohexyliminodiessigsäure (H_2X) untersucht.

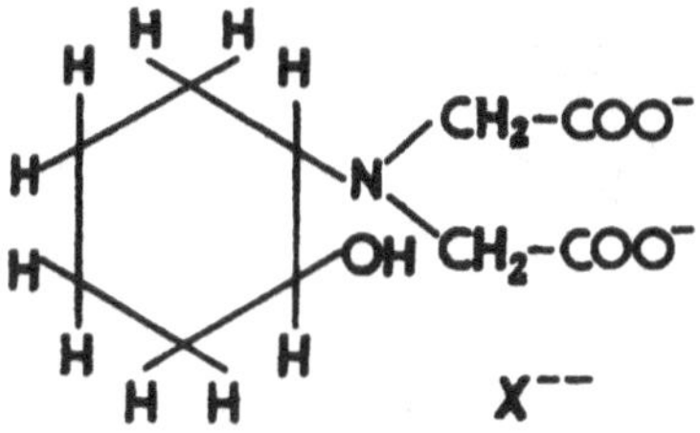

X^{--}

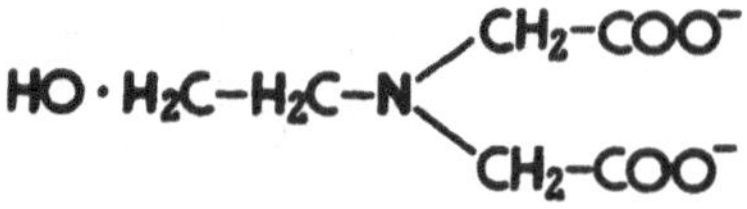

Z^{--}

	H_2X	H_2Z
pK_1	2,6	2,4
pK_2	10,2	8,8

Diese beiden 2-basischen Komplexone sind zwar weitaus schwächere Komplexbildner als die in der Technik vielfach üblichen Komplexone: Äthylendiamintetraessigsäure (AeDTE, H_4Y) und Nitrilotriessigsäure (NTE, H_3Y), besitzen aber durch ihre bessere Löslichkeit und den größeren Temperaturkoeffizienten ihrer Löslichkeit gewisse Vorteile und haben sich insbesondere auch für Sonderfälle, wie z. B. Trennung von Th, U in Vergesellschaftung mit Seltenen Erden überraschend gut bewährt.

Einen genaueren Einblick in die Komplexbildung von H_2Z und H_2X verschaffte uns die Isolierung zahlreicher Komplexe der beiden "Modell"-Komplexone in kristallisierter Form und das Studium ihres Verhaltens in Lösung. Abb. 2 vermittelt eine Übersicht über die dargestellten Komplexe, welches einesteils dem kationischen Typ $[SEZ]^+$ bzw. $[SEX]^+$, andernteils dem anionischen Typ $[SEZ_2]^-$ bzw. $[SEX_2]^-$ entsprechen (2).

H_2X

$[LaX]NO_3 \cdot 3\,H_2O$	$[LaX]Cl \cdot 4\,H_2O$	$[LaX]_2C_2O_4$
$[CeX]NO_3 \cdot 3\,H_2O$		$[LaX]_2CO_3 \cdot 5\,H_2O$
$[PrX]NO_3 \cdot 3\,H_2O$		$[LaX]_2X \cdot 8\,H_2O$
$[NdX]NO_3 \cdot 2\,H_2O$	$[NdX]Cl \cdot 4\,H_2O$	$[LaX]HX \cdot 4\,H_2O$
$[YX]NO_3 \cdot 2\,H_2O$		

- -

$NH_4[LaX_2] \cdot 3\,H_2O$

$NH_4[YX_2] \cdot 2\,H_2O$

H_2Z

$[LaZ]NO_3 \cdot 3\,H_2O$	$[YZ]NO_3$	$H[LaZ_2] \cdot 3\,H_2O$
$[NdZ]NO_3 \cdot 3\,H_2O$	$[YZ]Cl$	$H[PrZ_2] \cdot 3\,H_2O$
$[LaZ]Cl \cdot 3\,H_2O$		$H[NdZ_2] \cdot 3\,H_2O$
$[NdZ]Cl \cdot 3\,H_2O$		$Na[LaZ_2] \cdot 4\,H_2O$
$[LaZ]Cl \cdot 4\,H_2O$		$Na[PrZ_2] \cdot 4\,H_2O$
$[NdZ]Cl \cdot 4\,H_2O$		$Na[NdZ_2] \cdot 4\,H_2O$
$[LaZ]ClO_4 \cdot 3\,H_2O$		

Die folgenden Darlegungen erstrecken sich speziell auf das Verhalten der kationischen Komplexonkomplexe $[SEZ]^+$ im Kontakt mit dem Kationenaustauscher Wofatit KPS 200 in der NH_4^+-Form, wobei als Seltenerd-Ionen zunächst La^{+++}, Nd^{+++} und Y^{+++} (in Form ihrer Chloride) ausgewählt wurden. Die komplexen Chloride $[SEZ]Cl$ bzw. die äquimolaren (1 : 1)-Systeme von SE^{+++} und Komplexon wurden zu Gleichgewichtsuntersuchungen mit dem Austauscher unter verschiedenen pH-Bedingungen im Schüttelversuch bis zur Gleichgewichtseinstellung behandelt und analysiert. Die Gleichgewichtsbestimmungen sollten Aufschluß darüber geben, ob die kationischen Komplexe $[SEZ]^{+}$ am Austauscher überhaupt existenzfähig und (im Hinblick auf die theoretische Deutung des Elutionsverlaufs) transportfähig, d. h. als solche adsorbierbar und readsorbierbar sind. Abschätzbar beanspruchen die voll hydratisierten Seltenerd-Ionen $[SE(OH_2)_6]^{+++}$ näherungsweise das gleiche Volumen wie die koordinativ gesättigten kationischen Komplexe $[SEZ(OH_2)_3]^{+}$, ladungsmäßig ist der Komplexonkomplex dem reinen Aquokomplex offensichtlich jedoch beträchtlich unterlegen.

Folgende theoretische Vorüberlegungen lassen sich anstellen: Der kationische Komplex $[SEZ]^{+}$ steht thermodynamisch im Gleichgewicht mit seinen Komponenten (1) und mittels der Komplexonkomponente im Gleichgewicht (2) mit dem anionischen Komplex

$$[SEZ]^{+} \rightleftharpoons SE^{+++} + Z^{--} \qquad (1)$$

$$Z^{--} + [SEZ]^{+} \rightleftharpoons [SEZ_2]^{-} \qquad (2)$$

Aus (1) und (2) resultiert das Gleichgewicht (3)

$$2\,[SEZ]^{+} \rightleftharpoons SE^{+++} + [SEZ_2]^{-} \qquad (3)$$

Die Abhängigkeit von der Wasserstoffionen-Konzentration ist für (1) gegeben durch das Gleichgewicht (4):

$$[SEZ]^{+} + OH_3^{+} \rightleftharpoons SE^{+++} + HZ^{-} + OH_2 \qquad (4)$$

für (2) durch das Gleichgewicht (5):

$$[SEZ]^{+} + HZ^{-} + OH_2 \rightleftharpoons [SEZ_2]^{-} + OH_3^{+} \qquad (5)$$

Besonders interessant ist die Frage nach dem pH-Wert, welcher im Sinne von (3) eine praktisch quantitative Verschiebung des Gleichgewichts nach rechts, d. h. im Kontakt mit dem Austauscher die Reaktion

$$2\ [SEZ]^{+} \longrightarrow SE^{+++} + [SEZ_2]^{-} \qquad (6)$$

herbeiführt; des weiteren würde es aufschlußreich sein, ob bei irgendwelchem pH-Wert der Komplex $[SEZ]^{+}$ <u>nach</u> dem Kontakt mit dem Austauscher am Harz analytisch nachweisbar ist.

Im folgenden sind die experimentellen Ergebnisse zusammengefaßt:

1. In neutralem Milieu (pH = 7) findet tatsächlich die äquivalente und praktisch vollständige Aufspaltung des kationischen Komplexes nach (6) statt: SE^{+++} (am Austauscher) und SE^{+++} in Form von $[SEZ_2]^{-}$ (im Filtrat) wird im Verhältnis 1 : 1 gefunden (alles Komplexon im Filtrat).

2. Mit ansteigender Wasserstoffionen-Konzentration wächst der vom Austauscher gebundene Anteil SE^{+++} an unter Verminderung des ins Filtrat gehenden Anteils in Form von $[SEZ_2]^{-}$; unterhalb pH = 2 ist der anionische Komplex bzw. SE^{+++} im Filtrat nicht mehr nachweisbar (alles Komplexon im Filtrat).

3. Mit dem Übergang in alkalisches Milieu wächst der Anteil des im Filtrat nachweisbaren anionischen Komplexes steil an, unter Verminderung des vom Harz aufgenommenen Anteils SE^{+++}, welcher bereits im pH-Gebiet 8 bis 9 verschwindet (alles Komplexon im Filtrat).

Nach 1. bis 3. reagiert das System $SE^{+++}/[SEZ_2]^{-}$ = 1 : 1 bereits in der engeren Umgebung des Neutralpunktes recht empfindlich.

4. Ein der Austauscher angebotener Überschuß freier SE^{+++} über das dem Verhältnis 1 : 1 entsprechende System $[SEZ]^{+}$ hinaus wird glatt und scheinbar unabhängig vom Harz aufgenommen. Es gelingt in keinem Falle, den kationischen Komplex, d. h. das Komplexon neben SE^{+++} am Austauscher nachzuweisen.

Der kationische Komplex $[SEZ]^{+}$ fungiert hiernach bei der Komplexelution lediglich als "Träger" für das Komplexon

H_2Z, welches für die Bildung des antionischen und transportfähigen Komplexes $[SEZ_2]^-$ benötigt wird.

Die hier nur zusammenfassend geschilderten Verhältnisse gelten selbstverständlich für die speziellen SE^{+++} je nach ihrer Stellung in der Reihe der Komplexstabilitäten für die $[SEZ]^+$ und $[SEZ_2]^-$ modifiziert, deren Gang von niederen nach höheren Ordnungszahlen jedoch nur mäßig ansteigt. Die Deutung der Differenzierung des Ablaufs der Komplexelution wird immerhin bereits für ein so einfaches Komplexon wie die vorstehend behandelte N-diessigsäure recht kompliziert. Es hat sich gezeigt, daß die Tendenz zur Bildung von Hydroxoaquo-Ionen aus den hydratisierten Aquo-Ionen der SE^{+++}, welche gleichfalls mit zunehmender Ordnungszahl ansteigt und zu einem "Ladungsverlust" führt, für die Deutung der Komplexelution zu berücksichtigen ist.

Abschließend wurde auf die Bedeutung der schon früher nachgewiesenen Bildung von höheren Assoziaten vom Charakter von komplexen Polyoxobasen der SE^{+++} im alkalischen Milieu eingegangen.

Literatur

1. L. Wolf u. J. Marsonne, Beiträge zur Trennung der Seltenen Erden: I, Journ. f. prakt. Chem. (4), 3, 178 (1956); IV, ib. (4), 5, 14 (1957); V, ib. (4), 5, 21 (1957); VI, ib (4), 5, 288 (1958).
2. L. Wolf. Österr. Chem. Ztg. 60, 99 (1959).

Struktur und Spezifität bei organischen Komplexbildnern. Synthesen, Eigenschaften und Anwendung makromolekularer Komplexbildner

von E. Bayer

Institut für Organische Chemie,
Technische Hochschule Karlsruhe

In der Literatur sind immer wieder gelegentlich Berichte aufgetaucht, daß sich Forscher um die Anreicherung eines wertvolleren Metalls aus Meerwasser bemüht haben. Die Kenntnis von diesen Versuchen ist jedoch sehr unvollständig geblieben, da wohl in keinem Fall eine einfache Operation zu Anreicherung der in extremer Verdünnung im Meerwasser enthaltenen Schwermetallionen gelungen ist. Erinnert sei hier an die Versuche des Entdeckers der Ammoniak-Synthese, Fritz Haber (1), der das Gold aus dem Meerwasser gewinnen wollte. Auch diese sehr hoffnungsvoll begonnenen Experimente sind fehlgeschlagen, da das projektierte Verfahren an dem zu geringen Goldgehalt der Weltmeere scheiterte. Haber drückte seine Resignation über das Mißlingen aus: "Ich habe es aufgegeben, nach dieser Stecknadel in einem Heuhaufen zu suchen." Bewundernswert bleiben uns jedoch heute noch die subtilen Analysenverfahren, mit denen Haber und Mitarb. (1) den Goldgehalt der Weltmeere bestimmt haben.

Es ist leicht verständlich, daß es ein Wunschtraum von Generationen war, wertvolle Elemente aus Meerwasser spezifisch zu gewinnen. Denn in vielen Fällen übersteigt der insgesamt dort vorhandene Vorrat die auf dem Festland registrierten Vorkommen beträchtlich. So hat man geschätzt, daß in den Weltmeeren 6,5 Milliarden Tonnen Kupfer, 0,5 Milliarden Tonnen Uran und 70 Millionen Tonnen Gold vorkommen. Diese außerordentlich großen Vorräte, z. B. an Kupfer, Uran, Silber, Vanadium, Gold machen das Meer zu einer interessanten Rohstoffquelle.

Unser Interesse an einer spezifischen Anreicherung ist nun jedoch nicht von diesen technischen Ausblicken geweckt worden, sondern von der Beschäftigung mit der Konstitution einiger in der Natur vorkommender Schwermetallproteide (2). In Meerestieren sind eine Reihe makromolekularer Komplexverbindungen mit Kupfer, Vanadium und Eisen aufgefunden worden und in einigen Fällen konnte auch nachgewiesen werden, daß diese Tiere das Metall aus dem Meerwasser aufnehmen und beträchtlich anreichern. Hingewiesen sei hier vor allem auf den vanadiumhaltigen Blutfarbstoff der Seescheiden, das Haemovanadin (3, 4).

Diese Tiere reichern das Vanadium des Meerwassers auf das Millionenfache in ihren Blutzellen an (5, 6). Auch das kupferhaltige Haemocyanin (7, 8) der Tintenfische, Austern und Hummern ist ein gutes Beispiel. Die Coelomflüssigkeit des Tintenfisches Octopus vulgaris enthält etwa 10 % Haemocyanin, in der das Kupfer gegenüber dem Meerwasser auf das 100 000-fache angereichert ist. Die gezielte Auswahl, mit der die Organismen nur ein Metallion in größeren Mengen binden, ist zweifellos durch die Struktur der organischen komplexbildenden Gruppierung mit bedingt. Weder beim Haemovanadin noch beim Haemocyanin ist mit Sicherheit eine Aussage über diese spezifische Gruppierung möglich. Bei beiden Komplexen handelt es sich jedoch um höhermolekulare Verbindungen (9, 10). Die Molekulargewichte von Haemocyaninen können bis zu 6,7 Millionen betragen (11) und werden nur noch von Viren übertroffen. Dieses hochmolekulare Protein reagiert nun spezifisch nur mit Kupfer, während andere Metalle nicht gebunden werden (12). Die Spezifität in der Metallbindung, welche letzten Endes bei diesen Meerestieren der Grund für die selektive Anreicherung von Kupfer aus dem Meerwasser ist, kann auf die chemische Sonderheit der komplexbildenden Funktion und den räumlichen Aufbau des Proteins zurückzuführen sein. Die Natur hat demnach die selektive Anreicherung von einzelnen Metallionen mittels makromolekularer Komplexbildner gelöst. Auch andere, bei der Speicherung bzw. Anreicherung von Metallen in Organismen beteiligte Substanzen erweisen sich als makromolekulare Komplexbildner. Erwähnt sei hier noch das Eisenspeicherprotein bei Säugetieren, das Ferritin (13, 14), welches nur Eisen bindet (15, 16).

Die Natur lehrt, daß zur Verwirklichung einer Anreicherung von Metallen aus sehr verdünnten Lösungen makromolekulare Komplexbildner synthetisiert werden sollten. Im Hinblick auf eine praktische Lösung scheint uns die getreue Nachahmung der Natur, d. h. die Verwendung des gleichen Typs der bisher behandelten makromolekularen Komplexbildner, nicht gangbar. Denn auch in der weiteren Zukunft dürften diese Proteine nicht synthetisch zugänglich sein. Außerdem sind die Betriebsbedingungen bei einer "künstlichen Metallanreicherung" anders als bei der Metallanreicherung durch Organismen.

Wahl geeigneter synthetischer makromolekularer Komplexbildner

Synthetische makromolekulare Komplexbildner sollten nun folgende Eigenschaften aufweisen:

1. Sie sollten so hochmolekular sein, daß sie genügend unlöslich sind. Denn um z. B. 1o g Kupfer aus Meerwasser anzureichern, müssen mindestens 140 m^3 Meerwasser mit dem makromolekularen Komplexbildner behandelt werden. Die Löslichkeit muß hierbei unter 10^{-6} % liegen. Am einfachsten wird zur Anreicherung das Meerwasser durch eine mit makromolekularem Komplexbildner gefüllte Säule strömen gelassen. Bei den in der Natur vorkommenden makromolekularen Komplexbildnern ist die Schwerlöslichkeit keine unerläßliche Eigenschaft, da die semipermeable Membran der Zellen nur den Eintritt der Metallionen, aber nicht den Austritt des Makromoleküls gestattet.

2. Darüber hinaus sollte der makromolekulare Komplexbildner eine genügende mechanische und chemische Stabilität aufweisen, d. h. bei den Betriebsbedingungen nicht

zerstört werden. Bei den natürlich vorkommenden Substanzen ist die Stabilität gering, wie allgemein bei Proteinen.

3. Ein makromolekularer Komplexbildner sollte möglichst viele Metallionen je Gewichtseinheit anlagern können, d. h. eine hohe Beladungskapazität aufweisen.

4. Die Wiederabspaltung einmal gebundenen Metalls sollte unter schonenden Bedingungen möglich sein, ohne daß das Makromolekül gespalten oder die komplexbildende Funktion zerstört wird. Denn bei einer schonenden Abspaltung wird eine aufeinanderfolgende zyklische Verwendung der Komplexbildner möglich. Komplexbildner, bei denen im Verlauf der Metallbindung Wasserstoff- durch Metallionen ersetzt werden, bieten sich hierfür an. Entsprechend der Gleichung:

$$\text{Komplexbildner-H}_2 + \text{Me}^{2+} \underset{\text{Abspaltung (Regenerierung)}}{\overset{\text{Bindung Anreicherung}}{\rightleftharpoons}} \text{Komplexbildner-Me} + $$

ist hier eine Regenerierung durch Behandeln mit Säuren möglich. Die Stabilitätskonstanten sollten so liegen, daß das Metall schon mit verdünnten Säuren abgespalten wird.

Es ist vorauszusehen, daß heterozyklische Basen wie α-α'-Dipyridyl sich hierfür nicht eignen, da bei solchen Verbindungstypen obiges Gleichgewicht keine Anwendung findet und demgemäß auch keine leichte Ablösung mit Säuren erreicht werden kann. Die bekannte Säurestabilität der Koordinationsverbindungen des α-α'-Dipyridyls ist ein Beweis hierfür. Erwähnt sei hier, daß bei den natürlich vorkommenden makromolekularen Komplexbildnern die Reversibilität der Metallbindung bei gewahrter Stabilität nicht vorhanden sein dürfte, da die Natur sich den Luxus leisten kann, immer wieder von neuem Komplexbildner zu synthetisieren und zur Verfügung zu stellen.

5. Bei allen bisher genannten Eigenschaften sind an die synthetischen Komplexbildner höhere Anforderungen gestellt worden wie bei den natürlich vorkommenden Komplexbildnern.

In der Selektivität der Metallbindung sind die bisher aus Organismen isolierten Schwermetallproteide jedoch unerreicht. Während von den komplexbildenden Proteinen des Ferritins und Haemocyanins nur Eisen und Kupfer gebunden werden, ist kein synthetischer Komplexbildner bekannt, der ausschließlich ein Metallion zu binden vermag. Außerdem ist beim Haemocyanin und Ferritin die Spezifität nicht nur durch die Komplexbildung allein bedingt, sondern es sind jeweils auch reduktive bzw. oxydative Schritte bei der Anreicherung eingeschlossen (2, 6, 17). So ist das Haemocyanin ein Kupfer(I)-Komplex (17), und nur Kupfer(I)-Ionen werden gebunden.

Es war vorauszusehen, daß eine genügend große Spezifität bei synthetischen Komplexbildnern äußerst schwierig zu erreichen sei. Denn von Mellor (18) ist festgestellt worden, daß bei der überwiegenden Anzahl von organischen Komplexbildnern die Metallionenbindung nach der gleichen Stabilitätsreihe verläuft. Wir haben aus diesem Grund die Komplexbildung von organischen Komplexbildnern eingehend studiert und für eine ganze Gruppe von Chelaten eine neue Anschauung der Bindungsverhältnisse entwickelt, die sich für unsere praktische Zielsetzung sehr nützlich erwiesen hat.

Am Beispiel der Entwicklung einer komplexbildenden Gruppierung, die zur Anreicherung von Uran und Kupfer aus Meerwasser Verwendung fand, sollen diese Bindungsfragen näher erläutert werden.

Komplexbildner aus Aminophenolen und Glyoxal

Bei der Kondensation von o-Aminophenolen und Dicarbonylverbindungen entstehen Komplexbildner, zum Beispiel Glyoxal-bis(2)hydroxyanil (19, 20), welche sich als besonders geeignet zur Bindung von Uran- und Kupfer-Ionen erwiesen haben. Es ist überraschend, daß bei schwach saurem pH-Wert und Raumtemperatur nur Nickel^{2+}, Uranyl^{2+} und Kupfer^{2+} glatt und schnell gebunden werden, hingegen andere Metallionen nicht. Im schwach alkalischen Medium werden jedoch auch Metallkomplexe anderer Ionen, wie Co^{2+}, Zn^{2+}, Cd^{2+} gebildet Es tritt somit eine pH-abhängige Spezifität auf, die auf zwei Ursachen zurückgeführt werden kann.

Bei der Kondensation von o-Aminophenol und Glyoxal wird zunächst nicht die offenkettige Schiffsche Base (Ib) gebildet, sondern das isomere Bis(benzoxazolyl) (Ia) (21).

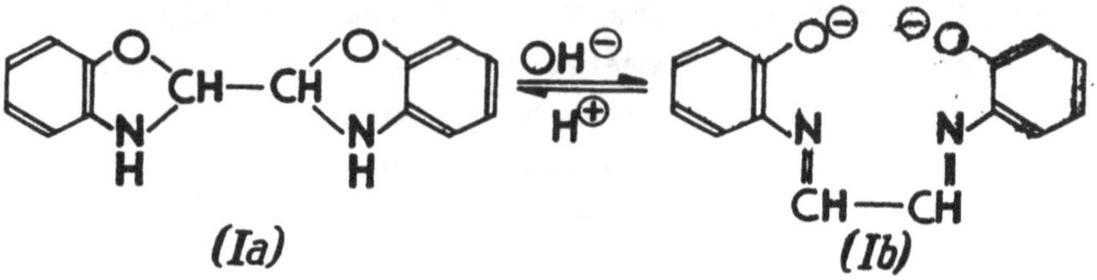

In schwach alkalischem Medium lagert nun die nicht zur Komplexbindung befähigte Ringform (Ia) zur offenkettigen Form, dem eigentlichen Komplexbildner (Ib) um. Diese Umlagerung kann nun bei den stark zur Komplexbildung neigenden Metallionen Cu^{2+}, UO_2^{2+} und Ni^{2+} schon in saurem Milieu vor sich gehen. Das offenbar auch in geringen Mengen im sauren Medium vorhandene, offenkettige Isomere wird als stabiler Kupfer-, Uranyl- oder Nickelkomplex (vgl. II) aus dem Gleichgewicht entfernt und so die vollständige Überführung des Bis(benzoxazolyls) in den Komplex

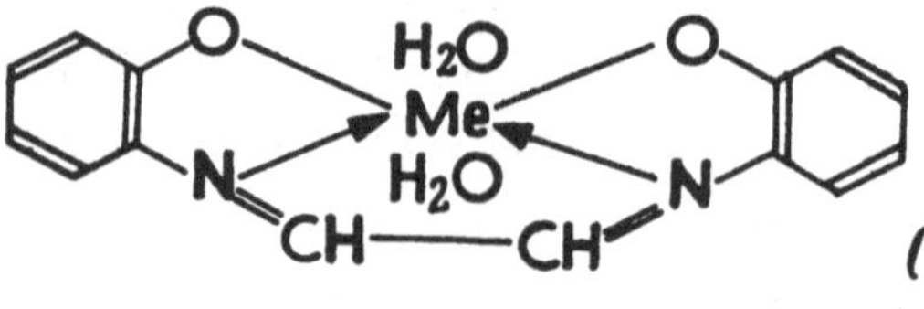

(II)

Me = UO_2^{2+}, Cu^{2+}, Ni^{2+}

bewirkt. Bei den weniger stabilen Komplexen verläuft die Umlagerung und anschließende Komplexbildung erst in neutralem oder in schwach alkalischem Medium, wo schon größere Gehalte oder ausschließlich die Schiffsche Base vorliegen. Es ist wohl das erste Mal, daß gezeigt werden konnte, daß durch Umlagerung eines organischen Liganden die Metallionenbindung beeinflußt werden kann.

Die Bis(benzoxazolyl)-Hydroxyanil-Umlagerung ist jedoch nur das äußere Merkmal eines größeren Stabilitäts-Unterschiedes zwischen Cu-, UO_2-, Ni-Komplexen einerseits und den anderen Metallkomplexen, wie z. B. Co-, Cd-, Zn-Verbindungen andererseits. Bei der Betrachtung des Modells der Chelate des Glyoxal-bis(2-hydroxyanils) (abgekürzt GBHA) (vgl. Abb. 1) fällt nun auf, daß sich die phenolischen Sauerstoffatome dem Metallion sterisch nicht genügend nähern können, daß es zu einer Überlappung der Elektronenbahnen der Sauerstoffatome und des Metallions kommen könnte. Eine kovalente Bindung O-Metall ist somit nicht möglich. Die Stickstoffatome sind jedoch räumlich für eine kovalente Bindung äußerst günstig gelagert. Die Chelate des GBHA wären demnach als Zwitterion aufzufassen, bei dem für die Stabilität nur die Metall-Stickstoff-Bindung eine dominierende Rolle spielen dürfte. Für diese Zwitterionenstruktur

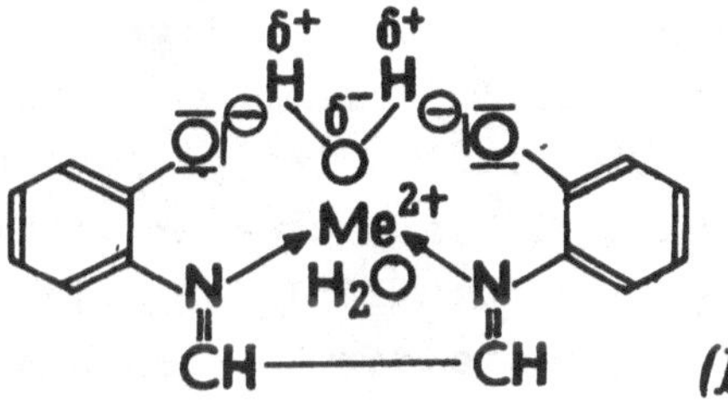

(III)

spricht im übrigen auch die äußerst feste Anlagerung von 2 Mol Wasser an die 5. und 6. Koordinationsstelle. Das Dipol-Molekül Wasser wird hierbei nicht nur mit seinem negativierten Sauerstoff an das Zentralatom, sondern auch mit den positivierten Wasserstoffen an die Phenolatanionen fixiert. Durch diese doppelte elektrostatische Dipol-Bindung des Wassermoleküls kann auch die Beobachtung erklärt werden, daß bei dem Glyoxal-bis(2-hydroxyanil)-kupfer-dihydrat das Wasser nicht mehr ohne Zerstörung des Komplexes abgespalten werden kann und somit der koordinativ 6-wertige Cu-Komplex wesentlich stabiler ist als der koordinativ 4-wertige Cu-Komplex, ein bei der allgemeinen Koordinationszahl 4 bei Cu^{2+} (22) bemerkenswertes Verhalten.

In saurer Lösung können nun die Protonen das Wasser verdrängen, die Phenolat-Anionen ladungsmäßig abschirmen und die stabilisierende Zwitterionenstruktur aufheben. Sofern der heterozyklische 5-Ring (IV) nicht sehr stabil ist, wird durch die nunmehr am Koordinationszentrum eingetretene Anhäufung positiver Ladungen der Komplex gespalten. Hierdurch wird die leichte Ablösbarkeit von komplex gebundenen Metallionen durch verdünnte Säuren erklärt, die eine äußerst erwünschte Eigenschaft für die praktische Ausnutzung darstellt. Denn wir wollen ja einmal gebundene Metallionen unter schonenden Bedingungen wieder eluieren, um den Komplexbildner für neue Metallbindungen wieder benutzen zu können.

Nachdem so am niedermolekularen Modell des Glyoxal-bis (2-hydroxyanils) die Spezifität und Regenerierbarkeit studiert worden war, war es die nächste Aufgabe, zu makromolekularen Komplexbildnern mit ähnlichen Eigenschaften zu gelangen. Hierzu werden z. B. Triaminophenol und Glyoxal polykondensiert. Es bilden sich unter geeigneten Bedingungen (23) völlig unlösliche, braunschwarze Harze, die quellfähig sind und gleiche Metallbindungseigenschaften und Selektivität aufweisen wie das Glyoxal-bis(2-hydroxyanil). Im Gegensatz zu Ionenaustauschern dürften diese makromolekularen Komplexbildner nicht als konzentrierte Elektrolyte aufgefaßt werden. Metallanlagerung und Regenerierung ähneln völlig der niedermolekularen Modellsubstanz.

Bevor nun auf die Anwendung dieser makromolekularen Komplexbildner eingegangen wird, soll nochmals die Struktur der Chelate eingehender betrachtet werden, da sich hierbei Prinzipien ableiten lassen, die von allgemeinerem Interesse sind und auch bei der Synthese anderer spezifischer, makromolekularer Komplexbildner wegweisend sein können.

Aromatenähnliches Verhalten von Chelaten

Eine entscheidende Bedeutung für die Spezifität und Stabilität der Komplexbindung beim GBHA ist dem heterozyklischen 5-Ring (IV) zugemessen worden.

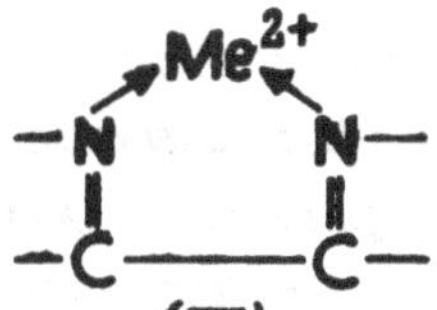

(IV)

Es gibt nun eine ganze Reihe interessanter Eigenschaften, die diesem heterozyklischen Ring zugeschrieben werden müssen.

So wäre einmal die tiefe Farbe der Komplexe des GBHA zu nennen, die in dem Auftreten eines neuen, bei den Alkalisalzen des GBHA nicht vorhandenen Lichtabsorptionsmaximums bei 570 - 600mμ führt. Wie früher schon beschrieben worden ist (20), liegt dieses Maximum bei allen Komplexen in dem gleichen Bereich. Daß dieses Maximum nicht auf d-Elektronenübergänge zurückzuführen ist, wird dadurch gezeigt, daß auch die Koordinationsverbindungen von Ionen aufgefüllter d-Schalen, Zink(II) und Cadmium(II) ihr Maximum bei gleichen Wellenlängen aufweisen. Die höchsten Extinktionen zeigen die stabilen Komplexe des Kupfers, Urans und Nickels, entsprechend einer ausgebildeteren zyklischen Konjugation im Ring (IV). Daß diese zyklische Konjugation tatsächlich wesentlich ist, kann auch durch Vergleich der Spektren der GBHA-Komplexe und der Koordinationsverbindungen des Malondialdehyd-bis(2-hydroxyanils) (V) gezeigt werden, bei denen durch die CH_2-Gruppe die zyklische Konjugation unterbrochen ist.

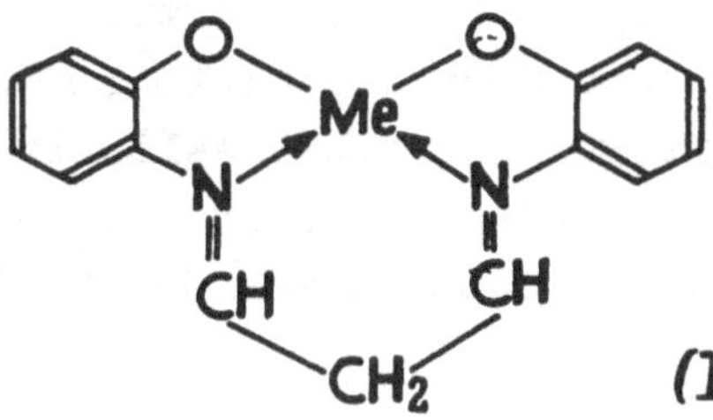

(V)

Entsprechend tritt bei diesen Komplexen kein neues Lichtabsorptionsmaximum mehr auf, sondern nur eine Verschiebung der schon beim Natriumsalz vorhandenen Bande (12). Eine weitere, auf die besonderen Bindungsverhältnisse bei der zyklischen Konjugation zurückzuführende Eigenschaft ist das chemische und spektroskopische Verhalten der C=N-Doppelbindungen. Das Natriumsalz des GBHA läßt sich, wie Schiffsche Basen allgemein, glatt mit Pd/Aktivkohle zu den sekundären Aminen katalytisch (VI) hydrieren. Bei den stabilen Cu-, Ni- und UO_2-Komplexen

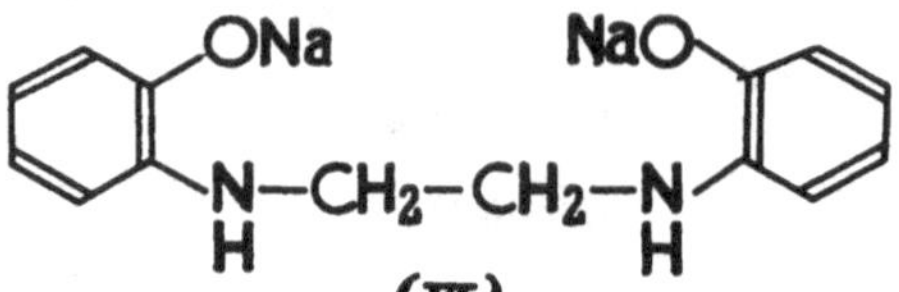

(VI)

des GBHA ist dies jedoch nicht mehr der Fall. Die anderen Metallkomplexe werden, wenn auch langsamer als das Natriumsalz des GBHA, katalytisch mit Pd/Aktivkohle hydriert. Durch diese Versuche wird sichergestellt, daß bei den stabilen Komplexen des GBHA nicht mehr die normale Reaktivität der C=N-Doppelbindung gegeben ist. Bei den Komplexen des Malondialdehyd-bis(2-hydroxyanils) (V) ist die Hydrierbarkeit analog wie beim Komplexbildner. Gerade in dieser Eigenschaft verhält sich die C=N-Doppelbindung des GBHA-Nickels wie in einem aromatischen, nichtbenzoiden Heterozyklus, z. B. Pyridin. Auf Grund der unterschiedlichen Hydrierbarkeit läßt sich im übrigen auch eine Unterscheidung und quantitative Bestimmung von Nickel neben Kobalt ausführen. Man bildet hierzu die tieffarbigen GBHA-Komplexe des Nickels und Kobalts, mißt die Gesamtextinktion und hydriert mit Pd/Aktivkohle selektiv den Kobaltkomplex. Da die entstehende Co-Verbindung des sekundären Amins (VI) farblos ist, bestimmt man durch eine Extinktionsmessung bei 556 mμ nach der Hydrierung den Nickelgehalt und erhält nach Abzug dieser Extinktion von der zuvor gemessenen Gesamtextinktion die der Kobaltverbindung zukommende Absorption.

Eine Deutung für die veränderte Reaktivität der C=N-Doppelbindung kann durch die Annahme eines in Richtung einer C-N-Einfachbindung verschobenen Bindungscharakters erhalten werden, wie dies bei einer zyklischen Konjugation auch anzunehmen wäre. Tatsächlich läßt sich in den Infrarotspektren eine solche Verschiebung der C=N-Banden erkennen. Wiederum ist bei den stabilen Komplexen die Verschiebung am stärksten ausgeprägt, wie aus Tab. 1 hervorgeht. Auch hier läßt sich wiederum zeigen, daß die zyklische Konjugation eine unerläßliche Voraussetzung für diese Verschiebung ist, da bei den Komplexen des Malondialdehyd-bis(2-hydroxyanils) die C=N-Bande im üblichen Bereich liegt, wie aus der Gegenüberstellung der Infrarotspektren in Fig. 2 hervorgeht.

Die Eigenschaften hatten uns veranlaßt, zu postulieren, daß der heterozyklische 5-Ring (IV) ein nichtklassischer, nichtbenzoider, quasiaromatischer Ring sei. Wenn man die bekannten Komplexbildner überprüft, bemerkt man, daß sehr viele, von den analytischen Reaktionen her als spezifisch bekannte Komplexe sich auf einen solchen 5-Ring zurückführen lassen. So gehören hierher unter anderem der rote Nickeldiacetyldioxim-Komplex (VII), die roten Eisen(II)-Komplexe der Pyridin-2-aldimine (VIII), des α-α'-Dipyridyls (IX) und der 1.2.Diketimine bzw. der Glyoxaldiimine (X).

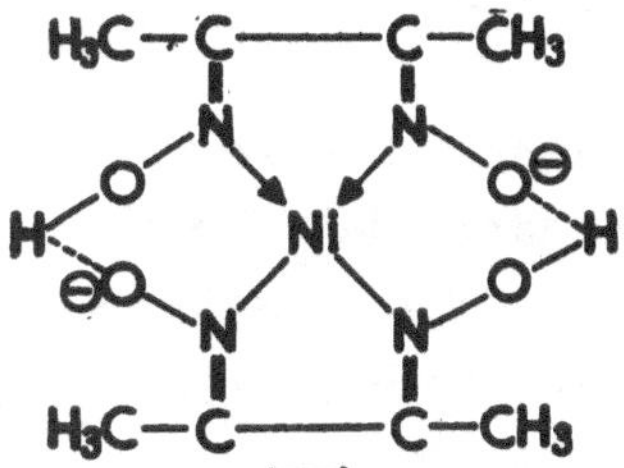
(VII)

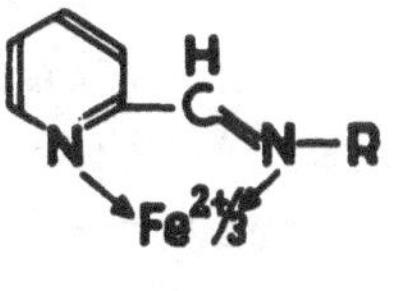
(VIII)

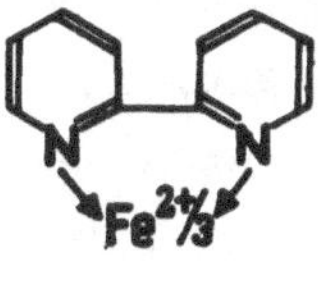
(IX)

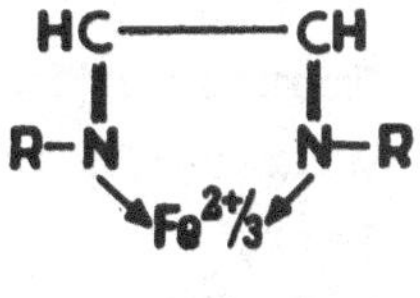
(X)

Die besondere Stabilität dieser Chelate, das spezifische Metallbindungsvermögen der Komplexbildner und die außerordentlich tiefen Farben der Komplexe gehörten seit langem zu den ungelösten Rätseln der Komplex-Chemie und würde durch die Vorstellung von dem Vorliegen des zyklischen konjugierten aromatischen Ringes zunächst eine qualitative Deutung erfahren.

Es erscheint nun wünschenswert, diese Vorstellungen auch bei anderen Chelaten nachzuprüfen und hierfür bietet sich das aus Glyoxal, Methylamin und Eisen(II)-salz leicht **darstellbare (24) Tri(glyoxal-bis(N-methylimin))-eisen(II)-** chlorid (X,R=CH_3) an. Bei dieser Verbindung können die Eigenschaften des 5-Ringes ohne evtl. Störungen durch Phenylgruppen besonders gut studiert werden.

Bemerkenswert und die Auffassung vom aromatenähnlichen Verhalten dieser 5-Ringe besonders schön bestätigend ist die Reaktionsträghet des Komplexes (X) gegenüber dem Angriff von Oxydations- und Reduktionsmitteln, Säuren und Alkali. So kann die C=N-Doppelbindung weder mit Pt noch mit Pd/Aktivkohle hydriert werden. Auch beim Behandeln mit Brom in Eisessig wird der Komplex nicht zerstört. Dies ist um so bemerkenswerter, als sowohl die Doppelbindungen als auch das zweiwertige Eisen unverändert bleiben.

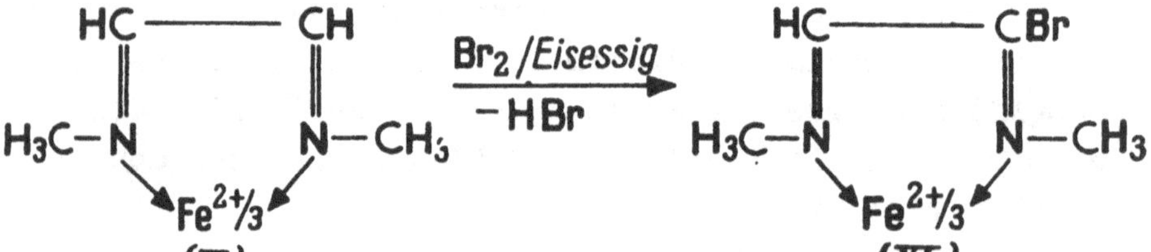

(X) (XI)

Eine interessante Reaktion tritt jedoch bei dieser Brombehandlung ein. Es werden nämlich ein oder, bei Bromüberschuß, auch zwei Wasserstoffatome durch Brom substituiert, wie sich aus den Analysendaten und spektroskopischen Befunden nachweisen läßt (vgl. obige Gleichung). Diese elektrophile Substitution ist ein Hinweis auf die aromatischen Eigenschaften solcher Chelate, wie er aus der Reaktivität kaum befriedigender erbracht werden könnte. Denn die Substituierbarkeit wird gemeinhin als Maß für den aromatischen Charakter einer ringförmigen Verbindung angesehen. Abschließend sei auch noch auf die spektroskopischen Befunde hingewiesen. Die Verbindung (X) weist ein langwelliges Lichtabsorptionsmaximum im gleichen Gebiet wie die GBHA-Komplexe auf (vgl. Fig. 3). Dies beweist, daß diese Lichtabsorption nur auf den 5-Ring zurückgeht. Auch die Eisenkomplexe des α-α'-Dipyridyls und der Pyridin-2-aldimine haben im gleichen Gebiet ihr längstwelliges Lichtabsorptionsmaximum. Die C=N-Doppelbindungsbande ist ebenfalls verschoben und liegt beim Tri(glyoxal-bis-N-methylimin)-eisen(II)-jodid (X) bei 1535 cm^{-1} (siehe Fig. 4).

Es war oben schon die besondere Stabilisierung des zweiwertigen Eisens in den Komplexen des Glyoxalmethylimins (X) erwähnt worden, die nicht mehr ohne Zerstörung der Koordinationsverbindungen in dreiwertiges Eisen überführt werden können. Eine ähnliche Stabilisierung von Fe(II) ist auch schon länger vom Tri(dipyridyl)-eisen(II)-salz, den Phenantrolin- und den Pyridinaldimineisen(II)-komplexen bekannt. Man hat diese Stabilisierung auf das altbekannte Konzept der Ausbildung einer Krypton-Schale zurückgeführt. Auf die Fragwürdigkeit dieser Erklärung ist schon Bezier (25) gestoßen, der feststellte, daß das Redoxpotential für den ebenfalls diamagnetischen Hexacyanoeisen(II)-komplex mit E_0 = -0,36 gegenüber Eisen(II)-salzen mit E_0 = -0,771 in umgekehrter Richtung verschoben ist wie beim Phenantrolinkomplex mit E_0 = -1,14. Nur beim Phenantrolinkomplex, und analoges gilt für die Dipyridylverbindung, tritt somit eine Stabilisierung der Eisen(II)-Stufe ein. Eine zwanglose Deutung kann diese Oxydationsbeständigkeit finden, wenn man die Ausbildung der zyklisch konjugierten, quasiaromatischen Ringe in Betracht zieht und annimmt, daß in jedem 5-Ring ein π-Elektronensextett vorhanden sein sollte. Je 4 Elektronen je Ring werden von den beiden C=N-Doppelbindungen beigesteuert. Die noch fehlenden beiden Elektronen können nur vom Metallion geliefert werden. Da Eisen(II) insgesamt 6d-Elektronen aufweist, reichen diese Elektronen gerade zur Ausbildung der drei π-Elektronensextette in den drei 5-Ringen des Tri(α-α'-Dipyridyl)-eisen(II)-chlorides bzw. der Glyoxalimineisen (II)-komplexe aus. Bei der Oxydation zum 3-wertigen Eisen sind nurmehr 5 d-Elektronen verfügbar, so daß sich nicht mehr alle Ringe "aromatisieren" können. Die Stabilität eines solchen "nichtaromatischen" Komplexes sollte zwangsläufig, entsprechend den experimentellen Beobachtungen, geringer sein. Auch die Beobachtung, daß bevorzugt drei Liganden angelagert werden (26) und keine Zwischenstufen mit zwei oder drei Liganden präparativ isolierbar sind sowie die Stabilisierung niedriger Wertigkeitsstufen bei mit dem Eisen(II)-Ion isoelektronischen Metallionen (27) findet durch diese Anschauung ihre Erklärung.

Es sei vermerkt, daß bei einem anderen Typ von Innerkomplexen Calvin und Mitarb. (28) die Ausbildung quasiaromatischer Ringe schon postuliert haben, nämlich bei den Acetylacetonaten. Die leichte Nitrierung (29, 30, 32) und Halogenierung (29 - 31) scheint auch hier diese Anschauung zu bestätigen. Im Gegensatz zu den zuvor genannten, stickstoffhaltigen Komplexbildnern zeigen jedoch schon die Komplexbildner, die β-Diketone selbst, in gewissem Ausmaß diese Substituierbarkeit. Da schon die Natriumverbindungen von 1.3-Diketonen nach spektroskopischen Befunden als Chelate aufzufassen sind (29), ist die Spezifität dieser Verbindungsklasse gering und darf hier außer Betracht gelassen werden. Sofern sich ein aromatenähnlicher Ring ausbildet, sind offenbar keine Metallionen mit d-Elektronen und noch weniger mit einer bestimmten d-Elektronenanzahl notwendig. Auf Basis der β-Diketone wären danach kaum selektive Komplexbildner zu erhalten.

Glyoxal-bis(2-mercaptoanile) und Bindung von Edelmetallionen

Wenn man beim Glyoxal-bis(2-hydroxyanil) die beiden Hydroxylgruppen durch Mercaptogruppen ersetzt, kommt man zu einem Komplexbildner, bei dem nunmehr eine kovalente Koordination des Schwefels an die Metallionen in Betracht gezogen werden muß. Wie das Kalottenmodell in Fig. 5 zeigt, sind auf Grund des größeren Atomvolumens des Schwefels neben Stickstoff-Metallbindungen auch kovalente Schwefel-Metallbindungen sterisch möglich. Besonders bei Metallen mit größerem Atomradius, z. B. den Nebengruppenelementen der 2. und 3. langen Periode sollte die Überlappung der Elektronenbahnen des Schwefels und der Metalle äußerst günstig sein. Zusammen mit der schon länger bekannten, bevorzugten Koordination von Metallen der 1. und 2. Nebengruppe durch schwefelhaltige Liganden war für das Glyoxal-bis(2-mercaptoanil) (XIIb) eine Spezifität für Silber-, Gold- und Quecksilberionen vorauszusagen. Es war außerdem vorherzusehen, daß unser schon beim Glyoxal-bis(2-hydroxyanil) so bewährtes Konzept der Umlagerung einer ringför-

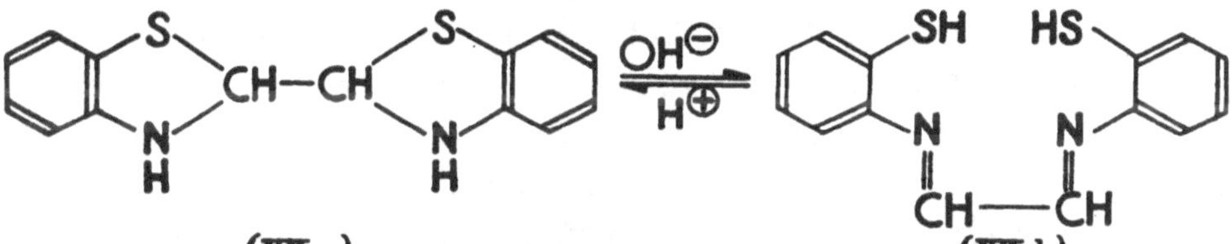

(XIIa) (XIIb)

migen in eine offenkettige Verbindung diese Selektivität viel markanter hervortreten lassen sollte. Tatsächlich fällt bei der Kondensation von Aminothiophenol und Glyoxal zunächst Bis-(benzthiazolinyl) (XIIa) an, welches sich mit Alkalien zum oxydationsempfindlichen Glyoxal-bis(2-mercaptoanil) (XIIb) umlagert. Mit Gold(III)-salzen, Quecksilber(II)-salzen und Silbersalzen entstehen tiefrote bis violette Komplexverbindungen, während andere Metallkomplexe erst in schwach alkalischem Milieu entstehen. Für die praktische Anwendungsmöglichkeit besonders günstig erscheint auch die Tatsache, daß durch das Vorliegen der tautomeren Ringform (XIIa) eine Oxydation des Komplexbildners vor der Metallionenbindung ausgeschlossen wird. Der Einbau der komplexbildenden Gruppierung des Glyoxal-bis(2-mercaptoanils) in makromolekulare Komplexbildner verspricht nach den Selektivitätseigenschaften des niedermolekularen Modells ein lohnendes weiteres Arbeitsziel. Vielleicht sind solche Substanzen imstande, die von Haber vergeblich gesuchte "Stecknadel in einem Heuhaufen" zu finden.

Anreicherung von Kupfer und Uran aus Meerwasser

Die vorn erwähnten, aus Triaminophenol und Glyoxal zugänglichen, makromolekularen Komplexbildner sind am besten hinsichtlich einer praktischen Anwendungsmöglichkeit untersucht worden. Es war ein mühevoller Weg von den niedermolekularen Modellsubstanzen bis zur Gewinnung geeigneter makromolekularer Komplexbildner zurückzulegen, die hinsichtlich chemischer und mechanischer Stabilität befriedigende Resultate ergeben. Die Polykondensation wird in schwach alkalischem Medium bei mehrfachem Glyoxalüberschuß ausgeführt (33). Um hohe Beladungskapazitäten zu erhalten, hat sich die Kondensation bei Gegenwart von Nickelsalzen bewährt, wobei der polymere Nickelkomplex (XIII) entsteht und die komplexbildenden Funktionen geschützt sind.

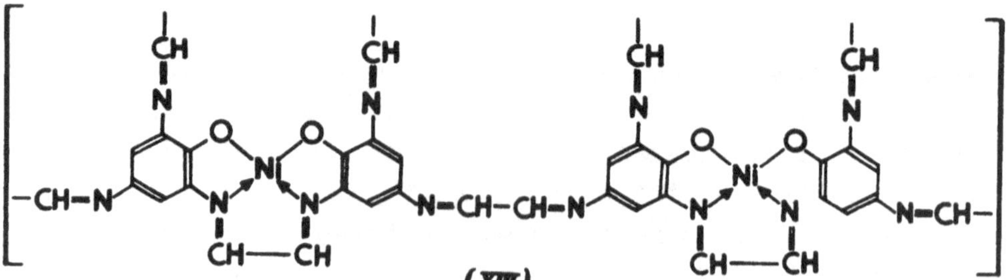

(XIII)

Das Nickel läßt sich vor Inbetriebnahme mit Salzsäure vom pH 1 - 1,5 eluieren. Diese makromolekularen Komplexbildner werden in Korngrößen von 0,2 - 0,8 mm in Säulen gefüllt oder im Suspensionsverfahren benutzt. Wie schon früher beschrieben worden ist (34), sind die Substanzen zur selektiven Bindung von Uran und Kupfer geeignet und vermögen bis zu 5 % Cu und 20 % U zu binden. Gebundene Metallionen lassen sich mittels verdünnter Salzsäure (pH 1 - 2) wieder eluieren ohne Zerstörung des Komplexbildners. Anlagerung und Regenerierung lassen sich oftmals hintereinander mit dem gleichen Komplexbildner ausführen.

Trotz dieser ermutigenden Ergebnisse an konzentrierteren Lösungen waren wir nicht sicher, ob unsere Substanzen auch das in extremer Verdünnung im Meerwasser vorhandene Uran und Kupfer anreichern würden. Es war nicht bekannt, ob bei dem neutralen pH des Meerwassers Uran und Kupfer in kolloidaler Form oder als Komplexverbindungen in Lösung oder gar in den Mikroorganismen vorkommen würden. Durch sehr sorgfältige Untersuchungen ist im Meerwasser des Golfes von Neapel ein Gehalt von 4,5 - 5,0 μg gelöstes Kupfer und 0,5 μg gelöstes Uran je Liter bestimmt worden. Es war nun sehr einfach, das Kupfer und Uran in Ausbeuten bis zu 100 % anzureichern (35). Man läßt hierzu das Meerwasser durch mit makromolekularem Komplexbildner gefüllte Säulen mit einer Durchflußgeschwindigkeit von 1,5 l/cm^2 Säulenquerschnitt und Std. fließen. Damit sind unseres Wissens zum ersten Mal mittels eines einfachen Verfahrens seltene Elemente aus Meerwasser angereichert worden.

An diesen Untersuchungen waren die Herren Dr. Fiedler, Dr. Schenk (36) und Hock (37) beteiligt. Dem Bundesministerium für Atomkernenergie, der Deutschen Forschungsgemeinschaft, dem Fonds der Chemischen Industrie und der Badischen Anilin- und Sodafabrik Ludwigshafen danke ich bestens für die Gewährung von Sachbeihilfen.

Literatur

1. F. Haber, Angew. Chem. 39 (1926), 662; 40 (1927), 303, 1401.
2. Vgl. z. B. H.-J. Bielig u. E. Bayer in Hoppe-Seyler-Thierfelder, Handbuch der physiologisch- und pathologisch-chemischen Analyse. Springer-Verlag, Berlin-Göttingen-Heidelberg, 10. Aufl. Bd. IV, S. 714 - 773 (1960) u. E. Bayer, Experientia 12 (1956), 365).
3. M. Henze, Z. physiol. Chem. 72 (1911), 494.
4. H.-J. Bielig und E. Bayer, Liebigs Ann. Chem. 380 (1953), 135.
5. E. D. Goldberg, W. McBlair u. K. M. Taylor, Biol. Bull. 101 (1951), 34.
6. H.-J. Bielig, E. Bayer, L. Califano u. L. Wirth. Pubbl. Staz. zool. Napoli 25 (1954), 26.
7. F. Kubowitz, Biochem. Z. 299 (1938), 325.
8. I. M. Klotz u. T. A. Klotz, Science 121 (1955), 477.
9. H.-J. Bielig u. E. Bayer, Experientia 10 (1954), 300.
10. E. Bayer, Experientia 12 (1956), 356.
11. I.-B. Eriksson-Quensel u. T. Svedberg, Biol. Bull. 71 (1936), 498.
12. E. Bayer u. H. Fiedler, unveröffentlicht.
13. R. Kuhn, N. A. Sörensen u. L. Birkofer, Chem. Ber. 73 (1943), 823.
14. H.-J. Bielig u. E. Bayer, Naturwiss. 42 (1955), 125.
15. H.-J. Bielig u. E. Bayer, unveröffentlicht.
16. H.-J. Bielig u. E. Bayer, Naturwiss. 42 (1955), 466.
17. E. Bayer u. H. Fiedler, Chem. Ber. im Druck.
18. D. P. Mellor u. L. Maley, Nature 159 (1947), 370; 161 (1948), 436.
19. E. Bayer, Angew. Chemie 69 (1957), 107.
20. E. Bayer, Chem. Ber. 90 (1957), 2325.
21. E. Bayer u. G. Schenk, Chem. Ber. 93 (1960), 1184.
22. J. Bjerrum, Chem. Reviews 46 (1950), 381.
23. E. Bayer, Chem. Ber. 90 (1957), 2785.
24. P. Krumholz, J. Am. Chem. Soc. 75 (1953), 2163.

25. H. Bezier, J. Chem. phys. 41 (1944), 100.
26. G. Schwarzenbach, Privatmitteilung.
27. S. Herzog, Z. anorg. allg. Chemie 294 (1958), 155.
28. A. E. Martell u. M. Calvin, Chemistry of the Metal Chelate Compounds, Prentice Hall, New York, 1953, S. 160 ff.
29. E. Bayer u. K. Hock, unveröffentlicht, vgl. Diplomarbeit K. Hock, TH Karlsruhe, 1960.
30. J. P. Colman, R. A. Moss, H. Maltz u. C. Heindel, J. Am. Chem. Soc. 83 (1961), 531.
31. H. Reihlen, R. Illig u. R. Wittig, Chem. Ber. 58 (1925), 12.
32. L. Djoidjeric, J. Lewis u. R. S. Nyholm, Chem. & Ind. 1959, 122.
33. E. Bayer, USP Nr.
34. E. Bayer u. H. Möllinger, Angew. Chemie 71 (1959), 426.
35. E. Bayer u. H. Fiedler, Angew. Chemie 72 (1960), 921.
36. G. Schenk, Dissertation TH Karlsruhe, 1961.
37. K. Hock, Diplomarbeit, TH Karlsruhe, 1960 und Teil der beabsichtigten Dissertation.

Tabelle 1

Lage der C=N-Doppelbindung bei verschiedenen Komplexen des Glyoxal-bis(2-hydroxyanils) und Malondialdehyd-bis(2-hydroxyanils)

Verbindung	Lage der Bande bei cm^{-1}
Natriumsalz des Glyoxal-bis(2-hydroxyanils	1635 cm^{-1}
Dioxo-glyoxal-bis(2-hydroxyanil)-uran (VI)	1515 cm^{-1}
Glyoxal-bis(2-hydroxyanil)-kupfer	1535 cm^{-1}
Glyoxal-bis(2-hydroxyanil)-kobalt	1550 cm^{-1}
Glyoxal-bis(2-hydroxyanil)-nickel	1540 cm^{-1}
Glyoxal-bis(2-hydroxyanil)-cadmium	1550 cm^{-1}
Malondialdehyd-bis(2-hydroxyanil)	1615 cm^{-1}
Malondialdehyd-bis(2-hydroxyanil)-nickel	1618 cm^{-1}

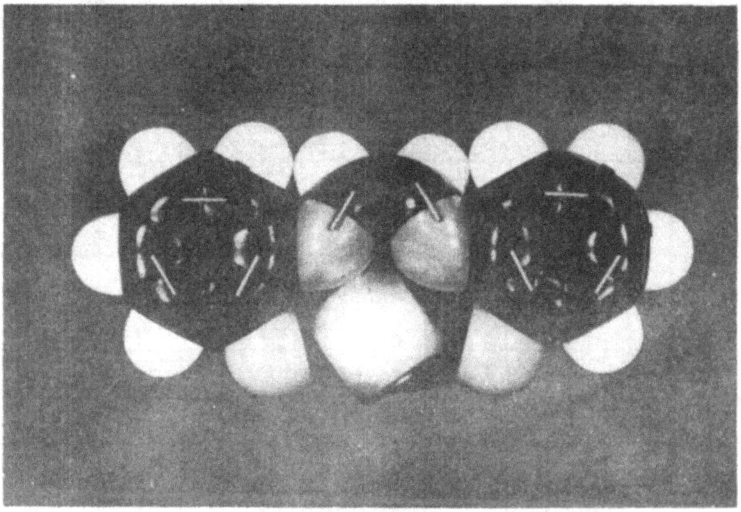

Abb. 1 Kalottenmodell des Glyoxal-bis(2-hydroxyanil)-nickels.

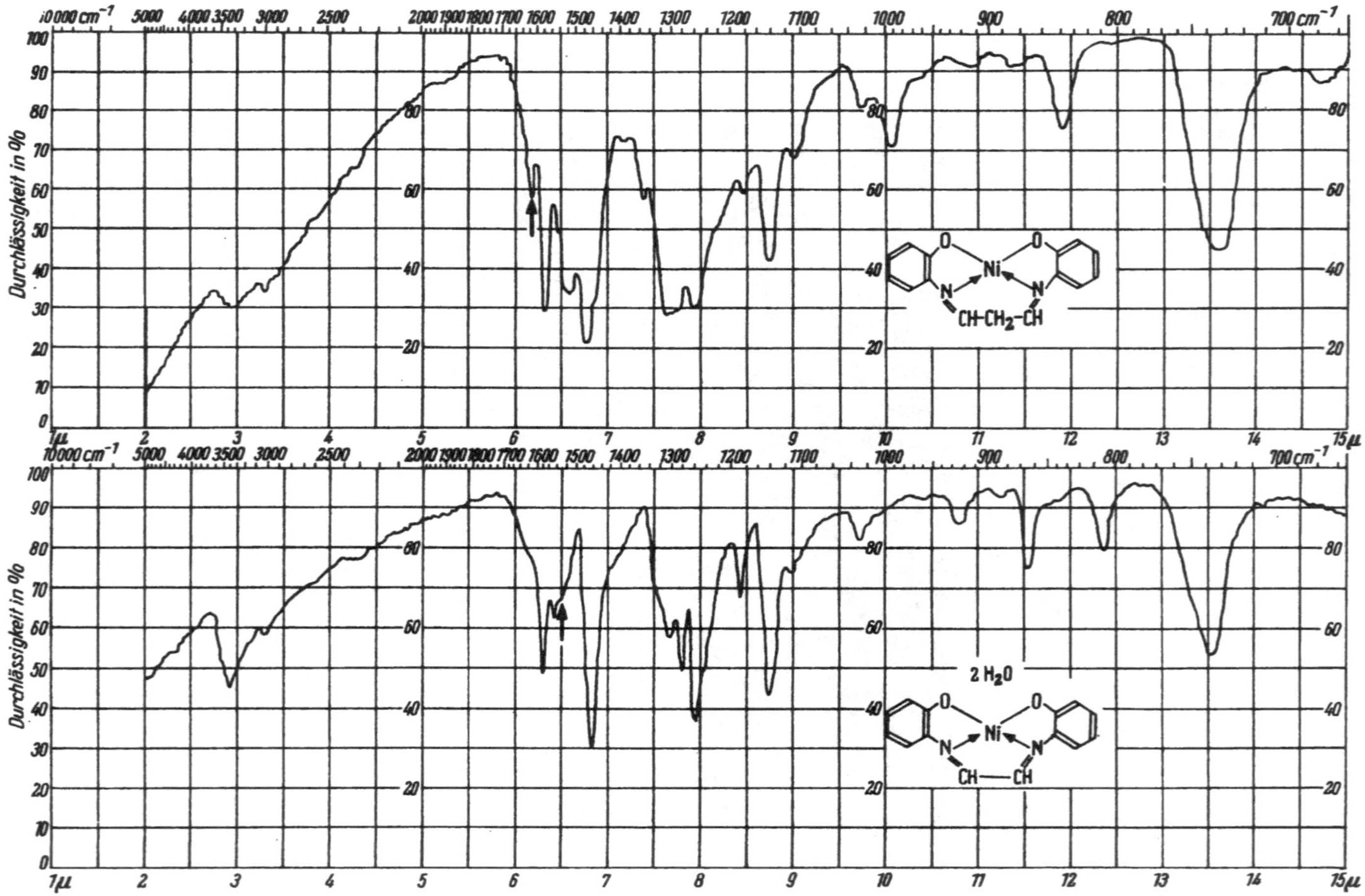

Abb. 2 IR-Spektren von Glyoxal-bis(2-hydroxyanil)-nickel (a) und Malondialdehyd-bis(2-hydroxyanil)-nickel (b) (Leitz-Spektralphotometer, aufgenommen in KBr). Die C=N-Banden sind durch Pfeile gekennzeichnet.

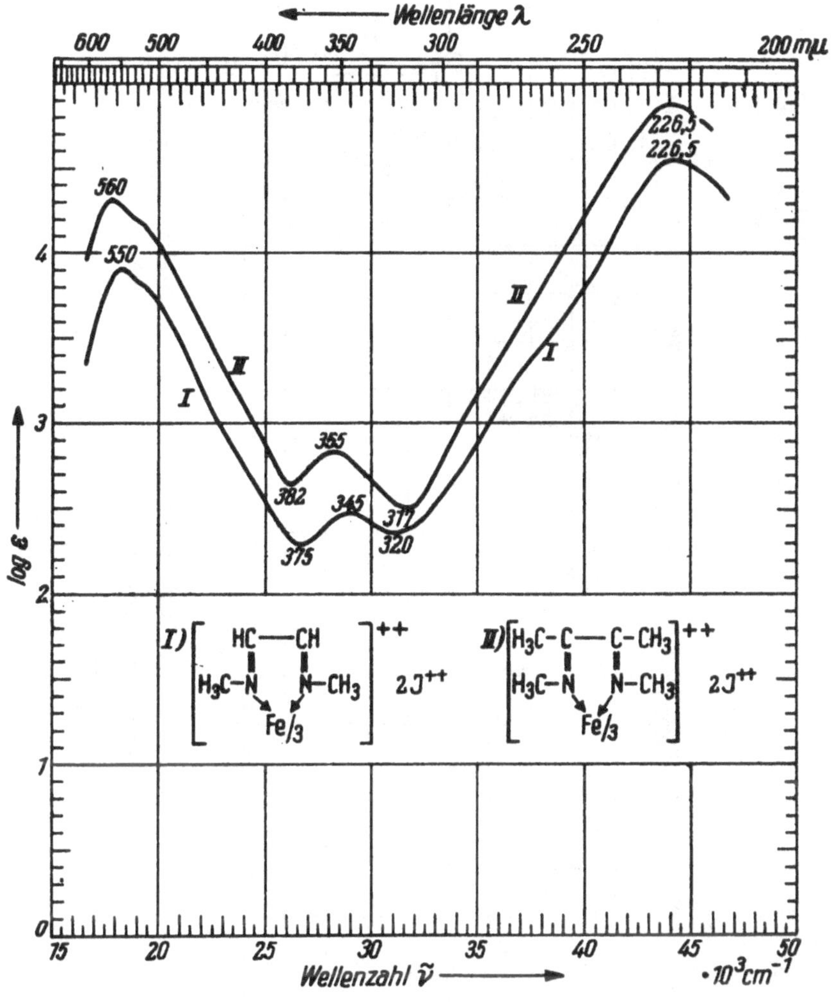

Abb. 3 Lichtabsorptionsspektren von Tri(glyoxal-bis-N-methylimin)-eisen(II)-jodid (I) und Tri(diacetyl-bis-N-methylimin)-eisen(II)-jodid (II).

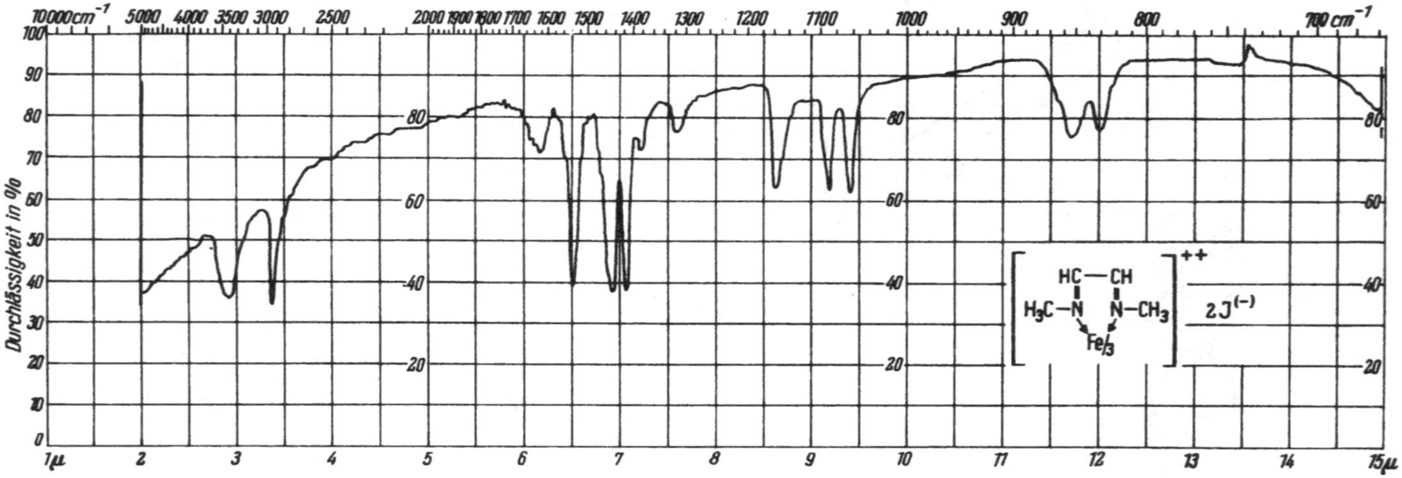

Abb. 4 IR-Spektren von Tri(glyoxal-bis-N-methylimin-eisen(II)-jodid (Leitz-Spektralphotometer, aufgenommen in KBr).

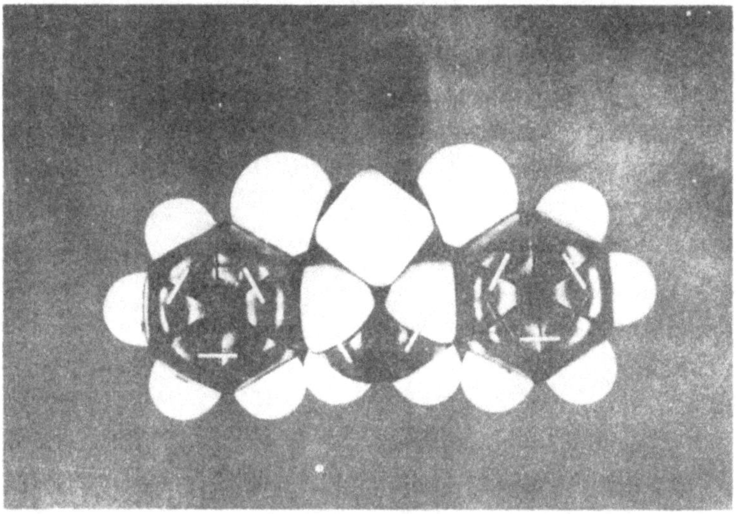

Abb. 5 Kalottenmodell des Glyoxal-bis(2-mercaptoanil)-gold(III)-komplexes.

Über Kationenaustauscher auf Acenaphthylenbasis

von Georg Manecke und Justus Danhäuser

Fritz-Haber-Institut
der Max-Planck-Gesellschaft, Berlin-Dahlem

Ionenaustauscher auf Kunststoffbasis finden seit vielen Jahren eine immer steigende Anwendung in der Industrie und im Laboratorium. Für die meisten dieser Austauscherharze wird als Ausgangsmaterial Styrol oder Phenol verwendet, die großtechnisch billig hergestellt werden können. Die Austauscheigenschaften dieser Harze sind begrenzt durch die Substitutionsmöglichkeiten am Benzolkern der Gerüstsubstanz, z. B. besitzen die durch Sulfonierung aus diesen Harzen hergestellten Kationenaustauscher etwa eine maximale Kapazität von 5 mÄ/g.

Wir haben uns unter anderem zur Aufgabe gestellt, auch andere polymerisationsfähige Ringsysteme als Grundgerüste für Ionenaustauscher zu verwenden, die auf Grund ihrer Struktur andere Eigenschaften, vor allem eine höhere Austauschkapazität ergeben würden.

Als solche Substanz bietet sich z. B. das Acenaphthylen an (Bild 1). Es enthält in 1,2-Stellung eine polymerisationsfähige Doppelbindung. Seit geraumer Zeit ist diese Verbindung leichter zugänglich (1), und Copolymerisate mit Styrol und anderen Monomeren sind bereits vor einigen Jahren untersucht worden (2). Vom hydrierten Acenaphthylen, dem Acenaphthen, sind Dinitro-, Diacetyl- und Disulfonsäurederivate bekannt. Vor kurzer Zeit wurde auch ein Trisulfonsäurederivat hergestellt. Die Disubstitution am Acenaphthylen erfolgt vorwiegend in 3,6-Stellung (3). Bei Sulfonierung eines Harzes auf Polyacenaphthylenbasis könnte man daher einen Kationenaustauscher mit einer maximalen Austauschkapazität von 6,5 mÄ/g erhalten.

Kationenaustauscher auf Acenaphthylenbasis sind auch an anderer Stelle hergestellt worden. Pirs und Mitarbeiter

(4) erhielten durch Kondensation von sulfoniertem Acenaphthen mit Formaldehyd einen Kationenaustauscher mit einer Kapazität von 2,7 mÄ/g. Titov und Mitarbeiter (5) beschreiben in einem Patent einen Austauscher, der durch Sulfonierung von vernetztem Polyacenaphthylen gewonnen wurde.

Um die Brauchbarkeit und die Eigenschaften dieser Harze näher zu untersuchen, haben wir uns zunächst mit der Copolymerisation von Acenaphthylen und Divinylbenzol näher beschäftigt.

Um zu Harzpartikeln zu gelangen, die sich für die Darstellung von Ionenaustauschern eignen, haben wir vorwiegend die Blockpolymerisation benutzt. Die Perlpolymerisation gelingt zwar auch, sie wird aber durch den hohen Schmelzpunkt und die Flüchtigkeit des Acenaphthylens erschwert. Außerdem neigten die Perlen stark zum Verkleben, was nur schwer verhindert werden konnte. Nach der Sulfonierung waren die Perlen mechanisch wenig widerstandsfähig, so daß wir diese Untersuchungen nicht weiter verfolgt haben.

Die Ergebnisse der Blockpolymerisation von Acenaphthylen mit steigenden Divinylbenzol-Zusätzen zeigt Bild 2. Wie aus der Tabelle ersichtlich ist, verläuft die Copolymerisation niemals vollständig. Man erreicht im allgemeinen nur Umsätze zwischen 80 und 85 %. Die unvollständige Polymerisation ist bei einem Zusatz von 25 % Divinylbenzol immerhin bemerkenswert; bekanntlich sind Copolymerisate von Styrol und Divinylbenzol in Benzol praktisch vollkommen unlöslich. Die Ausbeute an Polymerisat konnte durch Variierung der Katalysatormenge, der Temperatur und der Reaktionszeit nicht verbessert werden. Der Hauptgrund für die schlechte Copolymerisation von Acenaphthylen und Divinylbenzol ist auf die verschiedene Reaktionsfähigkeit der beiden Monomeren zurückzuführen. Bei der fraktionierten Extraktion eines Harzes mit einem geringen Divinylbenzol-Zusatz wurde festgestellt, daß außer Monomerem (13,7 %) eine beträchtliche Menge (9,2 %) nichtvernetztes Polyacenaphthylen extrahiert wurde. Infolge der weniger guten

Vernetzung ist das Quellungsvermögen dieser Harze in Toluol auch erheblich größer als das der entsprechenden Styrolharze, und die mechanische Stabilität ist geringer.

Durch Umsetzung mit Chlorsulfonsäure oder Schwefelsäure erhielt man aus den zerkleinerten und gesiebten Harzen stark saure Kationenaustauscher. Bild 3 zeigt die Austauschkapazitäten und die Wasseraufnahme der sulfonierten Harze. Bis auf das erste Harz mit einer Kapazität von 6,37 mÄ/g sind die Austauschkapazitäten mit denen der sulfonierten Styrolharze vergleichbar. Der Wassergehalt ist wesentlich höher, infolgedessen sind die Harze mechanisch wenig widerstandsfähig. Die beiden Harze mit 10 % Vernetzer waren so wenig stabil, daß die Wassergehaltsbestimmung im Vergleich zu den anderen Harzen zu kleine Werte ergab.

Für einige dieser Harze haben wir die Austauschgleichgewichte für den Austausch NH_4^+, Mg^{2+}, Ca^{2+} und Cu^{2+} gegen Wasserstoff in 1/100 m Lösung bestimmt. Die steigende Vernetzung ergab dabei im Gegensatz zu den Styrolharzen keinen meßbaren Einfluß auf die Selektivität der Austauscherharze. Zur quantitativen Charakterisierung der Austauschgleichgewichte wurde der Trennfaktor T verwendet (6).

$$T_B^A = \left(\frac{\bar{T}_A}{\bar{T}_B}\right) \Big/ \left(\frac{T_A}{T_B}\right)$$

Er ist bekanntlich definiert als der Quotient der Äquivalentverhältnisse der Kationen im Austauscher und in der Lösung. Bild 4 zeigt die Trennfaktoren für den Metall-Wasserstoff-Austausch in Abhängigkeit von der Beladung der Austauscherharze mit den entsprechenden Gegenionen. Die unterste Kurve gibt die Werte des Trennfaktors für den NH_4:H-Austausch wieder. Es ergibt sich nur eine sehr geringe Selektivität des Harzes für Ammoniumionen gegenüber den Wasserstoffionen. Die nächste Kurve zeigt den Trennfaktor für den Ca:H-Austausch eines wenig vernetzten Dowex-Harzes, das ein annähernd gleiches Quellungsvermögen und eine ähnliche Kapazität wie die von uns hergestellten Austauscher besaß. Die oberste Kurve zeigt den entsprechenden Trennfaktor für den Ca:H-Austausch der Polyacenaphthylen-Kationenaustauscher. Wie aus dem Vergleich der beiden Kurven zu ersehen ist, besitzt das letztgenannte Harz eine größere Selektivität für Erdalkaliionen als das Harz auf Polystyrolbasis. Weiter zeigen die Kurven der Trennfaktoren für den Cu:H und Mg:H-Austausch, daß die Affinitätsfolge, Ca Cu Mg , wie sie für Kationenaustauscher auf Kunststoffbasis gefunden wurde, auch für die Polyacenaphthylenharze gilt. Die höhere Affinität dieser Harze für zweiwertige Kationen im Vergleich zu derjenigen des Dowex-Harzes mit ähnlicher Quellbarkeit und Kapazität ist unter Umständen darauf zurückzuführen, daß ein Drittel der Acenaphthylenkerne im Austauscherharz zweifach sulfoniert ist und dadurch eine günstigere Ladungsverteilung für die Bindung von zweiwertigen Kationen vorliegt.

Weiter wurde von uns versucht, das Acenaphthylen als Grundsubstanz für die Herstellung komplexbildender Harze zu verwenden. Vom Acenaphthen ist ein 3.6-Diacetylderivat (3) bekannt. Nach Propionylierung eines Acenaphthylen-Harzes sollte man ein entsprechendes Dipropionylderivat erhalten. Durch anschließende Nitrosierung und Oximierung hofften wir zu einem Harz zu gelangen, das auf Grund der Konfiguration der Oximgruppen eine besonders gute Aufnahme für Nickel zeigen würde.

Dioximgruppen enthaltende Harze, die zur Komplexbildung geeignet sind, wurden von Stamberg und Mitarbeitern (7) sowie Gregor und Mitarbeitern (8) synthetisiert und ihre Eigenschaften untersucht. Als Ausgangsmaterial für diese Harze wurde Polystyrol bzw. Polyvinyläthylketon verwendet. Bild 5 zeigt den Reaktionsweg, den wir zur Synthese eines komplexbildenden Harzes benutzten.

Wir gingen aus von Polyacenaphthylen, das mit 10 % Divinylbenzol vernetzt war, bzw. von thermisch polymerisiertem

Acenaphtylen. - Die thermische Polymerisation des Acenaphthylens ergab zwar keine sehr guten Ausbeuten, die spezifische Viskosität und damit das mittlere Molekulargewicht dieser Polymerisate waren aber wesentlich höher als bei den katalytisch polymerisierten Harzen. - Die Propionylierung der in Schwefelkohlenstoff gelösten bzw. suspendierten Harze erfolgte mit Propionylchlorid und $AlCl_3$, die Nitrosierung in Dioxan, Salzsäure mit Butylnitrit und die Oximierung schließlich in Äthanol mit Hydroxylaminhydrochlorid und Natriumacetat. - In Bild 6 sind die quantitativen Ergebnisse dieser Umsetzungen aufgezeigt. Durch Änderung der Reaktionsbedingungen bei der Propionylierung könnte die Zahl der Propionylgruppen pro Acenaphthenkern variiert werden. Das erste unvernetzte Harz enthält 1,15 Propionylgruppen pro Kern, das zweite unvernetzte 1,52 und das dritte vernetzte Harz 2,25 Propionylgruppen pro Acenaphthenkern. Eine starke Propionylierung erwies sich für die nächsten Reaktionsstufen als ungünstig. Die Nitrosierung und Oximierung verliefen, wie aus der Tabelle ersichtlich ist, mit steigendem Propionylierungsgrad schlechter. Im günstigsten Fall erreichten wir beim ersten Harz einen 70 %igen Umsatz. Ähnliches wurde auch bei den Styrolharzen festgestellt (7). Das vernetzte Harz setzte sich vor allem wegen seiner Unlöslichkeit schlecht um. Aus dem Stickstoffgehalt der Harze nach der Oximierung ergab sich die Anzahl Mole Oximgruppen pro Kologramm Harz. Die Harze enthalten danach 6,5, 5,1 und 3,1 Mole Oximgruppen pro kg Harz. Aus diesen Werten wurden die in Bild 6 aufgetragenen maximalen, theoretisch erreichbaren Kapazitäten der Harze für Nickelionen berechnet unter der Annahme, daß das Nickel von den Oximgruppen der Harze in gleicher Weise gebunden wird wie vom Diacetyldioxim und alle Oximgruppen des Harzes an der Komplexbildung beteiligt sind. Diese Werte können natürlich bei einer Beladung der Harze mit Nickelionen nicht erreicht werden. Man muß berücksichtigen, daß Reaktionen an Hochpolymeren nur statistisch erfaßt werden können; daher ist mit Sicherheit anzunehmen, daß nur ein Teil der Oximgruppen als benachbarte Dioximgruppen und in einer für eine Komplexbildung günstigen sterischen Lage zueinander vorliegt. Infolge der unvollständigen Nitrosierung und Oximierung der Propionylgruppen sind sicherlich in den Seitenketten außerdem noch Ketogruppen, Monoximgruppen und benachbarte Keto- und Oximgruppen enthalten. Die maximal experimentell erreichten Kapazitäten der Harze für Nickel gibt die unterste Zeile der Tabelle wieder. Diese Werte wurden mit einer 1/100 m Nikkellösung in Gegenwart von NH_4Cl und NH_3 bei pH 9 bestimmt. Die gleichen Ergebnisse erhielt man auch mit einer 1/1000 m Nickellösung. Es ergab sich, daß nur 70 % der maximalen theoretischen Kapazität für Nickel erreicht wurden, das sind beim Harz I 2,49, beim Harz II 1,82 und beim Harz III 0,988 mÄ/g. Ein acetyliertes und oximiertes Harz nahm unter gleichen Versuchsbedingungen kein Nickel auf. Die Komplexbildung der Harze ist also nur mit den in der Seitengruppe befindlichen Dioximgruppen möglich. Aus der gefundenen Nickelaufnahme läßt sich daher folgern, daß ca. 70 % der Oximgruppen in den Harzen für eine Komplexbildung mit Nickel sterisch günstig angeordnet sind.

Die Anwesenheit anderer Kationen, wie NH_4 und Ca, verminderte die Aufnahme von Nickelionen nicht. Dagegen fand man bei den weiter oben erwähnten Harzen auf Polystyrolbasis in Gegenwart von NH_4Cl eine starke Erniedrigung der Aufnahmefähigkeit für Nickelionen. Sie betrug dort nur 0,79 mÄ/g. Weiter konnten wir feststellen, daß in alkalischer Lösung bei pH-Werten über 8 in Gegenwart von NH_4Cl schon durch einen sehr geringen Harzüberschuß das gesamte in Lösung befindliche Nickel vom Harz gebunden wurde.

Für die Fällung des Nickels mit Diacetyldioxim sind pH-Werte über 7 erforderlich. Eine vollständige Beladung der Harze mit Nickelionen war daher erst bei pH-Werten über 7 zu erwarten. Bild 7 gibt die Abhängigkeit der Nickelaufnahme vom pH-Wert wieder. Die Kurve zeigt einen beinahe geradlinigen Anstieg der Nickelaufnahme von pH 2 bis pH 9. Es wurden demnach vom Harz auch schon im schwach sauren und im neutralen pH-Bereich merkliche Mengen Nickel aufgenommen. Unter pH 2 ist die Aufnahme für Nickel gleich Null. Die Harze lassen sich mit verdünnten Säuren gut regenerieren. Weiter zeigt Bild 7 die Zeitabhängigkeit der Nickelaufnahme. Diese verläuft zunächst sehr schnell, erreicht aber ihren maximalen Wert erst nach mehreren Tagen.

Auch andere Metallionen bilden mit Oximen Komplexe. Daher haben wir die Komplexbildung dieser Harze mit Uranyl-, Cu- und Co-Ionen untersucht.

Das Komplexbindungsvermögen der Oximgruppen mit Uranylionen ist nicht sehr groß. So wurde aus einer Uranylacetat-Biphthalat-Pufferlösung infolge der stärkeren Komplexbildung mit Biphthalat von den Harzen überhaupt kein Uran aufgenommen, ebenso wenig erwartungsgemäß aus alkalischer Lösung, in der das Uran als Anion vorliegt. Dagegen wurden in Gegenwart von Ammoniumchlorid aus einer 1/100 m Uranylacetat-Lösung bei pH 4,3 1,03 mÄ Uran pro g Harz aufgenommen. Das ist zwar das Doppelte der Nickelaufnahme beim gleichen pH-Wert, aber eine größere Beladung in der Größenordnung der maximalen Nickelaufnahme konnte nicht erreicht werden.

Die Kupferaufnahme betrug in neutraler Lösung 0,52 mÄ/g, in alkalischer Lösung in Gegenwart von Ammoniumchlorid und NH_3 3,62 mÄ/g. Dieser hohe Wert überrascht nicht. Kupfer benötigt zur Komplexbildung nur 2 Oximgruppen. Die maximal theoretisch erreichbare Kapazität des Harzes I für Kupfer beträgt daher das Doppelte der Kapazität für Nickel, nämlich 6,5 mÄ/g. Daraus ergibt sich, daß maximal nur 55 % der maximal theoretisch erreichbaren Kapazität des Harzes zur Komplexbildung mit Kupfer ausgenutzt werden.

Die Kobaltaufnahme betrug in neutraler Lösung 0,122 mÄ/g; in alkalischer Lösung liegt Kobalt als 3-wertiges Ion vor, das mit den Oximgruppen des Harzes keinen Komplex bildete.

Die Untersuchungen haben ergeben, daß die Oximgruppen

enthaltenden Harze aus Lösungen keine Alkali- und Erdalkaliionen aufnehmen. In neutraler Lösung werden am stärksten Uran, dann Nickel und Kupfer etwa gleich stark und nur sehr wenig Kobalt aufgenommen. In alkalischer Lösung bei pH-Werten über 8 werden Kupfer und Nickel stark, Uran und Kobalt überhaupt nicht aufgenommen. Damit ist es also gelungen, unter geeigneten Bedingungen ein Uran, Nickel und Kupfer selektiv aufnehmendes Austauscherharz herzustellen, das - verglichen mit anderen ähnlich gebauten Harzen - eine gute Kapazität aufweist.

Unsere Untersuchungen haben somit gezeigt, daß das Acenaphthylen, das bisher kaum als Grundsubstanz für Austauscherharze verwendet wurde, in einigen Fällen sicherlich mit Vorteil als Ausgangsmaterial für Ionenaustauscher verwendet werden kann.

Literatur

1. M. Kaufmann und A. T. Williams, J. appl. Chem. 1, (1951), 489.
2. J. I. Jones, J. appl. Chem. 1 (1951), 568.
3. H. J. Richter, J. org. Chem. 24 (1959), 214.
4. M. Pirs, D. Dolar, G. Mohorcic, Reports J. Stefan Institute 5 (1958), 53.
5. Gs. Petrow, A. B. Paschkow, V. S. Titov, Chem. Abstr. 51 (1957), 11616.
6. F. Helfferich, Ionenaustauscher, Verlag Chemie 1959, Weinheim/Bergstr., S. 150.
7. J. Stamberg, J. Seidl und J. Rahms, J. polymer. Sci. 31 (1958), 15.
8. J. B. Andelman, G. K. Hoeschele und H. P. Gregor, J. phys. Chem. 63 (1959), 206.

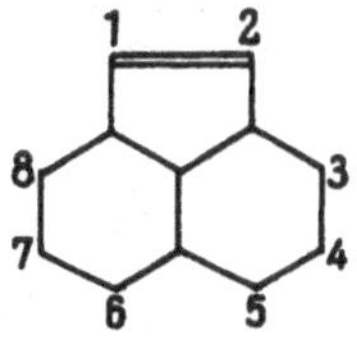

Abb. 1 **Acenaphthylen**

Zusatz DVB in %	Ausbeute an Polymerisat in % des eingesetzten Monomeren-Gemisches	korrigierter DVB-Gehalt nach Benzol-extraktion in %
10	80,1	12,4
15	82,2	18,2
20	83,4	23,9
25	84,8	29,5

Abb. 2 Blockpolymerisation von Acenaphthylen mit steigenden Zusätzen Divinylbenzol (berechnet auf den Divinylbenzol-Gehalt einer 80 %igen Lösung), 1 % Benzoylperoxyd bei 120° C, 40 Stunden

Korrigierter DVB-Gehalt	g Wasser/ g Harz	mÄq/g	g Wasser/Äq
12,4	3,88	6,37	609
12,4	3,53	5,55	636
18,2	3,93	5,05	785
23,9	2,14	5,04	424
29,5	1,60	5,16	311

Abb. 3 Wassergehalt und Kapazität der sulfonierten Harze von Abb. 2

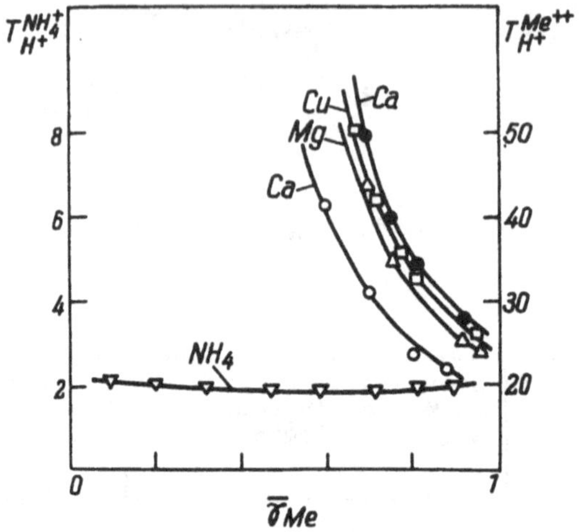

Abb. 4 Trennfaktoren der Polyacenaphthylensulfonsäureharze für den Metallionen : Wasserstoffionen-Austausch und eines Dowex-Harzes für den Ca^{++}-H^{+}-Austausch in Abhängigkeit von der Beladung der Harze mit den Metallionen.

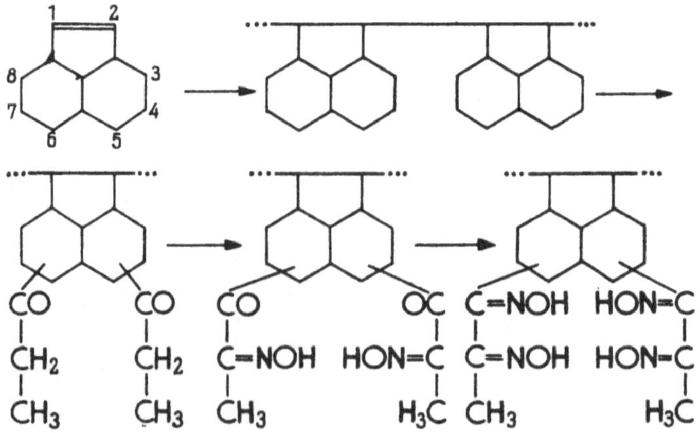

Abb. 5

	unvernetztes Polyacenaphthylen	unvernetztes Polyacenaphthylen	mit 10 % DVB vernetztes Harz
nach Propionylierung			
O_2 theor.berechnet für 2 Propionylgruppen/Kern	12,1 %	12,15 %	12,1 %
O_2 gefund.(ausC,H-Analyse berechn.)	8,5 %	10,25 %	12,9 %
Umsatz in Gew.%	70,2 %	84,4 %	107,0 %
Propionylgruppen/Kern	1,15	1,52	
nach Nitrosierung			
N berechnet	6,42 %	7,56 %	9,21 %
N gefunden	4,48 %	2,71 %	1,7 %
Umsatz in Gew.%	70,0 %	35,9 %	18,5 %
nach Oximierung			
N berechnet	12,72 %	15,46 %	19,21 %
N gefunden	9,12 %	7,11 %	4,22 %
Umsatz in Gew.%	71,6 %	46,0 %	21,95 %
Mole Oximgruppen pro 1 kg Harz	6,5	5,1	3,1
theor.max.Aufnahmefähigkeit für Nickel (mÄq/g)	3,25	2,55	1,50
maximal gefund.Nickelaufnahme (0,01m Ni-Lsg.+0,1m NH_4Cl + 1 % NH_3) in mÄq/g	2,49	1,82	0,988

Abb. 6

Quantitative Ergebnisse der Propionylierung, Nitrosierung und Oximierung von Polyacenaphthylenharzen. Theoretisch berechnete maximale und experimentell gefundene Nickelaufnahme dieser Harze

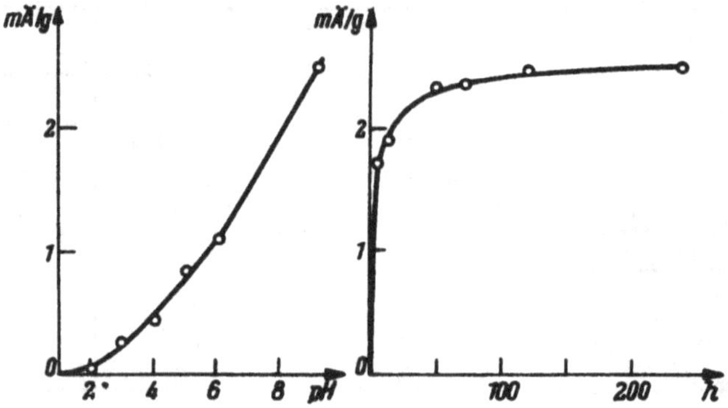

Abb. 7 pH- und Zeitabhängigkeit der Nickelaufnahme eines Harzes mit einer theoretisch maximalen Kapazität von 3,25 mÄ Ni/g Harz.

Grundlagen und Technologie eines Verfahrens zur selektiven Abtrennung von Germanium an vorbeladenen Ionenaustauschern

von S. Ziegenbalg und E. Scheffler

Forschungsinstitut für NE-Metalle,
Freiberg

1. Einleitung

Durch die Entwicklung der Halbleitertechnik hat das Germanium zunehmend an Bedeutung gewonnen. Die Halbleiterindustrie fordert daher seit mehreren Jahren wachsende Mengen an hochreinem metallischen Germanium. Der Befriedigung dieses Bedarfs steht die Tatsache gegenüber, daß Germanium ein ausgesprochenes "Spurenmetall" ist, d. h. in vielen Mineralien mit sehr niedrigen Gehalten gefunden wird. Seine relative Häufigkeit wird in der Erdrinde mit 1 - 7 . 10^{-4} % angegeben. Lediglich in sehr wenigen Mineralien ist es so weit angereichert, daß sein Gehalt in der Formel angegeben wird. Ausgangsprodukt für die Gewinnung sind deshalb im allgemeinen Ge-haltige, sulfidische Cu-Zn-Erze oder Steinkohlen, aus denen Germanium über kombinierte Verflüchtigungs-, Schmelz-, Lauge- und Fällprozesse ausgebracht wird (1, 2).

Die in der DDR zur Verfügung stehenden Materialien sind so Ge-arm, daß eine rentable Gewinnung des Germaniums neue technologische Wege notwendig macht. Der Mansfelder Kupferschiefer als Hauptrohstoffquelle enthält etwa 4 - 7 g/t Germanium. Bei seiner Verhüttung entstehen Flugstäube, die das Germanium in mehr oder weniger angereicherter Form enthalten. Behandelt man diese mit verdünnter Schwefelsäure, so erhält man schwefelsaure Lösungen, die je nach der Technologie der Flugstaubherstellung 15 - 200 mg/l Ge neben z. B. 30 - 170 g/l Zn und einer Vielzahl anderer Metalle enthalten. Die selektive und quantitative Abtrennung so kleiner Germanium-Mengen aus Lösungen mit derartig hohem Fremdelektrolytgehalt ist schwierig und aufwendig und erfolgt normalerweise durch mehr oder weniger selektive Fällung mit Tannin, Eisenhydroxyd oder anderen Spezial-Fällungsmitteln, wobei für die Verarbeitung der oben angeführten Flugstaub-Laugen zur Zeit die Tanninfällung im Vordergrund steht. Ziel mehrjähriger systematischer Untersuchungen war es deshalb, ein Verfahren zu entwickeln, das es ermöglicht, den Ge-Inhalt vor allem aus den Lösungen mit sehr niedrigem Ge-Gehalt einerseits quantitativ und selektiv, andererseits aber billiger und technologisch moderner zu gewinnen. Diese Arbeiten führten zur Anwendung eines durch Beladung mit Tannin zur Komplexbildung mit Germanium vorbereiteten Ionenaustauschharzes als Adsorbens für Germanium. Die technologischen Ergebnisse und Einzelheiten der Verfahrensentwicklung wurden an anderer Stelle berichtet (3). Nachfolgend sollen vor allem die Grundlagen des Verfahrens und seine aus der Anwendung von Ionenaustauschern resultierenden Besonderheiten im Vergleich zur bisher angewandten Fällmethodik behandelt werden.

2. Literaturübersicht und Vorversuche

In der Literatur wird in einigen Fällen der Ionenaustausch im Zusammenhang mit Germanium beschrieben.

Klement und Sandmann (4) trennen das Germanium von einer Reihe anderer Metalle am Kationenaustauscher Dowex 50 in H-Form ab, wobei das Ge in saurer Lösung die Austauschersäule passiert, während alle Kationen zurückgehalten werden. Das Germanium liegt also in sauren Lösungen keinesfalls als Kation vor. Diese zunächst für die Analytik gedachte Verfahrensweise ist auch für die Hochreinigung von Germaniumlösungen anwendbar (5, 6). Everest und Mitarbeiter (7, 8, 9, 10) adsorbieren Germanium an Anionenaustauschern (Amberlite IRA 400) bei wechselnden pH-Werten, um die Konstitution der Ge-Verbindungen in wässrigen Lösungen aufzuklären. Sie finden ein Adsorptionsmaximum bei pH = 9 - 9,2. In diesem pH-Bereich liegt das Germanium vorwiegend als Polygermanation, und zwar als Ge_5O_{11}'' bzw. Ge_7O_{16}'' vor.

In stark alkalischen bzw. in sauren Lösungen werden die polymeren Formen zunehmend durch die monomere Form ersetzt. Die monomere Form in saurer Lösung, H_2GeO_3, ist äußerst schwach dissoziiert, weshalb unterhalb pH = 4 kein Ge mehr adsorbiert wird. Diese Untersuchungen sind für unsere Arbeiten insofern von besonderem Interesse, als sie ziemlich sicher nachweisen, daß in den zu verarbeitenden schwach schwefelsauren Lösungen das Germanium vor allem als H_2GeO_3 vorliegt. Die geringe Dissoziation der H_2GeO_3 ist auch durch Leitfähigkeitsmessungen nachgewiesen (11).

Außer anionischen Oxo-Verbindungen bildet Germanium anionische Chloro- und Fluoro-Verbindungen. Nelson und Kraus (12) untersuchen daher die anionische Adsorption von Germaniumchlorokomplexen an Austauschern im HCl-Konzentrationsbereich von 0,1 - 10 n HCl. Eine merkliche Adsorption setzt erst oberhalb 4 n HCl ein und steigt bis 10 n HCl ständig an. Da die Adsorption parallel mit der Tendenz zur Verflüchtigung zunimmt, ist anzunehmen, daß die Bildung negativer Komplexe über $GeCl_4$ geht. In Gegenwart von Flußsäure (1 n H_2F_2) werden offensichtlich Fluorokomplexe gebildet, denn Nelson, Rush und Kraus (13) weisen nach, daß bei Anwesenheit von Flußsäure die bei hohen HCl-Konzentrationen beobachtete Adsorption verhindert und die Verflüchtigung verringert werden. Das wird bekräftigt durch eine nicht unbedeutende Ge-Adsorption aus flußsäurehaltigen, salzsäurearmen Lösungen.

Die zitierten Arbeiten haben vorwiegend für analytische Trennungen Bedeutung. Nur ein belgisches Patent (14) beschreibt die technische Abtrennung von Ge und zwar aus Lösungen der Kohleverarbeitung. Die Patentschrift deutet die Verwendung von Kationenaustauschern an, gibt aber keine Auskünfte über die angewandte Arbeitsweise. Die Erfinder erwähnen bei späteren Veröffentlichungen zum gleichen Problem ihr eigenes Patent nicht mehr, woraus man auf Schwierigkeiten bei der technischen Durchführung des Verfahrens schließen kann.

Da die im vorliegenden Falle aufzuarbeitenden technischen Laugungslösungen etwa 4 - 10 g/l F enthalten, wurde - angeregt durch die in obigen Literaturstellen erwiesene Adsorption von Germaniumfluorokomplexen - der Einsatz in der DDR hergestellter Anionenaustauscher zum gleichen Zweck untersucht. Versuche mit den Anionenaustauschern Wofatit SBS 400 und Wofatit L 150 in F'- und SO_4"-Form ergaben beim Wofatit L 150 eine zwar eindeutige aber zu geringe, d. h. technisch nicht auszunützende Adsorption.

Für die weiteren Arbeiten wurde deshalb ein anderer Weg beschritten. Ausgehend von dem Gedanken, Ionenaustausch und Komplexbildung mit Germanium zu kombinieren, wurde untersucht, welches der handelsüblichen Harze geeignet ist, Tannin als Komplexbildner für Germanium fest zu binden. In Wofatit E, einem Allgemeinadsorptionsharz mit schwach positivem Ladungssinn, fand sich ein Austauscher, der in der Lage ist, Tannin als großes Molekül ($M \approx 1500$) mit seinen zahlreichen phenolischen OH-Gruppen so fest zu adsorbieren, daß es nur schwer wieder abzulösen ist. Diese Eigenschaft kommt dem vorgesehenen Verfahrensgang insofern sehr entgegen, als damit - wie die weiteren Untersuchungen zeigten - die Möglichkeit gegeben ist, den Komplexbildner auf dem Harz zu regenerieren und damit für eine mehrmalige Ge-Aufnahme zu verwenden. Die Versuche ergaben, daß die Ge-Abtrennung aus technischen Laugungslösungen mit dem so präparierten Wofatit E mit gutem Erfolg möglich ist. Das Germanium wird am besten aus schwach sauren ($c_{H^+} = 0,05 - 0,1$ n) Lösungen adsorbiert, in denen das Germanium nach Literaturangaben (s. o.) vor allem als H_2GeO_3 vorliegt. In stärker sauren Lösungen geht die Beständigkeit des Ge-Tannin-Komplexes zurück, in neutralen Lösungen dagegen scheint die Polygermanatbildung merklich zu werden. Die Elution des Germaniums, d. h. die Zerstörung des Ge-Tannin-Komplexes auf dem Harz nimmt man zweckmäßig mit HCl höherer Konzentration vor, wobei sich $GeCl_4$ bildet, das aus den salzsauren Eluaten destillativ abtrennbar ist.

Dieses Ergebnis von Vorversuchen wurde in systematischen Untersuchungen mit Modellösungen und technischen Laugungslösungen weiterverfolgt. Dabei konnten die technischen Grundlagen für ein Verfahren ermittelt werden, das die Ge-Gewinnung selbst aus sehr schwach Ge-haltigen Lösungen ermöglicht. Über die praktische Ausführung des Verfahrens soll unter Abschnitt 4 kurz berichtet werden. Allerdings wurde bei diesen Versuchen festgestellt, daß die Kapazität des tanninbeladenen Austauschers für Germanium in nicht unerheblichem Umfange abhängig ist von der Zusammensetzung der technischen germaniumhaltigen Lösung. Deshalb bemühten wir uns, einige Grundlagenfragen des Verfahrens aufzuklären. Dabei war von besonderem Interesse

1. ein Vergleich der Bindung von Germanium am Tannin einerseits bei der reinen Fällung, andererseits bei der Adsorption am Austauscher
2. das Adsorptionsverhalten einiger wichtiger Bestandteile technischer Lösungen, wie z. B. Zn und As
3. der Einfluß dieser Lösungsbestandteile auf die Ge-Adsorption am Austauscher.

Die Ergebnisse dieser Untersuchungen werden im folgenden Abschnitt beschrieben und diskutiert.

3. Grundlagenuntersuchungen

3.1 Experimentelle Durchführung

a) Um das unterschiedliche Verhalten von Germanium gegenüber gelöstem Tannin einerseits und an Wofatit E adsorptiv gebundenem Tannin (im folgenden Text als Tannin-Wofatit E bezeichnet) andererseits zu ermitteln, wurden in parallelen Reihen Fäll- und Adsorptionsversuche durchgeführt.

Die Fällversuche erfolgten durch Zugabe von unterschiedlichen Tanninmengen zu Ge-Lösungen konstanten Gehalts bzw. durch Zugabe von konstanten Tanninmengen zur Ge-Lösung unterschiedlichen Gehalts. Da bei Vorversuchen beobachtet worden war, daß bei Anwendung reiner Ge-Lösung und reiner Tannin-Lösung keine Fällungen, sondern kolloide Lösungen erzeugt werden, setzten wir $(NH_4)_2SO_4$ als Flockungsmittel zu. Der entstehende Niederschlag wurde abfiltriert, gewogen und zur Bestimmung des darin enthaltenen Ge oxydierend verglüht. Der Glührückstand wurde als GeO_2 angesehen. Die Ge-Bestimmung in der Ausgangslösung und im Filtrat erfolgte volumetrisch durch Titration des Germanium-Brenzkatechin-Komplexes mit NaOH bzw. kolorimetrisch mit Phenylfluoron.

Die Adsorptionsversuche am Harz wurden analog vorgenommen. Nur gaben wir anstelle von Tanninlösung hierbei Wofatit E zu, das mit einer definierten Menge Tannin beladen war. Nach 4-stündigem Schütteln bei 25° C ("batch"-Verfahren) stellte sich nahezu das Gleichgewicht ein. Das Harz wurde abfiltriert, gespült und zur Elution des Ge zusammen mit der Hauptmenge Tannin mit 1 n NaOH behandelt. Die adsorbierte Ge-Menge ergab sich sowohl aus der Konzentrationsabnahme in der Arbeitslösung als auch aus dem Ge-Gehalt des Eluates.

Das Volumen der Arbeitslösung war jeweils 200 ml. Der untersuchte Ge-Konzentrationsbereich reichte von 0,5 mMol/l (≙ 36 mg/l) bis 15 mMol/l (≙ 1100 mg/l), der Tanninkonzentrationsbereich von 0 bis 12 mMol/l (≙ 18 g/l). Die Azidität betrug bei allen Lösungen 0,05 n H_2SO_4.

b) In einer weiteren Serie von "batch"-Versuchen untersuchten wir die Adsorption einiger wichtiger Begleitelemente und zwar Zink, Arsen und Fluorid in schwefelsaurer Lösung. Die Versuchsdurchführung entsprach sinngemäß den bereits beschriebenen "batch"-Versuchen. Eine Abänderung wurde lediglich im Falle des Arsens vorgenommen. Hierbei machte sich bei einem Teil der Versuche für eine genauere Auswertung der Einsatz radioaktiven Arsens (^{76}As mit einer Halbwertszeit von 26,5 h) zur Markierung erforderlich. Das Volumen der Arbeitslösung konnte dann auf 50 ml beschränkt werden. Die untersuchten Konzentrationsbereiche waren für Zink 20 mMol/l (≙ 1,3 g/l) bis 1,5 Mol/l (≙ 98 g/l) und für Arsen 10 mMol/l (≙ 0,75 g/l) bis 150 mMol/l (11,2 g/l) in Abwesenheit und in Gegenwart von Germanium.

c) In Ergänzung dazu wurde der Einfluß von Zink und Arsen auf die Gleichgewichtseinstellung bei der Ge-Adsorption näher untersucht. Die Durchführung erfolgte in der beschriebenen Weise in Form von "batch"-Versuchen bei Ge-Einsätzen von 0,5 mMol/l (≙ 36 mg/l) bis 8 mMol/l (≙ 580 mg/l).

Diese Versuche wurden zur Kontrolle unter Anwendung von radioaktivem Germanium (^{71}Ge mit einer Halbwertszeit von 11,4 d) wiederholt. Die Gehalte von Zn und As in den Lösungen entsprachen den unter b) angeführten.

3.2 Ergebnisse und Diskussion

Die Ergebnisse der Grundlagenuntersuchungen lassen sich am besten anhand der Diagramme diskutieren. Vorausschickend muß darauf hingewiesen werden, daß sich die in den Diagrammen angegebenen Mengen jeweils auf 200 ml Arbeitslösung beziehen.

Ein Vergleich zwischen der Fällung von Germanium mit Tannin und seiner Adsorption am Tannin beladenen Austauscher wird vereinfacht, sofern die stöchiometrische Zusammensetzung gebildeter Komplexe bekannt ist. Die Ergebnisse der zur Aufklärung dieser Frage durchgeführten Fällversuche mit steigendem Tannin-Einsatz bei gleichbleibendem Ge-Ausgangsgehalt in der Lösung sind in Bild 1 zusammengestellt.

Man erkennt, daß je nach den Konzentrationsverhältnissen unterschiedlich zusammengesetzte Fällschlämme gebildet werden. Unter der Annahme eines mittleren Molekulargewichtes für Tannin von $M \approx 1500$ errechnen sich Molverhältnisse Ge : Tannin im Fällschlamm, die zwischen 2 und 0,5 liegen. Bei Fällung des Ge mit einem Unterschuß von Tannin - eine derartige Fällung ist selbstverständlich nicht quantitativ - wird ein Molverhältnis von 2 erreicht, während sich bei Anwendung eines Tanninüberschusses ein minimales Molverhältnis von 0,5 ergibt. Man kann demnach annehmen, daß für die zwischen Tannin und Germanium gebildeten Komplexe zwei Grenzzusammensetzungen des Typs $2GeO_2$.Tannin und GeO_2.2Tannin existieren. Zwischenzusammensetzungen wie GeO_2.Tannin u. a. sind sehr wahrscheinlich. Eine Entscheidung über die Frage, ob im mittleren Bereich des Molverhältnisses Zwischenverbindungen oder Gemische der Grenzverbindungen vorliegen, kann anhand dieser Ergebnisse nicht gefällt werden. Ebenso sind keine Untersuchungen über die Art der im Komplex vorliegenden Bindung zwischen Germanium und Tannin angestellt worden. Deshalb spiegeln die Formeln nur die Stöchiometrie, nicht aber die Struktur des Komplexes wider.

Einen Vergleich der Vollständigkeit der Ge-Bindung bei Verwendung von Tannin in Lösung und Tannin-Wofatit E ermöglicht Bild 2. Bei kleinen Tannineinsatzmengen liegen die Werte für die Ge-Fällung höher als die der Adsorption. Der Grund hierfür ist in der Tatsache zu suchen, daß einige OH-Gruppen des Tannins durch die Adsorption an Wofatit E blockiert bzw. durch die Einlagerung in die Kunstharzmasse sterisch nicht zugänglich sind, jedenfalls zur Ge-Bindung nicht zur Verfügung stehen. In beiden Fällen nimmt anfänglich der gebundene Anteil Ge mit der Tannineinsatzmenge linear zu. Das Maximum der Bindung wird bei der Fällung bei 0,5 mMol Tannineinsatz, bei der Adsorption nur wenig höher bei 0,65 mMol erreicht. Die Fällung ist im Gegensatz zur Adsorption nicht ganz quantitativ. Es ist selbst in günstigen Fällen bei niedrigen Ge-Gehalten in der Lösung (150 - 200 mg/l) mit Rest-Ge-Gehalten in Höhe von 1 - 2 % des Ausgangsgehaltes zu rechnen. Steigen die Tannineinsatzmengen, nimmt offensichtlich die Löslichkeit des gefällten Ge-Tanninkomplexes zu. Diese Löslichkeitszunahme geht parallel mit der am Bild 1 diskutierten Bildung von GeO_2.2Tannin und kann mit einer Zunahme der freien Hydroxylgruppen im komplexen Molekül erklärt werden. Der gleiche Vorgang spielt sich sehr wahrscheinlich auch auf dem Harz ab, aber da die Verbindung GeO_2.2Tannin am Harz verankert ist, gelingt die Ge-Entfernung aus der Lösung selbst bei großem Tanninüberschuß stets quantitativ. Damit erweist sich Tannin-Wofatit E besonders für die sichere Abtrennung kleiner Ge-Inhalte als dem gelösten Tannin überlegen.

Im Bild 3 ist das Molverhältnis Ge/Tannin in Abhängigkeit von der Ge-Einsatzmenge aufgetragen. Die Tannineinsatzmenge betrug bei den zugehörigen Versuchen 1/3 mMol. Für die Ge-Fällung ist dem Diagramm ein minimales Molverhältnis von 0,5 (≙ GeO_2.2T) zu entnehmen. Mit zunehmendem Ge-Gehalt der Lösung steigt es fast linear bis zu dem Grenzwert 2 (≙ 2 GeO_2. .T) an. Die Überschreitung dieses Grenzwertes ist vermutlich nicht auf die Bildung einer mehr Ge enthaltenden Verbindung, sondern auf adsorptiv mitgerissenes Ge zurückzuführen. Die mitgerissene Menge Ge beträgt bei 3 mMol Ge-Einsatzmenge 6,5 - 7 mg Ge, wobei die Lösung nach der Fällung noch 850 mg/l Ge enthält.

Bei der Adsorption des Ge an Tannin-Wofatit E ist das Molverhältnis im gesamten Ge-Konzentrationsbereich kleiner als bei der Fällung. Es ist anzunehmen, daß der Grund hierfür in der bereits erwähnten Blockierung eines Teiles der bindungsfähigen OH-Gruppen im Tannin durch Adsorption am Austauscher zu suchen ist. Das minimale Molverhältnis für Tannin am Wofatit E liegt sinngemäß auch bei 0,5. Da jedoch nicht zwischen gebundenem und ungebundenem Tannin am Wofatit E unterschieden werden kann, wurde die Gesamtmenge Tannin zur Berechnung herangezogen, wodurch die beiden tiefer liegenden Kurvenpunkte entstanden. Das größte Molverhältnis liegt mit etwa 1,3 beträchtlich unter dem der Fällung.

Diese Tatsache scheint zunächst ein Nachteil der Adsorption gegenüber der Fällung zu sein. Es ist jedoch in jedem Falle eine quantitative Entfernung des Ge aus der Lösung erwünscht. Das zwingt zur Fällung mit höheren Tanninüberschüssen, da eine Fällung mit Tanninunterschuß, bei der die hohen Molverhältnisse erreicht werden, nicht quantitativ verläuft. Dann kehren sich jedoch die Verhältnisse um, indem erstens - wie Bild 2 zeigt - in diesem Gebiet nur noch geringe Unterschiede im Tanninbedarf bestehen und zweitens bei der Fällung das gesamte Tannin verloren geht. Bei Tannin-Wofatit E dagegen bleibt die Tanninmenge infolge ihrer festen Bindung am Harz abgesehen von geringfügigen Elutionsverlusten für weitere Beladungen zur Verfügung.

Während im Bild 2 die Vollständigkeit der Germaniumbindung beim Übergang zu hohen Tanninüberschüssen dargestellt ist, zeigt das Bild 4 die Vollständigkeit der Germaniumbindung beim Übergang zu hohem Germaniumüberschuß in der Lösung.

Man sieht daraus, daß bei hohen Ge-Überschüssen und nicht quantitativer Bindung des Germaniums mit Tannin-Wofatit-E beträchtlich weniger Germanium gebunden werden kann als mit freiem Tannin. Die Abweichungen von der einer quantitativen Bindung entsprechenden Geraden beginnen früher und sind größer. Auch hier muß wieder darauf hingewiesen werden, daß im Falle einer weitestgehend quantitativen Entfernung des Ge diese Unterschiede nahezu wegfallen, wie auch aus dem Diagramm zu entnehmen ist. Eine quantitative Abtrennung des Germaniums aus der Lösung ist aber um so notwendiger, je kleiner der absolute Ge-Gehalt in der Lösung ist. In diesen Fällen muß - wie auch Bild 5 bestätigt - von der Anwendung der Tanninfällung als Gewinnungsverfahren abgesehen werden, da die Möglichkeiten zur quantitativen Bindung des Ge nicht gegeben sind. Wie bereits betont, wurde bei der Fällung kein Verhältnis von Ge zu Tannin gefunden, bei dem das gesamte Ge aus der Lösung entfernt wurde, während das an Tannin-Wofatit E ohne Schwierigkeiten möglich ist. Außerdem muß für eine Fällung mit Tannin ein relativ schmales Konzentrationsgebiet der angewandten Tanninmenge eingehalten werden, damit einerseits möglichst vollständige Fällung erreicht, andererseits ein zu hoher Tanninüberschuß vermieden wird. Bei Tannin-Wofatit E kann eine quantitative Germanium-Abtrennung aus der Lösung erreicht werden, wenn man für die Einsatzmengen an Ge und Tannin ein Molverhältnis von 0,5 nicht wesentlich überschreitet. Bild 6 zeigt außerdem, daß mit steigendem Tannineinsatz bei der Fällung ein steigender Prozentsatz des Tannin in der Lösung verbleibt, sich nicht an der Fällung beteiligt und damit ungenutzt verloren geht. Selbst bei sehr geringen Tannineinsatzmengen ist dieser gelöste Anteil mit 15 - 20 % der Gesamtmenge zu veranschlagen.

Zusammenfassend kann zum Vergleich zwischen Fällung und Adsorption des Germaniums festgestellt werden, daß zwar die Fällung bei Anwendung eines Tanninunterschusses höhere Molverhältnisse Ge : Tannin zu erreichen gestattet, andererseits aber die praktischen Gesichtspunkte einer vollständigen Gewinnung des Ge-Gehaltes der Lösung eindeutig für die Anwendung des Ionenaustauschers sprechen, vor allem, wenn man berücksichtigt, daß durch die Möglichkeit der mehrmaligen Verwendung des Komplexbildners eine erhebliche Tannineinsparung gegeben ist.

Die Untersuchungen zum Adsorptionsverhalten von Bestandteilen technischer Lösungen, wie Zn und As am Tannin-Wofatit E, und zum Einfluß dieser Lösungsbestandteile auf die Ge-Adsorption, waren durch die Tatsache veranlaßt, daß bei den technischen Untersuchungen zur Verfahrensentwicklung an der Ionenaustauschersäule eine erhebliche Kapazitätsminderung des Tannin-Wofatit E für die Ge-Aufnahme bei Übergang von reinen Ge-haltigen Lösungen auf technische Laugungslösungen beobachtet wurde (3). Die Kapazität geht dabei von ≈ 3 - 4 g Ge/l Tannin-beladenes feuchtes Harz auf 0,6 - 1 g Ge/l Tannin-beladenes feuchtes Harz zurück. Die Säulenversuche deuten darauf hin, daß vor allem die hohen Zn-Gehalte, sowie der As- und F-Gehalt der angewandten technischen Lösungen die Ursache dieser Kapazitätsabnahme sind. Die Ergebnisse der durchgeführten Gleichgewichtsversuche im "batch"-verfahren zeigen, daß Zn am Tannin-Wofatit E entgegen den Annahmen auf Grund der Säulenversuche nicht gebunden wird. Eine Komplexbildung mit Tannin konnte nicht beobachtet werden. Es besteht lediglich die Möglichkeit einer lockeren, physikalischen Adsorption des Zn am Harz, deren Auswirkungen sich vor allem beim Säulenversuch und bei hohen Zn-Konzentrationen bemerkbar machen. Wie Bild 7 beweist, wird die Germaniumadsorption am Tannin-Wofatit E im Gleichgewichtsfalle selbst durch hohe Zn-Konzentrationen nicht beeinflußt. Dieses Ergebnis steht in Widerspruch zu dem

Verhalten an Austauschersäulen, wo mit steigendem Zn-Gehalt eine Abnahme der Durchbruchskapazität gefunden wurde.

Bild 8 zeigt, daß bei Anwesenheit steigender As-Mengen mit einem Rückgang der Kapazität für die Ge-Adsorption um ca. 15 - 20 % zu rechnen ist. Dabei wird - wie vor allem die Versuche mit ^{76}As zeigten - Arsen im untersuchten Konzentrationsgebiet bereits am Tannin-freien Wofatit E in Mengen von 1,3 - 1,6 g/l feuchtes Harz gebunden, wobei die Bindung sehr fest ist.

Ungeklärt ist zur Zeit noch der Einfluß von Fluorid-Ionen auf die Adsorption von Germanium an Tannin-Wofatit E. Frühere Untersuchungen an Säulen (3) deuten auf eine negative Beeinflussung der Germaniumadsorption durch steigende Fluoridgehalte in der Ge-haltigen Lösung hin. Diese Versuche zeigten, daß mit zunehmendem Fluoridgehalt der Durchbruch des Germaniums durch die Säule früher erfolgt. Die im Rahmen der hier beschriebenen Untersuchungen durchgeführten "batch"-Versuche zur Ermittlung des Gleichgewichtsverhaltens von Fluorid- und Ge-haltigen Lösungen führten bisher nicht zu eindeutigen Ergebnissen.

Zusammenfassend muß zur Frage der Kapazitätsminderung des Harzes bei technischen Laugen festgestellt werden, daß die bisher vorliegenden Ergebnisse nur teilweise eine Erklärung geben. Vor allem scheinen die Verhältnisse an der Säule speziell beim Zink als Störkomponente nicht mit denen im Gleichgewichts-"batch"-Versuch vergleichbar zu sein.

Weitere Untersuchungen sollen hier Klärung bringen.

4. Technologische Untersuchungen

Den beschriebenen Grundlagenuntersuchungen gingen umfangreiche technologische Arbeiten voraus bzw. liefen parallel. Die Ergebnisse dieser Arbeiten, die zur Festlegung des technischen Verfahrensganges führten, wurden an anderer Stelle berichtet (3). Nachfolgend soll kurz die endgültige Technologie, wie sie für die Einführung in die Praxis vorgesehen ist, beschrieben werden. Das Verfahren wurde für zwei bei der Verarbeitung von Flugstäuben des Mansfeld-Kombinats anfallende Ge-haltige Laugen ausgearbeitet, deren Zusammensetzung in Tabelle 1 wiedergegeben ist. Vor allem die Lauge mit 15 - 20 mg Ge/l stellt einen Extremfall dar, der kaum nach anderen Verfahren gelöst werden kann. Für die endgültigen Erprobungsversuche, in deren Verlauf ca. 12 m^3 technische Lauge verarbeitet wurden, kam eine Versuchsanlage mit drei 20 l Ionenaustauscherfiltern zur Anwendung. Das eingesetzte Wofatit E (Gewicht im Anlieferungszustand 600 - 700 g/l bei einem Wassergehalt von 75 - 80 %) nimmt bei der Erstbeladung ca. 180 - 200 g Tannin/l feuchtes Harz auf.

Die bei den Versuchen ermittelten spezifischen Filterdaten für Lauge 1 und 2 sind in Tabelle 2 zusammengestellt. Aus ihr können auch die Arbeitsstufen entnommen werden. Die gute Wirksamkeit der Abtrennung des Germaniums von den hauptsächlichen Fremdbestandteilen in der Lösung kann aus den Tabellen 3 und 4 und den Bildern 9 und 10 entnommen werden.

Der Rest-Ge-Gehalt in den Raffinaten konnte in jedem Falle bei = 0,1 mg gehalten werden. Die Kapazität des Tannin-beladenen Harzes für Germanium betrug 0,6 - 1 g Ge/l feuchtes Harz. Dabei muß erwähnt werden, daß eine Regenerierung des Harzes zur Ergänzung von Verlusten an Tannin erst nach 6 - 8 Beladungen und Elutionen nötig war, wobei dann nur ca. 25 % der Gesamt-Tanninmenge ersetzt werden mußten. Demzufolge liegt der Tanninverlust pro Beladungs- und Elutionszyklus nur bei 3 - 4 % vom Gesamt-Tannin. Die Elution des Ge erfolgt mit ca. 10 n HCl. Die Ge-haltige HCl wird einer Spezialdestillation zugeführt, in der das $GeCl_4$ abgetrieben und in Wasservorlagen zu GeO_2 hydrolysiert wird.

Literatur

1. Schreiter, W., Seltene Metalle, VEB Deutscher Verlag für Grundstoffindustrie, 1960, S. 210 - 233.
2. Gmelin, Handbuch der anorganischen Chemie, System Nr. 45 "Germanium", Ergänzungsband, 1958, S. 3 - 32.
3. Ziegenbalg, S., Scheffler, E., Freiberger Forschungshefte 1961, z. Zt. im Druck.

4. Klement, R., Sandmann, H., Z. anal. Chem. 145 (1955), S. 325 - 334.
5. Klement, R., Sandmann, H., DAS 1066 753, A. 23. 7. 1954, B. 11. 4. 1957.
6. Klement, R., Sandmann, H., FP 1134 467, A. 19. 7. 1955, B. 11. 4. 1957.
7. Everest, D. A., Salmon, J. E., J. Chem. Soc. (London), 1954, S. 4508 - 4509.
8. Everest, D. A., Salmon, J. E., J. Chem. Soc. (London), 1955, S. 1444 - 1449.
9. Everest, D. A., Harrison, J. C., J. Chem. Soc. (London), 1957, S. 4319 - 4323.
10. Everest, D. A., Harrison, J. C., J. Chem. Soc. (London), 1959, S. 2178 - 2182.
11. Gmelin, Handbuch der anorganischen Chemie, System Nr. 45 "Germanium", Ergänzungsband (1958), S. 503.
12. Nelson, F., Kraus, K. A., J. Amer. Chem. Soc. 77 (1958), S. 4508 - 4509.
13. Nelson, F., Rush, R. M., Kraus, K. A., J. Amer. Chem. Soc. 82 (1960), S. 339 - 348.
14. BelgP 518 621, A. 21. 3. 1953, B. 4. 3. 1955.

Tabelle 1

Zusammensetzung der Ge-haltigen Laugungslösungen

	Lauge 1	Lauge 2
Ge	150 - 220 mg/l	15 - 22 mg/l
Zn	15 - 60 g/l	130 - 180 g/l
Cd	2 - 4 g/l	0,4 - 0,6 g/l
Fe	0,3 - 1,0 g/l	0,3 - 2 g/l
As	1 - 4 g/l	0,25- 0,65g/l
Cl	20 - 30 g/l	3 - 5 g/l
F	4 - 10 g/l	2 - 4 g/l
fr.H_2SO_4	4 - 10 g/l	8 - 14 g/l
Dichte	1.15	1.35

Tabelle 3

Bilanz einer Beladungsperiode (Lauge 1)

	Ge	As	Zn	F
Aufgegebene Menge:	16 g	263 g	1465 g	487 g
davon in:				
Raffinat	1 %	82 %	89 %	84 %
Waschlösung 1	3 %	16 %	10,8 %	8 %
Eluat	95 %	0,7 %	0,1 %	5 %
Waschlösung 2	1 %	1,3 %	0,1 %	3 %

Tabelle 2

Spezifische Filterdaten (für eine Harzbetthöhe von 1 m)

	Lauge 1			Lauge 2		
	Volumen (m^3)	spez. Fließgeschwindigkeit ($m^3/m^2.h$)	spez. Belastung ($m^3/m^3.h$)	Volumen (m^3)	spez. Fließgeschwindigkeit ($m^3/m^2.h$)	spez. Belastung ($m^3/m^3.h$)
Tanninbeladung (3 %ige Lösung)	1,5	1,0	1,0	1,5	1,0	1,0
Spülung nach der Tanninbeladung	40	10	10	40	10	10
Beladung	4	1,5	1,5	35	2	2
Waschen 1	8	10	10	12	10	10
Elution	2,8	1	1	3,5	1	1
Waschen 2	5	10	10	5	10	10

Tabelle 4

Bilanz einer Beladungsperiode (Lauge 2)

	Ge	As	Zn	F
Aufgegebene Menge:	18 g	391 g	148 000 g	3 585 g
davon in:				
Raffinat	2 %	85 %	96 %	92 %
Waschlösung 1	0,5 %	6 %	4 %	7,2 %
Eluat	96,5 %	7 %	0,01 %	0,5 %
Waschlösung 2	1 %	2 %	0,01 %	0,3 %

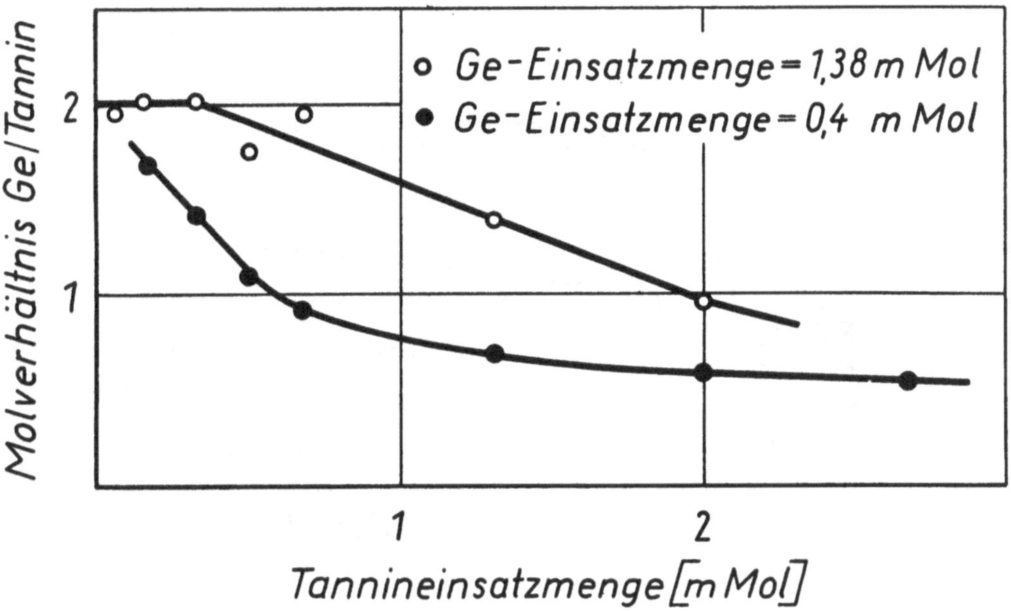

Bild 1 Stöchiometrische Zusammensetzung des Germanium-Tannin-Komplexes bei steigender Tannineinsatzmenge

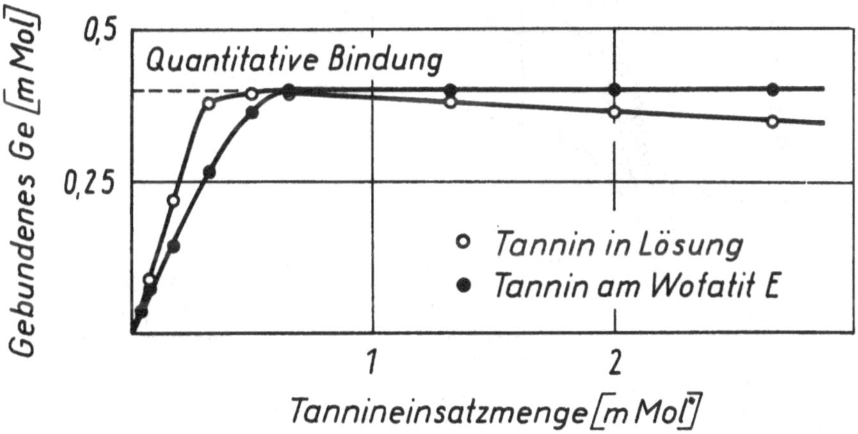

Bild 2 Vollständigkeit der Germanium-Bindung bei Fällung und Adsorption in Abhängigkeit von der Tanneinsatzmenge

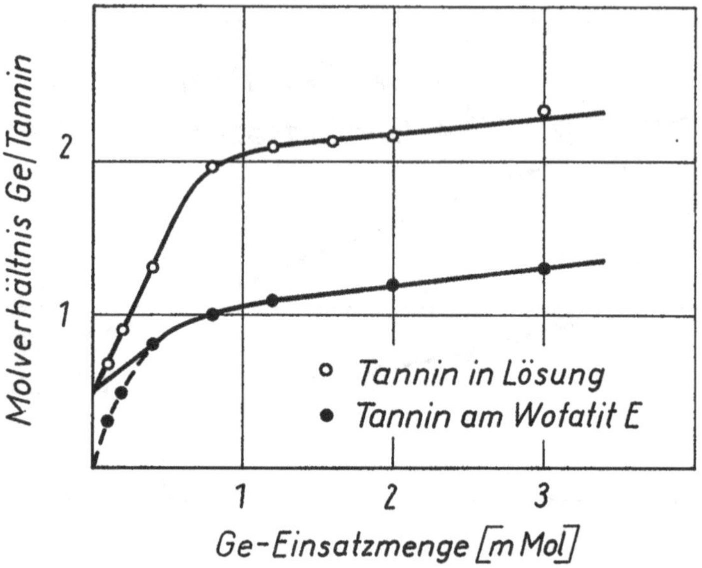

Bild 3 Stöchiometrische Zusammensetzung des Germanium-Tannin-Komplexes bei steigender Germaniumeinsatzmenge

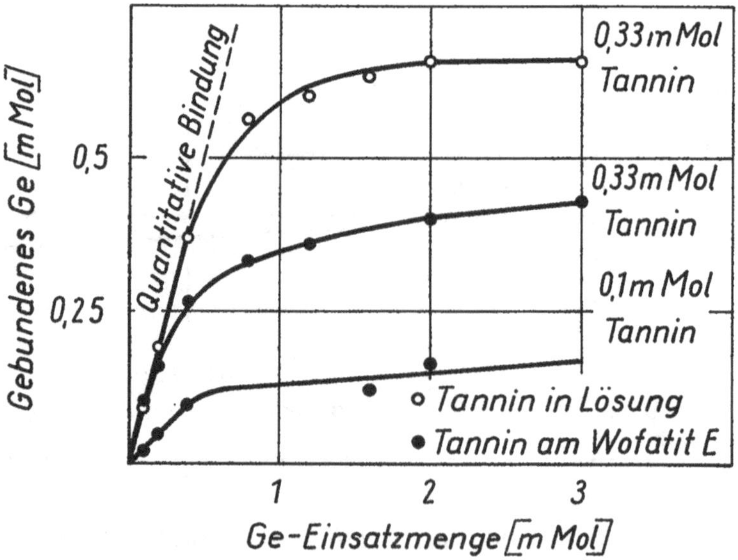

Bild 4 Vollständigkeit der Germanium-Bindung bei Fällung und Adsorption in Abhängigkeit von der Germanium-Einsatzmenge

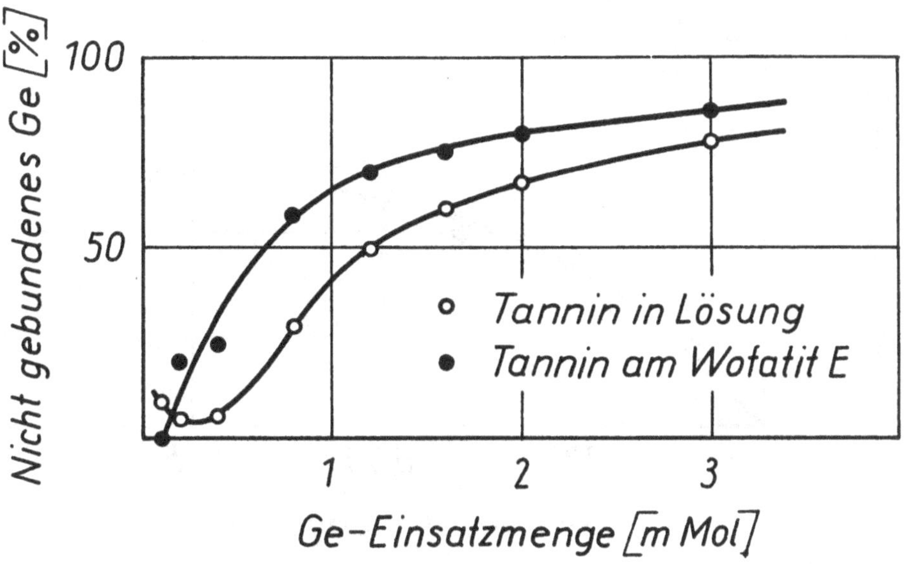

Bild 5 Anteil des nicht gebundenen Germaniums bei Fällung und Adsorption

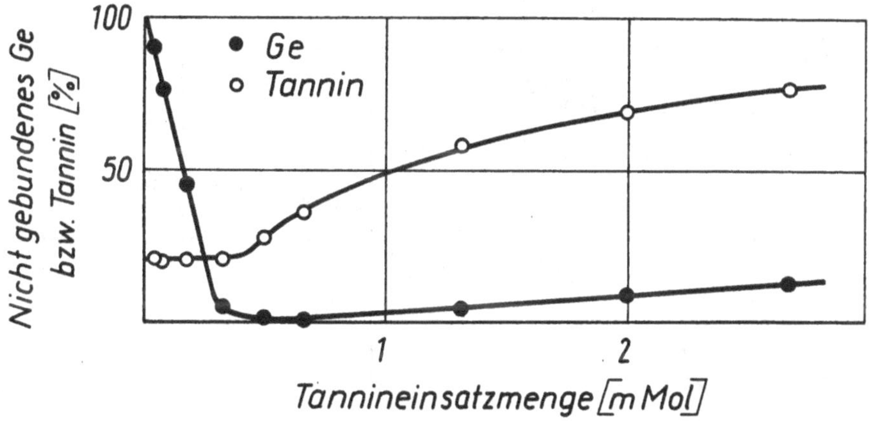

Bild 6 Anteil des nichtgebundenen Germaniums und Tannins bei der Fällung

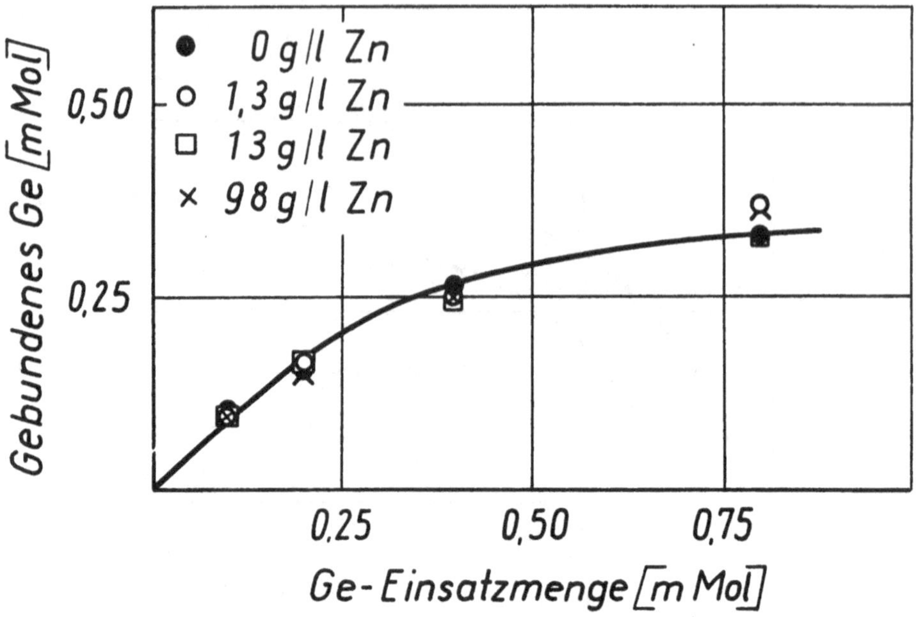

Bild 7 Germaniumadsorption in Gegenwart von Zink

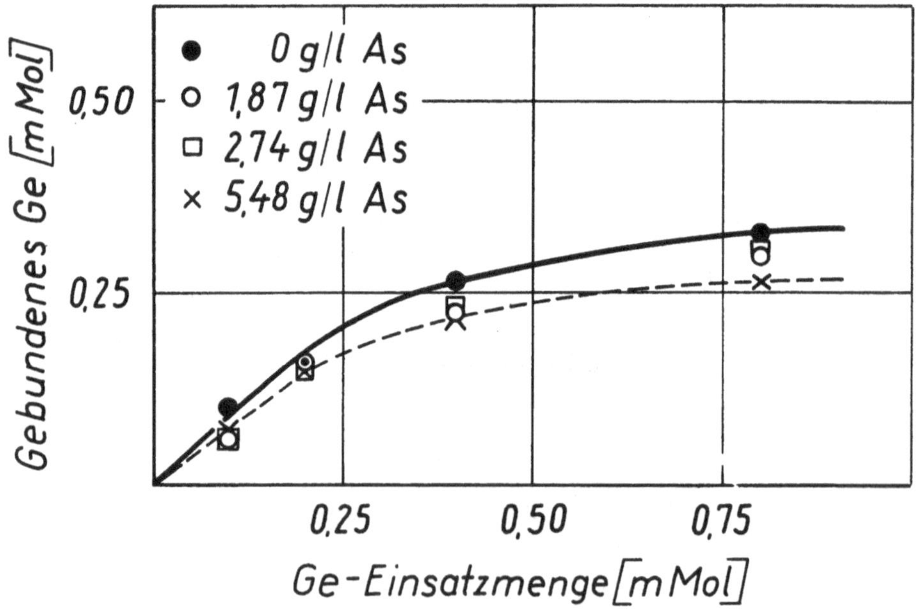

Bild 8 Germaniumadsorption in Gegerwert von Arsen

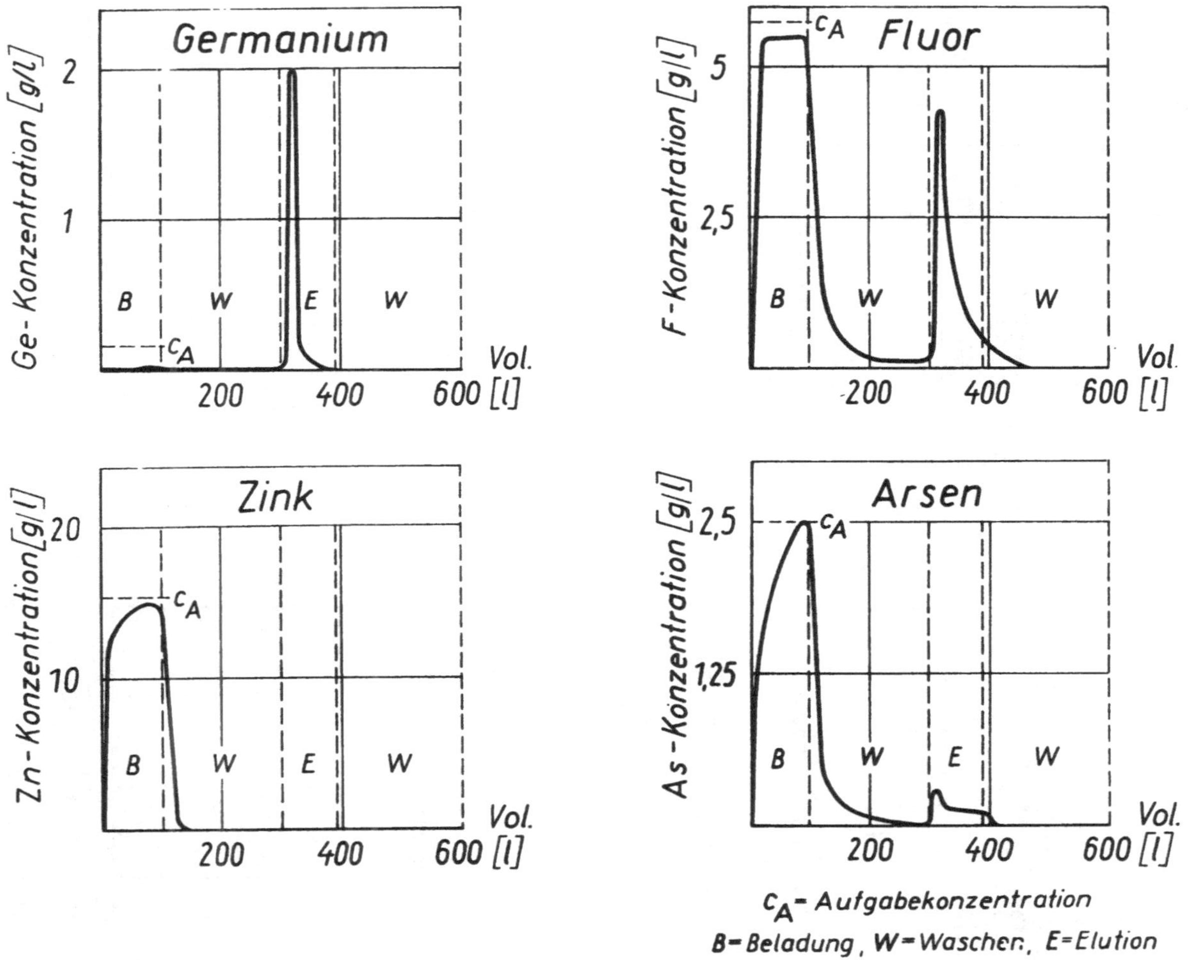

Bild 9 Verhalten der wesentlichsten Komponenten bei einer Beladungsperiode (Lauge 1)

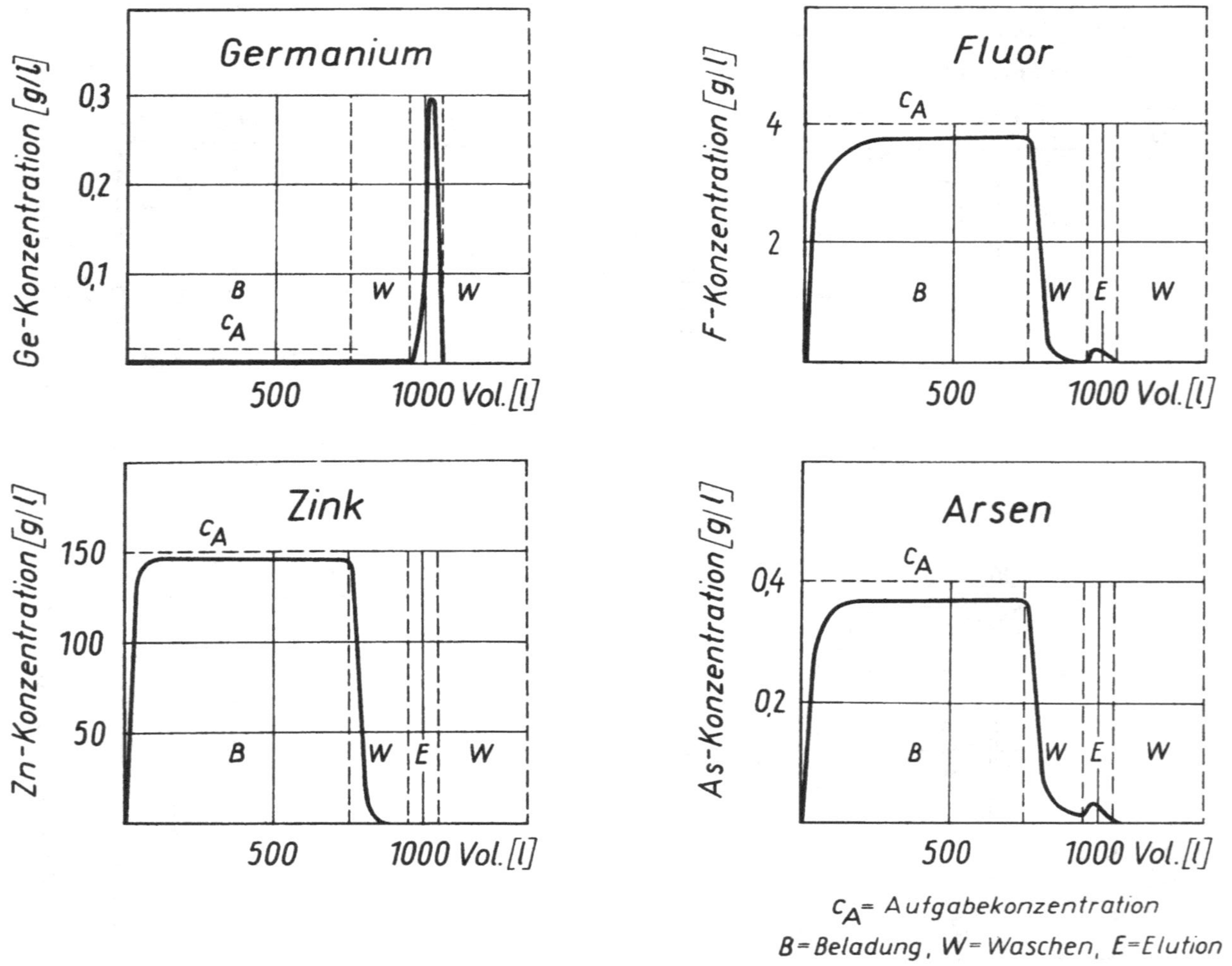

Bild 1o Verhalten der wesentlichsten Komponenten bei einer Beladungsperiode (Lauge 2)

Beitrag zur Gewinnung von Gold aus Abfallösungen durch Kombination des Ionenaustausches mit der Elektrolyse

von J. Kutil und J. Stamberg

Bei der elektrolytischen Vergoldung verschiedener Gegenstände entstehen Abfallösungen, welche eine erhebliche Menge an Gold enthalten und welche weiterhin nicht anwendbar sind. Mit Rücksicht auf die chemische Zusammensetzung dieser Lösungen ist die Goldgewinnung mittels der bekannten Methoden schwierig durchführbar.

Wir haben z. B. mit denjenigen technischen Abfallösungen gearbeitet, welche Grammzehntel bis einige Gramm von Gold in Form von komplexen Cyaniden per Liter enthielten, unter gleichzeitiger Anwesenheit von Grammzehnern Alkalicyanid bzw. Alkaliphosphaten, -carbonaten und -sulfiten. Das Gold aus diesen Lösungen kann man prinzipiell mittels des Anionenaustausches gewinnen. Die Einstellung der Gleichgewichte wird jedoch in Anwesenheit der erwähnten Salze ungünstig beeinflußt und die Austauschkapazität gegenüber dem Gold beträchtlich erniedrigt.

Den nachteiligen Einfluß des Kaliumcyanides haben wir an Modellösungen bestätigt. Bei diesen Versuchen haben wir den stark basischen Styrol-Anionenaustauscher S-8-TM in OH^--Form angewandt. Wir haben die gesamte Austauschkapazität gegenüber dem Kaliumcyanoaurat unter dynamischen Bedingungen und beim Vorhandensein eines genügenden Überschusses der behandelten Lösung bestimmt. Im ersten Falle haben wir z. B. eine 100 mg Au/l als Kaliumcyanoaurat enthaltende Lösung benutzt, deren pH-Wert durch Zugabe einer kleinen Menge von Kaliumcyanid auf 5,8 eingestellt wurde. Unter diesen Bedingungen betrug die Gesamtkapazität des Ionenaustauschers 296 mg Au/ml. Im zweiten Falle haben wir eine Lösung benutzt, welche außer derselben Goldmenge noch 20 g KCN/l enthielt. Die gesamte Austauschkapazität hat sich hierbei auf 63,5 mg Au/ml gesenkt. Eine weitere Erhöhung derKCN-Konzentration hat diesen Wert nicht in bemerkenswertem Maße beeinflußt.

In den nachfolgenden Versuchen haben wir geeignete Regenerierungsbedingungen gesucht. Mit Rücksicht auf die quantitative Rückgewinnung des aufgenommenen Goldes und auf den notwendigen Ausschluß saurer Regenerierungsmittel in Anwesenheit von Cyaniden mußten wir auf die Goldgewinnung durch Verbrennen des Harzes unter einmaliger Anwendung des Anionenaustauschers zurückgreifen.

Auf Grund dieser und einer Reihe weiterer zur Veröffentlichung vorliegender Versuche sind wir zum Schluß gelangt, daß die Anwendung des relativ kostbaren Anionenaustauschers vom ökonomischen Standpunkt aus nur wenig wirtschaftlich wäre.

Wir haben daher eine neue Methode der Goldgewinnung durch Kombination der Elektrolyse mit dem Ionenaustausch vorgeschlagen und praktisch erprobt. Im Prinzip handelt es sich dabei um Unterbringung eines stark basischen Anionenaustauschers zwischen zwei Elektroden in einem passenden Durchflußelektrolyseur. Durch die Anionenaustauscherschicht läßt man die behandelte Abfallösung durchfließen und in senkrechter Richtung schickt man einen elektrischen Gleichstrom durch die arbeitende Austauscherschicht.

Die direkte elektrolytische Goldgewinnung aus den erwähnten Abfallösungen wird durch die Anwesenheit der Begleitsalze ungünstig beeinflußt. Diesen Nachteil kann man mittels des Trenneffektes des Anionenaustauschers beseitigen. In Gegenwart vom Anionenaustauscher wird das elektrolysierte Medium mit Goldionen angereichert und das Verhältnis der Goldionen zu den übrigen Ionen wesentlich begünstigt.

Bei der vorgeschlagenen Kombination des Ionenaustausches mit der Elektrolyse kann man außerdem erwarten, die Wirksamkeit der Austauscherschicht wesentlich zu erhöhen. Das Gleichgewicht an den aktiven Gruppen wird nämlich durch die elektrolytische Abfuhr der Ionen und die Goldabscheidung auf Elektroden ständig verschoben.

Das vorgeschlagene Verfahren wurde durch Verarbeitung der betrieblichen Abfallösungen erprobt. Als Elektrolyseur diente eine mit Anionenaustauscher gefüllte Glasröhre von einer lichten Weite von etwa 25 mm. In ihrer Mitte war eine stangenförmige Graphitelektrode untergebracht. Als zweite Elektrode diente eine an die innere Wand der Röhre eingelegte Bleifolie. Die Austauscherschicht war von oben und unten mittels Glaswolle abgedichtet. Die Lösung wurde von unten eingeleitet und mittels einer Seitenröhre oberhalb der Austauscherschicht abgeführt.

In einem Versuch haben wir z. B. 47 l Abfallösung verarbeitet, welche 3,07 g Au/l enthielt. In der beschriebenen Versuchsanordnung hatten wir die Glasröhre mit einem stark basischen Styrol-Anionenaustauscher S-8-TM in OH^--Form (160 ml) gefüllt und die Durchflußgeschwindigkeit auf 500 ml/Stunde eingestellt. Die Spannung war 4 V, die Stromstärke schwankte zwischen 1,5 - 4 A. Die aus dem Elektrolyseur abfließende Lösung wurde durch eine Sicherheitskolonne geführt, welche mit 70 ml desselben Anionenaustauschers gefüllt war. Nach dem Durchfließen des gesamten Lösungsvolumens wurden beide Austauscherschichten mit destilliertem Wasser gespült. Durch Verarbeitung der Bleielektrode und durch Verbrennen des Anionenaustauschers wurden 99,84 % des Goldes der gesamten Abfallösungsmenge gewonnen. Unter diesen Bedingungen trat ein Durchbruch des Goldes hinter der Sicherheitskolonne nicht ein. Aus den angegebenen Zahlenwerten ist ersichtlich, daß einem ml des Ionenaustauschers 635 mg Au entsprechen. Dieser Wert ist etwa zehnmal größer als der gesamten Austauschkapazität entspricht, mit welcher bei dem einfachen Anionenaustauschverfahren zu rechnen ist.

Die Ergebnisse der bisherigen Forschungsarbeiten berechtigen zur Schlußfolgerung, daß die neue Methode gute Voraussetzungen für die betriebstechnische Ausnutzung mit sich bringt.

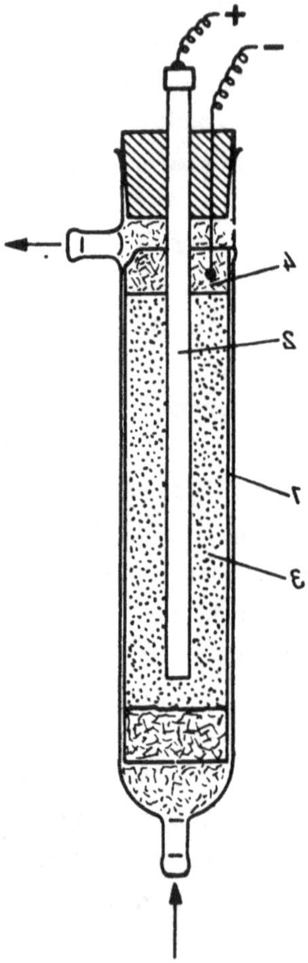

Abb. 1

Über die Platin-Iridiumtrennung durch Ionenaustausch und ihre Grenzen bei Verwendung von Wofatit KPS 200

von H. Große-Ruyken und J. Bosholm

Institut für Anwendung radioaktiver Isotope, Abteilung chemische Kerntechnik, Technische Hochschule Dresden

Zweck der Untersuchung

Bei der Herstellung von radiochemisch reinem Gold benötigten wir zur Abtrennung von Iridiumspuren einen Platin-Rückhalteträger, dessen Iridiumgehalt kleiner als 10^{-4} % sein mußte. Da der Iridiumgehalt des handelsüblichen Platins aber durchschnittlich mehr als 10^{-2} % beträgt, wurden Versuche angestellt, um durch Ionenaustausch Platin mit einem ausreichend niedrigen Iridiumgehalt zu gewinnen.

Grundlagen der Trennung

Die Trennung von Platin und Iridium durch Ionenaustausch ist bereits mehrfach beschrieben worden. Dabei wurden sowohl Anionite als auch Kationite benutzt. Jedoch waren bei allen bisher beschriebenen Untersuchungen die Mengen der beiden zu trennenden Platinmetalle sehr ähnlich.

Bei Anwendung von Anionenaustauschern (1 - 3) beruht die Trennung auf dem unterschiedlichen Verhalten von Pt(IV) und Ir(III) in salzsaurer Lösung. Während einerseits der sehr stabile und gut haftende $PtCl_6^{2-}$-Komplex gebildet wird, bildet Ir(III) keinen gut adsorbierbaren anionischen Chlorokomplex und läßt sich darum durch Chloridionen (Salzsäure) verdrängen. Die Reduktion von Ir(IV) zu Ir(III) ist unter Bedingungen durchführbar, bei denen Pt(IV) noch nicht reduziert wird. Sie kann sowohl vor der Beladung als auch bei der Elution erfolgen. Als Reduktionsmittel werden Hydroxylamin, Oxalsäure oder Fe(II)-Lösungen benutzt. Das Pt(IV) haftet sehr fest am Austauscher; es läßt sich aber z. B. durch 50 %ige Perchlorsäure eluieren.

Die Trennung der beiden Elemente durch Kationenaustausch (4) beruht darauf, daß nach Abrauchen der Chlorokomplexe mit Perchlorsäure das Pt(IV) nicht adsorbiert wird, während das Ir(IV) am Kationit haftet und z. B. durch Salzsäure eluiert werden kann.

Die Tabelle 1 gibt eine Übersicht über die bisher durchgeführten Pt-Ir-Trennungen mittels Ionenaustausch unter Hinweis auf das in der Analysenprobe vorliegende Pt : Ir Verhältnis.

Ergebnisse der Pt-Ir Trennung durch Anionenaustausch

Da das von uns benutzte Ausgangsplatin einen Iridiumgehalt von $3 \cdot 10^{-2}$ % hatte, wurden zwei Modellversuche durchgeführt, um festzustellen, ob die Pt-Ir Trennung unter diesen Voraussetzungen genauso effektiv ist wie bei einem 1 : 1 Verhältnis.

Hierzu wurde die $PtCl_6^{2-}$-Lösung (10 mg Pt) mit ^{192}Ir indiziert und durch Erwärmen mit einer 0,1 %igen $NH_2OH.HCl$-Lösung (0,025 bzw. 0,1 ml) das Iridium zu Ir(III) reduziert. Bei der Beladung der mit Wofatit SB (Cl^--Form) gefüllten Säule bildet das Pt ein ca. 5 mm breites Band. Die Elution erfolgt mit 9n HCl (1,5 Tropfen/min,3 0,5 ml/ cm^2 . min).

Die Geschwindigkeit der Ir-Elution ergibt sich aus Abb. 1. Die Pt-Zone war bei Einsatz von 10 mg Pt nach einem Elutionsvolumen von 100 Tropfen 2 cm breit. Sie löste sich nach einem Elutionsvolumen von 140 Tropfen vom oberen Säulenrand mit einer Breite von ca. 2,5 cm. Da die Trennsäule eine Länge von 10 cm besaß und zu diesem Zeitpunkt der Ir-Gehalt nur noch 0,2 % des Ausgangsgehaltes betrug, verlief dieser Versuch befriedigend.

Ein gleich gutes Ergebnis wurde bei Benutzung von 100 mg Pt und einer etwas größeren Säule erhalten (Abb. 1).

Bei diesem Versuch war die Pt-Zone nach einem Elutionsvolumen von 30 ml ca. 3 cm breit und befand sich noch in der oberen Säulenhälfte, obwohl bereits eine Abreicherung an Ir um den Faktor 7 . 10^2 stattgefunden hatte. Die anschließende Elution des Pt geschah mit 50 %iger Perchlorsäure (30 ml für 100 mg Pt).

Anschließend wurde eine Pt-Probe ohne Zugabe von ^{192}Ir durch Anionenaustausch gereinigt und dann der verbliebene Restgehalt an Ir aktivierungsanalytisch bestimmt. (Die aktivierungsanalytische Ir-Bestimmung wird an anderer Stelle beschrieben). Er betrug 3,7 . 10^{-5} %, so daß eine Ir-Abreicherung um den Faktor 10^3 erfolgt war.

<u>Arbeitsbedingungen:</u> 200 mg Pt wurden in 5 ml Königswasser gelöst, die HNO_3 durch mehrfaches Abrauchen mit HCl vertrieben, der Rückstand in 20 ml 3n HCl aufgenommen und nach Reduktion des Ir durch Erwärmen mit 0,2 ml 0,1 %iger $NH_2OH.HCl$-Lösung eine 1 x 10 cm Säule beladen. Die Ir-Elution erfolgte mit 50 ml 9n HCl. Nach Waschen der Trennsäule mit 10 ml Wasser wurde das Pt mit 35 ml 50 %iger $HClO_4$ eluiert und nach Abrauchen der $HClO_4$ in Salzsäure gelöst aufbewahrt.

<u>Ergebnisse der Pt-Ir Trennung durch Kationenaustausch</u>

Der Kationenaustausch sollte zur Abtrennung von Ir-Spuren von Pt erwartungsgemäß vorteilhafter sein als der Anionenaustausch, da das Pt bei der Beladung in der Lösung bleibt und außerdem für die Adsorption der Ir-Spuren nur ein kleines Säulenvolumen benötigt wird. Es ergab sich jedoch, daß bei einem Beladungsversuch einer kleinen Säule (0,5 x 2,0 cm) mit 10^{-3} mg Ir in Gegenwart von 5 mg Pt aus perchlorsaurer Lösung 50 % des Ir nicht adsorbiert wurde. Darum wurden nun Modellversuche durchgeführt, um festzustellen, ob eventuell vorhandene Sulfatspuren oder die reduzierende Wirkung des Harzes die Ir-Adsorption stören, und ob die Ir-Adsorption von der Ir-Konzentration in der Lösung und dem Pt : Ir Verhältnis abhängt.

Ir-Adsorption aus sulfathaltiger Lösung: Wie aus Abb. 2 hervorgeht, haben größere Sulfatkonzentrationen einen beträchtlichen Einfluß auf die Ir-Adsorption. Kleine Sulfatmengen, wie sie z. B. durch Verunreinigung der benutzten $HClO_4$ oder HNO_3 eingeschleppt werden können (ca. 10^{-7} Mol), beeinflussen die Ir-Adsorption unter den Bedingungen des Modellversuchs jedoch nicht sehr stark und verhindern die Adsorption bei Vorliegen von 10^{-6} g Ir zu maximal 10 %. Da aber auch bei Benutzung einer unter vermindertem Druck über eine Kolonne destillierten $HClO_4$ nur eine 50 %ige Ir-Adsorption erfolgte, mußte diese Erscheinung andere Ursachen haben.

Abhängigkeit der Ir-Adsorption von der Ir-Konzentration: Wie Abb. 3 zeigt, nimmt die nicht adsorbierte Ir-Menge mit abnehmender Ir-Konzentration zu, wenn jeweils gleiche Volumina benutzt werden. Dies kann durch den Ablauf von Konkurrenzreaktionen mit Spuren von Komplexbildnern (z. B. Sulfat), die neutrale oder negativ geladene Teilchen erzeugen, bedingt sein.

Auch das Verhalten einer konstanten Ir-Menge in verschieden großen Lösungsvolumina gegenüber dem Austauscher, wobei die adsorbierte Ir-Menge gleich bleibt (Abb. 3), steht nicht im Widerspruch zur Annahme einer konkurrierenden Komplexbildung mit Spurenverunreinigungen.

Da auch damit gerechnet werden mußte, daß das Austauschharz durch Ir(IV) oxydierbar war, wurde dieses in weiteren Versuchen mit starken Oxydationsmitteln wie MnO_4^-, CrO_4^{--}, Ce(IV) und Cl_2 vorbehandelt. Es ergab sich jedoch in keinem Fall eine wesentlich bessere Adsorbierbarkeit für das Ir im Pt-Ir-Gemisch.

Ir-Adsorption in Gegenwart von Pt: Da die Pt-Ir-Trennung bei annähernd gleichen Mengenverhältnissen zuverlässig sein soll, und wir ebenfalls recht günstige Verteilungskoeffizienten fanden ($D_{Pt} = 5$; $D_{Ir} = 3 \cdot 10^3$), wurden Beladungsversuche bei verschiedenen Pt : Ir Verhältnissen durchgeführt. Dabei ergab sich z. B. bei einem Verhältnis von 10^2 eine 98 %ige Ir-Adsorption. Die Abhängigkeit der nicht adsorbierten Ir-Menge vom Pt : Ir Verhältnis ergibt sich aus Abb. 4. Man erkennt gut, daß mit zunehmendem Pt : Ir Verhältnis die Ir-Adsorption immer unvollständiger wird. Die Ursache für dieses Verhalten kann durch Wechselwirkung von Pt und Ir in der Lösung (z. B. gemischte Polymere?) bedingt sein.

Andererseits wird aber auch ein Teil des Pt am Wofatit KPS 200 adsorbiert (z. B. ca. 10 % bei Einsatz einer dem Harz äquivalenten Pt-Menge). Wenn nun eine größere Pt-Menge mit einem Gehalt von 1 % Ir über den Austauscher gegeben wird, nimmt die Ir-Adsorption immer mehr ab, so daß auch durch diesen Verdrängungseffekt die Ir-Adsorption und damit die Pt-Ir Trennung gestört wird und besonders bei extremen Mengenverhältnissen nicht mehr möglich ist.

Zusammenfassung

Während die Trennung von Pt und Ir durch Anionenaustausch auch bei extremen Mengenverhältnissen von Pt : Ir reibungslos verläuft, treten bei der Trennung durch Kationenaustausch Komplikationen ein, die es nur erlauben, ähnliche Mengenverhältnisse von Pt und Ir voneinander zu trennen.

Literatur

1. S. S. Berman, W. A. E. McBryde; Canad. J. Chem. 36 (1958), 835.
2. D. D. Busch, J. M. Prospero, R. A. Naumann; Analyt. Chem. 31 (1959), 884.
3. E. Blasius, U. Wachtel; Z. analyt. Chem. 142 (1954), 341.
4. P. C. Stevenson, A. A. Franke, R. Borg, W. Nervik; UCRL 2329 (1953); J. Amer. chem. soc. 75 (1953), 4876; USP 2714555 (1955).

Tabelle 1

Pt-Ir-Trennung durch Ionenaustausch

Austauscher	Beladung	Elution	Menge	Pt/Ir	Autor
Anionit	$Ir(III)Cl_a ox_b^{3-(a+b)}$ $Pt(IV)Cl_6^{2-}$	1nNaOH 2,5nHNO_3	10-100 mg	<6	Blasius Wachtel (1954)
	$IrCl_a^{3-a}$ $PtCl_6^{2-}$	2nHCl 2,4n$HClO_4$	0,5 mg	1	Berman McBryde (1958)
	$IrCl_a^{3-a}$ $PtCl_6^{2-}$	9nHCl 50 % $HClO_4$	10 mg	1	Busch Prospere Naumann (1959)
	↓	↓	10^{-2}-10^{-3} mg 10-200 mg	3.10^3	Gr-Bo
Kationit	$Pt(ClO_4)_a^{4-a}$ Ir(IV)	H_2O 4nHCl	10 mg	1	Stevenson Franke (1955)
	↓	H_2O 9nHCl	5-10 mg	3.10^3-10^2	Gr-Bo

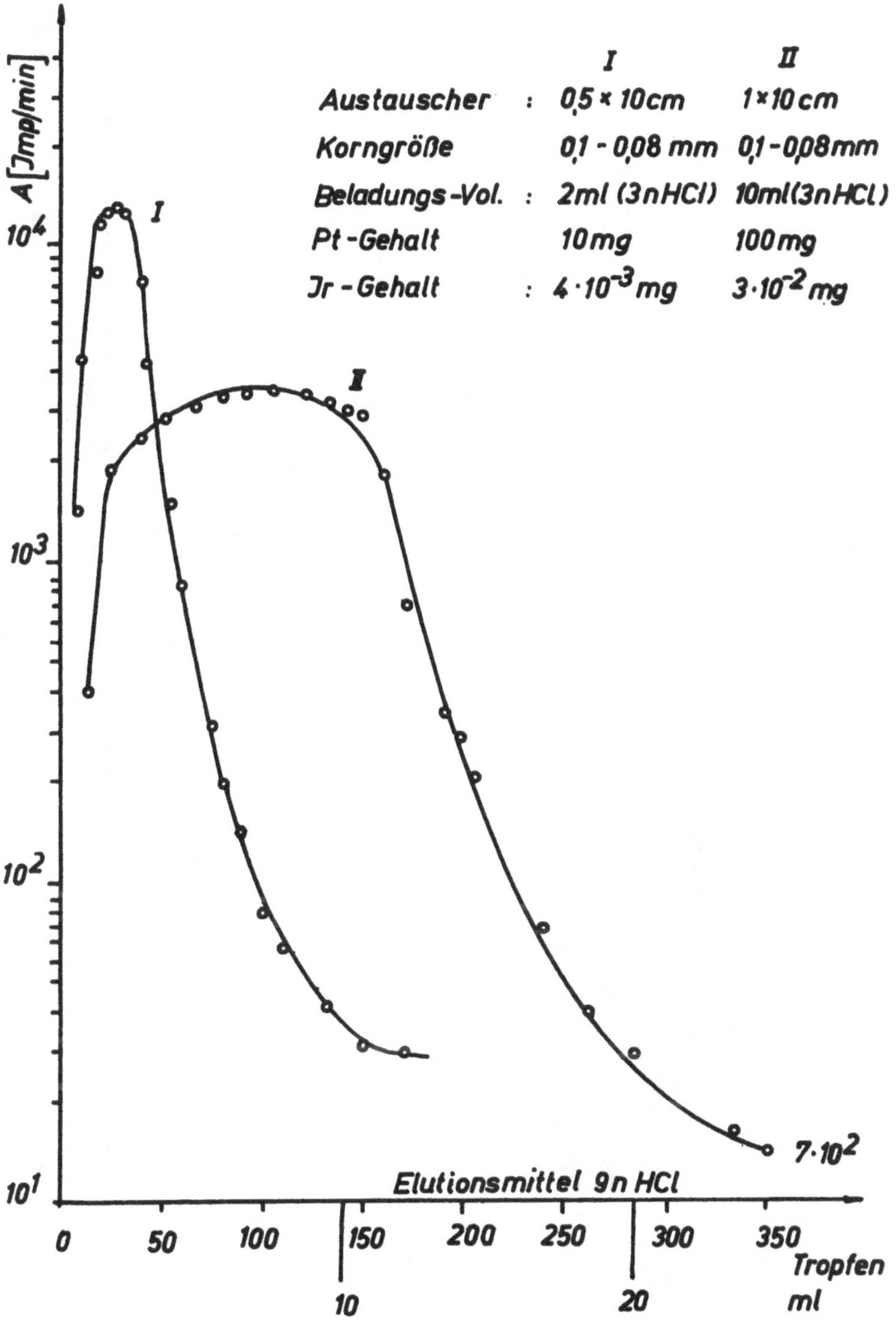

Abb. 1 Ir-Elution durch 9 n HCl (Wofatit BB).

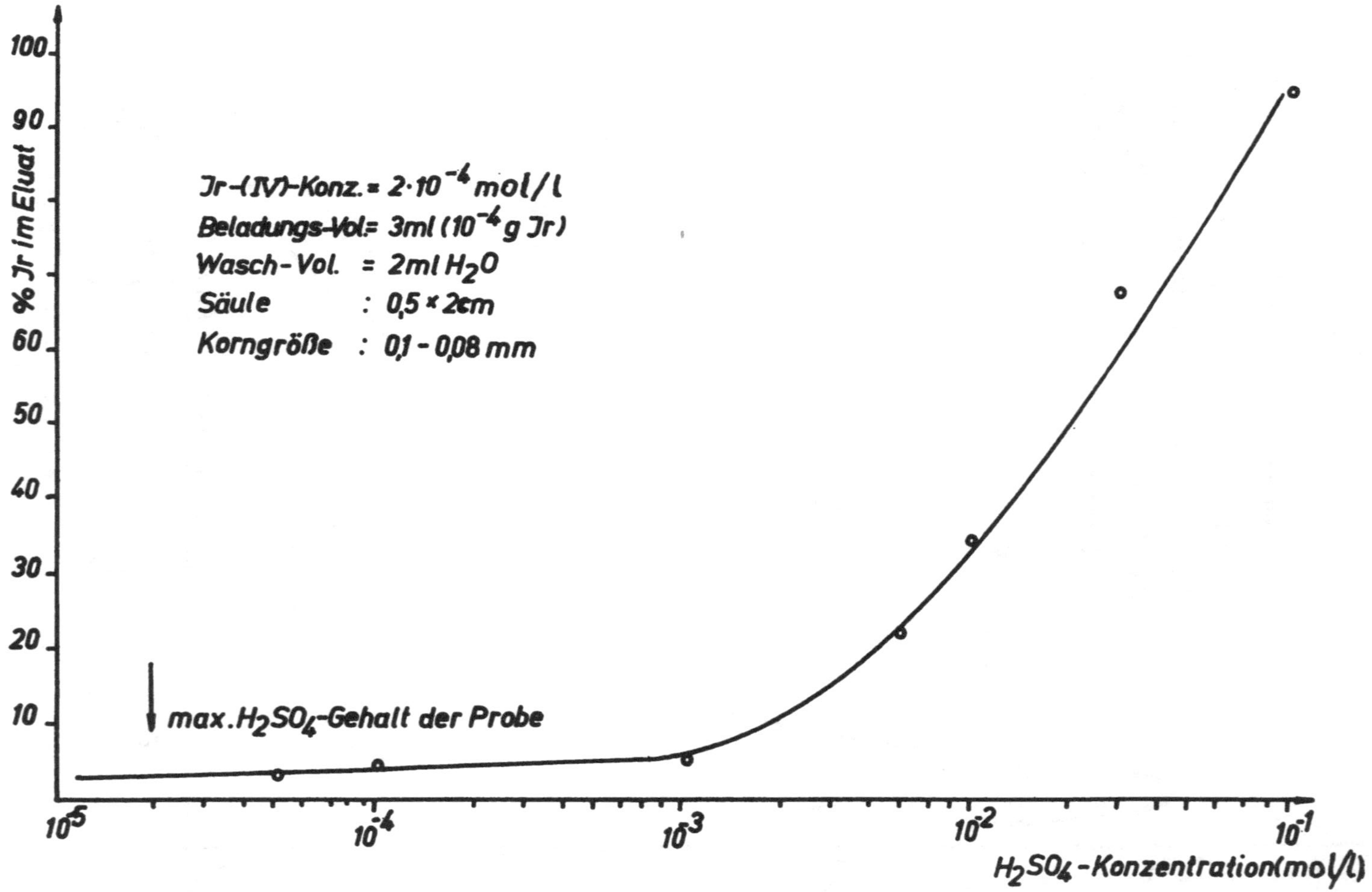

Abb. 2 Ir-Adsorption aus schwefelsaurer Lösung (Wofatit KPS 200).

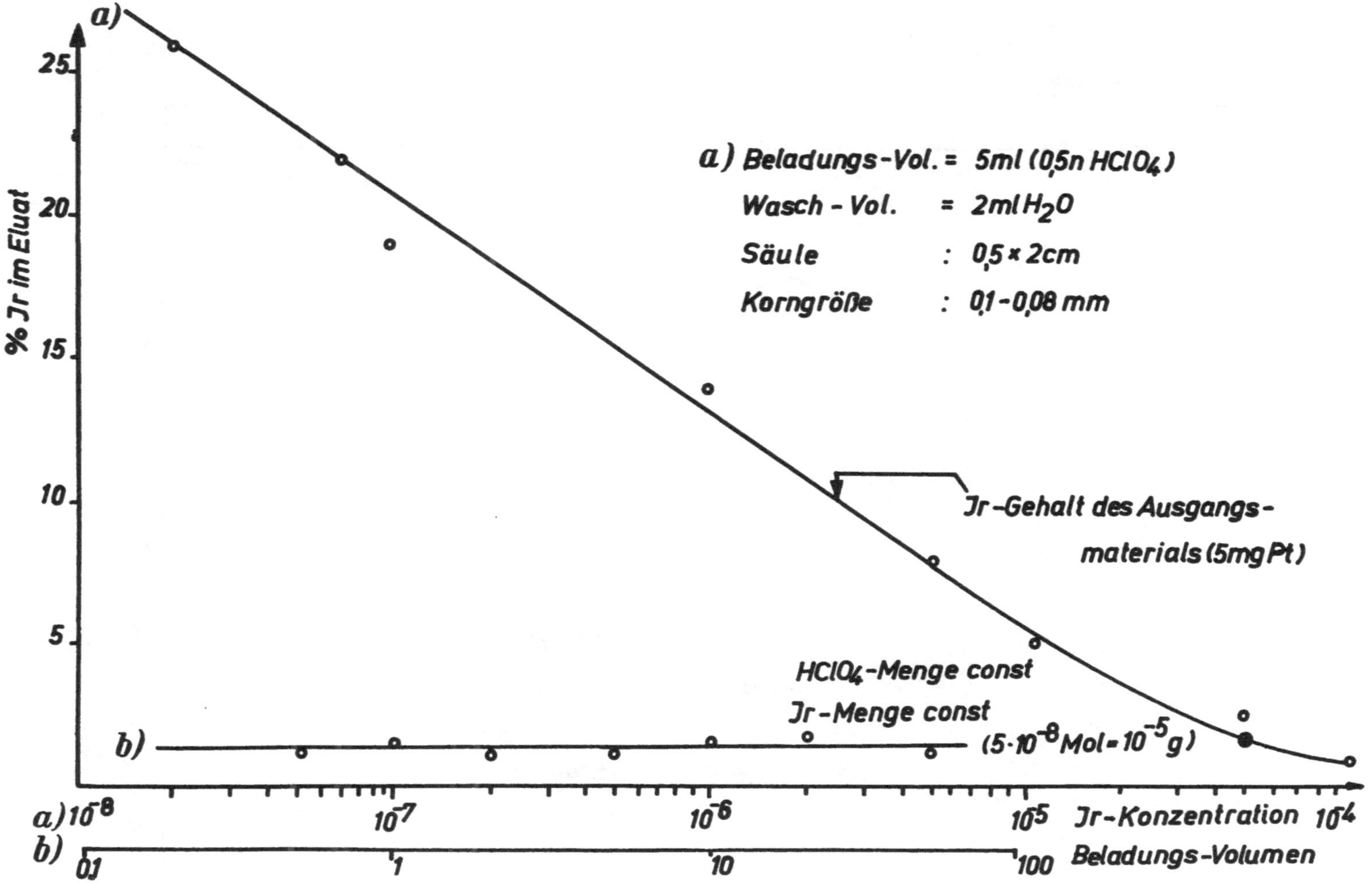

Abb. 3 Ir-Adsorption bei kleinen Ir-Mengen (Wofatit KPS 200)
a)bei gleichem Volumen und unterschiedlicher Konzentration;
b)bei konstanter Ir-Menge in unterschiedlichem Beladungsvolumen.

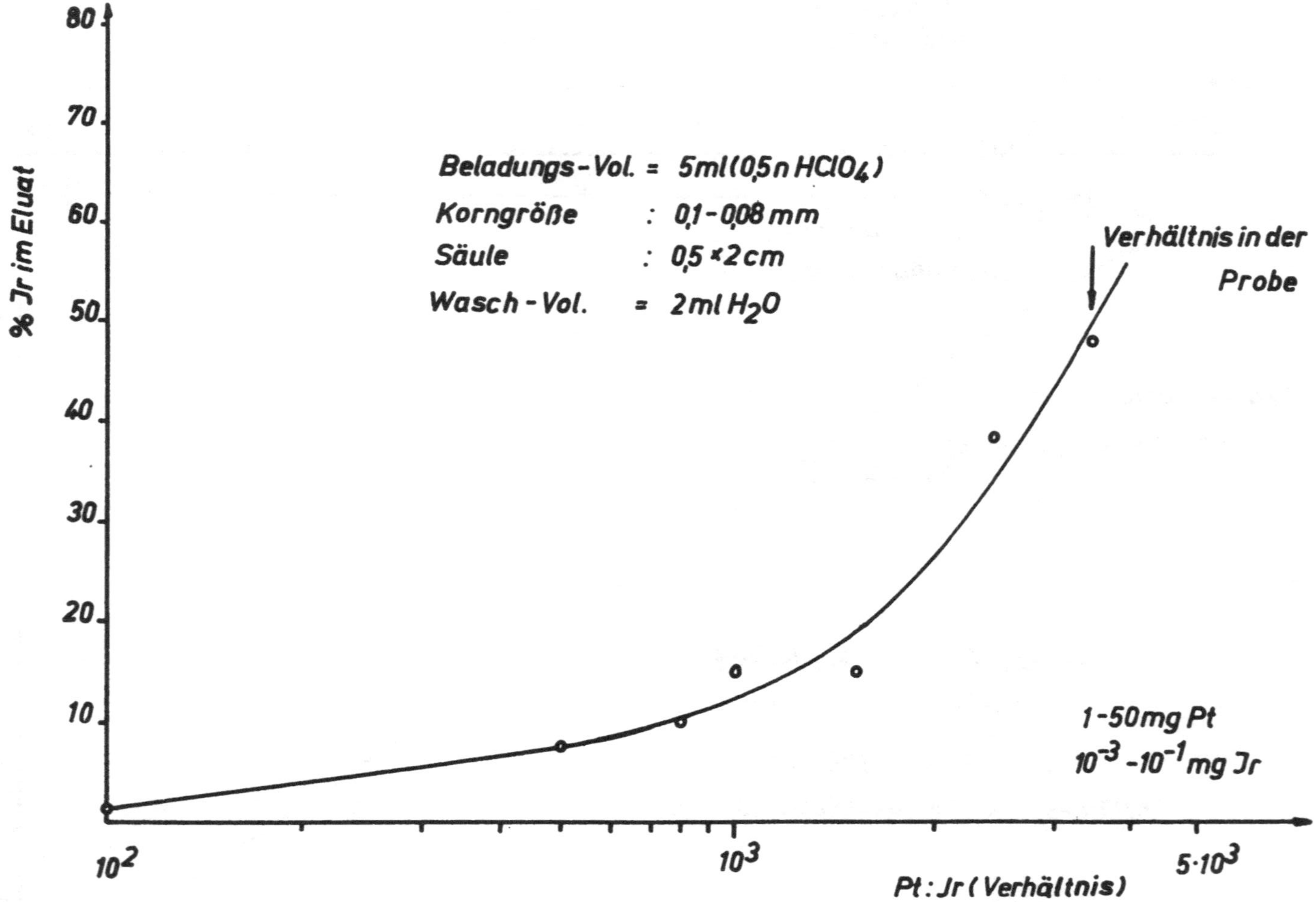

Abb. 4 Ir-Adsorption in Gegenwart von Pt (Wofatit KPS 200).

Gleichgewichtsbetrachtungen zur Natrium-Kalium-Trennung mittels Kationenaustauscher

von R. Geyer und W. Heßler

Institut für analytische Chemie der Technischen Hochschule für Chemie Leuna-Merseburg, Halle/S.

Zur Beschreibung der Ionenaustauschgleichgewichte benutzten wir Terme, die der Massenwirkungsgleichung entlehnt sind. Für den Austauschvorgang zwischen zwei monovalenten Ionen

$$\overline{A}^{+} + B^{+} = A^{+} + \overline{B}^{+}$$

- die überstrichenen Symbole kennzeichnen die Gegenionen in der Harzphase - ist der "korrigierte Gleichgewichtskoeffizient" durch die Beziehung

$$K_{korr} = \frac{c_A \cdot \overline{c}_B \cdot f_A}{\overline{c}_A \cdot c_B \cdot f_B}$$

der "Trennfaktor" durch

$$K_{Tr} = \frac{c_A \cdot \overline{c}_B}{\overline{c}_A \cdot c_B}$$

beschrieben. Zur Bestimmung dieser Gleichgewichtswerte wandten wir die in geringfügiger Weise abgeänderte "Einzelschüttelmethode" ("single batch method") nach Cosgrove und Strickland (1) an.

Wir benutzten zu unseren Austauschversuchen drei verschieden vernetzte Austauscherharze vom Typ Wofatit KPS 200. Die Austauscher enthielten 4, 8 und 16 % DVB als Vernetzungsmittel. Die Ionenaustauscher wurden durch die

Ermittlung ihrer Austauschkapazitäten, der Quellgewichte und der spezifischen Volumina charakterisiert.

Zunächst wurde der Einfluß des Vernetzungsgrades eines Ionenaustauschers auf Austauschgleichgewichte untersucht. Sowohl beim Natrium-Wasserstoff- als auch beim Kalium-Wasserstoff-Austausch stellten wir fest, daß bei gleicher Außenlösungskonzentration die Trennfaktoren und korrigierten Gleichgewichtskoeffizienten um so höhere Werte besaßen, je weitgehender die Ionenaustauscher vernetzt waren. Dabei war der Einfluß des Vernetzungsgrades auf den Kalium-Wasserstoff-Austausch stärker als auf den Natrium-Wasserstoff-Austausch. Beim Auftragen der Trennfaktoren von Schüttelversuchen in 0,02 N Außenlösung gegen die Äquivalentanteile der Alkaliionen in der Harzphase bemerkten wir, daß mit steigender Vernetzung die Trennfaktoren vom Kalium-Wasserstoff-Austausch mit wachsendem Beladungsgrad schneller abfielen als beim Natrium-Wasserstoff-Austausch.

Wir untersuchten auch den Einfluß der Außenlösungskonzentration auf die Ionenaustauschgleichgewichte und fanden dabei im Einklang mit der Theorie von Gregor (2), daß mit steigender Außenlösungskonzentration die Werte der Trennfaktoren und korrigierten Gleichgewichtskoeffizienten abnahmen. Die Veränderung der Außenlösungskonzentration wirkte sich auf Trennfaktoren und korrigierte Gleichgewichtskoeffizienten des Kalium-Wasserstoff-Austausches wiederum stärker aus als auf die Gleichgewichtswerte des Natrium-Wasserstoff-Austausches. In 0,02 N Außenlösung sanken die Trennfaktoren vom Natrium-Wasserstoff- und vom Kalium-Wasserstoff-Austauschsystem mit zunehmendem Beladungsgrad des Austauschers ab. Der Abfall wurde aber flacher, sobald die Konzentration der Außenlösung erhöht wurde. Es konnte sogar eine schwache Zunahme des Trennfaktors zum Vorschein kommen, wie z. B. beim Natrium-Wasserstoff-Austausch am Wofatit KPS 200 X4.

Mit unseren Schüttelversuchen konnten wir die Ergebnisse von Jangg (3) nicht bestätigen, der mitgeteilt hat, daß die "Gleichgewichtskonstante" - sie entspricht unserem "korrigierten Gleichgewichtskoeffizienten" - generell vom Beladungszustand des Ionenaustauschers unabhängig sei. Seinen Angaben ist allerdings nicht zu entnehmen, welchen Vernetzungsgrad der von ihm verwendete Ionenaustauscher besaß und welche weiteren Austauschreaktionen außer dem Natrium-Wasserstoff-Austausch untersucht wurden. Unsere Ergebnisse ergaben jedenfalls eindeutig, daß der "korrigierte Gleichgewichtskoeffizient" keineswegs eine vom Beladungszustand unabhängige Größe zu sein braucht.

Aus den "Trennfaktoren" unserer Gleichgewichtsversuche berechneten wir nach der Theorie von Glueckauf (4) die Positionen der Elutionsbandenmaxima der beiden Alkaliionen für elutionschromatographische Vorgänge. Die für bestimmte Säulendimensionen berechneten Daten verglichen wir mit den Ergebnissen von Trennversuchen an Austauschtrennsäulen der gleichen Dimensionen. Als Elutionsmittel diente verdünnte Salzsäure in verschiedenen Konzentrationen.

Unter der Voraussetzung, daß die Austauschkapazitäten der Trennsäulen nur im geringen Maße mit den zu trennenden Alkaliionen ausgelastet waren, lagen berechnete und gefundene Bandenmaxima dicht beieinander. Aus unseren Gleichgewichtsversuchen ging hervor, daß mit der Erhöhung des Vernetzungsgrades eines Ionenaustauschers bei gleicher Außenlösungskonzentration die Selektivität für Kaliumionen schneller zunahm als für Natriumionen. Die damit verbundene bessere Trennbarkeit der Natriumionen von den Kaliumionen zeigte sich, als wir die Austauschsäulen im gleichen Ausmaße mit den beiden Alkaliionen belegten, sodann mit 0,1 N oder 0,2 N Salzsäure eluierten und die Ergebnisse miteinander verglichen. Während an einer Trennsäule mit Wofatit KPS 200 X16 bei etwa 8 %iger Beladung eine völlige Aufspaltung des Natrium-Kalium-Gemisches erfolgte, wurden vom Wofatit KPS 200 X4 unter den gleichen Versuchsbedingungen die Alkaliionen gemeinsam eluiert. Wenn wir die

Beladungen der Trennsäulen erhöhten, so verschlechterte sich jedesmal der Trenneffekt.

Unsere Versuchsergebnisse zeigten weiterhin, daß mit der Erhöhung der Kaliumkonzentration in den Trennsäulen die Natriumionen eher als berechnet aus den Austauschersäulen austreten. Nicht nur die Positionen der Natriumionenbanden wurden verschoben, sondern es änderten sich auch die Formen der Banden. Unter diesen Umständen war keine Berechnung der Elutionsbedingungen für Natriumionen möglich. Im Gegensatz zur Elution der Natriumionen werden die Kaliumionen durch die Natriumionen bei der Elution nicht beeinflußt. Dieser Effekt trat nicht allein bei der Elution der Alkaliionen auf, wir beobachteten ihn auch bei der Elution von zweiwertigen Metallionen.

Ein ausführlicher Bericht über unsere Gleichgewichtsbetrachtungen zur Natrium-Kalium-Trennung mittels Kationenaustauscher erscheint in der Zeitschrift für analytische Chemie.

Literatur

1. I. D. Cosgrove u. I. D. H. Strickland, J. Chem. Soc. (London), 1950, 1845.
2. H. P. Gregor, J. Amer. chem. Soc. 70 (1948), 1293; H. P. Gregor, ebenda, 73 (1951), 642; H. P. Gregor, M. Frederick, Ann. N. Y. Acad. Sci. 57 (1953), 87; H. P. Gregor u. J. I. Bregman, J. Colloid Sci. 6 (1951), 323.
3. G. Jangg, Österr. Chemiker-Ztg. 58 (1957), 40.
4. E. Glueckauf, "Ion-Exchange and its applications", Soc. Chem. Ind. (London), 1955.

Die Verwendung des Ionen-Verzögerer-Verfahrens zur Trennung von Glycerol und Natriumchlorid in wässriger Lösung

von A. Kopecký und F. Juračka

Forschungsinstitut für synthetische Harze und Lacke, Pardubice, ČSSR

In unserem Beitrag möchten wir gewisse praktische Erkenntnisse über die Benutzung des Ionen-Verzögerer-Verfahrens (Ion-Retardationsverfahren) zur Trennung von Glycerol und Natriumchlorid in wässriger Lösung erwähnen.

Das für diese Arbeit verwendete Harz wurde laut der von Hatch, Dillon und Smith (1) beschriebenen Methode durch Polymerisation der Acrylsäure in stark basischem Styrol-Anionenaustauscher mit quartärer Ammoniumgruppe dargestellt. Demgemäß ist die Zusammensetzung des Harzes schematisch wie folgt:

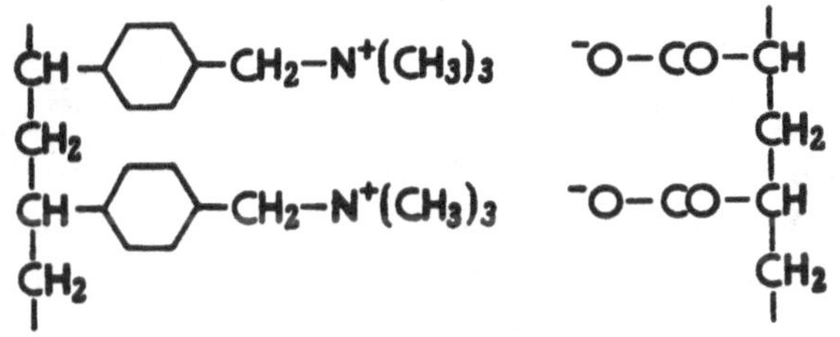

Als Ausgangs-Anionenaustauscher für die Präparation des Retardationsharzes wurde der durch Chlormethylierung des Copolymeren von Styrol mit 8 % Divinylbenzol und nachfolgende Aminierung mit Trimethylamin dargestellte Anionenaustauscher verwendet. Der derart dargestellte Anionenaustauscher wies einen Stickstoffgehalt von 4,57 Gewichtsprozent, ferner 42 % Feuchtigkeit im voll aufgequollenen Zustand und eine Austauschkapazität von 1,07 mäq/ml auf. Der Durchschnitt der Teilchengröße betrug 0,2 - 0,5 mm.

210 ml Anionenaustauscher wurden unter Kühlung mit 600 ml 2n Natronlauge übergossen und zu dem Gemisch unter ständigem Rühren und Kühlen 40 ml reine, rektifizierte Acrylsäure zugegeben. Das Gemisch wurde hierauf 12 Stunden lang stehen gelassen. Dann wurden zum Gemisch 0,5 g Kaliumpersulfat und nach 5stündigem Rühren 0,5 g Natriumsulfit zugegeben, das Gemisch durchgerührt und 24 Stunden lang der Temperatur von 18° C ausgesetzt. Die viskose Suspension wurde zum Schluß auf dem Wasserbad 3 Stunden lang auf 80° C erwärmt und nach erfolgtem Abkühlen in 5 l destilliertes Wasser gegossen. Nach Auflösen des Außenpolymeren wurden die Polymerperlen abfiltriert und 5 Stunden lang mit 500 ml 2n-Natronlauge auf 40° C erwärmt. Zum Schluß wurde das Harz in einer Kolonne mit deionisiertem Wasser bis zum Verlust der alkalischen Reaktion des Eluates durchgespült.

Insgesamt wurden 225 ml Harz gewonnen.

Das Verhältnis der beiden Funktionsgruppen wurde wie folgt festgestellt:

1. Das mit deionisiertem Wasser durchgespülte Harz wurde mit 0,2 n NaCl-Lösung gewaschen. Das Eluat war neutral; freie basische Ammoniumgruppen waren daher nicht anwesend.
2. 0,2 n $CaCl_2$-Lösung floß das Harz durch; später wurde es mit deionisiertem Wasser vollkommen durchgewaschen. Das Calcium wurde nach erfolgtem Abspülen mit 0,2 n Salzsäure im Eluat auf chelatometrischem Wege mit Äthylendiamintetraessigsäure bestimmt.

Das Verhältnis der aktiven Gruppen wurde wie folgt gefunden: 1,07 mäq/ml quartäre Ammoniumgruppen und 1,08 mäq/ml Carboxylgruppen.

Die Trennungen wurden in einer Glaskolonne mit einem inneren Durchmesser von 16 mm teils bei einer Temperatur von 23 - 25° C, teils bei 70° C durchgeführt; zu diesem Zweck wurde die Kolonne mit einem Heißwassermantel versehen. Das Volumen des Retardationsharzes betrug 100 bis 110 ml. Die Durchflußgeschwindigkeit betrug 5 ml/min.

Die aufgegebene Lösung wurde mit destilliertem Wasser verdrängt. Das Filtrat wurde in Anteilen zu 10 ml aufgefangen. In den Eluatfraktionen wurde Natriumchlorid durch Titration nach Mohr und Glycerol refraktometrisch bestimmt.

Unter diesen Bedingungen wurde der Einfluß der relativen Menge der zu trennenden Lösung (im weiteren Eingabe genannt), der Temperatur und der Konzentration von einzelnen Bestandteilen auf den Verlauf der Trennung untersucht. Unter einigermaßen abgeänderten Bedingungen, und zwar mit einer Kolonne von 23 mm Durchmesser und bei einer Durchflußgeschwindigkeit von 10 ml/min, wurde der Einfluß der Durchflußgeschwindigkeit und der geometrischen Eigenschaften der Harzschicht untersucht.

Des Zeitmangels wegen beschränken wir uns darauf, die Ergebnisse der Versuche wiederzugeben.

Der Grad der Verteilung von Glycerol und Natriumchlorid, durch den Abstand der Höhepunkte ihrer Elutionskurven $\Delta V_{em}/V_T$ ausgedrückt, hängt vor allem ab 1. von der relativen Menge der Eingabe, 2. der Temperatur, 3. der spezifischen Belastung (oder der Durchflußgeschwindigkeit) und 4. der Konzentration an ionogenen Bestandteilen.

Die Abhängigkeit des Verteilungsgrades beider Bestandteile von der relativen Aufgabemenge bei zwei verschiedenen Temperaturen zeigt Bild 1. Die Kurven dieses Bildes sind für die Trennung in einer Lösung mit dem Gehalt von ungefähr 10 % Glycerol und 10 % Natriumchlorid unter oben erwähnten Bedingungen gültig. Nach dem Bild liegt der Maximalverteilungsgrad für Zimmertemperatur bei $V_i/V_T =$ $= 0{,}2$, für 70° C bei $V_i/V_T = 0{,}1$. Diese optimalen Trennungsbedingungen zeigen im einzelnen die Kurven im Bild 2.

Das bedeutet, daß zunehmende Temperatur einen ungünstigen Einfluß auf die Trennung hat. Dagegen verbessert sich bei höherer Temperatur die Desorption der zu trennenden Stoffe bei der Elution, vor allem des Natriumchlorids. Die Elutionskurven werden höher, die abfallenden Zweige wesentlich steiler.

Erhöhung der spezifischen Belastung verursacht eine Verschiebung des Höhepunktes der Elutionskurve von Natriumchlorid in der Richtung zur Glycerol-Elutionskurve und damit eine erhebliche Herabsetzung des Verteilungsgrades. Die Folge ist eine Verminderung der Nutzkapazität des Harzes für das Natriumchlorid.

Eine ähnliche Folge hat auch die Erhöhung der Natriumchlorid-Konzentration, d. h. des ionogenen Bestandteils, über eine bestimmte Grenze.

Die geometrischen Eigenschaften der Harzschicht beeinflussen den Verlauf der Trennung relativ wenig. Die Verminderung des Verhältnisses Höhe/Durchmesser der Harzschicht bei unverändertem Volumen verursacht außer einer Herabsetzung des Verteilungsgrades vor allem ein früheres Auftreten beider Bestandteile im Filtrat und - besonders beim nichtionogenen Bestandteil - eine Verlängerung der Elutionskurve und ein Absinken ihres Höhepunktes.

Aus dem Vergleich der Elutionskurven von Glycerol und Natriumchlorid folgt unter Berücksichtigung der Anwesenheit oder Abwesenheit des anderen Bestandteils - deutlich besonders bei erhöhter Temperatur - ein gewisser Konzentrationseinfluß vom ionogenen Bestandteil auf den nichtionogenen Bestandteil: die Elutionskurve des Glycerols ist bei gleichzeitiger Anwesenheit von Natriumchlorid höher und ihr abfallender Zweig ist steiler als im Falle alleiniger Anwesenheit von Glycerol (gleicher Konzentration) in der Lösung.

Wir beschäftigten uns auch mit Möglichkeiten einer praktischen Anwendung von Retardationsverfahren, und zwar zur Entsalzung von raffinierten Unterlaugen. Wir haben einige einfache Trennungen bei zwei Modell-Lösungen durchgeführt, von denen die eine in ihrer Zusammensetzung (4,5 % Glycerol und 15 % NaCl) im ganzen der einer Unterlauge entsprach; die andere (27,2 % Glycerol und 18,3 % NaCl) stellte eine Lösung vor, die man durch Voreindickung der ersten Lösung, d. h. der Unterlauge, gewinnt. Nach unserer Meinung wäre eine so eingedickte Unterlauge in Hinsicht auf ihren Gehalt an Glycerol und Natriumchlorid und im Hinblick auf die einfache Entfernbarkeit von bis zu 78 % des ursprünglich anwesenden Natriumchlorids für den Entsalzungsprozeß mittels des Retardationsverfahrens nebst anschließender Reinigung mit Ionenaustauschern geeigneter als die Original-Unterlauge.

Bild 3 und 4 zeigen den Verlauf der Trennung dieser Lösungen bei Zimmertemperatur und bei 70° C, die in der Praxis in Betracht käme. Aus den Kurven ist ersichtlich, daß der Verteilungsgrad in keinem Falle so günstig ist, daß eine einfache Trennung dieser Art praktischen Nutzen hätte. Eine Wiederholung der Trennung der zu verarbeitenden Lösungsmenge führt zu einer weitgehenden Verdünnung der Glycerol-Fraktion.

Bild 5 zeigt zwei Kurvenpaare; die unterbrochenen Linien stellen die optimale Trennung der Lösung mit 27,2 % Glycerol und 18,3 % Natriumchlorid für ein relatives Aufgabevolumen V_1/V_T = 0,1 dar; die voll ausgezogenen Linien zeigen die Trennung derselben Lösung bei Überlastung, und zwar für das Verhältnis V_1/V_T = 1,1. Der Verlauf dieser Trennung gibt aber keine große Hoffnung zu einer Verbesserung der Trennung durch Filtratrückführung, wie sie von Asher und Simpson (2) oder Prielipp und Keller (3) für Reinigung von Unterlaugen mittels Elektrolyt-Vorlauf-Verfahren benutzt wurde.

Wir werden die Möglichkeiten der technischen Anwendung des Retardationsverfahrens zur Entsalzung der Unterlaugen noch weiter verfolgen; wir können aber schon jetzt sagen, daß das Retardationsverfahren für diese Zwecke bei weitem nicht so günstig ist wie das Elektrolyt-Vorlauf-Verfahren.

Literatur

1. Hatch, M. J., Dillon, J. A., Smith, H. B., Ind. Eng. Chem. 49 (1957), 1812.

2. Asher, D. R., Simpson, D. W., J. Phys. Chem. 60 (1956), 518.
3. Prielipp, G. E., Keller, H. W., J. Am. Oil Chemists' Soc. 33 (1956), 435.

Verzeichnis der in den Bildern benutzten Abkürzungen und Bezeichnungen

C_e - Konzentration des gelösten Bestandteils im Filtrat
C_i - Konzentration des gelösten Bestandteils in der Aufgabelösung (beide in Gewichtsprozenten)
V_e - Volumen des Filtrats (in ml)
V_i - Volumen der Aufgabelösung (in ml)
V_T - Volumen der Harzschicht in der Kolonne (in ml)
V_{em} - Volumen des Filtrats, das aus der Kolonne während der Zeit von der Zugabe bis zum Erreichen der Maximalkonzentration des Bestandteils im Filtrat ausfließt
v - Durchflußgeschwindigkeit
r - Durchmesser der Kolonne.

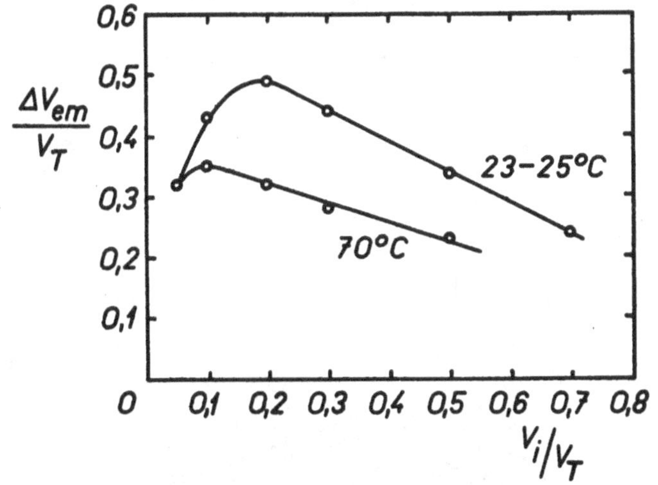

Bild 1 Abhängigkeit des Verteilungsgrades vom relativen Volumen der Aufgabelösung mit 10 % Glycerol und 10 % NaCl. (R = 16 mm, V_T = 100 - 110 ml, v = 5 ml/min).

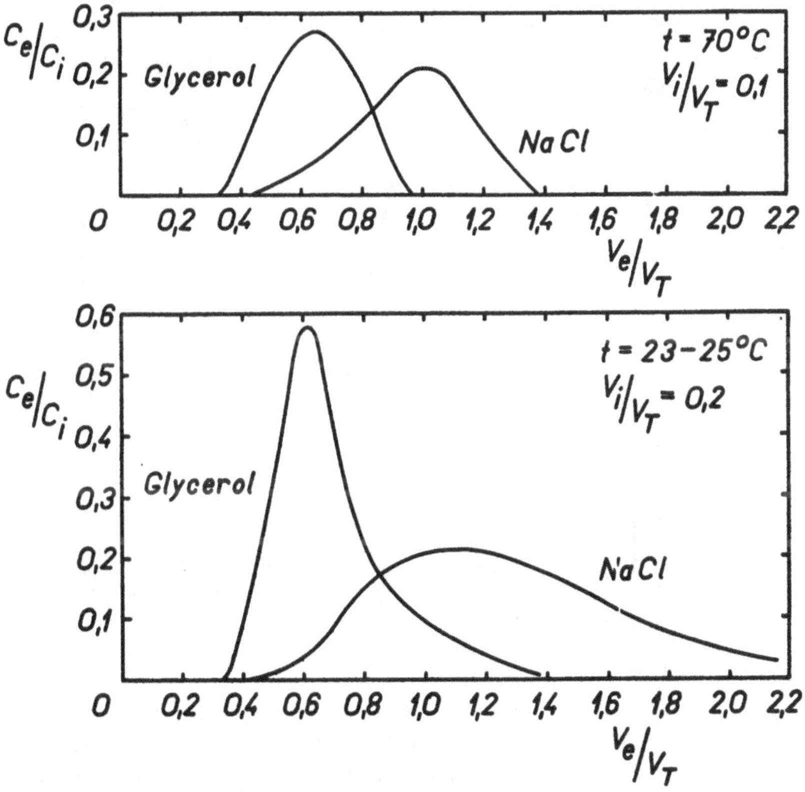

Bild 2 Optimale Trennungen einer Lösung mit 10 % Glycerol und 10 % NaCl bei zwei Temperaturen. (r = 16 mm, V_T = 105 ml, v = 5 ml/min).

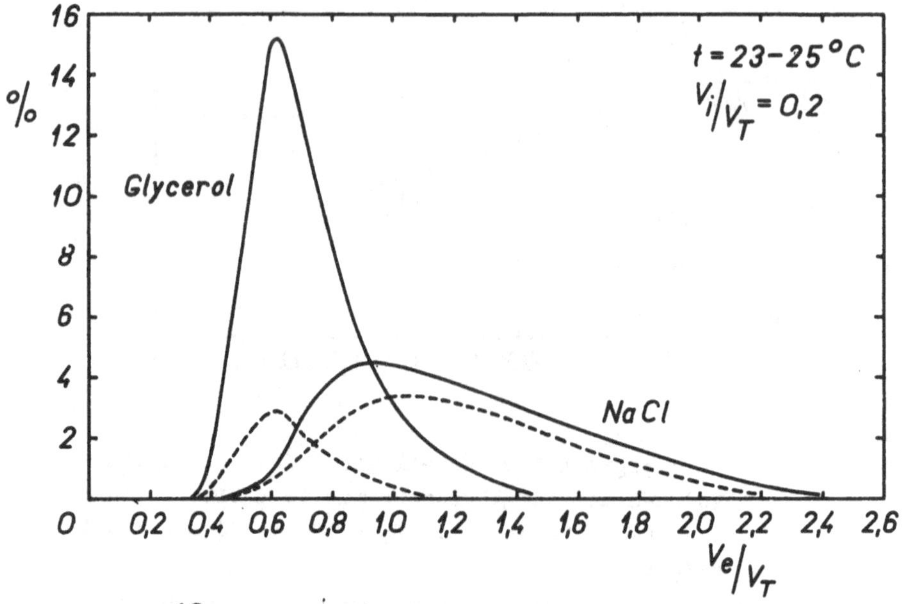

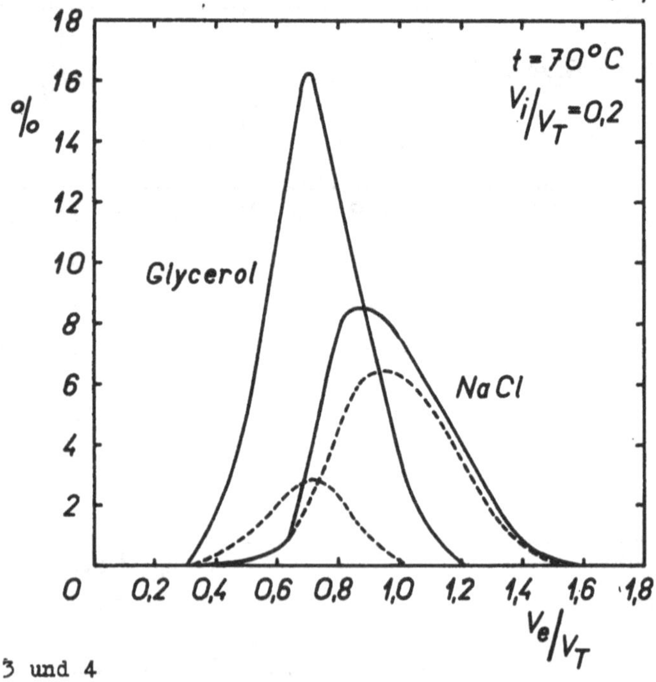

Bild 3 und 4

Trennung einer Lösung mit 4,5 % Glycerol und 15 % NaCl (unterbrochene Linien) und einer Lösung mit 27,2 % Glycerol und 18,3 % NaCl (voll ausgezogene Linien) (r = 16 mm, V_T = 105 ml, v = 5 ml/min).

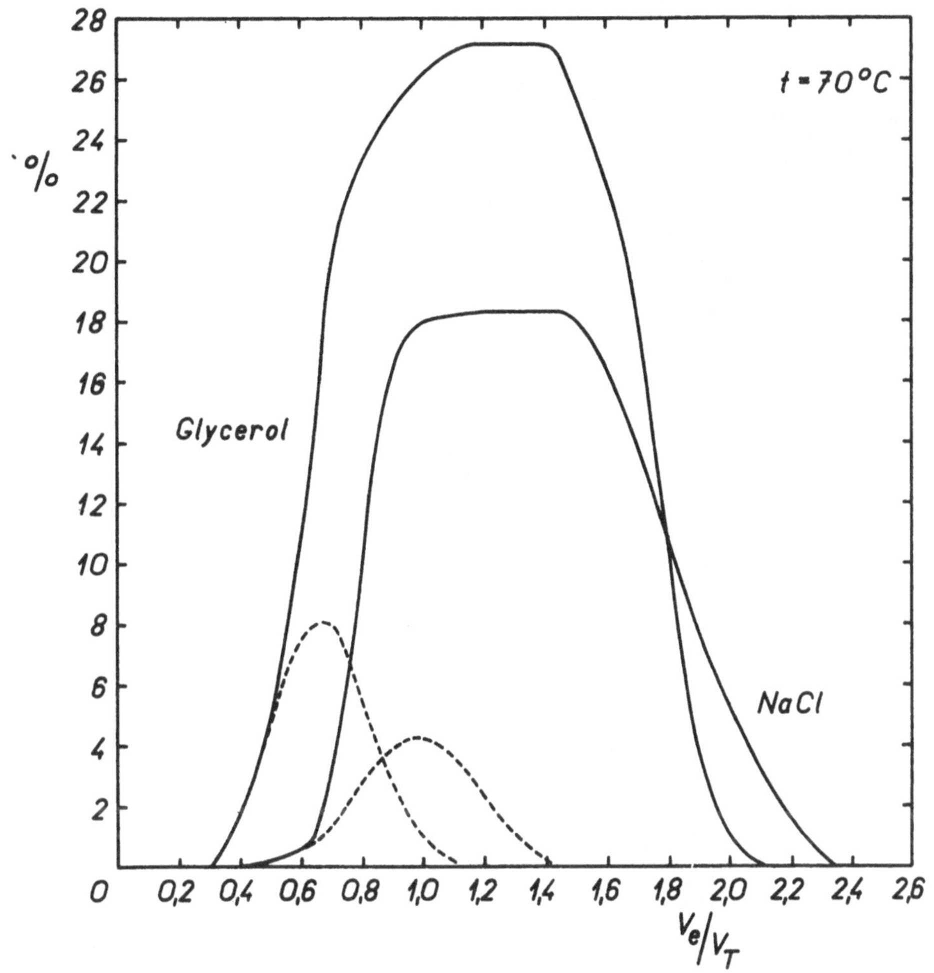

Bild 5 Trennung einer Lösung mit 27,2 % Glycerol und 18,3 % NaCl bei 70° C für V_1/V_T = 0,1 (unterbrochene Linien) und für V_1/V_T = 1,1 (voll ausgezogene Linien) (r = 16 mm, V_T = 110 ml, v = 5 ml/min).

Versuche an Austauschern mit optisch aktiven Gruppierungen

von Dietrich Braun+)

Deutsches Kunststoff-Institut, Darmstadt

Zu den anomalen Reaktionen an Austausch-Adsorbentien gehören auch solche, bei denen optisch aktive Substanzen nicht nur auf Grund ihrer chemischen Natur mitwirken, sondern bei denen zusätzlich ein Effekt der Komponenten merklich wird, der durch die sterische Konfiguration verursacht ist. Das würde bedeuten, daß sich in einem racemischen Gemisch die beiden Antipoden hinsichtlich ihres Adsorptionsverhaltens unterscheiden. Sofern dies tatsächlich der Fall ist, müßte es im Prinzip möglich sein, Racemate an geeigneten Austauschern in die Komponenten zu spalten.

Das Ziel wäre also letztlich, solche Adsorbentien zu finden, die optische Antipoden selektiv adsorbieren. Im Idealfall könnte man dann in einer Säulenanordnung arbeiten, wobei oben das Racemat aufgegeben und nacheinander die beiden Antipoden in reiner Form isoliert werden könnten. Die Vorteile einer solchen Arbeitsweise liegen auf der Hand:

1) Die Methode wäre außerordentlich schonend, was für viele gegen Racemisierung sehr empfindliche Substanzen von großer Wichtigkeit ist.
2) Die Auftrennung wäre gegenüber den sonst üblichen Methoden der präparativen Chemie sehr erleichtert und vereinfacht.
3) Das Verfahren könnte unter Umständen weitgehend kontinuierlich gestaltet werden.

Dazu müßten wohl folgende Voraussetzungen erfüllt sein:

+) Nach einem gelegentlich des Symposiums "Anómale Vorgänge an Austausch-Adsorbentien" in Weimar am 14. 4. 61 gehaltenen Vortrag. Eine ausführliche Beschreibung der hier mitgeteilten eigenen Untersuchungen wird später erfolgen.

1) Das Adsorbens muß unter den jeweiligen Arbeitsbedingungen unlöslich sein; dementsprechend ist die Verwendung makromolekularer Substanzen zweckmäßig, zumal hier durch Vernetzung völlige Unlöslichkeit leicht zu erzielen ist.
2) In irgendeiner Form ist eine Anregung zur Trennung erforderlich; nach der derzeitigen Vorstellung zur Spaltung von Antipoden wäre eine sterische Ausrichtung bei der Adsorption, also durch optisch aktive Gruppen am Adsorbens oder eventuell über geeignete Einschlußhohlräume notwendig.
3) Sicher kommt im Normalfall ein reiner, sterisch unspezifischer Ionenaustausch kaum zur Trennung in Frage, sondern eine intermediäre losere Bindung etwa über van der Waal'sche Kräfte oder auch über Wasserstoffbrücken. Demnach wird die Auswahl geeigneter Lösungsmittel auf jeden Fall von entscheidender Wichtigkeit sein.

Es lassen sich grundsätzlich zwei Wege zur Untersuchung der angeschnittenen Frage denken:
1) Die Verwendung von natürlichen optisch aktiven Verbindungen als Austausch-Adsorbentien, also z. B. von Stärke oder Zellulose und
2) die Synthese geeigneter makromolekularer Stoffe mit optisch aktiven Gruppen. Dazu kann man einmal bei der Polymerisation, Polykondensation oder Polyaddition optisch aktive Verbindungen direkt einbauen oder aber geeignete Gruppen nachträglich mit Hilfe chemischer Umsetzungen an Hochpolymeren einführen.

Zunächst soll eine kurze Übersicht über die bisher beschrittenen Wege zur Trennung von optischen Antipoden an makromolekularen Austauschersystemen gegeben werden.

Die frühesten Untersuchungen in dieser Richtung hängen zusammen mit der Frage nach dem Mechanismus des Färbevorganges, nämlich der Frage, ob es sich dabei um eine reine Adsorption des Farbstoffes auf der Faser oder um eine chemische Reaktion handelt. Die ersten Versuche dazu stammen von Willstätter (1), der Wolle als optisch aktive Verbindung in Ermangelung optisch aktiver Farbstoffe mit racemischen Alkaloiden (Atropin, Homatropin, Tropacocain) behandelte. Sofern dabei der eine Antipode selektiv aufgenommen wird, muß sich das im Auftreten von optischer Aktivität in der Flotte äußern. Dies war jedoch nicht der Fall. Spätere Versuche in der gleichen Richtung wurden mit optisch aktiven Farbstoffen ausgeführt (2). Die Ergebnisse dieser Untersuchungen sind nicht ganz eindeutig; einige Autoren glauben, ein bevorzugtes Aufziehen eines bestimmten Antipoden auf der Faser beobachten zu können, andere konnten diese Ergebnisse nicht reproduzieren. Auf jeden Fall dürften die erzielbaren Effekte so klein sein, daß sie für eine präparative Trennung in keinem Fall in Frage kommen.

H. Martin und W. Kuhn (3) haben theoretische Erwägungen angestellt und auch praktisch bestätigen können, daß sich racemische Mandelsäure in Wasser an Wolle spalten läßt, wenn man gleichzeitig ein Temperaturgefälle im System erzeugt, da der Temperaturkoeffizient der Adsorbierbarkeit der Linksform vom Temperaturkoeffizienten der Rechtsform verschieden ist. Der Spalteffekt ist nur sehr klein; er muß durch einen Multiplikationsprozeß vervielfacht werden, ohne daß jedoch bisher praktisch brauchbare Spaltungen möglich waren. Auf jeden Fall liefern die Versuche aber einen Beweis für die Möglichkeit der Spaltung optisch aktiver Verbindungen an festen optisch aktiven Adsorbentien.

Später wurde die Spaltung von Racematen an geeigneten Adsorptionsmitteln mit dem Ziel präparativer Auftrennung untersucht. Solche Versuche wurden z. B. mit Lactose ausführt, die zuvor durch Behandeln mit Chloroform oder durch Mahlen in einer eisernen Kugelmühle aktiviert wurde. Die Versuche von Prelog und Wieland (4) mit der Trögerschen Base sind wohl "das erste Beispiel einer mit praktischem Erfolg durchgeführten Spaltung eines Racemats mit Hilfe der chromatographischen Methode". In ähnlicher Weise konnten auch p-Phenylenbisiminocampher und β-Naphthol-azomandelsäure an Lactose gespalten werden (5, 6).

Die rasche Entwicklung der Papierchromatographie führte auch von dieser Seite zu einigen Untersuchungen zur Racematspaltung. Die Zellulose als hochmolekulare optisch aktive Verbindung ermöglicht die Trennung von racemischen Aminosäuren wie Glutaminsäure, Tyrosin und Tyrosin-3-sulfonsäure in die Antipoden (6); besonders bei letzter ist der Unterschied im R_F-Wert zwischen links- und rechtsdrehender Form mit 0,21 so groß, daß die vollständige Trennung gelingt. Sicher ist dieses Ergebnis wenigstens zum Teil auf den asymmetrischen Charakter der Zellulose zurückzuführen, da sowohl optisch aktive wie auch inaktive Elutionsmittel Trennung bewirken.

Eine interessante Arbeitshypothese über den Mechanismus der selektiven Adsorption formulierte C. E. Dalgliesh (7) auf Grund seiner Untersuchung über die Spaltung von racemischen substituierten Phenylalaninderivaten mittels Papierchromatographie (Lösungsmittel: Butanol-Eisessig-Wasser). Er stellte fest, daß Racemate von o-substituierten Derivaten des Phenylalanins in die Antipoden spaltbar waren, während Derivate mit anderer Substitution des aromatischen Ringes nicht gespalten werden. Die Tabelle 1 zeigt die untersuchten Verbindungen, von denen jeweils die D-Form um ca. 10 % schneller wandert als die L-Form. Umgekehrt wandert bei Kynurenin die L-Form rascher, d. h. hier wird wohl die D-Verbindung fester adsorbiert.

Würde es sich hier bei der Chromatographie um ein reines Verteilungsphänomen handeln, dann wäre dieses Ergebnis nicht zu verstehen. Es muß vielmehr eine bevorzugte Adsorption eines Antipoden an der optisch aktiven Zellulose stattfinden.

Auf Grund des experimentellen Materials ergeben sich folgende Regeln als Voraussetzung für die Spaltbarkeit:

1) Die α-Aminogruppe (und eventuell auch die Carboxylgruppe) muß in Takt sein, wohl zur Ausbildung von Wasserstoffbrücken zur Zellulose.

2) Es muß daneben eine weitere Stelle an das Zellulose-Molekül angelagert sein, im vorliegenden Falle wohl über den aromatischen Ring.
3) Der Phenylring muß mindestens in o-Stellung noch einen allerdings kleinen Substituenten tragen, wahrscheinlich aus Gründen der sterischen Anpassung an die Zellulose.

Dalgliesh spricht von einer "Dreipunktbindung", die die Ursache für die Stereospezifität der Adsorption sein soll. - Zweifellos stehen zur Klärung dieser Fragen noch viele Versuche aus, vor allem ist bisher keine Trennung an Zellulose-Säulen vorgenommen worden, was ja erst eine präparative Auswertung des Verfahrens ermöglichen würde.

Die chemische Ähnlichkeit von Zellulose und Stärke ließ erwarten, daß auch an Stärke Racematspaltungen möglich sein müßten. In der Tat konnte dies von verschiedenen Autoren bestätigt werden. Krebs (8) und auch Lautsch (9) und ihre Mitarbeiter haben eine Anzahl von Derivaten der Mandelsäure wie auch verschiedene substituierte Aminosäuren an Stärke bis zu einem bestimmten Grade aktivieren können. Eine Zusammenstellung findet sich in Tabelle 2.

Wir haben uns ebenfalls mit solchen Spaltungen an Stärke beschäftigt, weil sich aus den Daten in der Literatur die quantitativen Verhältnisse nicht entnehmen lassen. Uns interessierte insbesondere die Frage, ob die Trennung an Stärkesäulen auch präparativ brauchbare Effekte liefert.

Als geeignet erwies sich handelsübliches Kartoffelstärkemehl, mit dem die folgenden Versuche ausgeführt wurden. Aus dieser Stärke lösten sich mit Wasser keinerlei optisch aktiven Anteile heraus, während sogenannte lösliche Stärkesorten aus diesem Grunde unbrauchbar waren.

Als optisch aktive Verbindung benutzten wir Mandelsäure in wässriger Lösung; durch Zusätze von Methanol zum Lösungsmittel geht die Trennwirkung wesentlich zurück. Wir prüften zunächst die Reproduzierbarkeit der gewählten Versuchsbedingungen; z. B. konnten mit 75 g Stärke, die in eine Säule von 2 cm Durchmesser mit Wasser eingeschwemmt worden waren, Lösungen von 1,52 g Mandelsäure in 25 ml Wasser in quantitativ gut reproduzierbarer Weise chromatographiert werden. Es wurden Fraktionen von jeweils etwa 4 - 7 ml aufgefangen. Die maximale Anreicherung in der am stärksten drehenden Fraktion betrug 25 - 30 %, die eluierte Menge nach Durchgang der letzten drehenden Fraktion insgesamt ca. 80 %. Der Rest konnte erst durch relativ langes Waschen wiedergewonnen werden, kam aber quantitativ wieder aus der Stärkesäule heraus. Die Säule konnte dann erneut verwendet werden.

Der Einfluß der Säulenlänge auf die Trennwirkung ergibt sich folgendermaßen:

Es wurden 3 Säulen gleichen Durchmessers mit 37,5, 75 und 150 g Stärke verglichen. Wie zu erwarten war, steigt der Aktivierungseffekt mit zunehmender Säulenlänge an, gleichzeitig fällt der bis zum Durchbruch des Racemates eluierte Anteil der Mandelsäure ab, wie man aus den integralen Elutionskurven ablesen kann (Abb. 1). Zuerst tritt der linksdrehende Antipode aus, anschließend der rechtsdrehende. In Abb. 2 ist der Anteil der beiden Antipoden je Fraktion für die wirksamste Säule aufgetragen.

Zur präparativen Auswertung versuchten wir durch Hintereinanderschalten mehrerer Säulen den Trenneffekt zu verbessern. 1,5 g racemische Mandelsäure in 25 ml Wasser wurden auf die oberste von 4 gleichen Säulen mit je 37,5 g Stärke gegeben. Die Anreicherung in dem aus der letzten Säule austretenden Eluat war jedoch gegenüber einer einzigen Säule mit 150 g Stärke nicht verbessert.

Schließlich konnten in einem weiteren Versuch mit 10 g Mandelsäure in 30 ml Wasser und 150 g Stärke zuerst eine linksdrehende Fraktion von ca. 1,3 g und eine rechtsdrehende von ca. 2 g isoliert werden. Innerhalb dieser Fraktion brachte eine nochmalige Chromatographie maximale Anreicherungen von 55 bzw. 90 %.

Offen ist natürlich noch die Frage nach dem Mechanismus dieser Spaltwirkung der Stärke. Krebs (8) erklärte die Wirkung in Anlehnung an die sogenannte Dreipunktregel von Dalgliesh. Er konnte außerdem zeigen, daß in manchen Fällen auch nur eine polare Gruppe an der zu spaltenden Verbindung ausreicht, wenn das asymmetrische C-Atom direkt damit verbunden ist und außerdem ein großer starrer Rest wie die Phenylgruppe damit verbunden ist. Auch braucht die Aminogruppe bei Aminosäuren nicht frei zu sein, sondern kann z. B. benzoyliert sein. Krebs spricht von einer Wasserstoffbindung als Verknüpfungsprinzip; für die Trennung selbst macht er eine bevorzugte sterische Anpassung eines bestimmten Antipoden an die innere Oberfläche der Stärke verantwortlich.

Eine bloße Wechselwirkung mit den einzelnen Glukosebausteinen der Stärke kommt als Erklärung jedenfalls nicht in Frage, da dann z. B. auch Zellulose eine Spaltung von Mandelsäure bewirken sollte, was wir jedoch nicht beobachten konnten.

In neuerer Zeit spielen sogenannte Dextrane eine gewisse Rolle als Blutersatzstoffe. Sie entstehen aus Glukose beim enzymatischen Aufbau. Vernetzte Dextranpräparate verschiedener Vernetzungsdichte werden seit einiger Zeit als sogenanntes "Sephadex" in den Handel gebracht. Sie liefern bei saurer Hydrolyse optisch aktive Glukose, sind jedoch ebenfalls nicht zur Spaltung von Mandelsäure brauchbar. Auch dies beweist, daß eine einfache Wasserstoffbrückenbindung des Racemates zum Glukosebaustein nicht für eine Antipodenspaltung ausreicht.

Lautsch (9) hat wohl als erster darauf hingewiesen, daß möglicherweise die Bildung von Einschlußverbindungen die Ursache für die beobachteten Stereospezifitäten sein kann. Es ist ja bekannt, daß auf dem Weg über Einschlußverbindungen des Harnstoffs, der Cyclodextrine oder des Tri-o-thymotids Racematspaltungen möglich sind (10). Einschlußverbindungen der Stärke sind bekannt; Cramer (11) hat z. B. die blauen Jodaddukte der Stärke ebenfalls als Einschlußverbindungen erklären können. Es liegt also nahe,

auch für die geschilderten Racematspaltungen an Stärke die Bildung von diastereoisomeren Einschlußverbindungen verantwortlich zu machen.
Wir sind dieser Frage noch etwas weiter nachgegangen und haben Stärkesäulen nach dem Einlaufen der Mandelsäurelösung zerschnitten, ehe die Flüssigkeitsfront das Ende der Säule erreicht hatte. Dabei konnten wir zunächst durch Bestimmung der Mandelsäure feststellen, daß sie im oberen Teil der Säule zurückgehalten wird und erst beim Nachwaschen mit Wasser weiterwandert. Mit anderen Lösungsmitteln als Wasser (Methanol, Tetrahydrofuran und Chloroform) tritt dieser Effekt nicht ein; hier wandert die Säure mit der Flüssigkeitsfront. Schon das spricht für eine besondere Wechselwirkung zwischen Mandelsäure und Stärke in wässriger Lösung. Wir haben dann die Säure aus den einzelnen Abschnitten extrahiert, wobei sich zeigte, daß sowohl mit Wasser wie auch mit Methanol erst bei langem Waschen sich die Säure aus der Stärke entfernen ließ, offenbar auch wieder durch eine relativ feste Bindung bedingt. Die röntgenograhische Untersuchung (13) ergab schließlich einen weiteren Hinweis, daß die Mandelsäure nicht in isolierten Kriställchen in der Stärke vorliegt, sondern in das Gitter der Stärke eingeschlossen sein muß. Wir glauben deshalb, daß die spezifische Wirkung der Racematspaltung von Mandelsäure an Stärke und entsprechend auch von den gezeigten anderen Verbindungen auf der Bildung von Einschlußverbindungen beruht.

Die Versuche mit Stärke sind zwar ein typisches Beispiel für die Racematspaltung an optisch aktiven Hochpolymeren, aber die Anwendbarkeit ist natürlich auf recht spezielle Fälle begrenzt, allein schon wegen der geometrischen Verhältnisse, die ja Voraussetzung für die Bildung von Einschlußverbindungen sind. Dazu kommt noch die Alkali- und Säureempfindlichkeit der Stärke, die es wünschenswert erscheinen läßt, andere und weniger empfindliche Systeme mit optisch aktiven Gruppen herzustellen.

Diese Überlegungen führen in die Reihe der synthetischen Hochpolymeren mit asymmetrischen Gruppierungen. Die ersten Versuche in dieser Richtung stellen Bunnett und Marks 1952 an (14); sie versuchten, eine Reihe von racemischen Aminen an Phenolharzen zu spalten. Diese Harze waren durch Kondensation von optisch aktiver β-(p-Hydroxyphenyl)-buttersäure (I) bzw. von N-p-toluolsulfonsaurem L-Tyrosin (II) mit Formaldehyd in Gegenwart von Phenol als Vernetzungskomponente erhalten worden.

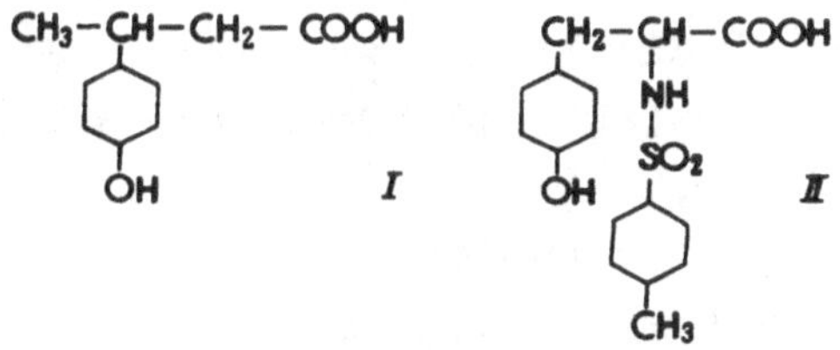

Als Lösungsmittel für die Spaltungsversuche dienten 20 %iges Äthanol, 95 %iges Äthanol und Wasser. Die Versuche hatten jedoch keinen Erfolg; aus dem Eluat konnten nur noch wenige Prozent der eingesetzten Basen zurückgewonnen werden, so daß man annehmen muß, daß der Hauptteil durch sterisch unspezifischen Ionenaustausch am Harz gebunden wurde. Dies kann vielleicht mit den recht polaren Lösungsmitteln zusammenhängen. Betrachtet man z. B. eine bestimmte Stelle im Harz, die als D-Harz-COOH bezeichnet ist, so tritt mit D, L-Amin die Bildung zweier Salze ein.

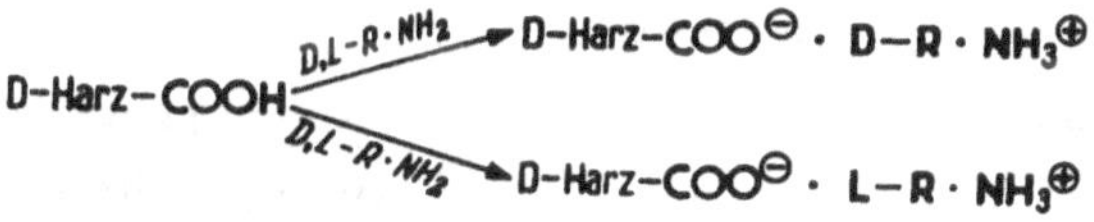

Mit dem nachkommenden Amin stellen sich nun verschiedene Gleichgewichtsreaktionen ein, von denen nur eine zur Freisetzung eines der beiden Antipoden führt:

$$\text{D-Harz-COO}^{\ominus}\ .\ \text{L-R.}\overset{\oplus}{\text{N}}\text{H}_3 \xrightarrow{\text{D-R.NH}_2} \text{D-Harz-COO}^{\ominus}.\ \text{D-R.}\overset{\oplus}{\text{N}}\text{H}_3$$

$$+\ \text{L-R.NH}_2$$

Es dürfte also letzten Endes eine Frage der thermodynamischen Aktivität der betreffenden Ionen sein, ob eine Spaltung in merklichem Umfange zustandekommt oder nicht. Möglicherweise kann dieser thermodynamische Effekt verstärkt werden, wenn neben der eigentlichen Haftstelle noch eine Richtstelle im Harz vorhanden ist, die neben der rein elektrostatischen Bindung der Ionen noch eine zusätzliche sterische Orientierung bewirkt und damit Voraussetzung zur Antipodenspaltung wäre.

Bei den hier besprochenen Versuchen ist jedenfalls das Asymmetriezentrum im Harz am eigentlichen Adsorptionsvorgang in keiner Weise beteiligt, was die Ursache für die sterisch unspezifische Bindung der Antipoden sein mag.

In der Absicht, Polymere herzustellen, die solche Gruppen enthalten, deren Brauchbarkeit für Racematspaltungen erwiesen ist, haben wir zunächst versucht, Chinin für sich allein oder zusammen mit anderen polymerisationsfähigen Verbindungen zu polymerisieren. Das Chinin besitzt ja eine Vinylseitengruppe, über deren Polymerisationsfähigkeit bisher jedoch nichts bekannt ist. Es war uns aber nicht möglich, den Einbau von Chinin in Hochpolymere auf diesem Wege zu erreichen.

Versuche zur Kondensation von Phenol, Resorzin und Formaldehyd in Gegenwart von Chinin nach König (15) führten zwar zu einem Polykondensat, das chininhaltig war, mit Wasser wurde jedoch aus diesem Harz laufend Chinin ausgewaschen, so daß hier vermutlich kein chemischer Einbau, sondern höchstens ein mechanischer Einschluss des Chinins im Harz vorlag. Naturgemäß kommen solche Substanzen für Spaltungsversuche nicht in Betracht.

Über einen ersten Erfolg bei Spaltungsversuchen mit optisch aktiven synthetischen Hochpolymeren berichteten 1954 Grubhofer und Schleith (16). Sie stellten aus einem vernetzten Acrylsäureharz über das Säurechlorid mit Chinin einen Austauscher dar, mit dem ihnen die Spaltung von D, L-Mandelsäure in Chloroform gelang. Die Autoren machen dafür elektrostatische Kräfte verantwortlich. Jedoch müssen durch geeignete Wahl des Lösungsmittels Stärke und Richtung der Bindung so gelenkt werden, daß sich Unterschiede in den Gleichgewichtskonstanten bemerkbar machen.

Es ist bemerkenswert, daß nach Grubhofer die Spaltung der Mandelsäure nur aus Chloroformlösung gelingt. Ein Zusatz von 5 % Alkohol zum Chloroform verhindert die Antipodentrennung bereits.

Wir haben uns mit der Synthese anderer Polymerer mit optisch aktiven Gruppen beschäftigt und diese Polymerisate auf ihre Fähigkeit zur Spaltung von Racematen geprüft.

Zunächst setzten wir in Fortsetzung früherer Arbeiten (17) Poly-p-lithiumstyrol mit optisch aktiven Verbindungen um. **Mit Nikotin entsteht ebenso wie mit Campher oder mit Camphersulfonsäure ein lösliches optisch aktives Polymerisat:**

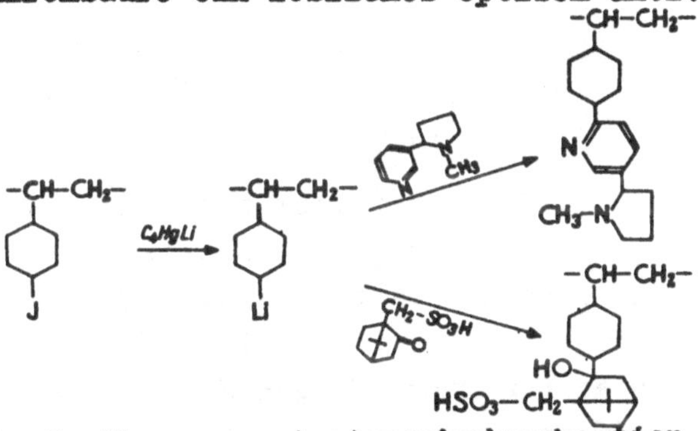

Für die Synthese von Austauschadsorbentien ist es zweifellos günstiger, von vernetzten Polymeren auszugehen. Wir haben aus diesem Grunde p-Jod-styrol mit Styrol und wenig Divinylbenzol copolymerisiert und so Produkte erhalten, die je nach dem Vernetzungsgrad mehr oder weniger quellbar, aber nicht mehr löslich waren; sie sind in gleicher Weise der oben beschriebenen Reaktion zugänglich. Am Nikotinharz wurde die Spaltung von D, L-Mandelsäure in verschiedenen Lösungsmitteln untersucht, am **Camphersulfonsäureharz** die Trennung von D, L-Ephedrin und D, L-α-Phenyläthylamin. Leider war in allen Fällen bisher keine Racematspaltung zu beobachten.

Eine andere Gruppe von Polymeren entsteht aus der Umsetzung von Copolymerisaten aus Styrol und Maleinsäureanhydrid. Diese Produkte entstehen bekanntlich bei der Polymerisation mit einer Zusammensetzung im Molverhältnis von nahezu 1 : 1. Die Anhydridgruppe kann in verschiedener Weise aufgespalten werden (15).

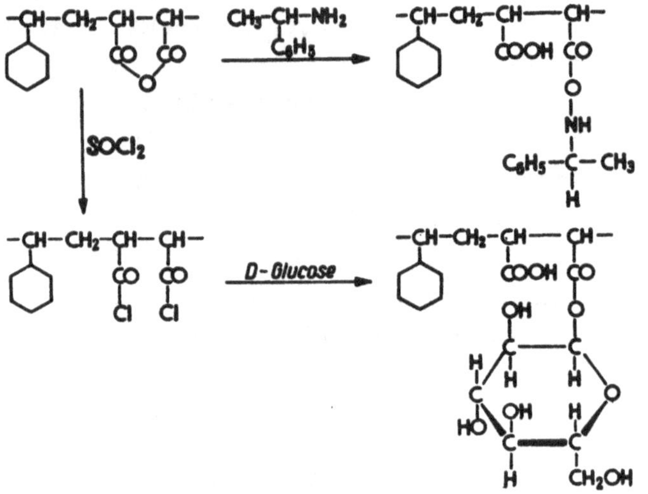

Mit Aminen, wie z. B. dem optisch aktiven L-α-phenyläthylamin entsteht so eine optisch aktive polymere Amidsäure, mit Thionylchlorid lassen sich die Carboxylgruppen in das Säurechlorid überführen, das leicht mit Glukose reagiert, wohl vorzugsweise am reaktionsfähigen Hydroxyl des Halbacetals am Kohlenstoffatom 1.

Die Versuche an den Umsetzungsprodukten mit α-Phenyläthylamin sind noch nicht abgeschlossen; mit dem glukosehaltigen Polymeren lassen sich nach König (15) Ephedrin und α-Phenyläthylamin in Benzol oder Dioxan als Lösungsmittel in die Antipoden spalten, nicht aber in Azeton oder Methanol. Dagegen gelingt die Trennung von Ephedrinhydrochlorid in Wasser oder in Äthanol. Als Erklärung wird auf Grund kinetischer Überlegungen vorgeschlagen, daß der "wichtige Schritt für die Spaltung der Racemate die Desorption der Antipoden vom Adsorptionsmittel ist". Die Adsorption soll dagegen in sterisch unspezifischer Weise erfolgen.

Auch von Rabek (18) wurden erfolgreiche Versuche zur Spaltung von Antipoden an synthetischen Polymeren mit optisch aktiven Gruppen ausgeführt, deren experimentelle Einzelheiten jedoch noch nicht beschrieben sind.

Alle verwendeten synthetischen Austauscher sind mehr oder weniger stark polare Systeme. Es ist deshalb verständlich, daß die elektrostatischen Wechselwirkungen zwischen Adsorbens und gelöster Substanz vom Lösungsmittel merklich beeinflußt werden. Während in apolaren Lösungsmitteln wohl in erster Näherung die Vorstellung reiner Adsorption vernünftig ist, erscheint in polareren Medien die eigentliche Reaktion zwischen Harz und Racemat unter Ionenaustausch zweifellos begünstigt zu sein. Damit wird jedenfalls plausibel, warum in den geschilderten Fällen, z. B. beim Chininharz von Grubhofer nur in nicht so stark polaren Systemen Racematspaltung zu beobachten war. Auf der anderen Seite ist dies sicher nicht die einzige Bedingung für die Trennung optischer Antipoden, da ja auch andere Beispiele dafür bekannt sind, in denen keine Spaltung erkennbar ist, obwohl die Austauscherharze ebenfalls optisch aktive Gruppen enthielten.

Zusammenfassend kann also gesagt werden, daß es grundsätzlich möglich ist, Racemate an optisch aktiven Austauschadsorbentien zu spalten. Die Spaltungen an Stärke stellen sicher insofern einen Sonderfall dar, als es sich hierbei um eine Trennung über Einschlußverbindungen handelt. Über die Spaltung an Zellulose liegt bisher noch kein ausreichendes Material vor, aber die von Dalgliesh formulierte "Dreipunktregel" hat sicher keine allgemeine Gültigkeit als Voraussetzung für Racematspaltungen an optisch aktiven Hochpolymeren. Die an synthetischen Austauschadsorbentien durchgeführten Versuche sind zwar vorläufig nur qualitativer Art, sie zeigen aber, daß in manchen Fällen neben normalem Ionenaustausch ein zusätzlicher anomaler Effekt wirksam ist, der mit der selektiven Adsorption oder Desorption der Antipoden zusammenhängt. Es wird Aufgabe weiterer Arbeiten sein, zunächst das qualitative Material noch zu vergrößern, ehe sich gewisse Linien für das genauere Studium dieser Effekte auffinden lassen. Es bleibt abzuwarten, ob sich dann auch präparativ brauchbare Trennungen optischer Antipoden durchführen lassen, nachdem jedenfalls an der prinzipiellen Möglichkeit der Spaltung kein Zweifel besteht.

Literatur

1. R. Willstätter, Ber. dtsch. chem. Ges. 37 (1904), 3758.
2. Lit. s. z. B. bei G. M. Henderson u. H. G. Rule, J. Chem. Soc. (London), 1939, 1568.
3. H. Martin u. W. Kühn, Z. Elektrochem. 47 (1941), 216.
4. U. Prelog u. P. Wieland, Helv. chim. Acta 27 (1944), 1127.
5. G. M. Henderson u. H. G. Rule, Nature 141 (1938), 917.
6. M. Kotake, T. Sakan, N. Nakamura u. S. Sensoh, J. Amer. chem. Soc. 73 (1952), 2973.
7. C. E. Dalgliesh, J. Chem. Soc. (London) 1952, 3940.
8. H. Krebs, J. A. Wagner u. J. Diewald, Chem. Ber. 89 (1956), 1875.
9. W. Lautsch u. D. Heinicke, Kolloid-Zeitschr. 154 (1957), 1
10. Vgl. F. Cramer, Einschlußverbindungen, Springer-Verlag, 1954.
11. F. Cramer, Chem. Ber. 84 (1951), 855.
12. Pharmacia, Uppsala/Schweden
13. Für die Aufnahmen und Diskussionen der Röntgendiagramme danken wir Herrn Dr. K. v. Bassewitz.
14. J. F. Bunnett u. J. L. Marks, J. Amer. Chem. Soc. 74 (1952), 5893.
15. K.-H. König, Dissertation Frankfurt/M. 1956 und dort auch weitere Literatur.

16. N. Grubhofer u. C. Schleith, Naturwiss. 40 (1953), 508; Hoppe-Seylers Z. physiol. Chem. 296 (1954), 262.
17. D. Braun, Makromolekulare Chem. 30 (1959), 85; 33 (1959), 181; 44/46 (1961), 269; Chimia 14 (1960), 24.
18. T. I. Rabek, Warszawa 1960, S. 442 f. Teoretyczne podstawy syntezy polielektrolitów i wymieniaczy jonowych.

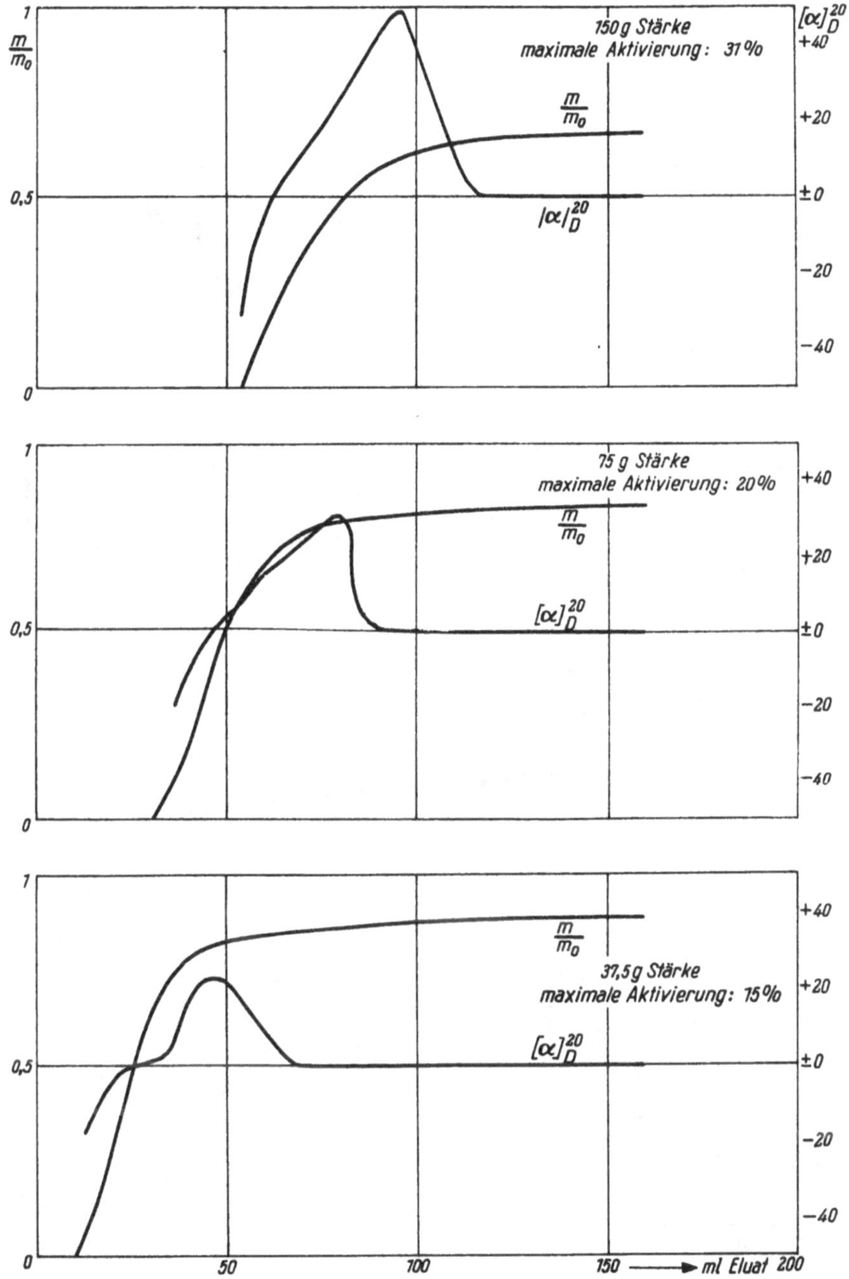

Abb. 1 Trennung von Mandelsäure (1,529 g in 25 ml Wasser) an trockener Kartoffelstärke
Säulendurchmesser: 2,7 cm.

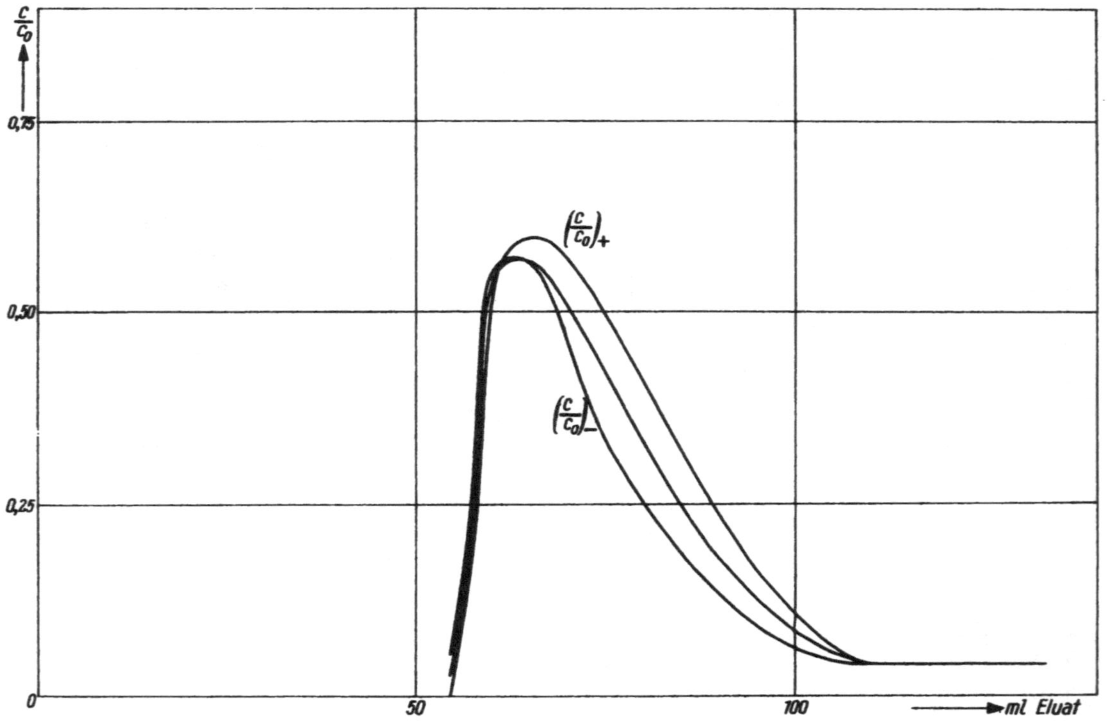

Abb. 2 Spaltung von D,L-Mandelsäure an 150 g Kartoffelstärke
c = 6,08 g/100 ml; Säulendurchmesser = 27 mm.

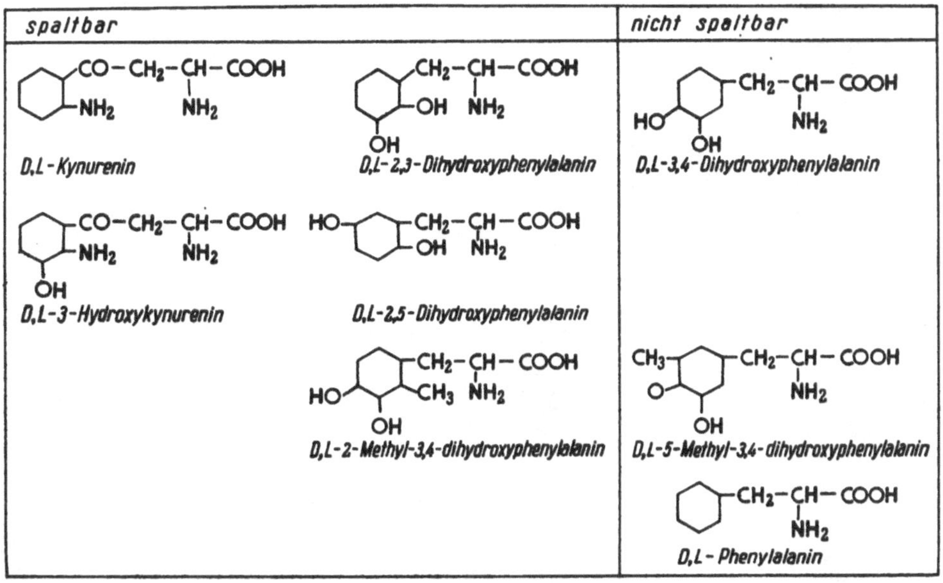

Tabelle 1 Papierchromatographische Spaltungen von D,L-Aminosäuren
Elutionsmittel: Butanol/Eisessig/Wasser

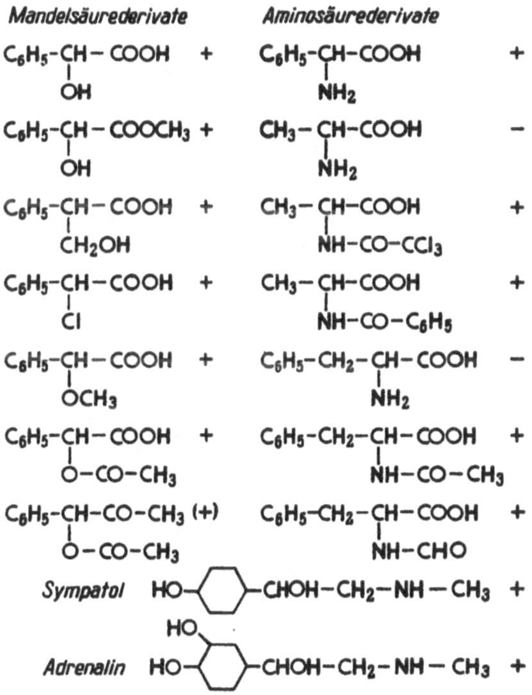

Tabelle 2
Racematspaltungen an Stärke
+ möglich - nicht möglich

Anomale Effekte an Redoxaustauschern

von Bruno Sansoni

Chemisches Institut der Universität
Marburg/Lahn

Herrn Prof. Dr. Robert Griessbach in Verehrung zum
75. Geburtstag

Es wird berichtet über 1) den bei Redoxaustauschern häufig überlagerten und störenden Ionenaustausch, 2) Komplikationen bei der Bestimmung von Redoxkapazität und Redoxpotential von Redoxiten und 3) drei neue Typen von Redoxaustauschern.

Der erste technisch brauchbare Kationenaustauscher von Griessbach (4c), das als Wofatit KS bekannte Formaldehyd-Kondensationsharz wirkte durch Oxyphenolgruppen schwach reduzierend. Dieser für einen Ionenaustauscher unerwünschte Nebeneffekt wurde im Jahre 1944 von Griessbach, Lauth und Meier (4b) weiterentwickelt und führte später in den Arbeitskreisen von Cassidy (1), Sansoni (9) und Manecke (7) zu Redoxaustauschern. Sie sind definiert als feste und unlösliche Redoxmittel, die zumeist reversibel reduziert-oxydiert werden können und regenerierbar sind. Zweckmäßig unterscheidet man Redox-Ionenaustauscher und Redoxite. Erstere erhält man sehr einfach durch Bindung ionogener Redoxsysteme an Ionenaustauscher, letztere durch echten chemischen Einbau reversibler Redoxsysteme in ein festes Gerüst. Dieses kann eine organische oder anorganische makromolekulare Verbindung sein (9g):

Redoxaustauscher
→ Redox-Ionenaustauscher
→ Redoxite
  → anorganische Redoxite → Redox-Minerale
  Redox-Harze

Während die Redox-Harze eingehend von Cassidy, Manecke, später auch von Gregor (3), W. Kuhn (6) und anderen (2) bearbeitet wurden, beschäftigen wir uns gleichermaßen mit Redoxharzen, Redoxmineralen und Redox-Ionenaustauschern.

<u>Überlagerter Ionenaustausch</u>

Da Redoxaustauscher grundsätzlich nichts mit Ionenaustauschern zu tun haben, ist bei ihnen der Ionenaustausch meist eine unerwünschte Nebenerscheinung. Das gilt besonders für Redox-Ionenaustauscher. Sie bedürfen einerseits der ionenaustauschenden Gruppen des Gerüstes zum "Ankleben" der Redox-Ionen, andererseits können diese Gruppen aber Anlaß zu mancherlei Komplikationen geben. Die wichtigsten seien hier besprochen.

1) Unter Elutionsbedingungen werden die durch Ionenaustausch gebundenen Redoxionen zumindest teilweise eluiert. Die behandelte Lösung wird verunreinigt und der Redoxaustauscher unbrauchbar. Daher müssen bei der Anwendung von Redox-Ionenaustauschern im allgemeinen höhere Fremdionenkonzentrationen vermieden werden. Ungeladene Moleküle wirken nicht eluierend und lassen sich daher ungestört an verschiedensten Redox-Ionenaustauschern sehr gut reduzieren. Beispiele sind die Entfernung von Spuren gelösten Luftsauerstoffs aus vollentsalztem Wasser (4a, b) (7d) (9f, n) oder die Reduktion von Chlor in Chlorwasser (9f).

2) Größere Redox-Ionen, insbesondere von organischen Farbstoffen, sind gelegentlich durch zusätzliche Allgemeinadsorption stark irreversibel gebunden. Sie sind auch bei niederen bis mittleren Fremdionenkonzentrationen anwendbar.Ein Beispiel dafür ist der Leukoindigodisulfonsäure-Anionenaustauscher (9a, f) (5). Die zusätzliche, stark irreversible Adsorption ist aber nicht allein auf zunehmende Molekülgröße zurückzuführen. Denn das ebenfalls große Ferricenium-Kation wird nach Beobachtungen mit O. Sigmund (9m) vom Kationenaustauscher auffallend leicht eluiert.

3) Der Redox-Ionenaustauscher ist unbrauchbar, wenn sich der Ladungssinn des gebundenen Redox-Ions während der Redoxreaktion umkehrt, da dann eine Form als entgegengesetzt geladenes Ion eluiert wird. Beispiele wären am Anionenaustauscher oder Kationenaustauscher gebundenes Chromat (IV)/Chrom(III) (9q).

4) Das Redoxsystem darf in einer ungeladenen Stufe auftreten, wenn sie unlöslich ist. Zum Beispiel wird Anthrahydrochinon vom stark basischen Anionenaustauscher mit tiefroter Farbe als Anion gebunden. Auch nach Oxydation zum ungeladenen Anthrachinon bleibt es als gelber, wasserunlöslicher Niederschlag fein verteilt im Schwamm des Harzgerüstes haften und wird nur wenig ausgewaschen (9a, f). So kann der Anthrahydrochinon-Anionenaustauscher gewissermaßen als feste "Fieser'sche Lösung" zur Entfernung von in Lösungsmitteln gelöstem Luftsauerstoff dienen (9q).

5) In Ausnahmefällen ist auch eine wasserlösliche ungeladene Stufe des Redoxsystems noch brauchbar, wenn sie durch starke Molekuladsorption am Harzgerüst haftet. Zum Beispiel wird vom Anionenaustauscher nicht nur Jodid, sondern überraschenderweise noch stärker das ungeladene Jod gebunden. Im Gegensatz zum Jodid ist es auch durch hohe Fremdionenkonzentration praktisch kaum zu eluieren (mit Möbius, Jung, Otto u. and.) Die Erklärung liegt wahrscheinlich in einer starken Molekuladsorption des Jods unter Beteiligung spezifischer Antibase-Base-Beziehungen (9r).

6) Infolge hoher elektrischer Ladung oder ungünstiger sterischer Konfiguration des gebundenen Redox-Ions werden manchmal nicht alle seine Ladungen durch das starre Harzgerüst abgesättigt werden können. Durch Umladung wird dann aus dem Kationenaustauscher ein Anionenaustauscher und umgekehrt. Das ist wohl die Erklärung dafür, daß bei der Reduktion von Eisen(III) an dem mit der sperrigen Leukoindigodisulfonsäure beladenen Anionenaustauscher im Durchlauf nur ein kleiner Teil des aufgegebenen Eisens wie-

dergefunden wurde (9f, q).

7) Aber auch die unbesetzt gebliebenen Gruppen des Ionenaustauschers sind Anlaß von Komplikationen, wenn entsprechend geladene Ionen des Regenerationsmittels festgehalten werden. Reduziert man den Indigodisulfonsäure-Anionenaustauscher mit ammoniakalischer Dithionitlösung, so ist auch nach gründlichem Waschen neben Leukoindigosulfonsäure zu einem wesentlichen Anteil Dithionit gebunden. Wenn man von Zersetzungsprodukten des Dithionits absieht, liegt jetzt ein bifunktioneller Redoxaustauscher vor. Diese Beobachtung führte dazu, ganz auf das reversible Redoxsystem zu verzichten und nur die irreversibel oxydier- oder reduzierbaren Ionen des Regenerationsmittels an den Ionenaustauscher zu binden (9h). Dadurch werden die sehr niedrigen Redoxpotentiale der Regenerationsmittel, zum Beispiel $\varepsilon_0 = 1{,}1$ für Dithionit dem Redoxaustausch zugänglich. Das verbrauchte Regenerationsmittel-Anion läßt sich nach der Oxydation in einem Arbeitsgang unter Umgehung der OH^--Form durch hohen Überschuß an Regenerationsmittel durch frische Reduktionsmittel-Ionen sehr einfach ersetzen.

8) Das gebundene Redox-Ion greift in besonderen Fällen katalytisch in die Redox-Reaktionen ein. Diese können dann unerwartet verlaufen. Es wurde mit Frl. Bauer und Perera gefunden, daß sich ein mit $Fe^{2+/3+}$ beladener Kationenaustauscher schon in verdünnten Wasserstoffperoxyd-Lösungen überraschend schnell löst. Zum Beispiel war 1 g $Fe^{2+/3+}$-Dowex 50W X2 in 3 %iger H_2O_2-Lösung unter Rühren bei Zimmertemperatur schon nach 15 bis 20 Minuten, in 0,3 %iger H_2O_2-Lösung immerhin bereits nach 6 - 8 Stunden vollständig gelöst. Dieser Effekt ist offensichtlich auf die unter katalytischer Einwirkung von Eisen(II) auf Wasserstoffperoxyd gebildeten $OH^\bullet$-Radikale zurückzuführen, welche das Polystyrolgerüst abbauen. Zum Vergleich sei erwähnt, daß bei Zimmertemperatur 12-stündige Einwirkung konzentrierter Schwefelsäure oder sogar rauchender Sal-

petersäure fast keine Gewichtsabnahme des Kationenaustauschers bewirkt.

Trotz dieser vielen möglichen Komplikationen haben Redox-Ionenaustauscher für Anwendungen die elutionsstabilen Redoxite im allgemeinen überflügelt. Diese nicht vorausgesehene Entwicklung hatte verschiedene Gründe. Einmal können die Störungsmöglichkeiten durch Auswahl geeigneter gebundener Redox-Ionen und Versuchsbedingungen, insbesondere Anwendung niedriger Fremdionenkonzentrationen, in vielen Fällen doch auf einige wenige beschränkt werden. Zum anderen ist das Gerüst der heute handelsüblichen Ionenaustauscher sehr stabil gegen starke Reduktionsmittel und hat eine ideale Porenstruktur sowie mechanische Beschaffenheit. Etwa irreversibel angegriffene Redoxgruppen lassen sich leicht durch neue ersetzen, nicht so beim entsprechenden Redoxit. Erst Redox-Ionenaustauscher ermöglichten die Verwendung der irreversiblen Redoxsysteme und machten damit auch extrem gelegene Redoxpotentiale für Anwendungen von Redoxaustauschern zugänglich. Allerdings versagen die meisten Redox-Ionenaustauscher in Lösungen hoher Fremdionenkonzentration.

Bei den gegen Elution stabilen Redoxiten müssen drei verschiedene Arten von überlagertem Ionenaustausch berücksichtigt werden:

Permanente ionenaustauschende Gruppen wie $-SO_3H$, $-COOH$, $-OH$, $-NH_2$, $-NR_4^+$, $-N{=}N^+$ können unabhängig vom Oxydationszustand des Redoxites entgegengesetzt geladene Ionen binden und austauschen. So werden unter Umständen Anionen des Regenerationsmittels durch nicht restlos verkochte $-N{=}N^+$-Gruppen des Polystyrolskelettes oder die nach 1,4-Addition von Chinonen an Poly-4-aminostyrol (9p) verbleibenden freien $-NH_2$-Gruppen, hier nur im sauren Medium, festgehalten.

Redoxite mit Redoxsystemen vom Typ des Hydrochinon/Chinon können nur in der reduzierten Oxyphenolatform und dort nur im alkalischen Medium Kationen binden und austauschen. Bei der Oxydation zum Chinon werden mit den verschwindenden

Oxyphenolat-Anionen des Harzes die gebundenen Kationen eluiert.

Anionenaustausch nur in der oxydierten Form und weitgehend unabhängig vom pH-Wert kann bei Redoxiten mit reiner Elektronenaufnahme-abgabe auftreten. Ein Harz dieses Typs mit eingebautem Ferrocen/Ferricenium-Kation wurde mit O. Sigmund dargestellt (9h). Dazu wurden Ferricenium-Kationen in 0,01 n schwefelsaurer Lösung nach

unter langsamer N_2-Entwicklung durch das 4-Diazoniumsalz von Polystyrol aryliert. Dieser Redoxit zeigte in beiden Oxydationsstufen praktisch keinen Kationenaustausch, jedoch in der einfach positiv geladenen oxydierten Form wie erwartet Anionenaustausch. Die Anionenaustauschkapazität hängt allerdings stark von der Art des Anions ab. Die Messung der Ionenaustauschkapazitäten der reduzierten Form müssen unter strengem Luftausschluß ausgeführt werden.

Auch bei Redoxiten stört somit der Ionenaustausch in den meisten Fällen, da Ionen des Regenerationsmittels festgehalten und dadurch Messungen von Redoxpotential und Redoxkapazität oder auch oxydimetrische Bestimmungen im Durchlauf gestört werden können. Allerdings bietet ein mit einem Oxydations-Reduktions-Mechanismus verknüpfter Ionenaustausch Aussichten auf eine regenerationsmittelsparende Elution von Ionen durch Reduktion oder Oxydation.

Redoxkapazität

Die Redoxkapazität eines Redoxaustauschers gibt an, wieviel eines anderen Stoffes damit reduziert oder oxydiert werden kann. Manecke (7a) definierte sie als die

Anzahl Milliäquivalente Eisen(III), die 1 g lufttrockener Redoxit in der reduzierten Stufe zu reduzieren vermag und bestimmte sie im statischen batch-Verfahren. Sansoni (9f) gab später ein einfaches Säulenverfahren an. Es zeigte sich aber, daß das Problem komplizierter ist als ursprünglich angenommen. Wir unterscheiden daher jetzt 8 - 10 verschiedene Redoxkapazitäten. Sie sollen am Beispiel des Ferrocenpolystyrol-Redoxites erläutert werden. Die theoretische Redoxkapazität errechnet sich aus der Bruttoformel der Ferrocenpolystyrol-Einheit. Der analytisch ermittelte Eisengehalt gibt die analytische Redoxkapazität. Sie liegt häufig erheblich unter der theoretischen, da nicht jede Styroleinheit mit einer Redoxgruppe belegt ist. Die Gesamt-Redoxkapazität wird mit großem Oxydationsmittelüberschuß experimentell bestimmt und in mval e/g getrocknetes Harz oder in mval e/ml gequollenes Harz angegeben. Sie ist für die meisten praktischen Anwendungen maßgebend. Ihr Wert kann unter dem der analytischen Kapazität liegen, da nicht jede eingebaute Redoxgruppe auch der reversiblen Reduktion-Oxydation zugänglich sein muß. Viele Redoxite werden häufig zusätzlich auch irreversibel oxydiert, insbesondere das Harzskelett. Daher setzt sich die Gesamt-Kapazität additiv zusammen aus einem reversiblen und einem irreversiblen Anteil. Für die thermodynamische Betrachtung von Redoxaustauschern ist allein ersterer maßgebend und letzterer unerwünscht; Anwendungen stört er jedoch wenig. Organische Harze sind gegen Reduktionsmittel meist stabiler als gegen Oxydationsmittel. Daher läßt sich die reversible Kapazität auf reduktivem Wege, zum Beispiel mit einer Titan(III)-Lösung, bestimmen, wenn irreversible Reduktion vernachlässigt werden kann. Die irreversible Kapazität ergibt sich als Differenz zwischen Gesamt- und reversibler Kapazität. Letztere wird meist der analytischen Kapazität nahekommen. - Bei polyfunktionellen Redoxaustauschern mit mehr als einer Redoxgruppe unterschiedlichen Normalpotentiales kann je nach dem Potential der Lösung unter bestimmten Versuchsbedingungen nur ein Teil aller Redoxgruppen in Funktion treten. Dem entspricht eine nutzbare, allen Redoxgruppen die maximale Redoxkapazität. - Für den Säulenbetrieb ist die Durchbruchs-Redoxkapazität wesentlich. Sie macht bei hoher Reaktionsgeschwindigkeit des Redoxaustauschers oft einen höheren Anteil der Gesamtkapazität aus als vergleichsweise bei Ionenaustauschern. - Schließlich wird man für technische Zwecke vielleicht einmal eine technische Redoxkapazität auf den Kubikmeter gequollenes Harz beziehen.

Es folgen einige Werte (mit O. Sigmund) für das Ferrocenpolystyrol-Redoxit; Gewichtsangaben beziehen sich auf das getrocknete Harz:

Theoretische R.K.	3,47 mval/g
Analytische R.K. (5 - 6 % Fe)	1 mval/g
Gesamt-R.K.	
mit Fe(III), 1. Reduktion/Oxydation	5,4 mval/g
12. " "	2,4 mval/g
mit Ce(IV) 1. " "	13 mval/g
Reversible R.K., mit Ti(III)	1 mval/g
Irreversible R.K.	
mit Fe(III)	4,4 mval/g
mit Ce(IV)	12 mval/g
Durchbruchs-R.K., mit Fe(III, 15 g in Säule 20 x 1 cm, Anteil der Gesamt-R.K.	85 - 90 %.

Bei der Diskussion der verschiedenen Redoxkapazitäten ist zu beachten, daß makromolekulare Redoxaustauscher keine chemisch reinen Systeme sind, sondern auch Nebenprodukte der Synthesereaktion am Harzgerüst gebunden enthalten können.

Redoxpotentiale
(Messungen mit O. Sigmund)

Die Kenntnis thermodynamischer Normal-Redoxpotentiale von unlöslichen Redoxiten ist sehr wichtig. Die daraus berechenbare Änderung der Freien Energie oder des Chemischen Potentials erlaubt eine Voraussage möglicher oder unmöglicher Redoxreaktionen am Redoxit (11). Für das Normal-Redoxpotential des unlöslichen Redoxites gilt im einfachsten Fall eines Redoxites mit reiner Elektronenaufnahme-abgabe vom Typ des Ferrocenpolystyrol-Redoxites die Nernst'sche Gleichung in der Form:

$$E^o_{Redoxit} = E_{Redoxit} - \frac{RT}{nF} \ln \frac{[ox_{Redoxit}]}{[red_{Redoxit}]}$$

Darin bedeutet $E^o_{Redoxit}$ das Normal-Redoxpotential, $E_{Redoxit}$ das jeweilige Gleichgewichtspotential, $[ox_{Redoxit}]$ und $[red_{Redoxit}]$ die Aktivität von oxydierter bzw. reduzierter Form des Redoxites; R, T, n und F haben die übliche Bedeutung. $E_{Redoxit}$ ist nicht direkt meßbar, da zwischen dem unlöslichen, festen Redoxit und der festen Meßelektrode kein reversibler Elektronenaustausch möglich ist. Als Kunstgriff wird nach Manecke (7a) ein gelöstes, reversibles und gut meßbares Redoxsystem mit ähnlichem Normalpotential zugesetzt. Für Gleichgewicht zwischen Redoxit und Lösung gilt dann

$$E_{Redoxit} = E_{Lösung}$$

Einsetzen der Nernst'schen Gleichung und Umformung ergibt

$$E^o_{Redoxit} = E_{Lösung} - \frac{RT}{nF} \ln \frac{[ox_{Redoxit}]}{[red_{Redoxit}]}$$

Zur Berechnung von $E^o_{Redoxit}$ müssen

1) das jeweilige Gleichgewichtspotential der Lösung, $E_{Lösung}$,

2) die Aktivität von ox- und red-Form des Redoxites bekannt und folgende Bedingungen erfüllt sein:

3) reversibles Gleichgewicht zwischen allen Elektronenübergängen des Systems ohne Anteile irreversibler Oxydation-Reduktion,

4) reines Zweistufensystem ohne Semichinonstufe oder

zusätzliche Redoxgruppe,

5) kein störender Salz- oder pH-Effekt,

6) Ausschaltung störender Diffusionspotentiale der Meßelektrode.

$E_{Lösung}$ kann direkt über eine Platin-Kalomel-Kette gemessen werden. Die Aktivitäten von ox- und red-Form des Redoxites sind unbekannt und nicht direkt zugänglich. Aus Titrationskurven ist nur das ungefähre Konzentrationsverhältnis $[ox_{Redoxit}] / [red_{Redoxit}] = 1$ und das zugehörende Gleichgewichtspotential der Lösung, das dem gesuchten $E^0_{Redoxit}$ entsprechen sollte, zugänglich. Ersteres muß aber nicht unbedingt auch für die entsprechenden Aktivitäten genau gleich 1 sein. Strenge Reversibilität ist nur für das Gleichgewicht zwischen red- und ox-Form der Lösung, etwa $Fe(H_2O)_6^{2+} \rightleftharpoons Fe(H_2O)_6^{3+}$ sowie zwischen red- bzw. ox-Form der Lösung und Pt-Elektrode nachgewiesen, für $red_{Redoxit} \rightleftharpoons ox_{Redoxit}$ nur wahrscheinlich. Wie in dieser Arbeit gezeigt, enthält besonders die Oxydation von $red_{Redoxit}$ durch $ox_{Lösung}$ häufig irreversible Anteile. Im allgemeinen wird die Reversibilitätsbedingung ausreichend erfüllt sein, wenn oxydimetrische und reduktometrische Titrationskurve zu genau dem gleichen Wert für das "Normalpotential" führen. Das ist jedoch oft nicht der Fall. Wie weiter unten beschrieben, dauert die Einstellung der Gleichgewichte $red_{Redoxit} \rightleftharpoons ox_{Lösung}$ und $ox_{Redoxit} \rightleftharpoons red_{Lösung}$ häufig 30 bis 50 Stunden und länger. Die Anwesenheit von Semichinonstufen kann ausgeschlossen werden, wenn der Mittelteil der Titrationskurven, wie in Bild 1 und 2, genügend waagerecht verläuft. Umgekehrt läßt sich nach Michaelis und Schubert (8) aus dem Anstieg dieses Mittelastes der Titrationskurve die im Gleichgewicht vorhandene Semichinonkonzentration berechnen.

Damit haben die bisher an Redoxiten gemessenen sogenannten Normal-Redoxpotentiale infolge Unkenntnis der Aktivitäten des Redoxites sowie Anteilen irreversibler Oxydation und Reduktion keine strenge thermodynamische Bedeutung. Es sind nur Realpotentiale für ungefähr 50 %ige Oxydation-Reduktion des Redoxites unter den jeweiligen Versuchsbedingungen. Trotzdem sind sie zur Beschreibung der Eigenschaften von Redoxiten von großem Interesse.

Die bei der Messung auftretenden experimentellen Schwierigkeiten werden wieder am Beispiel des Ferrocenpolystyrol-Redoxites erläutert. Bild 1 zeigt die reduktive Titrationskurve mit Titan(III)-lösung. Der Endpunkt ist nicht sehr scharf und daher das Verhältnis $[ox_{Redoxit}] / [red_{Redoxit}] = 1$ nicht sehr genau, aber noch befriedigend ablesbar. Ein geringer Fehler geht hier wegen des flachen Kurvenverlaufes nur wenig in das entsprechende Gleichgewichtspotential ein. Es ist aber sicherzustellen, daß die Reduktion keine irreversiblen Anteile enthalten hat. Das ist hier in erster Näherung der Fall. Zum Vergleich zeigt Bild 2 die oxydative Titrationskurve mit Cer(IV)-Lösung. Das starke Oxydationsmittel oxydiert das Harzskelett stark irreversibel. Der Endpunkt und damit das abgelesene "Normalpotential" ist daher hier erheblich ungenauer und problematischer als bei der reduktiven Titration. Als Endpunkt darf auch nicht einfach, wie gelegentlich in der Literatur beschrieben, die unter anderen Verhältnissen gemessene Redoxkapazität eingesetzt werden.

Um die Notwendigkeit eines peinlichen Luftausschlusses in Lösung und Apparatur zu zeigen, genügt zum Beispiel bei einer Einwaage von 0,16 mval reduzierte Form des Redoxites bereits der in 100 ml 1n Schwefelsäure gelöste Luftsauerstoff, um 50 - 70 % des Harzes schon vor Beginn der Titration zu oxydieren und damit die Kurve stark zu verzerren. Die Meßapparatur nach Bild 3 erlaubt strengen Luftausschluß. Die verwendeten Lösungsmittel werden in der Apparatur nach Bild 4 in einer vorgeschalteten Redoxitsäule von gelöstem Sauerstoff befreit. Der Gehalt der verwendeten schwefelsauren Titan(III)-chloridlösung muß vor jeder Zugabe neu eingestellt werden.

Das Gleichgewichtspotential wird nach jeder Titrationsmittelzugabe nur sehr langsam erreicht. Nach Bild 5 war bei der reduktometrischen Titration mit Titan(III) das Potential jeweils erst nach etwa 20 Stunden befriedigend konstant. Bei der oxydimetrischen Titration (Bild 6) mit Cer(IV) wird die Potentialänderung erst nach 30 bis 50 Stunden kleiner als etwa 5 mVolt/Stunde. In der Literatur sind Messungen beschrieben, bei denen nur jeweils 6 bis 10 Stunden nach jeder Titrationsmittelzugabe gewartet wurde. Das kann in ungünstigen Fällen die Titrationskurve und damit das erhaltene Normalpotential stark verfälschen. Zum Beispiel sind in Bild 7 die oxydimetrischen Kurven für jeweils 5, 10, 30 und 50 Stunden Gleichgewichtseinstellung gezeichnet. Der Verlauf der Kurven nach 5 bis 30 Stunden ist im Oberteil falsch, entsprechend ergibt sich auch ein unrichtiges "Normalpotential". Auch hier ist die reduktive Titration (Bild 8) günstiger, bei der sich die Kurven für 20 und 30 Stunden bereits weitgehend einer extrapolierbaren Grenzkurve für vollständige Gleichgewichtseinstellung nähern. Reduktive und oxydative Titration führen in vorliegendem Beispiel zu recht verschiedenen "Normalpotentialen". Die reduktive Titration von Polystyrol-Redoxiten mit den Redoxsystemen Methylenblau, Ferricenium-Kation, Hydrochinon und Naphthochinon ergibt wie erwartet unterschiedliche Werte von 474 ± 10; 415 ± 5; 390 ± 10; 284 ± 5 mVolt. Überraschenderweise liefern die oxydativen Kurven mit Cer(IV) für alle Redoxite fast die gleichen, aber erheblich höher liegenden Werte von 715 ± 10; 714 ± 10; 710 ± 10; 724 ± mVolt. Es ist sehr aufschlußreich, daß hier die Titration von reinem Polyaminostyrol sowie verkochtem Polystyrol-4-diazoniumsalz ("Polystyrol") unter gleichen Bedingungen ebenfalls Werte von 665 ± 5 bzw. 712 ± 5 mVolt ergibt. Es wird also durch die in schwefelsaure Cer(IV)-sulfatlösung im Verlauf der 3 - 4 Wochen und länger dauernden Titration offensichtlich das allen Redoxiten gemeinsame Harzskelett irreversibel oxydiert und dieser Vorgang gemessen.

In diesem Vortrag wurde Cer(IV) als Beispiel für ein besonders starkes Oxydationsmittel gewählt, um die Komplikationen der oxydimetrischen Potentialbestimmung besonders deutlich zu machen. Es ist aber darauf hinzuweisen, **daß auch schwächere Reduktionsmittel wie Eisen (III) in 1n** schwefelsaurer Lösung die Redoxite bei längerer Einwirkung merklich irreversibel oxydieren können. Das geht bereits aus dem Unterschied zwischen reversibler und irreversibler Redoxkapazität des Ferrocenpolystyrol-Redoxites bei der Oxydation mit Eisen(III) hervor.

Führen reduktive und oxydative Titration infolge irreversibler Anteile nicht zum gleichen "Normalpotential", so liegt dessen wahrer Wert zwischen beiden. Jedoch nicht als arithmetisches Mittel, sondern meist erheblich näher dem reduktiv erhaltenen Potential. Das wurde bei Redoxaustauschern nicht immer genügend berücksichtigt.

<u>Neue Redoxaustauscher</u>

<u>Redoxite mit reiner Elektronenaufnahme-abgabe.</u> Fast alle bisher bekannten Redoxite (4), (1), (7), (9c, d, f, g, p), (3) und (2) enthalten Redoxsysteme mit Dehydrierungs-Hydrierungsmechanismus

$$H_nR \rightleftharpoons R + n\,H^+ + ne \qquad n = 1,2$$

Der hier beschriebene Ferrocenpolystyrol-Redoxit (9k) nimmt nur Elektronen auf bzw. gibt sie ab:

$$R \rightleftharpoons R^{+n} + ne$$

Solche Redoxaustauscher lassen eine wesentlich geringere pH-Abhängigkeit des Redoxpotentials erwarten als die des erstgenannten Typs. Messungen hierüber sind im Gange.

<u>Hydrid-Anionenaustauscher</u> (9l). Das Anionenaustauschersalz des Boranat-Anions wird als irreversibler Redox-Ionenaustauscher nach dem Schema

$$H^- \xrightarrow{-e} 1/2\ H_2\ (\xrightarrow{-e} H^+)$$

zu molekularem und günstigenfalls positivem Wasserstoff oxydiert. Das aus dem Boranat gebildete Borat bleibt am Anionenaustauscher gebunden und verunreinigt die reduzierte Lösung nicht. Der BH_4^--Anionenaustauscher hat mit dem 4 bzw. 8-fachen der Anionenaustauschkapazität die bei weitem höchste theoretische Reduktionskapazität der bisher bekannten Redoxaustauscher. 3,5 mval BH_4^-/g getrocknetem Anionenaustauscher entsprechen dann etwa 14 bzw. 28 mval e/g. Im Gegensatz zu anderen Redoxaustauschern mit tiefem Redoxpotential ist der BH_4^--Anionenaustauscher an der Luft verhältnismäßig stabil. So sinkt die nach einem Tag Trocknen gemessene experimentelle Gesamt-Reduktionskapazität von etwa 8,2 mval/g lufttrockener Lewatit M 600 (0,4 - 0,5 mm) erst nach 200 - 250 Stunden an der Laborluft auf die Hälfte ab.

Anorganische Redoxite. Die Ausdehnung des Begriffes der Redoxaustauscher über Redoxharze hinaus veranlaßte uns zur Suche nach rein anorganischen Redoxiten. In einer Arbeit von Weiss, Koch und Hoffmann (10) wurde das Mineral Nontronit mit Sulfit zu einer tiefgrünen Form reduziert und anschließend mit Wasserstoffperoxyd wieder in die honiggelbe oxydierte Form umgewandelt. Nontronit ist ein Tonmineral vom Typ des Montmorillionites, in dessen starren Silikat-Doppeloktaederschichten Silicium isomorph durch Eisen(III) ersetzt ist. Dieses ist an Kanten und Ecken einer Oxydation und Reduktion zugänglich (10). In Übereinstimmung mit den genannten Autoren wurde mit 0,1n schwefelsaurer Eisen(III)-Lösung eine Redoxkapazität von etwa 0,17 mval/g gemessen, die jedoch, wie zu erwarten war, infolge Zersetzung des Silikates im sauren Medium rasch stark abnimmt. Ungeachtet dessen erscheint uns der Nontronit nach den Beobachtungen von Weiss, Koch und Hoffmann das erste Beispiel für einen natürlich vorkommenden, rein anorganischen Redoxit zu sein. Weitere Vertreter dieser neuen Klasse werden zur Zeit bearbeitet.

Aus einem zunächst störenden Nebeneffekt des Ionenaustauschs hat sich eine neue chemische Arbeitsmethode entwickelt. Damit sind Redoxaustauscher ein eindringliches Beispiel dafür, wie schnell das anfänglich Störende und Anomale zum Normalen und damit das Normale zu Anomalem werden kann (12).

Meinen Mitarbeitern Dr. K. Dorfner, Frl. Dipl. Chem. E. Bauer, Frl. L. Perera und ganz besonders Dipl. Chem. O. Sigmund und cand. chem. W. Wigand danke ich für vorzügliche Mitarbeit herzlich, der Deutschen Forschungsgemeinschaft sowie Herrn Dir. Dr. W. Hagge, Farbenfabriken Bayer, Leverkusen, für Unterstützung.

Literatur

1. H. G. Cassidy
a) J. Amer. Chem. Soc. 71 (1949), 402; b) I. H. Updegraff u. -, ebenda 71 (1949), 407; c) M. Ezrin, I. H. Updegraff u. -, ebenda 75 (1953), 1610; d) - u. M. Ezrin, J. H. Updegraff, ebenda 75 (1953), 1615; e) M. Ezrin u. - ebenda 78 (1956), 2525; f) J. Harwood u. -, ebenda 79 (1957), 4360; g) R. Stern, J. English u. -, ebenda 79 (1957), 5792; h) V. Verplanck u. -, J. Polymer Science 19 (1956), 307; i) L. Luttinger u. -, ebenda 20 (1956), 417; k) L. Luttinger u. -, ebenda 22 (1956), 271; l) I. D. Robinson, M. Fernandez-Rofojo u. -, ebenda 39 (1959), 47; m) Y.-H. Chen, M. Fernandez-Rofojo u. -, ebenda 40 (1959), 433; n) Proc. Nat. Acad. Sci. 38 (1952), 934; o) M. Ezrin u. -, Ann. N. Y. Acad. Sci. 57 (1953), 79.

2. a) G. F. Mills u. B. N. Dickinson, Ind. Engng. Chem. 41 (1949), 2842; b) L. M. Minsk, AP. 2 694 693 (C. A., 49 (1955), 2779); c) C. G. Overberger u. A. Lebovits, J. Amer. Chem. Soc. 77 (1955), 3675; d) S. Soloway u. L. Schwartz, Science 121 (1955), 730; e) F. S. Arimoto u. A. C. Haven, J. Amer. Chem. Soc. 77 (1955), 6295; f) H. Dalibor; Dissertation Greifswald 1957; g) K. Gutweiler, Dissertation Mainz 1957; h) M. L. Bhaskara Rao, B. Mukerjee u. S. R. Palit, Chem. Ind. 1961, 145.

3. H. P. Gregor
a) - u. D. Dolar, G. K. Hoeschele, J. Amer. Chem. Soc. 77 (1955), 3675; b) Angew. Chem. 72 (1960), 712.
4. R. Griessbach
a) I. G. Farbenindustrie Wolfen, DP-Anmldg. I 75869 IVb (1943); b) I. G. Farbenindustrie Wolfen (R. Griessbach, H. Lauth, E. Meier), DP-Anmldg. I 77574 (8. 6. 1944); c) Beiheft Nr. 31 zur Angew. Chem., Berlin, 1939.
5. N. Grubhofer, Naturwiss. 42 (1955), 557.
6. W. Kuhn
a) Angew. Chem. 70 (1958), 58; b) - u. A. Ramel, D. H. Walters, Angew. Chem. 70 (1958), 314; c) - u. A. Ramel, D. H. Walters, G. Ebner, H. J. Kuhn, Fortschr. Hochpolymer-Forschg. 1 (1960), 540.
7. G. Manecke
a) Z. Elektrochem. 57 (1953), 189; b) ebenda 58 (1954), 363, 369; c) ebenda 62 (1958), 311 mit Ch. Bahr; d) Angew. Chem. 67 (1955), 613; e) ebenda 68 (1956), 583; f) - u. Ch. Bahr u. Ch. Reich, ebenda 71 (1959), 646; g) Naturwiss. 44 (1957), 260 mit Ch. Bahr.
8. L. Michaelis u. M. P. Schubert, Chem. Revs. 22 (1938), 437.
9. B. Sansoni
a) Naturwiss. 39 (1952), 281; b) Z. Elektrochem. 57 (1953), 194; c) Abstracts XIII. JUPAC-Kongreß, Stockholm 1953, S. 52 (Angew. Chem. 66 (1954), 143); c) Naturwiss. 41 (1954), 212, 213; e) - u. K. Jörger, DBP-Anmldg. S. 41 795 IVc/12d (2. 12. 1954); f) Dissertation, Univ. München, 1956; g) Chem. Techn. 10 (1958), 580; h) - u. K. Dorfner, Angew. Chem. 71 (1959), 160; i) Angew. Chem. 72 (1960), 569; k) - u. O. Sigmund, Angew. Chem. 73 (1961), 299; l) - u. O. Sigmund, Naturwiss., im Druck; m) O. Sigmund, Diplomarbeit Marburg/Lahn 1961; n) mit W. Wiegand u. O. Sigmund, in Vorbereitung; o) - mit E. Bauer u. L. Perera, in Vorbereitung; p) - mit K. Dorfner, in Vorbereitung; q)

unveröffentl. Versuche; r) Angew. Chem., im Druck.
10. A. Weiss, G. Koch, U. Hofmann, Ber. dt. Keram. Ges. 31 (1954), 301;
11. Vgl. auch W. M. Clark, Oxidation-Reduction-Potentials of Organic Systems, The Williams & Wilkins Comp., Baltimore, 1960; E. A. Guggenheim, Thermodynamics, North-Holland-Publ. Comp., Amsterdam, 1957; auch F. Helfferich, Ionenaustauscher I, Verlag Chemie, Weinheim/Bergstr., 1958.
12. Nach einer Diskussionsbemerkung von Herrn Prof. Dr. U. Hofmann, Heidelberg, könnte man im Thema dieses Symposiums fast das "A" aus "Anomal" streichen, da sich nun fast alle Anomalien auf ganz natürliche Weise erklären lassen.

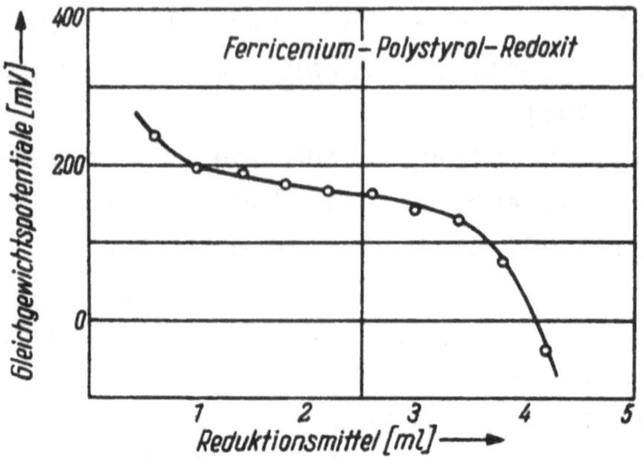

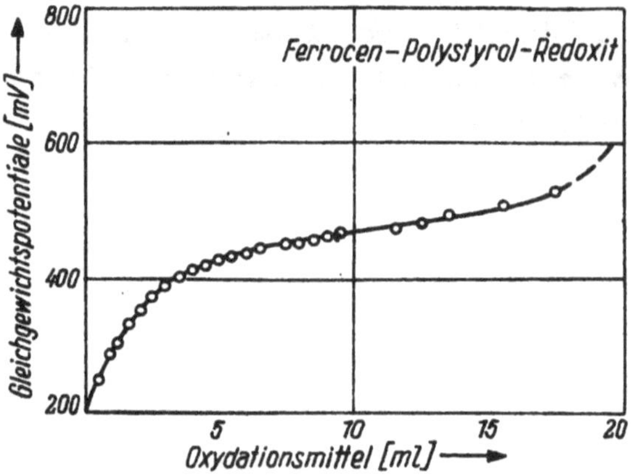

Abb. 1 u. Abb. 2 Potentiometrische Titrationskurven von Ferricenium- bzw. Ferrocenpolystyrol-Redoxit in 1n Schwefelsäure bei 20,00 ± 0,05° C; Abszisse: Reduktions- bzw. Oxydationsmittel (ml); Ordinate: Gleichgewichtspotential der Lösung gegen ges. K. E. (mVolt).

Abb. 1: reduktometrisch mit 0,1 n $TiCl_3$; 409,8 mg Trockengewicht ox-Form (Korngröße des Polyaminostyrols 0,3 - 0,5 mm), einmal mit Dithionit reduziert und mit Eisen(III) oxydiert.

Abb. 2: oxydimetrisch mit 0,1 n $Ce(SO_4)_2$; 165,4 mg Trockengewicht ox-Form (Korngröße des Polyaminostyrols 0,3 - 0,5 mm), reduziert mit 10 % $Na_2S_2O_4$ in 2n NH_3, mit O_2-freiem Wasser gewaschen.

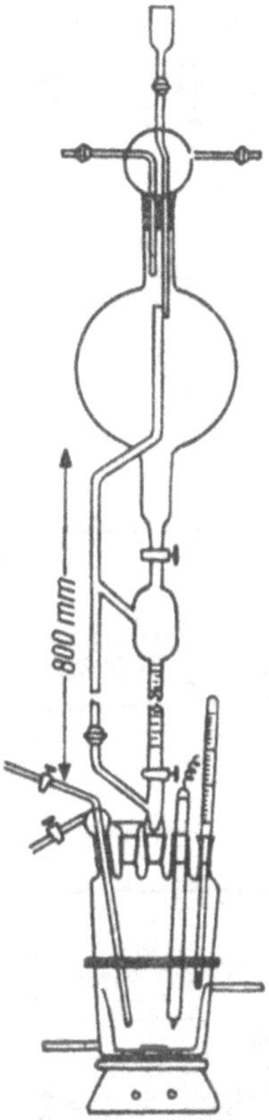

Abb. 3 Apparatur zur redoximetrischen Titration.

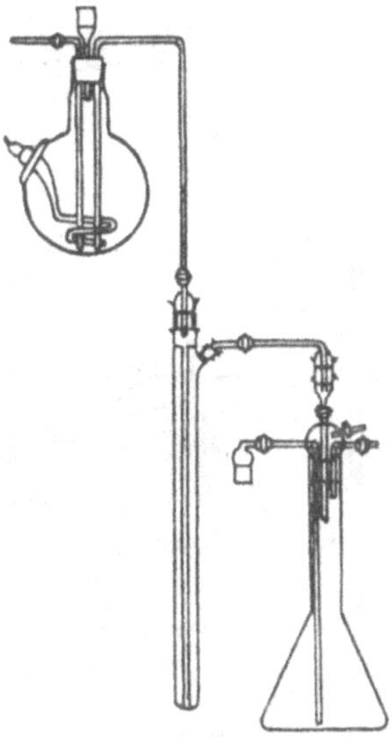

Abb. 4 Anordnung zur Herstellung von Maßlösungen unter vollständigem Luftausschluß.

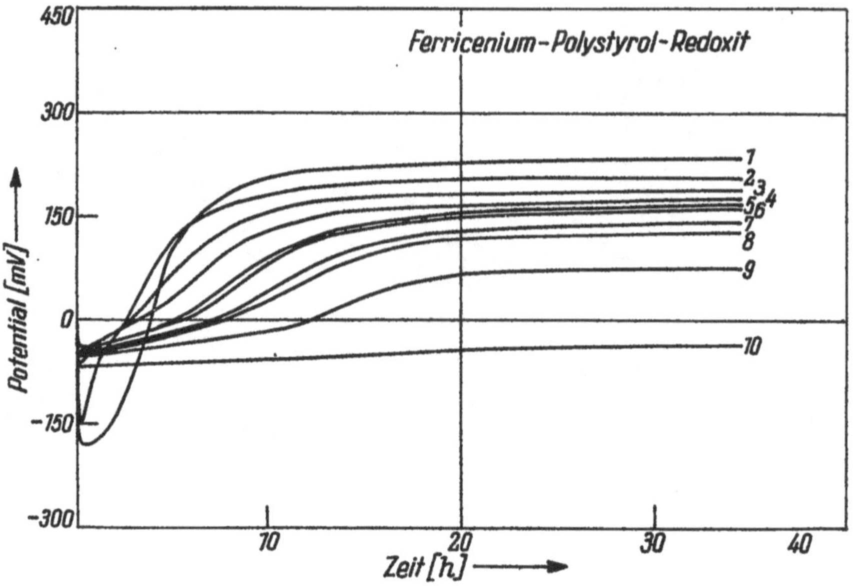

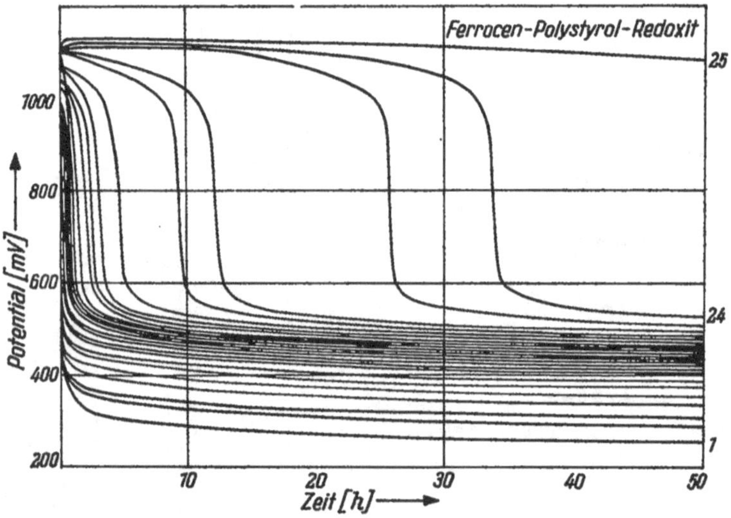

Abb. 5 u. Abb. 6 Abhängigkeit der Potentialeinstellung von der Zeit für jede Redoxmittelzugabe
Abszissen: Zeit (h); Ordinate: Potential der Lösung gegen ges. K. E. (mVolt).
Abb. 5: reduktive Titration des Ferriceniumpolystyrol-Redoxits (zu Bild 1)
Abb. 6: oxydative Titration des Ferrocenpolystyrol-Redoxits (zu Bild 2).

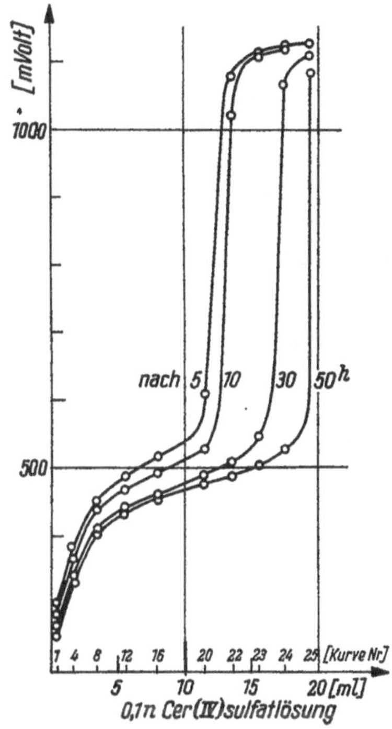

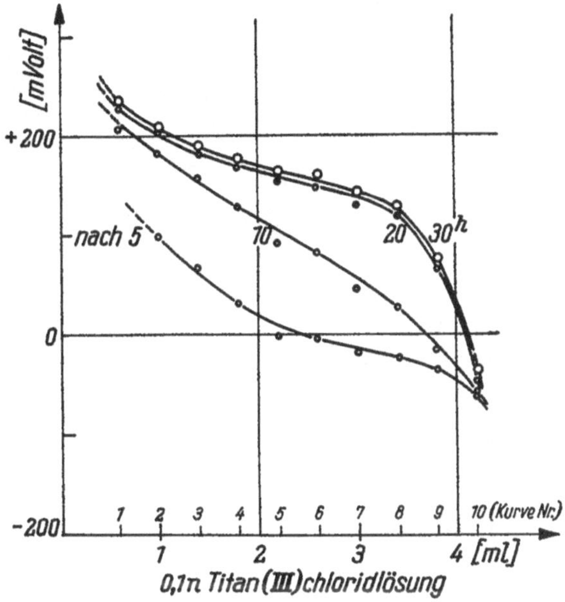

Abb. 7 u. Abb. 8 Titrationskurven von Ferriceniumpolystyrol- bzw. Ferrocenpolystyrol-Redoxit für verschieden lange Gleichgewichtseinstellung nach jeder Titrationsmittelzugabe

Abb. 7: reduktiv mit Titan(III) (nach Bild 5)

Abb. 8: oxydativ mit Cer(IV) (nach Bild 6).

Probleme des Ionenumtauschs in wasserfreien ionisierenden Lösungsmitteln

von E. Blasius und F. Wolf

Anorganisch-Chemisches Institut der Technischen Universität, Berlin

In einer unlängst von Blasius und Wolf veröffentlichten Arbeit (1) konnte der quantitative Ionenumtausch des Na^+ in Na-Acetamid gegen das an einem Kationenaustauscher gebundene Li erzielt werden. Als Lösungsmittel diente ein Gemisch aus Acetamid und Methylacetamid. Für einen Ionenumtausch in wasserfreien Lösungsmitteln ist Voraussetzung, daß diese Lösungsmittel eine größere Anzahl von Substanzen ionogen zu lösen vermögen, daß sie über einen ausreichenden Temperaturbereich flüssig sind und den zur Verwendung kommenden Austauscher nicht angreifen. Das Lösungsmittel muß das Gerüst- und Hydratwasser des Austauschers ersetzen können. Weiterhin muß im Lösungsmittel die An- bzw. Abwesenheit von Wasser gut kontrollierbar sein. Nach der Definition von Jander handelt es sich also um nichtwässrige, aber wasserähnliche Lösungsmittel.

Diese oben angeführten Bedingungen gelten für die in der vorliegenden Arbeit benutzten Lösungsmittel N,N-Dimethylformamid, Acetonitril und Dimethylsulfoxyd. Die drei verwendeten Lösungsmittel sind bei Zimmertemperatur flüssig, ihre DK beträgt: Dimethylformamid: 36,7; Acetonitril: 37,5; Dimethylsulfoxyd: 48,9. Sie sind durch fraktionierte Destillation im Vakuum (Dimethylformamid und Dimethylsulfoxyd) bzw. bei Normaldruck (Acetonitril) gut zu reinigen. Der Wassergehalt wurde mit Karl-Fischer-Lösung in einer dead-stop-Apparatur bestimmt. Hierbei waren Wassermengen von 0,1 mg in 10 g Lösungsmittel noch gut zu erfassen.

Als Austauschermaterial diente der stark saure Kationenaustauscher Permutit RS. Die Entfernung des Wassers aus dem Austauscher erfolgte mit Hilfe von Dioxan als Zwischenmedium. Der Ersatz des Wassers durch Dioxan und anschliessend der Ersatz des Dioxans durch das weitere Lösungsmittel geschah in einer Apparatur, die einem Extraktionsapparat ähnlich ist. Sie ist auf Bild 1 wiedergegeben. Das Dioxan läuft im Kreisprozeß durch die Austauscherschicht und wird im Kolben durch metallisches Ca und Na ständig getrocknet. Bei diesem Prozeß schrumpft die Austauscherschicht beträchtlich; ihre Höhe vermindert sich um ca. 30 %. Nach der Entfernung des letzten Wassers wurde das Dioxan mit dem zur Verwendung kommenden Lösungsmittel verdrängt. Diese Behandlung ist für das einzelne Austauscherkorn schonender als beispielsweise eine Vortrocknung an der Luft. Trocknet man z. B. Austauscher-Körner im Exsikkator über H_2SO_4 oder P_2O_5 oder auch im Vakuumtrockenschrank, so tritt ebenfalls Schrumpfen ein, und die anschließend mit Wasser befeuchteten Körner quellen so spontan, daß sie zu einem Brei kleiner kantiger Teilchen zerfallen; das ist auf den Mikroaufnahmen, Bild 2 - 5, zu erkennen. Bild 2 sind die Körner eines stark sauren Kationenaustauschers, die bei einer Temperatur von 50^{0} im Vakuumtrockenschrank getrocknet und anschließend (Bild 3) mit Wasser befeuchtet wurden. Bild 4 zeigt einen in gleicher Weise behandelten stark sauren Kationenaustauscher schwachen Vernetzungsgrades; Bild 5 zeigt den gleichen Austauscher nach dem Befeuchten mit Wasser. Dieses Zerfallen der Körner ist bei den nach der Extraktionsmethode behandelten Körnern nur in geringerem Maße der Fall. Im Anschluß an die Behandlung nach jeder der angedeuteten Methoden sind jedoch die Austauscher in wässriger Phase wieder voll arbeitsfähig.

Um die Bindungsverhältnisse an einem nach der Extraktionsmethode behandelten Austauscher zu untersuchen, wurde eine nach dieser Methode vorbehandelte Säule, die den Austauscher in der Li^{+}-Form enthielt, mit einer Lösung von

$Ag NO_3$ behandelt. Die Durchflußgeschwindigkeit betrug hierbei ca. 1 Tropfen/2 sec. Die Säule wurde mit einem Thermostaten ständig auf einer Temperatur von 50^0 gehalten. Sie hatte einen Durchmesser von 20 mm und war etwa 30 cm hoch gefüllt, so daß die Austauschermenge ca. 100 ml betrug. Im Eluat der Säule wurden nach weitgehendem Einengen Ag und Li in üblicher Weise als Chloride bestimmt; in Dimethylsulfoxyd erfolgte die Bestimmung des Li als Sulfat.

Als Ergebnis zeigt sich, daß in Dimethylformamid und Dimethylsulfoxyd ein völliger Umtausch des Ag^+ gegen Li^+ erfolgt. In Acetonitril erfolgt der Umtausch nur zu 20 %. Es tritt aber in diesem Lösungsmittel eine beträchtliche Neutraladsorption auf. Ferner ist die Bindungsfestigkeit des Ag^+ so gering, daß auch durch das reine Lösungsmittel geringe Ag^+-Mengen aus der Säule gewaschen werden. Aus diesem Verhalten muß geschlossen werden, daß in Acetonitril gelöstes $AgNO_3$ einen schwachen Elektrolyten darstellt. Die für die Versuche verwendete Menge an $AgNO_3$ betrug jeweils etwa 1 g (zwischen 750 und 1300 mg).

In Lösungsmitteln, die schwächer polar sind als Wasser, ist die Solvatation meist schwächer, und daher ist das Quellvolumen von Austauschern in nichtwässriger Phase meist geringer als in wässriger Phase. Die Bindungsverhältnisse sind, wie auch frühere Arbeiten von Sansoni zeigen, gegenüber den Verhältnissen in wässrigem Medium oft erheblich verändert. Ist die Bindungsfestigkeit zweier Ionen in einem bestimmten Lösungsmittel ausreichend unterschiedlich, so kann wie in wässriger Phase ein entsprechender Umtausch erfolgen.

<u>Literatur</u>

1. E. Blasius und F. Wolf, Z. analyt. Chem. 171 (1959), 88.

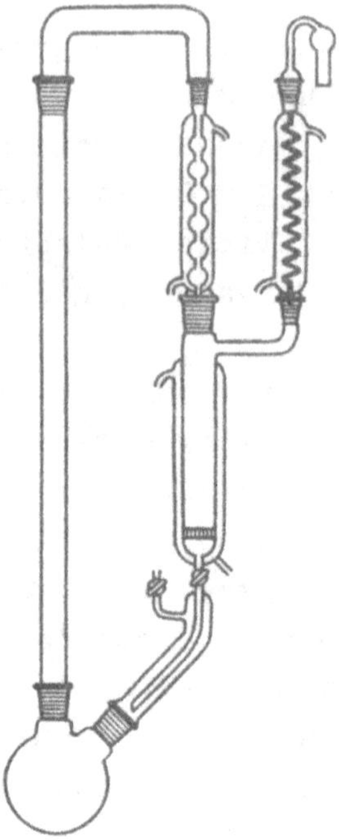

Abb. 1

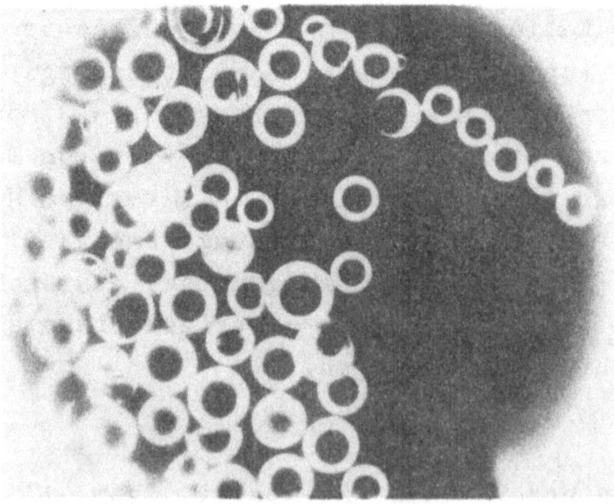

Abb. 2 Kationenaustauscher, stark sauer, getrocknet.

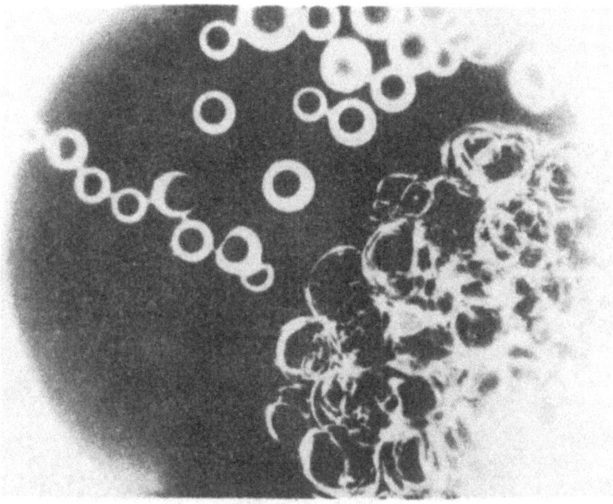

Abb. 3 Austauscher wie Abb. 2, nach dem Befeuchten mit Wasser. Im linken oberen Teil des Bildes befinden sich noch trockene Körner.

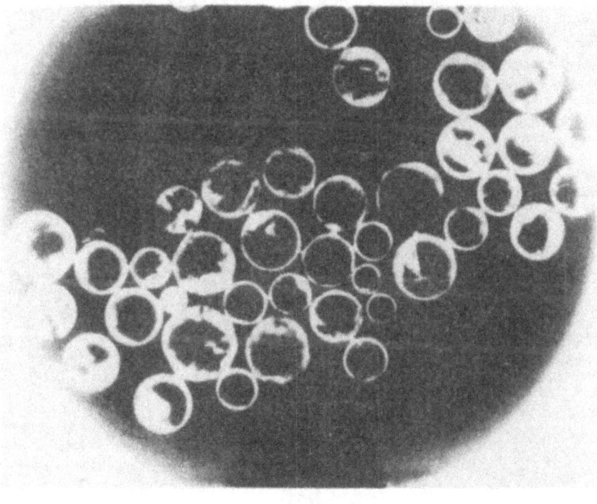

Abb. 4 Schwach vernetzter, stark saurer Kationenaustauscher, getrocknet.

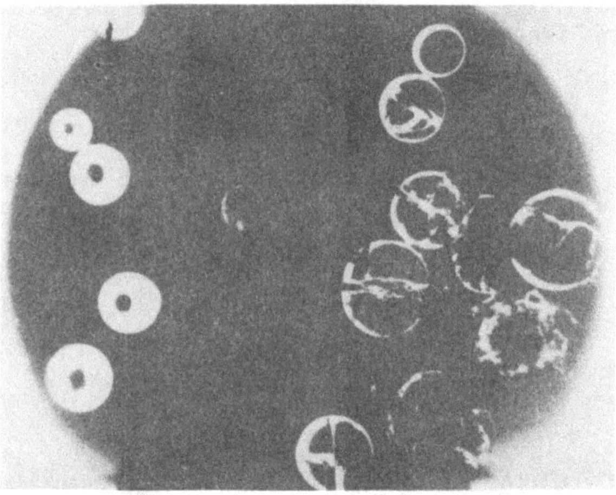

Abb. 5 Austauscher wie Abb. 4, nach dem Befeuchten mit Wasser. Die Körner am linken Bildrand sind noch trocken.

Die adsorptive Beladbarkeit fester und flüssiger Ionenaustauscher mit Ammoniak und Phenolen

von E. H. Becker-Boost

Fa. Dr. C. Otto u. Co., Bochum

1. Aufgabenstellung

Die Lösung der technischen Aufgabe, Ammoniak aus relativ konzentrierten Lösungen mittels Ionenaustauschern zu gewinnen, erforderte die Untersuchung der Beladung der Ionenaustauscher mit Ammoniak.

Die experimentellen Ergebnisse, die bei der Verarbeitung von Ammoniakwasser aus Kokereien und Gaswerken zunächst mit festen Kationenaustauschern erzielt wurden, dienten als Grundlage für die Ableitung von Formeln, mit denen technische Apparaturen ganz allgemein für den Stoffaustausch in Systemen aus ruhenden Feststoffen, die von Flüssigkeiten durchströmt werden, berechnet werden können. Demgegenüber genügen die wenigen speziellen Kenntnisse über den Austausch mit flüssigen Kationenaustauschern noch nicht, um eine Projektierungsmethodik für den Flüssig-Flüssig-Ionenaustausch darauf aufzubauen. Man kann sich in diesem Falle mit den Berechnungsweisen der Flüssig-Flüssig-Extraktion helfen. In der vorliegenden Arbeit werden daher nur einige experimentelle Ergebnisse über die Ammoniak- und Phenol-Bindung an einem flüssigen Kationenaustauscher mitgeteilt.

2. Zusammensetzung der Flüssigkeiten

An verschiedenen Stellen der Kokerei und der Gaswerke fällt das sog. Ammoniak- oder Kokereiwasser an (1), nach dem Sprachgebrauch der Chemiker eine "verdünnte Lösung" von Ammoniumsalzen, die organische und anorganische Begleitstoffe enthält. Da jedoch die Konzentration an Ammoniak darin zwischen 500 und 1000 mval/l liegt und daher um etwa drei Zehnerpotenzen konzentrierter ist als Leitungs- oder Kesselspeisewasser, bezeichnet der Ionenaustauscher-Fachmann eine solche Lösung als "konzentriert", ja sogar bei oberflächlicher Betrachtung als zu konzentriert für die wirtschaftliche Anwendung des Ionenausausches.

Tabelle 1

Bestandteile	Kondensate (halbdir.)	NH_3-Waschwasser	Kokereiwasser (indir.)	Abwasser der NH_3-Destillation
NH_3, gesamt	4 - 8	9 - 15	8,5 - 15	0,02 - 4,5
NH_3, frei	2 - 4	8 - 12	8 - 12	0,02 - 1,0
CO_2	3,9-2,4	5 - 12	3 - 14	-
H_2S	0,3-0,9	1 - 3,5	1,5-3,5	0,02 - 0,2
HCN	0,055	0,1-0,5	0,2 - 2	0 - 0,02
HCNS	0,05	-	0,7-1,2	0 - 0,8
fixe Säuren	-	-	3,4-5,6	0,02-0,6 [1]
Phenole	3,1-0,7	1 - 3	2 - 3	0,05 - 1,5 [2]
Pyridinbasen	0,2-0,5	0,15	0,1-0,2	-
pH-Wert	8 - 10	-	9 - 9,5	5 - 11,5

[1] Nur $H_2S_2O_3$ [2] C_6H_5OH

Die Tabelle 1 zeigt die Konzentration der wichtigsten Bestandteile von Ammoniakwasser. Die genannten Nebenbestandteile und Verunreinigungen, wie Teer- und Ölreste, Phenole usw. verursachten bei der Verarbeitung dieser Lösungen mit festen Ionenaustauschern oft Schwierigkeiten, die zum Teil in der Adsorptionskraft der verwendeten Ionenaustauscher für die Verunreinigungen begründet sind, die sich zunächst in einer Verschmutzung und als Folge davon in einer Verminderung der Umsatzgeschwindigkeit und der effektiven Beladbarkeit mit Ammoniak ausdrücken.

3. Auswahl der Ionenaustauscher

Von den festen Kationenaustauschern wurden verschiedene handelsübliche Fabrikate untersucht und schließlich solche Produkte verwendet, die durch gezielte Weiterentwicklung von Polystyrolsulfonsäureaustauschern erhalten wurden. Durch die Erhöhung der Vernetzung mit Divinylbenzol bis auf 25 Gew. % wurden mechanisch stabile, besonders wenig quellende und gut mit Ammoniak beladbare Austauscher erhalten.

Flüssige Kationenaustauscher gibt es noch nicht - jedenfalls nicht unter dieser Bezeichnung - im Handel. Für die Versuche mußten daher Probeansätze verwendet werden, die von verschiedenen Firmen zur Verfügung gestellt wurden, wobei sich Phosphorsäureester, die als selektives Extraktionsmittel bereits technische Anwendung finden, gut eigneten.

4. Beschreibung der Beladung und der Nebenreaktionen

Die erwünschte Umsetzung kann vereinfacht beschrieben werden:

$$RH + NH_4X = RNH_4 + HX$$

(R = festes Anion eines Ionenaustauschers, X = Anionen, die an NH_4^+-Kationen gebunden sind).

Die Kationen Pyridinium, Na^+, Mg^{++} und Ca^{++}, die in viel geringeren Konzentrationen als das Ammoniumion im technischen Ammoniakwasser vorliegen, werden vom Austauscher zwar ebenfalls gebunden, aber bei erschöpfender Beladung durch die NH_4^+-Ionen wieder verdrängt. Dagegen bleiben die aus den Anionen entstehenden freien Säuren (HX) zum Teil auf der Austauscheroberfläche, zum Teil im Inneren der Körnchen hängen, wobei die Art der Bindung noch nicht eindeutig geklärt ist. Die bei der Umsetzung des Ammoniumthiosulfates und der Ammoniumpolysulfide entstehenden Säuren $H_2S_2O_3$ und H_2S_y scheiden in der schwachsauren Lösung (pH-Wert etwa 2 - 3) elementaren Schwefel ab:

$$H_2S_2O_3 = S + H_2SO_3$$

$$H_2S_x = H_2S + S_{x-1},$$

der sich ebenfalls auf dem Austauscher ablagert.

Bei der Verwendung eines flüssigen Kationenaustauschers entgasen die schwachen Säuren ebenfalls, während eine Schwefelabscheidung nicht eindeutig beobachtet werden konnte.

5. Beladbarkeit fester Ionenaustauscher+)

a) Definitionen

Die Beladbarkeit c_s eines Ionenaustauschers ist diejenige Menge einer bestimmten Ionensorte, die von einer Gewichts- oder Volumeneinheit des mit den Gegenionen beladenen Ionenaustauschers gebunden werden kann (also die Konzentration in der festen Phase, s = solidus). Für eine genaue und reproduzierbare Fixierung der Austauschermenge sind der Beladungszustand, der Wassergehalt, die Quellung und die Körnung anzugeben, selbst wenn es sich um wohl definierte, typisierte Markenerzeugnisse handelt, da sogar beim gleichen Produkt von Lieferung zu Lieferung Schwankungen in der Qualität vorliegen können. Es ist üblich, bei festen Austauschern das Volumen einer mit einem Überschuß des vorgesehenen Regeneriermittels regenerierten und mit Wasser gespülten, von Hand eingerüttelten Austauscherschicht zugrunde zu legen. Da die Beladbarkeit von dem Phasengleichgewicht der austauschenden Ionensorten zwischen der Lösung einerseits und der festen Phase andererseits bestimmt wird, ist die Beladbarkeit eines jeden Austauschertyps keine eindeutige Stoffkonstante, sondern muß für jedes System aus Lösung und Ionenaustauscher experimentell ermittelt werden.

Die sog. stöchiometrische Beladbarkeit $c_{s,st}$, die durch die Anzahl der Äquivalente an austauschaktiven

---

+) Diese Darstellung lehnt sich an die Definition an, die der Verfasser in einer früheren Arbeit (2) festgelegt hat.

Gruppen im Schüttvolumen oder pro Gewichtseinheit Ionenaustauscher definiert ist, charakterisiert jede Austauschersorte; sie hängt insbesondere vom Vernetzungsgrad des Austauschers, von seiner Herstellungsweise und seiner Packungsdichte ab und kann in der Praxis nur dann ausgenutzt werden, wenn eine lange Ionenaustauschersäule, die mit einem sehr großen Überschuß an Regeneriermittel behandelt wurde, von einer überschüssigen Menge der Umsatzlösung, die eine stärker affine Ionensorte als die in der regenerierten festen Phase gebundene enthält, langsam durchströmt wird.

Falls diese gleiche Ionenaustauschschicht mit einer stärker konzentrierten Lösung umgesetzt wird, so wirkt sich zusätzlich zu der stöchiometrischen noch die sog. adsorptive Beladbarkeit $c_{s,a}$ aus (sog. "Überkapazität" nach Grießbach). Je höher die Konzentration an Salzen in der Lösung ist, um so mehr davon wird im Inneren des Gelgerüstes gebunden, so daß diese Bindungsart auch als "Neutralsalzabsorption" bezeichnet werden kann. Zusätzlich und unabhängig davon können auch andere ionisierte und nicht ionisierte Lösungsbestandteile an der Kornoberfläche und im Innern der Teilchen gebunden werden ("Molekül-adsorption"). Durch Ausspülen eines Austauscherfilters nach der Beladung mittels Wasser oder einem anderen Lösungsmittel kann die derart gebundene Stoffmenge ermittelt werden.

Die adsorptive Beladbarkeit ist also definiert als die nicht stöchiometrische Bindung von Lösungsbestandteilen, die - nach den allgemeinen Gesetzmäßigkeiten der Ad- und Absorption - von der Konzentration der umgebenden Lösung an den betreffenden Bestandteilen gesteuert wird. Da die adsorptive Beladbarkeit in manchen Fällen nach Grießbach (3) ein mehrfaches der stöchiometrischen sein kann, muß diese Komponente bei der Projektierung stets untersucht werden. Da jedoch zur adsorptiven Beladung auch z. B. die Bindung von Phenolen, organischen Säuren usw. im Übertragenen Sinne sogar die Ablagerung von festen Stoffen zählt, kann das Bindungsvermögen für den gewünschten Lösungsbestandteil, also hier die Ammoniakbindung erheblich beeinträchtigt werden, so daß durch diese anomalen Nebeneffekte des Ionenaustausches die höhere Beladbarkeit sehr gedrückt werden kann.

Die maximale Beladbarkeit (oder MVK = max. Volumenkapazität) eines Ionenaustauschers ist definiert durch

$$c_s = c_{s,st} + c_{s,a}$$

Im technischen Betrieb kann nur ein Bruchteil der maximalen Beladbarkeit ausgenützt werden, was als eff. Beladbarkeit c_{eff} oder als "nutzbare Volumenkapazität" (NVK) bezeichnet wird. Der Einfluß aller vorgegebenen und frei veränderlichen Bedingungen des intermittierenden Betriebes einer Ionenaustauschersäule auf diesen Bruchteil kann durch ein Produkt von Wirkungsgraden gekennzeichnet werden, siehe Abb. 2.

Zunächst bezeichnet der Regenerierungsgrad η_R, der den Erfolg der Regenerierung charakterisiert, den Bruchteil der beladbaren austauschaktiven Gruppen, bezogen auf die insgesamt vorhandene Anzahl. Je mehr Regeneriermittel angewandt wird, um so näher kommt der Regenerierungsgrad dem Wert $\eta_R = 1$ und um so größer sind die laufenden Ausgaben für die Regenerierung, aber andererseits können auch durch die Erhöhung der Beladbarkeit die Kosten für die Apparaturen und damit für deren Amortisation und Verzinsung gesenkt werden.

Von der nach der Regeneration verfügbaren Beladbarkeit wird bei der Beladung im allgemeinen wiederum nur ein Bruchteil η_B, der als Beladungsgrad bezeichnet werde, ausgenützt. Er hängt einerseits von dem Gleichgewicht und der Umsetzungsgeschwindigkeit bei der Beladung, also von Eigenschaften des vorgegebenen Systems, andererseits von den Betriebsbedingungen ab, die nur zum Teil frei wählbar, zum anderen Teil durch Menge und Art der Ausgangslösung gegeben sind (Strömgeschwindigkeit, mittlere Verweilzeit, Temperatur der Lösung). Der Beladungsgrad ist durch den Verlauf der sog. Beladungskurve zu charakterisieren, siehe unten.

Die Dimension der Apparatur und ihre Konstruktion, z. B. das Verhältnis der Höhe einer Austauschersäule zu ihrem Durchmesser, wird durch einen sog. geometrischen Faktor η_G berücksichtigt. Bei den Filterversuchen wird dieser Faktor, der auch die Randgängigkeit und die Kanalbildung einschließt, zunächst zusammen mit dem Beladungsgrad gemessen und kann durch systematisches Verändern der Apparatur nach den Ähnlichkeitsgesetzen eliminiert werden (Klammer (4)).

Schließlich können verschiedene Bestandteile der Umsetzlösung, wie Schwebestoffe, Öl, koagulierende Substanzen sowie unlösliche Umsetzungsprodukte des Beladungsvorganges+) die Beladbarkeit einer Ionenaustauschersorte, verglichen mit der in sauberen Lösungen gemessenen und in den Listen angegebenen, oft erheblich vermindern. Dies kann durch einen Verschmutzungsfaktor η_V berücksichtigt werden, der durch die Abnahme der Leistungsfähigkeit nach einer großen Anzahl von Cyclen mit den technischen Flüssigkeiten im Vergleich zu den Versuchen mit synthetisch hergestellten sauberen Lösungen definiert werden kann.

Dieser Faktor bringt auch die Alterung der Ionenaustauscher zum Ausdruck, womit die Abnahme der Beladbarkeit mit der Zeit bezeichnet wird, die durch chemische Angriffe ("Korrosion") oder durch mechanische Abnutzung ("Erosion" oder "Abrieb") verursacht wird.

+) Beim Durchsatz von hartem Wasser durch einen Ionenaustauscher, der mit Schwefelsäure regeneriert wurde und noch Reste davon enthält, kann sich Calciumsulfat bilden und auf oder in den Körnchen ablagern, wodurch ihre Poren verstopft werden.

Insgesamt bewirken die verschiedenen Einflüsse - Regenerierung, Beladung, Dimensionierung und Verschmutzung - einen mehr oder weniger schnellen Anstieg der Konzentration der zu bindenden Ionensorte in der Lösung, die aus einer Ionenaustauschsäule abfließt. Das drückt sich in der verschiedenen Form der sog. Beladungskurve aus.

b) Einfluß der adsorptiven Beladbarkeit bei der Berechnung der technischen Apparatur

Um die Ergebnisse der Versuche im Laboratorium und in der halbtechnischen Apparatur mit etwa 1 bis 100 l Ionenaustauschmaterial auf die Berechnung und den Bau großtechnischer Apparaturen mit mehreren m^3 Austauscherfüllung anwenden zu können, werden Formeln benötigt, die die gemessenen Werte in einen Zusammenhang bringen.

Man geht zweckmäßig von einer Bilanzbetrachtung aus, wie sie in Abb. 2 dargestellt ist.

Die Bilanzgleichung besagt, daß die Abnahme der Lösungskonzentration in Strömungsrichtung (für den Säulenquerschnitt F = 1) durch die Zunahme der Beladung in dem Säulenelement (also einem Abschnitt der Schüttschicht)

$$dV_A = F \cdot dz$$

ausgeglichen wird, das sich aus der stationären festen Phase und der mobilen flüssigen Phase im Zwischenraum zwischen den Körnchen zusammensetzt, so daß sich die Konzentrationsänderung innerhalb dV_A als Beladungszunahme der festen Austauscherteilchen und als Konzentrationsänderung der Lösung im Zwischenraum zwischen den Körnern auswirkt.

Die Konzentration der gebundenen Ionensorte muß als Funktion der ablaufenden Flüssigkeitsmenge, also c = f (V), explizit dargestellt werden, was die sog. Beladungskurven ergibt.

Als Parameter können die Betriebsbedingungen wie Strömgeschwindigkeit und Verweilzeit gewählt werden.

Um diese Zusammenhänge aus der Bilanzgleichung nach Abb. 2 ableiten zu können, müssen folgende Beziehungen bekannt sein:

die Beladbarkeit als Funktion der Lösungskonzentration: $c_s = f(c)$,

die Zunahme der Beladung der Austauscherteilchen mit der Zeit: $c_s = f(t)$,

die Veränderung der Konzentration in der Lösung bzw. im Kornzwischenraum mit der Zeit: $c = f(t)$.

Bei c_s handelt es sich um die <u>gesamte</u> Beladung der Austauscherteilchen, ohne daß eine nähere Aussage über die Art der Bindung - stöchiometrisch oder adsorptiv - gemacht wird.

Die Verteilungs- und Gleichgewichtskoeffizienten K_d und K_c geben einen Zusammenhang $c_s = f(c)$, z. B. in der Formulierung

$$K_d = c_s/c; \quad K_c = \frac{a_s \cdot b_l}{a_l \cdot b_s}$$ (a und b seien die beiden auszutauschenden Ionensorten)

Beide Koeffizienten sind nur in stark verdünnter Lösung konstant, z. B. bis zu einer Konzentration von 10 - 100 mval/l.

Es wurde gefunden, daß beim NH_4^+ - H^+-Austausch an Polystyrolsulfonsäuren sowohl K_c als auch K_d mit zunehmender Konzentration beträchtlich abnehmen.

Ebenso gelten die kinetischen Beziehungen

$$c_s = f(t) \text{ sowie } c = f(t)$$

nur für verdünnte Lösungen, wobei der Einfluß der Lösungskonzentration auf die Diffusionsgeschwindigkeit in der Lösung und innerhalb der Austauscherporen explizit noch nicht allgemein dargestellt werden kann (5). In diese kinetischen Gleichungen geht der Durchmesser der Austauscherkörnchen ein. Bei den technisch angewandten Ionenaustauschersorten handelt es sich aber ganz allgemein um Gemische mit ganz verschiedenen Korngrößen, z. B. zwischen 0,2 und 1,5 mm, so daß für eine jede dieser Austauschersorten das kinetische Verhalten experimentell untersucht werden muß. Im vorliegenden Falle der Verarbeitung konzentrierter Lösungen hängt überdies die adsorptive Beladbarkeit von der Körnung des Materials ab.

Schließlich fehlen außer Kenntnissen über den Einfluß der adsorptiven Beladbarkeit auch Ansätze, bei denen der Einfluß der Verteilung der Lösung über den Säulenquerschnitt, also die Bedeutung des Verweilzeitspektrums zum Ausdruck kommt. Die Folge dieser komplizierten Verhältnisse in konzentrierten Lösungen ist, daß trotz erheblich vereinfachender Annahmen selbst so umständlich anzuwendende Gleichungen wie derjenigen von Glueckauf (6), Gilliland und Baddour (7) und Vermeulen und Mitarbeiter (8) zur Lösung des vorliegenden Problems nicht geeignet sind. Da die kinetischen Ansätze nach Helfferich (9) streng sogar nur für den Isotopenaustausch gelten und für die praktisch vorkommenden Systeme die Theorie noch sehr nachhinkt, ist nach dem heutigen Stand die Aufstellung und Anwendung halbempirischer Gleichungen nicht zu umgehen.

c) Die Berechnung der erforderlichen Ionenaustauschermenge unter Berücksichtigung der adsorptiven Beladbarkeit

Die Menge V_A (z. B. Schüttvolumen) an Ionenaustauscher, die zur Reinigung einer vorgesehenen Lösungsmenge V_L von ihrer Ausgangskonzentration C_0 auf die mittlere Endkonzentration c_E erforderlich ist, ist der jeweils erreichten Beladung c_s des Ionenaustauschers umgekehrt proportional (s. Abb. 1).

$$V_A = \frac{V_L(C_0 - \bar{c}_E)}{c_s} \qquad (3)$$

Diese Beladung c_s ist ein Bruchteil der "effektiven Beladbarkeit" c_{eff}, die auch die adsorptive Beladung einschließt. Die Abb. 3 zeigt den Zusammenhang zwischen der relativen Beladung $c_s/c_{s,eff}$ und der "Beladungskurve"

$$\frac{c_V}{c_0} = f\,(V^x)$$

wobei die "relative" Ablaufmenge $V^* = \frac{V_L}{V_A}$ ist.

Die Beladung ergibt sich aus der zulaufenden Ionenmenge $c_0 \cdot V^*$, wovon die im Ablauf enthaltene Ionenmenge =

$$\int_0^{V^*} c_V \, dV^*$$

abzuziehen ist.

Die Abb. 4 zeigt für eine und dieselbe Ionenaustauschersorte Beladungskurven, wie sie z. B. einerseits für die Kesselspeisewasserenthärtung (B), andererseits für den Ionenaustausch in einer stärker konzentrierten Lösung (A) charakteristisch sind, sowie die nach verschiedenem Lösungsdurchsatz jeweils erreichte relative Beladung c_s in % der unter den gewählten Bedingungen nach Ablauf von mindestens V^*_{end} m^3 Lösung/m^3 Austauscher überhaupt erreichbaren effektiven einschl. der adsorptiven Beladbarkeit c_{eff}.

Die gewählte Durchbruchskonzentration $c_D/c_0 = 5$ % wird beim Beispiel (A) schon nach $V^x_D = 20$ m^3 Lösung/m^3 Austauscher überschritten, während beim Beispiel (B) mehr als die zehnfache Menge an Lösung gereinigt werden kann. Im Beispiel (B) spielt übrigens der Verlauf der Beladungskurven in Abszissennähe keine große Rolle; für eine zehnmal kleinere Endreinheit von 0,1° deutscher Härte (c_D/c_0 = = 0,5 %) kann eine fast ebenso große Ablaufmenge erzielt werden. Wie die Abb. 3 zeigt, sind am Durchbruchspunkt bei der konzentrierten Lösung nur 57,1 % der erreichbaren Beladbarkeit ausgenützt, beim Enthärten von Kesselspeisewasser jedoch schon mehr als 90 %.

Zur <u>Berechnung dieser Kurven</u> sowohl für verdünnte als auch für konzentrierte Lösungen, bei denen die adsorptive Beladbarkeit eine Rolle spielt, können halbempirische Gleichungen aufgestellt werden. Als kennzeichnende Größen für den Kurvenverlauf dienen einerseits die Beladbarkeit c_s, andererseits ein effektiver Ionenübergangskoeffizient k^*, der die Dimension

$$\left[\frac{\text{Volumen}}{\text{Menge x Zeit}}\right], \text{ z. B. } \left[\frac{m^3}{\text{kgNH}_3 \text{ x Zeit}}\right] \text{ hat.}$$

Hiermit kann man eine die Neigung der Beladungskurven angebende dimensionslose kinetische Kenngröße

$$\beta \mathrel{\widehat{=}} C_0 \cdot k^* \cdot \bar{\tau} \mathrel{\widehat{=}} C_0 \cdot k^* \cdot \frac{L}{W} \qquad (4)$$

definieren; die mittlere Verweilzeit $\bar{\tau} = V_A/V_L'$, während in der Austauschertechnik häufig mit der sog. Filterbelastung (m^3 Lösung pro h und m^3 Austauscherschüttung) gerechnet wird.

Die relative Ablaufkonzentration der zu bindenden Ionensorte c_v, bezogen auf die Ausgangskonzentration C_o kann als Funktion der relativen Ablaufmenge V^* m^3 Lösung/m^3 Austauscher beschrieben werden:

$$\frac{c_V}{C_0} = \frac{1}{1 + e^{\beta \cdot V^*}} \qquad (5)$$

Man kann nun die Beladbarkeit c_{eff} eliminieren und dann die Beladungskurven verschiedener Systeme unmittelbar miteinander vergleichen, wenn man die Kurven statt auf den Nullpunkt $V^* = 0$ auf die sog. Halbwertsmenge $V^*_{1/2}$ bezieht, die der Lösungskonzentration $c_V = \frac{1}{2} C_o$ zugeordnet ist.

Bei symmetrischen Kurven ist

$$V^*_{1/2} = \frac{C_{s,eff}}{C_0} \qquad (6)$$

Damit auch asymmetrische Beladungskurven mathematisch behandelt werden können, die nach Lapidus (10) insbesondere beim Einfluß von Adsorptionsvorgängen beobachtet werden, wird die Kurve in die beiden Äste unterhalb und oberhalb des Ordinatenwertes $\frac{1}{2} C_0$ aufgeteilt, deren Steigungsmaß durch einen effektiven Ionenübergangskoeffizienten k^*_1 bzw. k^*_2 charakterisiert wird.

Außerdem wird die Halbwertsmenge $V^*1/2$ durch ein Korrekturglied f korrigiert, so daß als Abszissenwert der Ausdruck

$$\Delta V^* = \frac{C_{eff}}{C_0} - f - V^* \qquad (7)$$

eingesetzt wird, der nunmehr die Länge der Kurvenäste angibt. Die Abb. 5 zeigt asymmetrische Beladungskurven nach Gleichung (5), jedoch nach Eliminierung der Beladbarkeit gemäß Gleichung (7) und mit getrenntem Steigungsmaß für die beiden Kurvenäste. Experimentell ermittelt man die Koeffizienten k^*_1 und k^*_2 aus den Beladungskurven, die für verschiedene Betriebsbedingungen, insbesondere für wechselnde Strömgeschwindigkeit w und Ausgangskonzentration C_0 aufgestellt werden. Damit geht der Einfluß der adsorptiven Beladbarkeit sowohl in die Länge der Kurvenäste als auch in ihr Steigungsmaß ein. Mit wachsender Lösungskonzentration und daher zunehmender adsorptiver Beladbarkeit verringert sich häufig die Austauschgeschwindigkeit und, die Beladungskurven werden daher flacher.

d) Experimentelle Ergebnisse über die adsorptive Beladbarkeit von Polystyrolsulfonsäuren mit Ammoniak

Es wurden Versuche über die Zusammenhänge zwischen der adsorptiven Beladbarkeit von Polystyrolsulfonsäure mit Ammoniak bei Ammoniakkonzentrationen zwischen etwa 1 und 75 g NH_3/l durchgeführt. Abweichend von Literaturangaben wurde die Beladbarkeit bei einem mit 16 % Divinylbenzol vernetzten Austauscher beim Umsatz mit Ammoniumsalzlösungen höher festgestellt als bei wässrigem

Ammoniakwasser, siehe Abb. 6.

Nach der Formel im Buch von Grießbach (11) erhält man eine Kurve, die zwischen dem experimentell ermittelten Verlauf der Kurve für Kokerei-Ammoniakwasser und für reines Ammoniakwasser liegt. Diese gestrichelte Kurve ist nach folgender Formel berechnet:

$$\frac{c_{s,a}}{c_{st}} = \frac{1}{2} + \frac{1}{2}\sqrt{1 + \frac{4C_o}{c_s}\left(\frac{C_o}{c_s} + \frac{V_A}{V_L}\right)} \qquad (8)$$

Die gefundene Neutralsalzbindung, bezogen auf die stöchiometrische Beladbarkeit, ist beim **Umsatz** mit Kokerei-Ammoniakwasser höher als nach Gleichung (8); selbst für eine Konzentration an Ammoniak von nur 200 mval/l ist die Beladbarkeit schon um etwa ein Drittel höher als bei stark verdünnten Lösungen.

Wenn man ähnliche Versuche für verschieden hoch mit Divinylbenzol vernetzte Ionenaustauscher durchführt, wobei noch die Körnung des Materials und der Sulfurierungsgrad eine Rolle spielen, dann steigt die maximale Beladbarkeit mit der Ammoniakkonzentration in der Lösung bei mehreren Austauschertypen linear, bei anderen Sorten zunächst stärker und dann schwächer an. Das Steigungsmaß der Geraden läßt sich näherungsweise aus dem gesamten Wassergehalt des Ionenaustauschers, der mit steigender Vernetzung (bezogen auf das Schüttvolumen) zurückgeht, abschätzen. In erster Näherung ist die adsorptive Beladbarkeit

$$c_{s,a} \approx (\varepsilon_A + W) \cdot C_o \qquad (9)$$

wobei ε_A die an der Kornoberfläche gebundene und W die innerhalb des Gels vorhandene Wassermenge bedeuten. Die Abb. 7 zeigt die Ergebnisse, die mit Polystyrolsulfonsäuren und technischem Ammoniakwasser erzielt wurden.

Da die Wasseraufnahme W eines Ionenaustauschers experimentell leicht bestimmt werden kann, so läßt sich die Zunahme der Beladbarkeit bei steigender Lösungskonzentration für eine gegebene Austauschersorte im voraus grob abschätzen. Wenn man einen Erfahrungswert über die Adhäsionswassermenge ε_A zu Grunde legt oder durch Trocknung der Körnchen z. B. mittels Filtrierpapier bestimmt, dann läßt sich nach Formeln von Pepper, Gregor u. a. (12) die aufgenommene Wassermenge und damit das Steigungsmaß der Geraden in Abb. 7 in erster Näherung voraussagen. Demnach ist

$$V_H = V_{SK} + W_{H^+} \qquad (10)$$

(Volumen in H^+-Form = Skelettvolumen V_{SK} + Wassermenge W_{H^+}, aufgenommen pro 1 g Trockensubstanz in H^+-Form).

Für den NH_4^+-Austausch an "Dowex 50", vernetzt mit 8 % Divinylbenzol, ist das Skelettvolumen V_{SK} = 0,644 (H^+-Form) bzw. 0,738(NH_4^+-Form). Grießbach weist darauf hin, daß sich wegen des Zusammenhanges zwischen Divinylbenzolgehalt, Quellung und Sulfonierungsgrad bei mittlerer Vernetzung ein Maximum der auf das Schüttvolumen bezogenen Beladbarkeit ergibt, was bei unseren Versuchen nicht bestätigt wurde (s. Abb. 7).

e) Über die Adsorption von Phenolen an festen Ionenaustauschern

Es ist seit langem bekannt, daß Kationenaustauscher Phenole zu binden vermögen. Im halbtechnischen Maßstabe wurden beispielsweise durch den Weiß-Elster-Verband Versuche durchgeführt. Die Beladbarkeit fester Kationenaustauscher mit Phenolen hat F. Wolf bei diesem Symposium ausführlich erläutert und theoretische Zusammenhänge aufgeführt.

Da jedoch bei dem hier ausgearbeiteten Verfahren das Phenol nur ein Nebenbestandteil ist - dessen Beseitigung allerdings sehr erwünscht wäre - wurde zunächst nicht versucht, das zwangsläufig an den Kationenaustauscher gebundene Phenol im Zuge der Regeneration zu entfernen. Wir haben beobachtet, daß dann - also bei Säureregenerierung des Kationenaustauschers - nur ein Bruchteil der zulaufenden Phenolmenge gebunden wird und daß die Hauptmenge davon in das Regenerat übertritt. Es bleibt ständig ein Blindwert an Phenolen im Ionenaustauscher, wodurch eine ausreichende Entphenolung verhindert wird.

Bei der Verwendung von Kationenaustauschern zur Phenoladsorption müßte vor oder nach der Regeneration mit Säure eine Spülung mit einem organischen Lösungsmittel, wie z. B. Methanol, eingeschaltet werden. Wenn man aber schon ein Lösungsmittel hierfür einsetzen muß, von dem stets ein Teil in das Abwasser und in das Regenerat übertritt und daraus nur mit großem Aufwand wiedergewonnen werden kann, dann ist es technisch sinnvoller, allein mit Lösungsmitteln zu arbeiten und die Flüssig-Flüssig-Extraktion anzuwenden. Feste Kationenaustauscher können auch bei kleinen Phenolkonzentrationen mit flüssigen Extraktionsmitteln nicht konkurrieren.

Das Gleiche gilt auch für die stöchiometrische Bindung von Phenolen an stark basische Anionenaustauscher, da auch hierbei vor oder nach der "eigentlichen" Regeneration mit Alkali eine Behandlung mit Lösungsmitteln notwendig ist. In beiden Fällen, also beim Kationen- und beim Anionenaustausch, ist der Verschmutzungsfaktor ziemlich niedrig (also die effektive Beladbarkeit sehr gedrückt), da nicht nur eine Blockierung austauschaktiver Stellen durch die Schmutzstoffe stattfindet, sondern insbesondere bei Austauschern auf Phenolharzbasis sogar irreversible Nachreaktionen der aufgenommenen Phenole mit dem Austauschergerüst ablaufen können.

Aus diesen technischen und wirtschaftlichen Gründen ist die Ermittlung der adsorptiven Beladbarkeit der Ionenaustauscher mit Phenolen nicht untersucht worden, zumal in der Zwischenzeit Versuche mit flüssigen Ionenaustauschern, die einen technischen Erfolg versprechen, begonnen wurden.

6. Beladbarkeit flüssiger Kationenaustauscher

Im Gegensatz zu den festen Ionenaustauschern kann bei flüssigen Austauschern die gesamte Beladbarkeit nicht in die stöchiometrische und die adsorptive aufgeteilt werden, und zwar deshalb nicht, weil die flüssigen Austauscher im allgemeinen in einem Lösungsmittel angewandt werden müssen, das oft selbst eine Löslichkeit für viele Bestandteile zeigt. Vorläufig sind keine Versuche unternommen worden, die anteilige Beladung des Lösungs- bzw. Verdünnungsmittels für den flüssigen Austauscher zu eliminieren.

Man bezieht in Anlehnung an die Extraktion die Beladung des flüssigen Austauschers auf die Gewichts- oder Volumenmenge der Mischung von aufgenommenem Stoff und Austauscher (einschl. der Lösungsmittel). Auch hierbei ist der Regenerierungsgrad und der Wassergehalt der Austauscher zu berücksichtigen.

Bei dem Umsatz eines aliphatischen Phosphorsäureesters mit Ammoniakwasser wurde festgestellt, daß diese kationenaustauschende Substanz nicht nur Ammoniak in freier und ionisierter Form binden kann, sondern auch erhebliche Mengen an Phenolen und Pyridinbasen. Dabei nimmt der flüssige Austauscher, der zuvor mit Schwefelsäure regeneriert wurde, je nach der angebotenen Menge das Ammoniak nahezu quantitativ auf.

Die Beladbarkeit mit Ammoniak liegt mit etwa 2 val/l in der Größenordnung der Beladungshöhe von Polystyrolsulfonsäuren, während der Verteilungskoeffizient für Phenole zwischen 20 und 50 liegt, so daß mit einer 3-stufigen Apparatur eine mindestens 98 %ige Entphenolung möglich ist. Es ist nicht gelungen, auch nur einen Teil des Ammoniaks durch Wasser aus dem Austauscher auszuspülen, so daß eine nichtstöchiometrische Absorption vermutlich nicht vorliegt. Auch die Phenole gehen bei der Regeneration mit Säure nur zu einem kleinen Bruchteil - etwa 5 - 10 % der aufgenommenen Menge - in das Regenerat über, der Rest muß durch Destillation abgetrennt werden.

Die Abb. 8 gibt die relative Beladung eines kationenaustauschenden Phosphorsäureesters als Funktion der angebotenen Menge an Ammoniak, Phenolen und Pyridinbasen an. Wenn die der maximalen Beladbarkeit entsprechende Menge (Abszissenwert 100 %) mit der "Austauscherlösung" umgesetzt wird, so werden etwa 90 % der maximalen Beladbarkeit mit Ammoniak und nur etwa 2/3 der Phenolkapazität ausgenützt, während eine gute Pyridinbasen-Bindung erst bei einem relativ noch größeren Angebot erreicht wird. Diese Ergebnisse sind durch einstufige Mischer-Scheider-Versuche im Laboratorium erhalten worden; in mehrstufigen Betriebsextraktoren sind also Resultate zu erwarten, die eine wirtschaftliche Anwendung in der Technik versprechen.

Eine besonders interessante Möglichkeit für die Anwendung der flüssigen Kationenaustauscher liegt in der destillativen Abtrennung sowohl des Ammoniaks als auch der Phenole und der Pyridinbasen aus dem flüssigen Austauscher. Damit ist eine Bindung der Basen (Ammoniak und Pyridin) an den Austauscher und ihre selektive Wiedergewinnung durch Schwefelsäure möglich, während die Phenole anschließend durch Vakuumdestillation abgetrennt werden können. Dieses Verfahren ist in Abb. 9 dargestellt.

Bei einer anderen Verfahrensweise kann man auch die beim "extraktiven Ionenaustausch" erhaltene, mit Ammoniak, Pyridinbasen und Phenolen beladene Flüssigkeit zweistufig destillieren: in der ersten Stufe werden die Phenole abgetrieben, in einer zweiten Stufe unter schärferen Bedingungen das Ammoniak und eventuell die Pyridinbasen.

Obwohl dieses Verfahren noch keineswegs als entwickelt gelten kann - im Gegensatz zu der ausführlich behandelten Ammoniakgewinnung mittels fester Ionenaustauscher, die bereits in einer technischen Anlage betrieben wird - ist jetzt schon auf die interessante Kombination der stöchiometrischen Beladung mit Ammoniak mit der rein adsorptiven

Beladung mit Phenolen hingewiesen worden.

Über ähnliche Versuche mit flüssigen Anionenaustauschern soll zu einem späteren Zeitpunkt berichtet werden.

Zusammenfassung:

Für die Berechnung von technischen Apparaturen mit festen Kationenaustauschern wird eine einfache Formel gegeben, die auch den Einfluß der adsorptiven Beladbarkeit an Ammoniak berücksichtigt. Dieser Anteil an der gesamten Beladbarkeit erhöht bei der Kokereiwasserverarbeitung mit Polystyrolsulfonsäuren deren "Kapazität" um etwa ein Drittel der in stark verdünnten Lösungen gemessenen, wobei die adsorptive Beladbarkeit mit zunehmender Lösungskonzentration um so mehr ansteigt, je geringer die Vernetzung mit Divinylbenzol ist. Bemerkungen über die Bindung von Phenolen an festen Ionenaustauschern führen zu dem Schluß, daß die Beladbarkeit für eine technische Anwendung nicht ausreicht. Demgegenüber verspricht die adsorptive Beladbarkeit flüssiger Kationenaustauscher mit Phenolen bei gleichzeitiger stöchiometrischer Bindung von Ammoniak technisch interessante Lösungen des Problems der Verarbeitung ammoniak- und phenolhaltiger Abwässer, das der vorliegenden Arbeit zugrunde liegt.

Literatur

1. E. H. Becker-Boost, Techn. Mitt. (Haus d. Technik) Essen, Heft 3, 1958, S. 139 - 150 und Monatsbull. des Schweiz. Ver. von Gas- und Wasserfachmännern, 36 (1956), 282 - 290.
2. E. H. Becker-Boost, Chem. Engineering Sci. XIV, Jan. 1961, S. 331 - 346.
3. R. Grießbach, Austauschadsorption in Theorie und Praxis, Akademie-Verlag Berlin 1957.
4. K. Klamer u. Mitarb., Chem. Engng. Sci. 1958 (IX), 1, 20.
5. E. H. Becker-Boost, Chem. Ing. Techn. 28 (1956), 411 u. 532.
6. E. Glueckauf, Symp. Soc. Chem. Ind. (London), 1954.

7. E. R. Gilliland u. R. Baddour, Ind. Eng. Chem. 45 (1953), 330.
8. T. Vermeulen u. N. K. Hiester, Chem. Engng. Progr. (1952), 48, 505 sowie bei Lit. (2), S. 347.
9. F. Helfferich, Ionenaustauscher Bd. I, Verlag Chemie 1959.
10. L. Lapidus, Ind. Eng. Chem. 49 (1957), 1000.
11. R. Grießbach, siehe (3), S. 136.
12. K. W. Pepper, J. Appl. Chem. 1 (1951), 127; H. P. Gregor u. Mitarb., siehe Grießbach (3), S. 235.

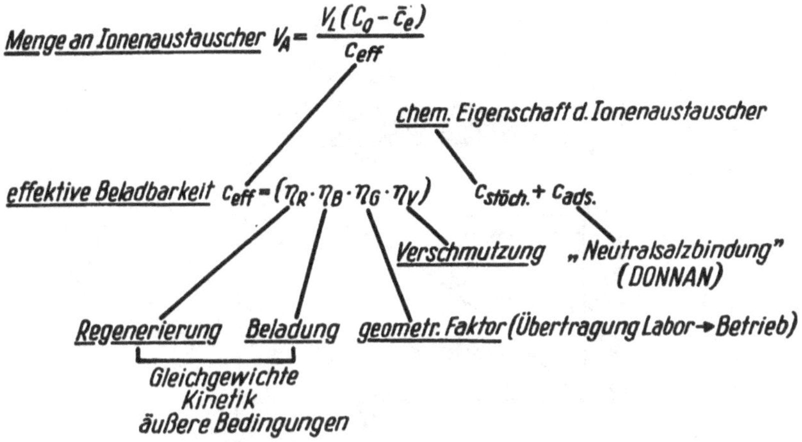

Abb. 1 Zusammenhang zwischen Menge des Ionenaustauschers und Beladbarkeit

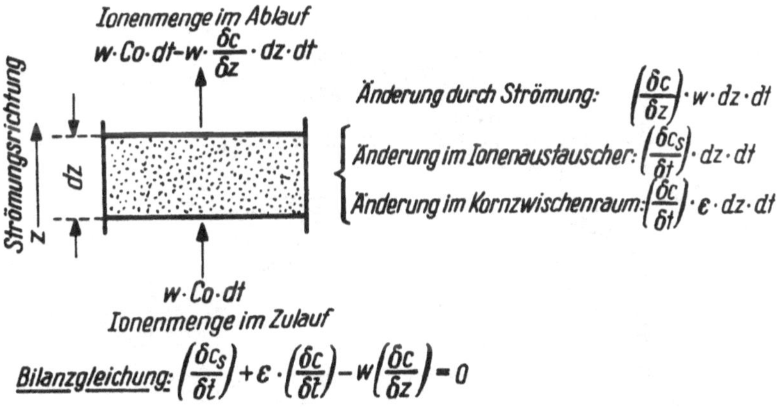

Abb. 2 Bilanz für eine durchströmte Ionenaustauscherschicht.

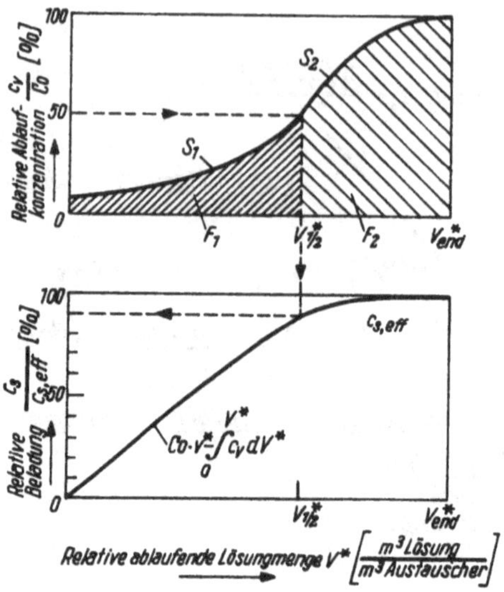

Abb. 3 Graphische Ermittlung der Beladung

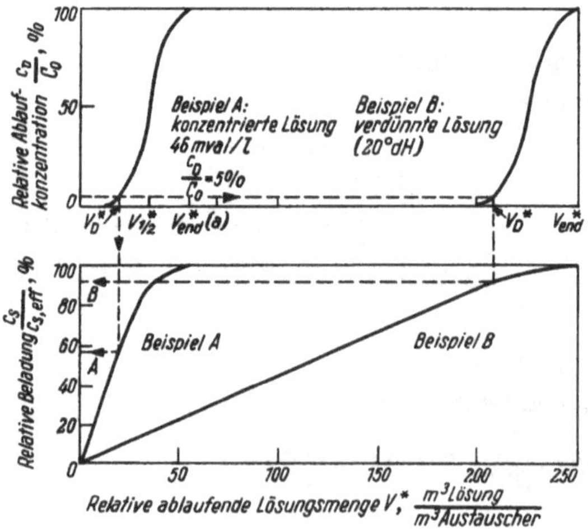

Abb. 4 Zusammenhang zwischen Beladungskurven und relativer Beladung für eine "verdünnte" sowie eine "konzentrierte" Lösung.

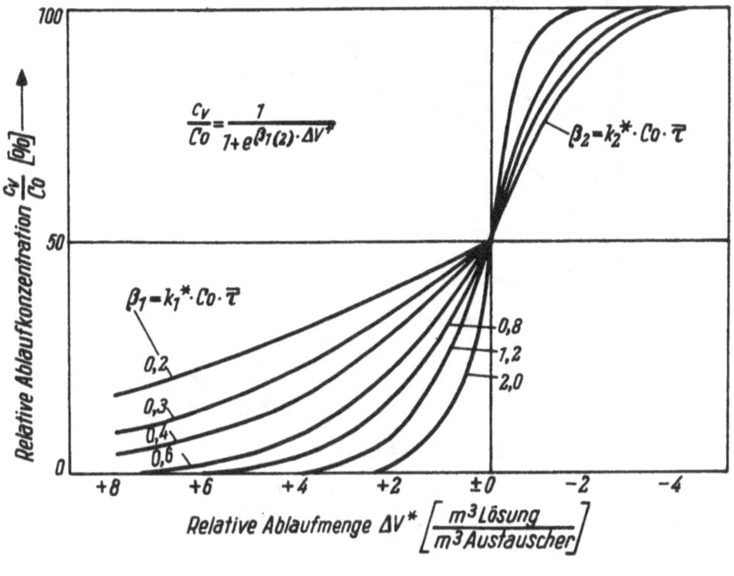

Abb. 5 Asymmetrische Beladungskurven.

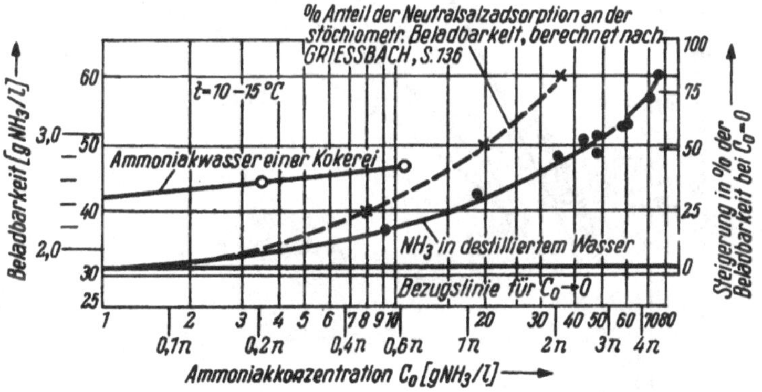

Abb. 6 Beladbarkeit einer mit 16 % DVB vernetzten Polystyrolsulfonsäure und Neutralsalzadsorption.

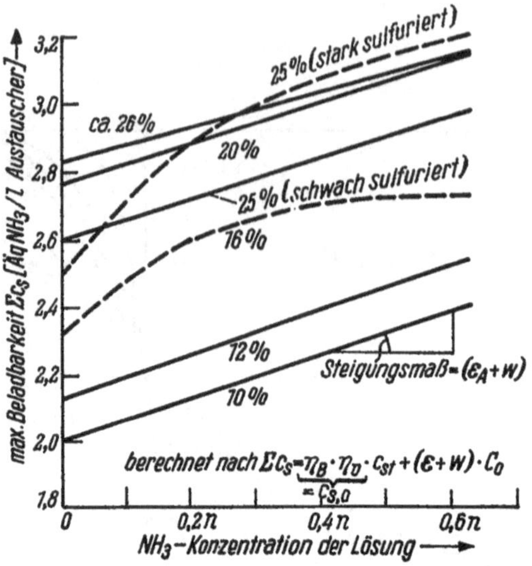

Abb. 7 Beladbarkeit als Funktion der Lösungskonzentration für verschieden hoch (mit DVB) vernetzte Polystyrolsulfonsäuren (Versuche mit technischem Ammoniakwasser).

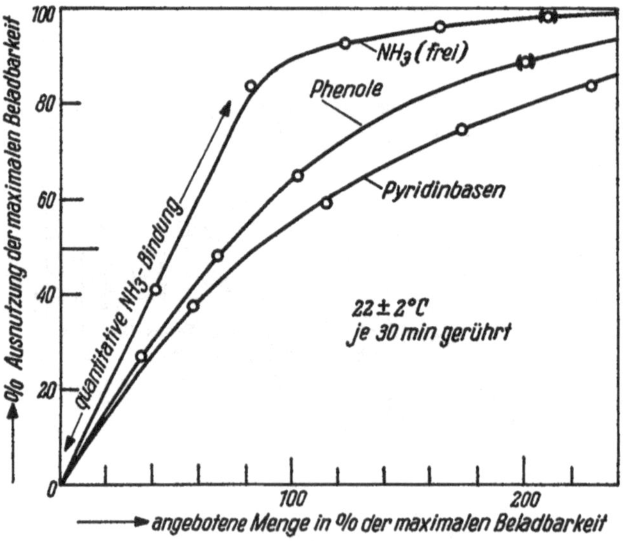

Abb. 8 Relative Beladung eines flüssigen Kationenaustauschers als Funktion der angebotenen Menge.

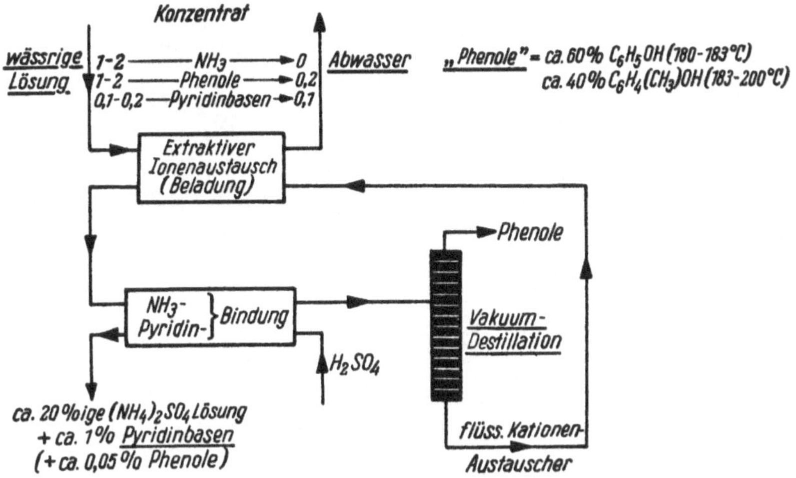

Abb. 9 Gewinnung von NH_3, Phenolen und Pyridinbasen mittels flüssiger Kationenaustauscher.

Über die radiochemische Bestimmung des Kationenaustauschvermögens von Tonmineralen. Besonderheiten im Verhalten des Kaolinits

von H. P. Boehm und K. H. Lieser

Anorganisch-Chemisches Institut der Universität Heidelberg und Eduard-Zintl-Institut für anorganische und physikalische Chemie der Technischen Hochschule Darmstadt

Bei der technischen Anwendung der Tonminerale sind die an ihrer Oberfläche gebundenen austauschfähigen Kationen von großer Bedeutung. So wird z. B. das plastische Verhalten des Kaolins ganz wesentlich von der Art und der Menge der austauschbaren Kationen beeinflußt, wie von Ul. Hofmann (1) gezeigt wurde.

Für die Bestimmung des Kationenaustauschvermögens der Tonminerale wurden zahlreiche Methoden ausgearbeitet. Dieses sehr einfach erscheinende Problem wird durch einige auf den ersten Blick unerwartete Effekte kompliziert, so daß genaue und zuverlässige Bestimmungen recht umständlich sind. Die meisten Verfahren erfordern relativ große Substanzmengen, etwa 1 - 10 g, und die genaue Einhaltung der Arbeitsvorschrift, wenn man brauchbare Ergebnisse erhalten will. Ein kritischer Vergleich der wichtigsten Verfahren wurde von Armin Weiß veröffentlicht (2).

Die Abb. 1 zeigt die Ursache des Kationenaustauschvermögens der Tonminerale. Die Tonminerale gehören zu den Schichtsilikaten. Im wesentlichen liegen zwei Typen vor, die sich vom Kaolinit oder vom Glimmer ableiten. Die einzelnen Schichten eines Kaolinitkristalls bestehen aus einer Si_2O_5-Schicht (Tetraederschicht), auf die eine Schicht aus Aluminium-Ionen folgt, die wegen ihrer Koordination als Oktaederschicht bezeichnet wird und durch Hydroxylionen abgeschlossen wird.

Bei den Glimmern ist die Oktaederschicht, die anstelle von Aluminium-Ionen auch die äquivalente Menge Mg^{2+}-, Fe^{2+}- und Fe^{3+}-Ionen enthalten kann, zwischen zwei Si_2O_5-Tetraederschichten eingebettet. In den Tetraederschichten ist ein Teil, etwa jedes vierte, der Silicium-Atome durch Aluminium ersetzt. Dadurch entsteht eine negative Ladung der Schichten, die durch Kationen ausgeglichen wird, die zwischen den einzelnen Schichten gebunden sind. Im Glimmer sind dies Kalium-Ionen. Die an den äußeren Basisflächen der Glimmerkristalle gebundenen Kationen sind beliebig gegen andere Kationen austauschbar.

Bei den meisten Tonmineralen des Glimmertyps sind weniger als ein Viertel der Silicium-Atome durch Aluminium ersetzt. Außerdem können durch wechselseitigen diadochen Ersatz von Aluminium und Magnesium (und anderen Kationen) in der Oktaederschicht weitere Ladungen entstehen. Je nach der Zahl der Ladungen pro Flächeneinheit, d. h. je nach der Flächendichte der austauschfähigen Kationen, entstehen die verschiedenen Tonminerale (3): die eigentlichen Glimmer besitzen pro $(Si,Al)_4O_{10}$-Baueinheit $0,8_8$ - 1,1 Ladungen, der Illit $0,6_6$ - $0,8_8$ Ladungen, der Montmorillonit $0,2_5$ - $0,5_5$ Ladungen. Bei dem letzten Typ kommt noch innerkristallines Quellvermögen hinzu (4). Dadurch werden auch die zwischen den Schichten gebundenen Kationen austauschbar.

Ganz analog besitzen die Kaoline und die von diesem Typ hergeleiteten Tone ein Kationenaustauschvermögen, das auf diadochen Ersatz in der äußersten Tetraederschicht der Kristalle zurückzuführen ist. Dabei sind in der äußersten Tetraederschicht von vier Silicium-Atomen 1,3 - 1,8 Atome durch Aluminium ersetzt (5).

Von den vielen Bestimmungsmethoden des Kationenaustauschvermögens ist das Verfahren von Hofmann und Giese (6) experimentell am bequemsten. Der Ton wird mit einer Ammoniumchloridlösung geschüttelt und die Abnahme der Ammoniumionen-Konzentration in der Austauschlösung bestimmt.

Bei diesem Verfahren werden aber stets zu hohe Austauschwerte gefunden, da am Rande der Silikatschichten etwas Ammoniak aminartig gebunden wird, wie dies in Abb. 2 am Beispiel des Kaolinits schematisch dargestellt ist.

Am Rande der Tonmineralkristalle wird die oktaedrische Koordination der Al-Ionen durch H_2O-Moleküle ausgefüllt. Diese H_2O-Moleküle werden durch NH_3-Moleküle ersetzt, wodurch ein zu hoher Verbrauch von Ammonium-Ionen vorgetäuscht wird (7).

Bei dem Verfahren von Hofmann und Giese muß, wie auch bei allen anderen Bestimmungen aus der Abnahme der Konzentration der angebotenen Kationen, eine Korrektur durchgeführt werden. Man findet nämlich fast immer eine Zunahme der Anionen-Konzentration.

Dies beruht auf der Bindung von Wasser durch das Tonmineral, sei es durch Änderung des Quellungszustandes, sei es durch Änderung der Solvatation, sei es durch die Bildung einer diffusen Kationenwolke (diffuse Doppelschicht). Man muß jeweils die Veränderung der Anionenkonzentration bestimmen und berücksichtigen.

Vorteilhafter als die Bestimmung der meistens relativ kleinen Änderungen der Kationenkonzentration in der Austauschlösung wäre die direkte Bestimmung der an das Tonmineral gebundenen Kationen. Dies ist nur möglich bei Kationen, die in der Struktur des Tonminerals nicht vorkommen. Aber auch dann ist wegen ihrer geringen Menge im Verhältnis zur Einwaage an Tonmineral die analytische Bestimmung schwierig und oft ungenau.

Sehr einfach wird ihre Bestimmung jedoch bei der Verwendung radioaktiv markierter Kationen. Ein besonderer Vorteil liegt bei dieser Methode auch darin, daß man mit geringen Substanzmengen auskommt, was bei der schlechten Filtrierbarkeit der Tonminerale sehr angenehm ist.

Für unsere Untersuchungen haben wir einige nicht quellfähige Tonminerale mit relativ kleinen Austauschkapazitäten ausgewählt: einen glimmerartigen Illit, einen Ton vom Kaolinit-Typ und zwei Kaoline. Zum Austausch wurden radioaktiv markierte Lösungen von NaCl, $AgNO_3$, $SrCl_2$ und YCl_3 verwendet, die mit ^{24}Na, ^{110}Ag, ^{90}Sr und ^{90}Y markiert waren. Die Lösungen waren ziemlich konzentriert, etwa 1n, um mit geringem Volumen einen möglichst vollständigen Ionenaustausch zu bewirken. Etwa 100 mg Tonmineral wurden mit 5 - 10 ml der Lösung 24 Stunden geschüttelt. Dann wurde zentrifugiert, mehrmals mit Wasser gewaschen und schließlich durch ein kleines Membranfilter filtriert, das nach dem Trocknen und geeigneter Präparation direkt unter das Zählrohr gelegt wurde. Die gemessene Impulsrate wurde mit der eines Vergleichspräparates, das eine bekannte Menge des markierten Kations enthielt, verglichen. Experimentelle Einzelheiten sind an anderer Stelle beschrieben (8).

Bei Verwendung von ^{110}Ag und ^{24}Na, die neben der β-Strahlung auch γ-Strahlen aussenden, ist es zweckmäßig, die γ-Aktivität mit Hilfe eines Szintilationszählers zu messen, da dann Einflüsse der Selbstabsorption vermieden werden.

Die Ergebnisse dieser Bestimmungen sind in Tab. 1 angeführt. Die mit den verschiedenen Ionen erhaltenen Ergebnisse stimmen recht gut miteinander und mit den aus der chemischen Analyse ermittelten Austauschwerten überein. Lediglich der mit ^{24}Na erhaltene Wert bei dem Zettlitzer Kaolin (Muster C) ist zu niedrig. Dies dürfte darauf zurückzuführen sein, daß hier nur 5 ml einer 0,2n NaCl-Lösung verwendet wurden und daher das Angebot für einen vollständigen Austausch zu gering war. Im Anlieferungszustand ist der Kaolin vorwiegend mit Ca-Ionen belegt, die sehr viel fester gebunden werden als Na-Ionen (10). Wegen der ungünstigen Lage des Austauschgleichgewichtes sind Na-Ionen zur Bestimmung des Kationenaustauschvermögens der Kaoline nicht zu empfehlen. Dies ist sehr schade, da ^{24}Na den Vorteil einer kurzen Halbwertszeit von 15 Stunden besitzt, wodurch die Probleme der Aufarbeitung der aktiven Lösungen und der Dekontaminierung der Geräte praktisch entfallen.

Tabelle 1

Bestimmung des Kationenaustauschvermögens von Tonmineralen (in mval/100 g)

Tonmineral	NH_4-Eintausch	Austausch K^+ gegen Na^+	Radiochemisch, Ag^+	Sr^{2+}	Y^{3+}	Eintausch von Na^+
Glimmer v. Sárospatak (Illit)	22	ca. 20 (3)	20	16,4	-	-
Frantex B (Ton v. Kaolinit-Typ)	15	-	13,6	14,0	14,9	-
Kolloidkaolin v. Chodau	10	8,1 (7)	-	8,0	9,7	-
Zettlitzer Kaolin (Muster S)	7	6,3 (7)	6,7	5,0	-	-
Zettlitzer Kaolin (Muster C)	7	5,1 (9)	5,2	-	-	3,6

Bei den zwei- und dreiwertigen Ionen sollte man eigentlich einen etwas höheren Eintausch erwarten als bei den einwertigen Kationen, da diese Ionen manchmal nicht zwei oder drei, sondern nur eine Austauschstelle besetzen. Die überzählige positive Ladung wird dann durch ein mitgebrachtes Anion neutralisiert. Nach Armin Weiß (7) tritt dieser äquimolare Ionenaustausch stets bei großer räumlicher Entfernung der negativen Ladungen auf der Oberfläche der Tonminerale auf. Bei eigenen Untersuchungen über die Salzbildung von Silanolgruppen an Siliciumdioxyd-Oberflächen mit Calciumhydroxyd wurde dieser Effekt deutlich beobachtet (11). Bei den hier untersuchten Tonmineralen trat er hingegen nicht auf. Die in diesem Sinne liegende Abstufung der Eintauschwerte bei den Präparaten Frantex B und Kolloidkaolin von Chodau dürfte noch innerhalb der Fehlergrenzen der Methode liegen.

Bei den mit ^{90}Sr belegten Tonmineralen ergaben die ersten Messungen kurze Zeit nach der Abtrennung der Präparate von der Austauschlösung außerordentlich hohe Impulsraten. Diese starke Aktivität klang mit der Halbwertszeit des ^{90}Y von 64,8 Stunden ab, bis nach einigen Wochen nur die Aktivität übrig blieb, die auf das eingetauschte Strontium zurückzuführen war.

Mit ^{90}Sr markierte Lösungen enthalten stets neben diesem Nuklid auch dessen Tochternuklid ^{90}Y, das ebenfalls radioaktiv ist:

$$^{90}Sr \xrightarrow[28a]{\beta^-} {}^{90}Y \xrightarrow[64,8\ h]{\beta^-} {}^{90}Zr.$$

Die Konzentration an Yttrium in der Lösung ist gegeben durch das radiochemische Gleichgewicht, d. h. durch die ^{90}Sr-Konzentration und durch das Verhältnis der Halbwertszeiten von ^{90}Sr und ^{90}Y. Das ^{90}Y in der Austauschlösung war trägerfrei, d. h. es waren keine meßbaren Mengen von inaktivem Yttrium in der Lösung vorhanden. Die Konzentration des ^{90}Y betrug etwa $0,7 \cdot 10^{-10}$ Äquivalente pro Liter.

Bei der Extrapolation der Impulsrate auf den Zeitpunkt der Abtrennung der Tonminerale von der Austauschlösung stellte sich heraus, daß die Kaolinite innerhalb der Nachweisgrenze das in der Lösung vorhandene ^{90}Y quantitativ gebunden hatten, trotz der hohen Konzentration der gleichzeitig anwesenden Sr-Ionen (siehe Tab. 2). Das glimmerartige Tonmineral Illit hatte hingegen nur 60 % des trägerfreien ^{90}Y gebunden.

Umgekehrt wurden aus einer markierten YCl_3-Lösung nur wenige Prozente des trägerfreien ^{90}Sr gebunden, wie Tab. 2 zeigt. Bei den äußerst geringen Mengen von ^{90}Sr, die am Tonmineral gebunden waren, fallen kleine Fehler, z. B. durch unvollständiges Auswaschen der Austauschlösung stark ins Gewicht, so daß diese Zahlen eher etwas zu hoch sein dürften.

Besonders deutlich kam die Bevorzugung des Yttriums vor dem Strontium zum Ausdruck, wenn beide Ionenarten in äquivalenten Konzentrationen angeboten wurden. Die Eintauschlösung war sowohl an Yttrium- wie an Strontium-Ionen 1-normal. Das Verhältnis von Y zu Sr auf dem Kaolinit war unter diesen Bedingungen von der Größenordnung 1000 : 1. Dabei ist berücksichtigt, daß geringfügige Reste anhaftender Austauschlösung den Sr-Wert entsprechend stärker verfälschen, als den sehr viel größeren Y-Wert.

Tabelle 2

Konkurrierender Eintausch von Sr^{2+} und Y^{3+}

Tonmineral	gebundene Menge Sr^{2+}	gebundene Menge Y^{3+}
a) 1n Sr^{2+} + trägerfreies $^{90}Y^{3+}$ ($\sim 10^{-10}$n):		
Glimmer v. Sårospatak (Illit)	16,4 mval/100 g	60 %
Frantex B (Ton v. Kaolinit-Typ)	14,0 "	100 %
Kolloidkaolin von Chodau	8,0 "	100 %
Zettlitzer Kaolin (Muster S)	5,0	100 %
b) 1n Y^{3+} + trägerfreies $^{90}Sr^{2+}$ ($\sim 10^{-8}$n):		
Frantex B	6 %	14,9 mval/100 g
Kolloidkaolin von Chodau	3 %	9,7 "
c) 1n Sr^{2+} + 1n Y^{3+}:		
Frantex B	0,07 mval/100 g	18 mval/100 g
Kolloidkaolin von Chodau	0,06 "	31 "

Das Verhältnis von 1000 : 1 stimmt ausgezeichnet überein mit den Werten für das Verhältnis der Aktivitäten von an Kaolinit gebundenen Ca^{2+}- und La^{3+}-Ionen, die U. Hofmann (12) auf ganz anderem Wege errechnet hat.

Es ist bekannt, daß beim Ionenaustausch im allgemeinen die Ionen höherer Ladung bevorzugt eingetauscht werden, doch überschreitet der Trennfaktor selten die Größenordnung 10. Die Angabe einer Gleichgewichtskonstanten für das Austauschgleichgewicht von Y und Sr erscheint wenig sinnvoll, da die Aktivitätskoeffizienten der am Tonmineral gebundenen Kationen nicht bekannt sind. In solchen Fällen ist die Angabe, in welchem Verhältnis zwei Ionenarten aus einer Lösung eingetauscht werden, die für beide Ionen gleiche Normalität besitzt, ein anschauliches Maß für die Selektivität. Allerdings ist dieses Verhältnis konzentrationsabhängig.

Aus den Zahlen der Tab. 2 geht schließlich noch hervor, daß bei gleichzeitigem Angebot von 1n $SrCl_2$ und 1n YCl_3 beim Kolloidkaolin von Chodau ein bedeutend zu hoher Eintausch gefunden wurde. Dies ist vielleicht auf einen durch die hohe Ionenstärke der Lösung bewirkten äquimolaren Ionenaustausch zurückzuführen.

Die selektive, außerordentlich feste Bindung der 3-wertigen Erden wird bestätigt durch eine Versuchsreihe, bei der mit verschiedenen Kationen einheitlich belegter Kaolin mit einer markierten 0,2n NaCl-Lösung umgesetzt wurde. Bei den 1- und 2-wertigen Kationen wurde ganz normal mit abnehmender Hydratation und mit steigender Ladung der Ionen eine zunehmende Bevorzugung gegenüber den Na-Ionen festgestellt (Tab. 3). Von mit Lanthan belegtem Kaolin wurde jedoch innerhalb der Nachweisgrenze überhaupt kein Natrium eingetauscht.

Eine derartig extrem selektive Bindung, wie sie beim Eintausch von Y^{3+}- und La^{3+}-Ionen an Kaolin auftrat, wurde bei den vom Glimmer abgeleiteten Tonmineralen, z. B. beim Montmorillonit, niemals beobachtet.

Die an Kaolin gebundenen Y^{3+}- und La^{3+}-Ionen ließen sich mit komplex bildenden Reagenzien, z. B. mit Citrat- oder Äthylendiamintetraacetat-Lösungen wieder auswaschen. Es sollte möglich sein, durch Anwendung von Kaolin in geeigneter Form auf relativ einfache Weise Lösungen von ^{90}Y herzustellen, die frei von ^{90}Sr sind.

Tabelle 3

Eintausch von Na^+ aus einer 0,2n NaCl-Lösung (9)

(100 mg Zettlitzer Kaolin + 5 ml Lösung)

Kaolin einheitlich belegt mit	eingetauschte Menge Na^+
Na^+	3,6 mval/100 g
K^+	3,0 "
Mg^{2+}	2,0 "
Ca^{2+}	1,7 "
Ba^{2+}	1,6 "
La^{3+}	0,0 "

Die Anwendung radiochemischer Methoden liefert zuverlässige Werte für das Ionenaustauschvermögen. Man kann dabei mit sehr geringen Substanzmengen auskommen. So ist es z.B. möglich, bei Austauscherharzen die Austauschkapazität einzelner Körner zu messen (13). Ein besonderer Vorteil liegt in der Möglichkeit, auf sehr einfache Weise den konkurrierenden Eintausch zweier oder mehrerer verschiedener Ionen zu verfolgen. Dies ist immer dann möglich, wenn Nuklide sehr verschiedener Halbwertszeit oder ein reiner β-Strahler neben einem γ-Strahler oder γ-Strahler verschiedener Energie vorliegen.

Abschließend sei darauf hingewiesen, daß die Tonminerale auf Grund ihrer Selektivität bei der Dekontaminierung radioaktiv verseuchter Abwässer sehr nützlich sein können. Kaolin bindet bevorzugt die Erdalkalien und ganz besonders die dreiwertigen Erdmetalle; der dem Glimmer verwandte Vermiculit ist zur Abtrennung von Cs-Ionen geeignet, da die Cs-Ionen ebenso wie Kalium-Ionen in einer 12-Koordination sehr fest gebunden werden (14).

Literatur

1. W. Czerch, K. Frühauf u. U. Hofmann, Ber. dtsch. keram. Ges. 37 (1960), 255; U. Hofmann, diese Tagung.
2. Armin Weiß, Z. anorg. allg. Chem. 297 (1958), 232.

3. Armin Weiß, Z. anorg. allgem. Chem. 297 (1958), 257.
4. U. Hofmann, K. Endell u. D. Wilm, Z. Kristallogr., Mineralog. Petrogr. (A) 86 (1933), 340.
5. U. Hofmann, H.-P. Boehm u. W. Gromes, Z. anorg. allg. Chem. 308 (1961), 143.
6. U. Hofmann u. K. Giese, Kolloid-Z. 87 (1939), 21.
7. Armin Weiß, Z. anorg. allg. Chem. 299 (1959), 92.
8. H.-P. Boehm u. K. H. Lieser, Z. anorg. allg. Chem. 304 (1960), 217.
9. W. Burck, Dissertation Darmstadt 1961.
10. Vgl. U. Hofmann, diese Tagung, sowie Tab. 3.
11. H.-P. Boehm u. M. Schneider, Z. anorg. allg. Chem. 301 (1959), 326.
12. U. Hofmann, diese Tagung.
13. E. Högfeldt, Science (Washington) 128 (1958), 1435.
14. Armin Weiß, Privatmitteilung; U. Hofmann, Koll. Z. 169 (1960), 58; U. Hofmann, diese Tagung.

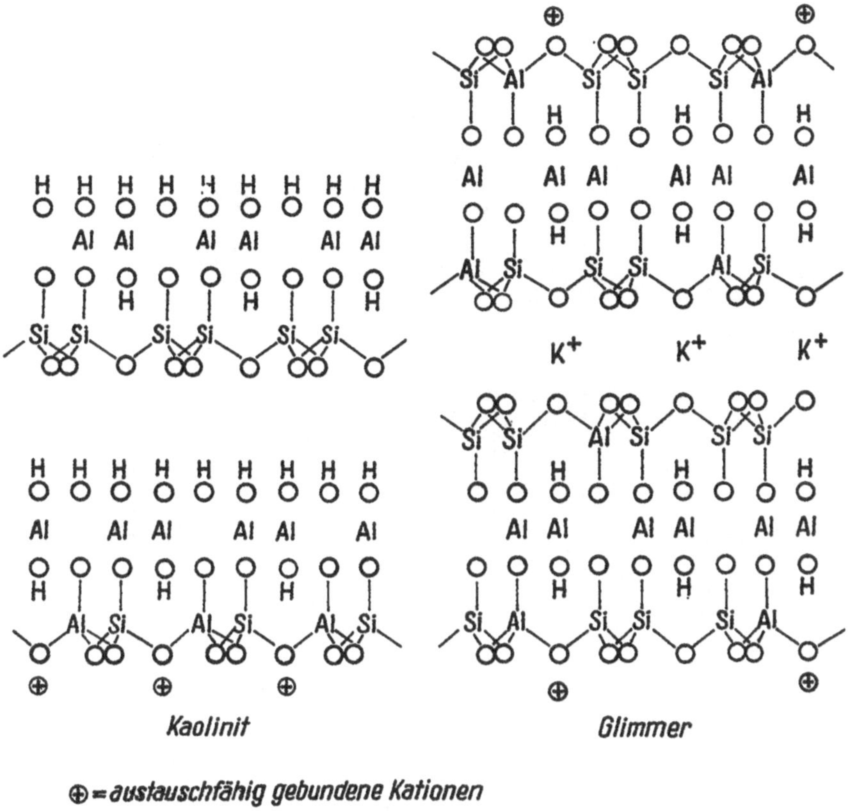

Abb. 1 Struktur der Tonminerale vom Kaolinit- und vom Glimmertyp (Schnitt senkrecht zu den Silikatschichten).

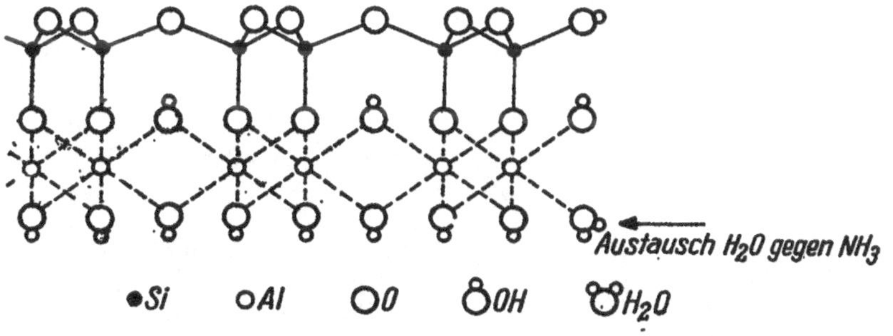

Abb. 2 Schematische Darstellung des Molekülaustausches am Rande der Oktaederschichten des Kaolinits.

Transportvorgänge in Ionenaustauschermembranen (1)

von F.WOLF

VEB Farbenfabrik Wolfen

Es wurde die Permeation organischer Lösungsmitteldämpfe durch Ionenaustauschermembranen untersucht. Dabei ergab sich, daß im Gegensatz zu anderen hochpolymeren Kunststoffen der Permeationsvorgang durch Ionenaustauschermembranen sich durch den Mechanismus einer Grenzflächendiffusion beschreiben läßt. Der neu aufgefundene Mechanismus einer Grenzflächendiffusion in den hochpolaren Ionenaustauschermembranen hat zur Folge, daß der Permeationsprozeß gegenüber anderen bisher bekannten Hochpolymeren sowohl wesentlich schneller als auch hinsichtlich der Polarität der permeierenden Moleküle selektiv abläuft. Es wird eine neue quantitative Beziehung für den Mechanismus der Grenzflächendiffusion in Hochpolymeren angegeben. Diese Beziehung für den Permeationskoeffizienten im Fall einer Grenzflächendiffusion läßt sich durch unabhängige Diffusions- und Quellungsmessungen bestätigen.

1) Eine ausführliche Publikation erfolgt an anderer Stelle.

Elektrolytsperreffekte durch Ionenaustauschermembranen

von R. Bachmann, W. Wehlend und F. Wolf

VEB Farbenfabrik, Wolfen

A) Einleitung:

Ionenaustauschermembranen mit hoher Festionenkonzentration sind bei geringer Konzentration eines Außenelektrolyten nur für Gegenionen durchlässig, während die Coionen auf Grund des Donnan-Effektes in einem wesentlich geringeren Maße in eine Ionenaustauschermembran eindringen können. Da bei Diffusion eines Elektrolyten durch eine Ionenaustauschermembran Elektroneutralität herrschen muß, wird die Elektrolytdiffusion durch den langsamsten Diffusionsvorgang, nämlich die Coionendiffusion, bestimmt. Bei niedriger Außenionenkonzentration wirken deshalb Ionenaustauschermembranen als Sperre gegenüber Elektrolyten und unterbinden ihre Diffusion. Erst bei Elektrolytkonzentrationen von etwa $\frac{1}{10}$ der Festionenkonzentration setzt Diffusion durch Ionenaustauschermembranen ein. Dabei ist der Diffusionsfluß eines Elektrolyten von Ladung und Größe der Gegenionen und der Coionen abhängig und gehorcht der Gleichung (1).

$$Z_+ \phi_+ = \frac{\bar{D}_+}{d} \times \frac{C' f'_\pm}{\bar{f}_\pm} \times \left(\frac{C' f'_\pm}{X \bar{f}_\pm} \right)^{-\frac{Z_+}{Z_-}} \qquad \text{(für Anionenaustauschermembranen)} \qquad (1)$$

Z_- = Ladung der Gegenionen
Z_+ = Ladung der Coionen
ϕ_+ = Coionendiffusionsfluß
$\bar{D}_+$ = Diffusionskonstante der Coionen in der Membran
d = Dicke der Membran

C = Konzentration des diffundierenden Elektrolyten
X = Festionenkonzentration
$\bar{f}_{\pm}$ = Aktivitätskoeffizient des Elektrolyten in der Membran
$f_{\pm}$ = Aktivitätskoeffizient des Elektrolyten in der Lösung

Bei der Diffusion von Nichtelektrolyten durch Ionenaustauschermembranen herrschen prinzipiell andere Bedingungen, da zwischen den Nichtlektrolyten und der geladenen Membranmatrix keine oder nur geringe Wechselwirkungen stattfinden. Der Diffusionsfluß von Nichtelektrolyten ist deshalb von der Festionenkonzentration der Membran weitgehend unabhängig; ihre Diffusion kann mit dem 1. Fick'schen Gesetz beschrieben werden (1, 2).

Da die Diffusion von Elektrolyten und Nichtelektrolyten durch Anionenaustauschermembranen bisher noch nicht beschrieben wurde, führten wir solche Versuche im Konzentrationsbereich von 0,1 - 5 n mit stark basischen Anionenaustauschermembranen auf Polymerisationsbasis durch, die mit 3 % Divinylbenzol vernetzt waren.

B) Diffusionsversuche:

1. Experimentelles:

Die Diffusionsversuche wurden bei Zimmertemperatur in einer Diffusionszelle durchgeführt. Die Meßzelle besteht aus den beiden Teilzellen I und II. Zwischen die beiden Teilzellen wird die Membran vollkommen dicht eingespannt. In T'ilzelle I wurden 300 cm^3 des jeweiligen Elektrolyten bzw. Nichtelektrolyten, in die Teilzelle II 300 cm^3 Wasser eingefüllt. Die Dialysedauer betrug etwa 17 Std. Während der Dialyse wurde in beiden Teilzellen gerührt. Nach Beendigung des Versuches wurde die durch die Membran gewanderte Menge in der Teilzelle II durch Konzentrationsbestimmungen ermittelt.

Die Diffusionskoeffizienten und die Diffusionsflüsse wurden formal nach dem 1. Fick'schen Gesetz bestimmt.

$$D_f = \phi \cdot \frac{\Delta c}{\Delta x} \qquad (2)$$

Δc = Anfangskonzentration in Teilzelle I
Δx = Dicke der Membran

$$\phi = \frac{\Delta s}{q \cdot \Delta t} \qquad (3)$$

ϕ = Diffusionsfluß
D_f = formale Diffusionskonstante
Δs = gewanderte Äquivalente
Δt = Dialysedauer
q = Oberfläche der Membran

Die dabei gewonnenen Ergebnisse sind graphisch in der Abb. I dargestellt.

2. Diskussion der Ergebnisse:

Betrachtet man die Abhängigkeit der Diffusionskoeffizienten von der Konzentration bei den beiden untersuchten Nichtelektrolyten, so sieht man, daß sie unabhängig von der Konzentration sind. Das 1. Fick'sche Gesetz ist also bei den hier untersuchten Nichtelektrolyten gültig. Die Diffusionskoeffizienten von Azeton liegen dabei etwa um 1 Zehnerpotenz höher als die des Glyzerins. Dieser große Unterschied ist auf die starke Quellung der verwendeten Membran in Azeton zurückzuführen, die zu einer Porenvergrößerung führt. Rohrzucker diffundiert nicht durch die verwendeten Membranen. Offenbar ist der Porendurchmesser der Membranen so klein, daß große Moleküle, wie Rohrzucker, nicht mehr durchgelassen werden. Wie aus der Abb. I weiter ersichtlich ist, sind die Diffusionskoeffizienten der Elektrolyten sehr stark von der Konzentration abhängig; **bei Konzentrationen unter 0,5 n findet keine Diffusion** von Salzen mehr statt. Dabei steigen die Diffusionskoeffizienten der 2,1-wertigen, der 1,1-wertigen und der 2,2-wertigen Elektrolyten mit steigender Konzentration an, während sie bei den 1,2-wertigen Elektrolyten abnehmen. Betrachtet man nicht die Diffusionskoeffizienten, sondern die Diffusionsflüsse der verschiedenen Elektrolyten (Abb. II), so kann man drei große Elektrolytgruppen unterscheiden, nämlich die Gruppe der 2,1-wertigen, die der 1,1-wertigen und 2,2-wertigen und die der 1,2-wertigen Elektrolyten. Der Diffusionsfluß der 2,1-wertigen Elektrolyten nimmt mit steigender Konzentration stärker, der Diffusionsfluß der 1,2-wertigen schwächer zu als der Diffusionsfluß der 1,1- und 2,2-wertigen Elektrolyten.

Die Durchlässigkeit von Anionenaustauschermembranen nimmt demnach in der Reihenfolge 1,2-wertiger Elektrolyt $>$ 1,1- bzw. 2,2-wertiger Elektrolyt $>$ 2,1-wertiger Elektrolyt ab. Diese Meßergebnisse stehen qualitativ im Einklang mit der von Helfferich entwickelten Theorie (1). Manecke und Heller (2) haben für Kationenaustauschermembranen das entgegengesetzte Verhalten festgestellt.

Wie aus der Abb. I weiter ersichtlich ist, liegen die Diffusionskonstanten der Säuren um ein bis zwei Zehnerpotenzen höher als die der Salze. Dieses Verhalten ist insofern anomal, weil bei normaler Diffusion durch eine semipermeable Scheidewand unter gleichen Bedingungen Säure nur etwa 3 mal so schnell diffundiert wie die entsprechenden Salze. Durch Potentialmessungen wurde festgestellt, daß die Selektivität der verwendeten Anionenaustauschermembranen gegenüber HCl nur 40 % beträgt. Offenbar kann auf Grund der besonderen Struktur des Wassers infolge der möglichen Mesomerie unter Einfluß des Gegenions das H^+-Ion in Form einer Elektronenverschiebung durch die Membran transportiert werden. Dadurch wird der Diffusionsfluß bei der Säurediffusion nicht mehr von dem Coion, sondern vom Gegenion bestimmt. In der Tat liegen die Diffusionskoeffizienten der Gegenionen etwa in der Größenordnung von 10^{-6} cm^2/sec. Auf Grund dieser Arbeitshypothese war bei der Diffusion von Lauge durch Kationenaustauschermembranen ein ähnliches anomales Verhalten zu erwarten. Diese Voraussage konnte experimentell bestätigt werden. Es wurde gefunden, daß der Diffusionsfluß von NaOH bei Diffusion durch Kationenaustauschermembranen wesentlich höher ist als der Diffusionsfluß der entsprechenden Salze unter gleichen Bedingungen.

C) <u>Messung von Anreicherungskoeffizienten:</u>

Auf Grund der bei den Diffusionsversuchen gewonnenen Meßergebnisse ließen sich bei Säure/Salz-, bei Lauge/Salz- und bei Nichtelektrolyt/Salz-Interdiffusionen wirksame Trenneffekte erwarten. Deshalb wurden für einige interessante Elektrolyt/Elektrolyt- bzw. Elektrolyt/Nichtelektrolyt-Paare die Anreicherungskoeffizienten bei Interdiffusion durch eine Anionenaustauschermembran bestimmt. Diese Messungen wurden in der bereits beschriebenen Diffusionszelle durchgeführt. Die Berechnung der Anreicherungskoeffizienten erfolgte nach der Gleichung:

$$A_I = \frac{\dfrac{\text{Konzentration der Komponente I in Teilzelle II}}{\text{Konzentration der Komponente II in Teilzelle II}}}{\dfrac{\text{Konzentration der Komponente I in Teilzelle I}}{\text{Konzentration der Komponente II in Teilzelle I}}} \qquad (4)$$

Die gewonnenen Meßergebnisse sind in der Abb. III dargestellt.

Aus der Abb. III ist ersichtlich, daß Anionenaustauschermembranen geeignet sind, bei Säure/Salz-Interdiffusion unter gleichen Bedingungen die Säure auf das 20-fache anzureichern. Ist die Konzentration der Säure gegenüber der des Salzes groß, so wird die Trennung quantitativ. Bei der NaOH/Salz-Interdiffusion durch Anionenaustauschermembranen tritt kein großer Trennungseffekt auf. Außerdem kann man schnell diffundierende Nichtelektrolyte mit guter Wirkung von Salzen abtrennen. Diese Trennung wird quantitativ, wenn der Elektrolyt in geringer Konzentration vorliegt. In dieser Hinsicht stellt dieses Verfahren eine wertvolle Ergänzung des Elektrolytvorlaufverfahrens dar.

Bei der Lauge/Salz-Interdiffusion durch Kationenaustauschermembranen wurde der technisch wichtige Fall der Abtrennung von NaOH aus einem Gemisch, bestehend aus 50 %iger NaOH und 1,5 % NaCl, untersucht, wie es bei der Elektrolyse in Billiterzellen nach dem Eindampfen anfällt. Es konnte gezeigt werden, daß bei dieser Interdiffusion NaCl quantitativ von der Kationenaustauschermembran zurückgehalten wird und nur NaOH durch die Membran diffundiert. Für solche Interdiffusionsversuche wurden heterogene Membranen, homogene Kondensationsmembranen und homogene Polymerisationsmembranen eingesetzt. Die Anreicherung von NaOH in Teilzelle II war in jedem Fall quantitativ. Es wurde gefunden, daß Polymerisationsmembranen auch bei höherer Temperatur über längere Zeit beständig sind. An solchen Membranen wurde die Abhängigkeit der NaOH-Diffusion von Temperatur und Vernetzungsgrad studiert. Die Ergebnisse sind in Abb. IV und V dargestellt. Für 19 n NaOH wurde der Diffusionskoeffizient zu $D = 1,9 \cdot 10^{-6}$ cm^2/sec bestimmt.

Man besitzt durch dieses Diffusionsverfahren neben der Amalgamelelektrolyse eine weitere Möglichkeit, salzfreie Natronlauge herzustellen. Im größeren Maßstab werden solche Trennungen so durchgeführt, daß man die jeweiligen Membranen filterpressenartig anordnet und die Lösung und Wasser im Gegenstrom an den Membranen vorbeiführt.

D) Zusammenfassung:

Mit einer Reihe Elektrolyten und Nichtelektrolyten wurden Dialyseversuche durch Ionenaustauschermembranen durchgeführt. Die Meßergebnisse lassen sich zumindest qualitativ mit der vorliegenden Theorie deuten. Die Diffusionskonstanten von Säuren durch Anionenaustauschermembranen und die Diffusionskonstanten für Laugen durch Kationenaustauschermembranen liegen um 1 - 2 Zehnerpotenzen höher als die der entsprechenden Salze. Es wurde eine theoretische Erklärung für dieses anomale Verhalten gegeben. Für eine Reihe von Elektrolyt/Elektrolyt- bzw. Elektrolyt/Nichtelektrolyt-Paare wurden die Anreicherungskoeffizienten bestimmt. Es konnte gezeigt werden, daß Säuren, Laugen und Nichtelektrolyte unter bestimmten Voraussetzungen quantitativ von Salzen durch Diffusion durch Ionenaustauschermembranen abgetrennt werden können.

<u>Literatur</u>

1. F. Helfferich, Ionenaustauscher Bd. I, S. 311 - 332.
2. G. Manecke und H. Heller, Z. Elektrochem., Ber. Bunsenges. phys. Chem. 61 (1957), 150.

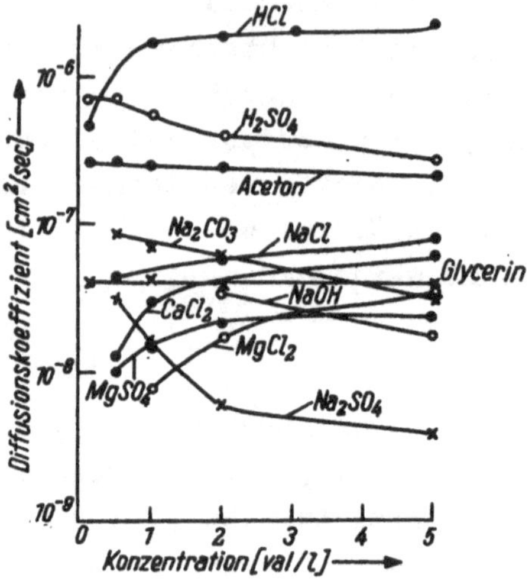

Abb. 1 Die Diffusionskoeffizienten einer Reihe von Salzen, Säuren und Nichtelektrolyten in Abhängigkeit von der Konzentration.

Abb. 2 Relative Zunahme des Diffusionsflusses $\frac{\Phi_{5n}}{\Phi_{1n}}$ im Konzentrationsbereich von 1 n - 5 n für verschiedene Elektrolyte bei Diffusion durch Anionenaustauschermembranen mit 3 Gew.% DVB-Gehalt:

Elektrolyt	$\frac{\Phi_{5n}}{\Phi_{1n}}$
$MgCl_2$	23,0
$CaCl_2$	10,2
NaCl	6,8
HCl	6,35
$MgSO_4$	5,3
H_2SO_4	2,7
Na_2CO_3	2,25
Na_2SO_4	1,22

Abb. 3

Anreicherungskoeffizienten für eine Reihe Elektrolyt/Elektrolyt- bzw. Elektrolyt/Nichtelektrolyt-Paare	
2 n HCl/2n $NaCl$	18,3
2 n HCl/0,5 n $NaCl$	120
2 n HCl/0,1 n $NaCl$	∞
2 n H_2SO_4/2 n $MgSO_4$	22,1
2 n H_2SO_4/2 m Glyzerin	10,9
2 n $NaOH$/2 n $NaCl$	1,1
2 n $NaCl$/2 m Glyzerin	1,22
2 n $NaCl$/2 n $MgCl_2$	2,9
2 m Azeton/2 n $NaCl$	2,1
2 m Azeton/0,1 n $NaCl$	∞
2 n HCl/2 n H_2SO_4	2,27
2 n $NaCl$/2 n Na_2CO_3	6,3

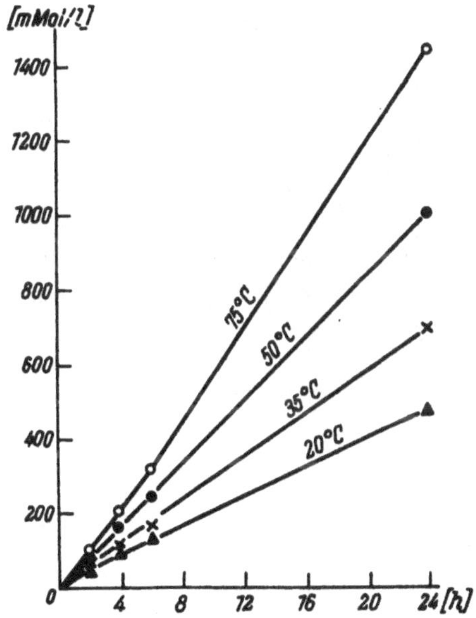

Abb. 4 Zunahme der NaOH-Konzentration in Teilzelle II als Funktion der Zeit bei verschiedener Temperatur.

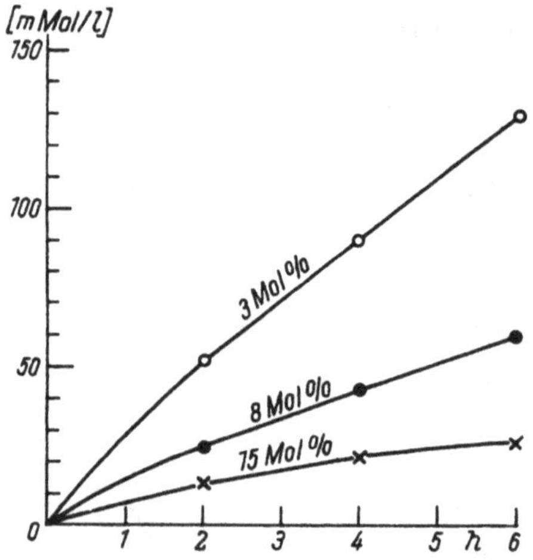

Abb. 5 Zunahme der NaOH-Konzentration in Teilzelle II als Funktion der Zeit bei verschiedenem Vernetzungsgrad.

FSC
www.fsc.org
MIX
Papier | Fördert
gute Waldnutzung
FSC® C083411

Kolibri 360 GmbH
Ferdinand-Jühlke-Straße 7
99095 Erfurt, Deutschland
produktsicherheit@kolibri360.de